Alexander von Humboldt, Hermann Hauff

Alexander von Humboldts Reise in die Aequinoktial-Gegenden

des neuen Kontinents

Verlag
der
Wissenschaften

Alexander von Humboldt, Hermann Hauff

Alexander von Humboldts Reise in die Aequinoktial-Gegenden

des neuen Kontinents

ISBN/EAN: 9783957008084

Auflage: 1

Erscheinungsjahr: 2016

Erscheinungsort: Norderstedt, Deutschland

Hergestellt in Europa, USA, Kanada, Australien, Japan
Verlag der Wissenschaften in Hansebooks GmbH, Norderstedt

Verlag
der
Wissenschaften

Gesammelte Werke

von

Alexander von Humboldt.

Fünfter Band.

———

Reise I.

Stuttgart.

Verlag der J. G. Cotta'schen Buchhandlung
Nachfolger.

Alexander von Humboldts

Reise in die Aequinoktial-Gegenden

des neuen Kontinents.

In deutscher Bearbeitung

von

Hermann Hauff.

Nach der Anordnung und unter Mitwirkung des Verfassers.

Einzige von A. von Humboldt anerkannte Ausgabe in deutscher Sprache.

———

Erster Band.

Stuttgart.

Verlag der J. G. Cotta'schen Buchhandlung
Nachfolger.

Vorwort.

Einem wissenschaftlichen Reisenden kann es wohl nicht verargt werden, wenn er eine vollständige Uebersetzung seiner Arbeiten jeder auch noch so geschmackvollen Abkürzung derselben vorzieht. Bouguers und La Condamines mehr als hundertjährige Quartbände werden noch heute mit großer Teilnahme gelesen; und da jeder Reisende gewissermaßen den Zustand der Wissenschaften seiner Zeit, oder vielmehr die Gesichtspunkte darstellt, welche von dem Zustande des Wissens seiner Zeit abhängen, so ist das wissenschaftliche Interesse um so lebendiger, als die Epoche der Darstellung der Jetztzeit näher liegt. Damit aber die lebendige Darstellung des Geschehenen weniger unterbrochen werde, habe ich das Material, durch welches allgemeine kosmische Resultate begründet werden, in besonderen einzelnen Zugaben über stündliche Barometerveränderungen, Neigung der Magnetnadel und Intensität der magnetischen Erdkraft zusammengedrängt. Die Absonderung solcher und anderer Zugaben hat allerdings, und ohne großen Nachteil, zu Abkürzungen in der Uebersetzung des Originaltextes der Reise Anlaß geben können. Diese Betrachtung war auch geeignet, mich bald mit dem Unternehmen zu versöhnen, einem größeren Kreise gebildeter Leser, die bisher mehr mit der Natur als mit scientifischem Wissen befreundet waren, einen etwas abgekürzten Text der Reise in die Tropengegenden des neuen Kontinents darzubieten. Die Buchhandlung, welche aus edler, ich setze gern hinzu angeerbter Freundschaft meinen Arbeiten eine so lange und sorgfältige Pflege geschenkt hat, hat mich aufgefordert, diese neue Ausgabe, welche einem vielseitig unterrichteten Gelehrten,

Herrn Bibliothekar Professor Dr. Hauff anvertraut ist, nicht bloß, so viel mein Uralter und meine gesunkenen Kräfte es erlauben, zu revidieren, sondern auch mit Zusätzen und Berichtigungen zu bereichern. Es ist mir eine Freude, dieser Aufforderung zu entsprechen. Die Naturwissenschaft ist, wie die Natur selbst, in ewigem Werden und Wechsel begriffen. Seit der Herausgabe des ersten Bandes der Reise sind jetzt fünfundvierzig Jahre verflossen. Die Berichtigungen müßten also zahlreich sein: in geognostischer Hinsicht wegen Bezeichnung der Gebirgsformationen und der metamorphosierten Gebirge, des wohlthätigen Einflusses der Chemie auf die Geognosie, wie in allem, was anbetrifft die Verteilung der Wärme auf dem Erdkörper und die Ursache der verschiedenen Krümmung monatlicher Isothermen (nach Doves meisterhaften Arbeiten). Die durch die neue Ausgabe veranlaßte Erweiterung des Kreises wissenschaftlicher Anregung kann ich nur freudig begrüßen; denn in dem Entwickelungsgange physischer Forschungen wie in dem der politischen Institutionen ist Stillstand durch unvermeidliches Verhängnis an den Anfang eines verderblichen Rückschrittes geknüpft.

Es würde mir dazu eine innige Freude sein, noch zu erleben, wie die Unternehmer es hoffen, daß meine in den Jahren freudig aufstrebender Jugend ausgeführte Reise, deren einer Genosse, mein teurer Freund, Aimé Bonpland, bereits, im hohen Alter, dahingegangen ist, in unserer eigenen schönen Sprache von demselben deutschen Volke mit einigem Vergnügen gelesen werde, welches mehr denn zwei Menschenalter hindurch mich in meinen wissenschaftlichen Bestrebungen und meiner Laufbahn durch ein eifriges Wohlwollen beglückt und selbst meinen spätesten Arbeiten durch seine parteiische Teilnahme eine Rechtfertigung gewährt hat.

Berlin, 26. März 1859.

Alexander von Humboldt.

Vorrede des Herausgebers.

Die in den Jahren 1799 bis 1804 in Gesellschaft von
Bonpland unternommene Reise in das tropische Amerika hat
Humboldts Ruhm frühe begründet. Mit den überschwenglich
reichen Ergebnissen derselben beginnt für zahlreiche Zweige der
Naturforschung recht eigentlich eine neue Epoche. Das Reise=
werk, in dem er seine in der Neuen Welt gesammelten Beob=
achtungen niederzulegen gedachte, war aber in so großartigem
Maßstab angelegt, daß es nur unter den glücklichsten äußeren
Umständen vollendet werden konnte. Diese Gunst der Ver=
hältnisse hat demselben gefehlt, und mehrere Abteilungen des
großen Werkes konnten nicht zu Ende geführt werden. Das
erstaunliche astronomische, hydrographische, geographische, me=
teorologische, geologische, ethnographische, zoologische, botanische
Material, das im Werk selbst nicht mehr hatte an die Reihe
kommen können, ist nun allerdings auf anderen Wegen in
die Wissenschaft übergegangen, und so besteht der Hauptverlust,
der mehr die gebildete Welt im allgemeinen als die Wissen=
schaft selbst betrifft, darin, daß auch derjenige Teil, der die
eigentliche Reisebeschreibung geben sollte, die Relation historique, Bruchstück geblieben ist.

Diese Reisebeschreibung erschien vom Jahre 1814 an in
drei Quartbänden in französischer Sprache. Die Umstände,
unter denen Humboldt dieselbe in Paris ausarbeitete, machen
es begreiflich, daß er dazu die Sprache wählte, welche in
neuerer Zeit als Organ des wissenschaftlichen wie des diplo=
matischen Verkehrs in gewissem Grade an die Stelle der latei=
nischen getreten ist. Dieses vortreffliche Buch kann mit Recht
eines der schönsten Denkmale des deutschen Geistes heißen,

und jeder Deutſche, der daſſelbe kennt und zu ſchätzen weiß, muß ſich wundern, daß es nicht längſt in einer ſeiner würdigen Weiſe der deutſchen Litteratur einverleibt worden iſt, der es trotz ſeines fremden Gewandes ſeinem innerſten Grunde nach angehört. Dieſer auffallende Umſtand erklärt ſich aber aus dem widrigen Schickſal, welches das Buch erfahren.

In den Jahren 1815 bis 1829 erſchien, ohne Humboldts Dazuthun, eine vollſtändige deutſche Ueberſetzung jener drei Bände der Relation historique in ſechs Bänden. Dieſelbe iſt aber in ſprachlicher und materieller Beziehung in einem Grade mangelhaft, wie er ſelbſt in dem um die Form leider allzuwenig bekümmerten Deutſchland ſelten vorkommt, und ſomit völlig unbrauchbar. Humboldt fühlte ſich dadurch in hohem Grade abgeſtoßen; er mochte, wie er ſelbſt ſchreibt, dieſes Buch niemals auch nur in die Hand nehmen, und es konnte nicht dazu beitragen, ihn mit der deutſchen Geſtalt ſeines ſchönen Werkes auszuſöhnen, daß ſeitdem verſchiedene deutſche Auszüge und Bearbeitungen der Reiſebeſchreibung er= ſchienen ſind, die bequemerweiſe nur jene Ueberſetzung zu Grunde legten, und aus ihr zahlloſe Sprachſünden, Mißver= ſtändniſſe und Irrtümer herübernahmen. So ſehen wir denn hier aus einem nichtswürdigen Buche, das die Form des Originals häßlich verunſtaltet, aber wenigſtens äußerlich voll= ſtändig iſt, andere Bücher abgeleitet, welche dem Werke den Hauptwert und den vornehmſten Reiz rauben, indem ſie die Form ganz zerſtören, und eben damit auch die wahrhaft künſt= leriſche Anordnung deſſelben kaum noch in Spuren erkennen laſſen. Humboldts Reiſebeſchreibung und ein poetiſches Werk, nicht zu übertragen, ſondern auszuziehen und umzuarbeiten, iſt ungefähr gleich verſtändig. Das Buch iſt ein der höheren Litteratur angehörendes Werk, ein eigentliches Kunſtwerk.

Als der Herausgeber die Ehre hatte, mit A. v. Hum= boldt über die Art der deutſchen Bearbeitung des Werkes zu verhandeln, äußerte jener in einem Schreiben an dieſen unter anderem folgendes:

„Neben Ihren großen Arbeiten über alle Zweige der Naturwiſſenſchaft wird Ihre Reiſebeſchreibung für jeden Ge= ſchichtſchreiber eines dieſer Zweige eine wichtige Quelle bleiben,

daneben aber die gesundeste Nahrung, das trefflichste An=
regungsmittel für die zum Studium irgend einer Erfahrungs=
wissenschaft bestimmte Jugend. Wenn ich mir vergegen=
wärtige, was ich selbst als Jüngling diesem Werke schuldig
geworden bin, so erkenne ich seinen Wert aufs lebhafteste;
aber auf dem Standpunkt meiner gegenwärtigen litterarischen
Erfahrung erkenne ich auch, in welchem Verhältnis es zu der
immer wachsenden Menge derjenigen steht, welche sich dilet=
tantisch mit der Wissenschaft beschäftigen, welche sich gern
bilden mögen, wenn noch ein anderer Genuß dabei ist, als
der ernste, welcher aus dem Gefühl innerer Veredelung ent=
springt. Werden diese vom großen Namen des Verfassers
noch so sehr angezogen, so sehen sie sich durch das bedeutende
Volumen des Werkes an der Schwelle abgewiesen, und wagen
sie sich dennoch hinein, so werden sie bald gewahr, daß sie
nur über Massen strenger Wissenschaft hinweg den Schritten
des Reisenden durch die großartigste Natur folgen könnten.
Und doch ist nach meiner Ueberzeugung in diesem Werke ein
allgemein zugängliches Buch enthalten, dem in unserer Zeit,
die auf Diffusion des Naturwissens durch den Körper der
Gesellschaft ausgeht, an bildender Kraft kaum etwas gleich
käme. Die Zeiten sind vorbei, wo ganze bisher unbekannte
Stücke Natur dem Seefahrer in die Hände fielen, wo ganze
Idyllen, wie Tahiti, entdeckt wurden, wo der Reisende nur
zu erzählen brauchte, was er gesehen, um die Wißbegierde zu
vergnügen und die Einbildungskraft zu entzünden. Von der
Breite der Natur hat sich der Geist der Tiefe zugewendet,
und da die unwissenschaftliche Neugier der immer mehr ins
Detail bringenden Forschung nicht folgen kann, so begreift
sich, daß heutige Reisebeschreibungen nicht den Reiz haben und
den Einfluß üben können wie früher, wenn es der Reise=
beschreiber nicht versteht, durch das zu wirken, was in den
jetzigen Geistern an die Stelle der brennenden Neugier nach
neuen Naturprodukten, nach neuen Ländern und Völkern ge=
treten ist. Seit es keine Naturwunder im früheren Sinne
mehr gibt, sind es vor allem die Gedanken der Natur in
ihren Bildungen, die Gesetze in ihren Bewegungen, was die
produktiven und die rezeptiven Kräfte, die Forscher und die

Dilettanten, die das Wort Suchenden und die an das Wort Glaubenden beschäftigt. Alexander v. Humboldt ist einer der ersten, nach Rang und Zeit, welche die Naturwissenschaft in die so fruchtbare Laufbahn gewiesen haben, die sie seit einigen Menschenaltern verfolgt. Und neben so Vielem und Großem hat er auch ein Reisewerk geschaffen, wie es recht eigentlich dem Wesen und Bedürfnis der heutigen Kultur entspricht. Es gewährt einerseits wahren Kunstgenuß durch die trefflichen Schilderungen einer gewaltigen Natur und der Menschheit in einem ihrer merkwürdigsten Bruchstücke; andererseits fesselt und befreit es zugleich den Geist durch Ideen. Während der Leser auch im gemeinen Sinne Neues in Menge erfährt, während es keineswegs an den kleinen und großen Vorfällen fehlt, welche die Einbildungskraft beschäftigen und die Neugier reizen, sieht er fast bei jedem Schritt einen jener umfassenden Gedanken, von welchen die heutige Wissenschaft beherrscht wird, entstehen oder sich bestätigen, und er lernt an hundert lebendigen Beispielen, wie die wahre Naturwissenschaft zustande kommt. Ich wüßte nichts, was anregender und bildender wäre. Für den „general reader" ist das Buch, wie es vorliegt, nicht bestimmt; es ließe sich ihm aber sehr leicht zugänglich machen, und müßte dann als treffliches Bildungsmittel in den weitesten Kreisen wirken."

Schon vor Jahren beschäftigte A. v. Humboldt der Gedanke, dieses sein Buch, auf das er, neben dem Essai sur l'état politique de la Nouvelle Espagne, selbst sehr viel hielt, endlich in einer deutschen Ausgabe aus dem hier angedeuteten Gesichtspunkt unter seinen Auspizien erscheinen zu lassen. Als aber die Sache ernstlich zur Sprache kam, hatte er, fast ein Achtziger, bereits das große Unternehmen des Kosmos begonnen, und so verstand es sich von selbst, daß er die Uebertragung fremden Händen überlassen mußte. Der Plan der neuen Ausgabe wurde in den letzten Jahren zwischen ihm und dem Herausgeber im allgemeinen und einzelnen festgestellt; er konnte sich noch selbst von der Art der formellen und materiellen Behandlung überzeugen, auch alle wünschenswerten Anordnungen treffen, indem ihm ein Teil des Manuskriptes gedruckt vorgelegt wurde, und er schrieb sofort die

Vorrede, die eine seiner letzten Arbeiten, vielleicht die letzte war,
so daß er mit einer lebhaften Erinnerung an die ersten schönen
Zeiten seiner außerordentlichen Laufbahn aus dem Leben schied.

Das Buch ist reich an allem, was die Einbildungskraft
fesseln und ergötzen kann, an vortrefflichen Schilderungen
tropischer Landschaften wie einzelner Gewächse dieser wunder-
vollen Länder, an den belebtesten Auftritten aus dem Tier-
leben, an den scharfsinnigsten Beobachtungen über die geistigen
und geselligen Verhältnisse der Rassen, welche in Südamerika
neben- und durcheinander wohnen. Erst durch Humboldt ist
das eigentliche Wesen des eingeborenen Amerikaners nach
Körper und Seele den Europäern bekannt geworden, und die
Beschreibung ihrer Körperbildung, ihres Charakters, ihrer
Sprachen und Gebräuche, die Würdigung ihrer Tugenden
und ihrer Laster ist in die ganze Reisebeschreibung mit großer
Kunst eingeflochten. Humboldt wird ja gerade dadurch zu
einer so eigentümlichen und außerordentlichen Erscheinung,
daß sich in ihm mit der Schärfe und Unbestechlichkeit der
Urteilskraft eine so bedeutende künstlerische Begabung paart.
Durch dieselbe Kunst der Darstellung, wodurch er uns mit
dem Antlitz und der Gebärdung der tropischen Natur so ver-
traut macht, werden auch seine wissenschaftlichen Erörterungen
so klar und anschaulich, daß sie selbst wie organische Natur-
bildungen erscheinen, was sie ja auch im Grunde sind. Zu
allen Vorzügen des Buches kommt für den ernsten Leser noch
der unschätzbare Vorteil, daß er auf jedem Schritte den Gedanken und Thaten des Mannes folgt, der vielleicht mehr als
irgend einer die Natur in der Richtung gelichtet hat, in der
sie unseren Sonden zugänglich ist, und daß er so, wie schon
oben ausgesprochen worden, überall unmittelbar zusieht, wie
die wahre Wissenschaft zustande kommt. Nach meiner Erfahrung und Empfindung gibt es kaum etwas, das dem allgemein Unterrichteten das eigentliche Wesen, die Genesis, die
Entwickelung und die Grenzen des Naturwissens klarer machte,
als die Art und Weise, wie Humboldt in seiner Reisebeschreibung so viele große und kleine, aber für das in einen
höheren Gesichtspunkt gerückte Auge gleich wichtige Erscheinungen bespricht, wie die Meeresströmungen, die Verteilung

der Gewächse nach der Meereshöhe, die Erdbeben, die Theorie des tropischen Regens, die Ursachen der Kontraste zwischen den Klimaten benachbarter Orte, die hydrographischen Verhältnisse des Landstriches zwischen Orinoko und Rio Negro, die Milch des Kuhbaumes und die Milch der Gewächse, welche das Kautschuk geben, die schwarzen und die weißen Wasser in Guyana, die Plage der Mosfiten, das Pfeilgift der Indianer, die Wintervorräte erdeessender Otomaken, die Fabel vom „vergoldeten Mann" (el dorado), und hundert andere Gegenstände, an denen der junge Forscher seinen ungemeinen Scharfsinn geübt, und die jetzt längst in den Schatz der Wissenschaft aufgenommen sind und vertraute Elemente unserer Naturanschauung bilden.

Sollte nun aber das zunächst ohne Rücksicht auf das größere Publikum geschriebene Werk in den hier berührten Beziehungen gemeinnützlich werden, so war es den Bedürfnissen derer anzupassen, welche sich im Sinne unserer Zeit über die Geschichte des Kampfes zwischen Geist und Natur im allgemeinen unterrichten möchten. So kamen denn der Verfasser und der jetzige Herausgeber überein, das Buch als litterarisches Produkt möglichst unversehrt zu erhalten, nirgends auszugsweise zu verfahren, sondern im ganzen überall dem Texte treu zu bleiben und nur die kürzeren und längeren streng wissenschaftlichen Exkurse und Abhandlungen, die ins einzelne gehenden mineralogischen und geologischen, chemischen, physiologischen, pharmazeutischen, medizinischen, statistischen, nationalökonomischen u. s. w. Erörterungen abzulösen und von den Anmerkungen nur die beizubehalten, welche dem erwähnten Zwecke förderlich sein konnten.

Der Herausgeber.

Reise in die Aequinoktial-Gegenden.

Erstes Kapitel.

Vorbereitungen. — Abreise von Spanien. — Aufenthalt auf den
Kanarischen Inseln.

Wenn eine Regierung eine jener Fahrten auf dem Welt=
meer anordnet, durch welche die Kenntnis des Erdballes erweitert
und die physischen Wissenschaften gefördert werden, so stellt
sich ihrem Vorhaben keinerlei Hindernis entgegen. Der Zeit=
punkt der Abfahrt und der Plan der Reise können festgestellt
werden, sobald die Schiffe ausgerüstet und die Astronomen
und Naturforscher, welche unbekannte Meere befahren sollen,
gewählt sind. Die Inseln und Küsten, deren Produkte die
Seefahrer kennen lernen sollen, liegen außerhalb des Bereiches
der staatlichen Bewegungen Europas. Wenn längere Kriege
die Freiheit zur See beschränken, so stellen die kriegführenden
Mächte gegenseitig Pässe aus; der Haß zwischen Volk und
Volk tritt zurück, wenn es sich von der Förderung des Wissens
handelt, das die gemeine Sache aller Völker ist.

Anders, wenn nur ein Privatmann auf seine Kosten eine
Reise in das Innere eines Festlandes unternimmt, das Europa
in sein System von Kolonieen gezogen hat. Wohl mag sich
der Reisende einen Plan entwerfen, wie er ihm für seine
wissenschaftlichen Zwecke und bei den staatlichen Verhältnissen
der zu bereisenden Länder der angemessenste scheint; er mag
sich die Mittel verschaffen, die ihm fern vom Heimatland auf
Jahre die Unabhängigkeit sichern; aber gar oft widersetzen
sich unvorhergesehene Hindernisse seinem Vorhaben, wenn er
eben meint es ausführen zu können. Nicht leicht hat aber
ein Reisender mit so vielen Schwierigkeiten zu kämpfen gehabt
als ich vor meiner Abreise nach dem spanischen Amerika. Gern
wäre ich darüber weggegangen und hätte meine Reisebeschrei=
bung mit der Besteigung des Piks von Tenerifa begonnen,

wenn nicht das Fehlschlagen meiner ersten Pläne auf die Rich=
tung meiner Reise nach der Rückkehr vom Orinoko bedeuten=
den Einfluß geäußert hätte. Ich gebe daher eine flüchtige
Schilderung dieser Vorgänge, die für die Wissenschaft von
keinem Belang sind, von denen ich aber wünschen muß, daß
sie richtig beurteilt werden. Da nun einmal die Neugier des
Publikums sich häufig mehr an die Person des Reisenden als
an seine Werke heftet, so sind auch die Umstände, unter denen
ich meine ersten Reisepläne entworfen, ganz schief aufgefaßt
worden. [1]

Von früher Jugend auf lebte in mir der sehnliche Wunsch,
ferne, von Europäern wenig besuchte Länder bereisen zu dürfen.
Dieser Drang ist bezeichnend für einen Zeitpunkt im Leben,
wo dieses vor uns liegt wie ein schrankenloser Horizont, wo
uns nichts so sehr anzieht als starke Gemütsbewegungen und
Bilder physischer Fährlichkeiten. In einem Lande aufgewachsen,
das in keinem unmittelbaren Verkehr mit den Kolonieen in
beiden Indien steht, später in einem fern von der Meeresküste
gelegenen, durch starken Bergbau berühmten Gebirge lebend,
fühlte ich den Trieb zur See und zu weiten Fahrten immer
mächtiger in mir werden. Dinge, die wir nur aus den leben=
digen Schilderungen der Reisenden kennen, haben ganz besonderen
Reiz für uns; alles in Entlegenheit undeutlich Umrissene be=
sticht unsere Einbildungskraft; Genüsse, die uns nicht erreichbar
sind, scheinen uns weit lockender, als was sich uns im engen
Kreise des bürgerlichen Lebens bietet. Die Lust am Botani=
sieren, das Studium der Geologie, ein Ausflug nach Holland,
England und Frankreich in Gesellschaft eines berühmten Mannes,
Georg Forsters, dem das Glück geworden war, Kapitän Cook
auf seiner zweiten Reise um die Welt zu begleiten, trugen
dazu bei, den Reiseplänen, die ich schon mit achtzehn Jahren

---

[1] Ich muß hier bemerken, daß ich von einem Werke in sechs
Bänden, das unter dem seltsamen Titel: „Reise um die Welt und
in Südamerika, von A. v. Humboldt, erschienen bei Vollmer in
Hamburg," niemals Kenntnis genommen habe. Diese in meinem
Namen verfaßte Reisebeschreibung scheint nach in den Tageblättern
gegebenen Nachrichten und nach einzelnen Abhandlungen, die ich in
der ersten Klasse des französischen Institutes gelesen, zusammen=
geschrieben zu sein. Um das Publikum aufmerksam zu machen,
hielt es der Kompilator für angemessen, einer Reise in einige Länder
des neuen Kontinentes den anziehenderen Titel einer „Reise um
die Welt" zu geben.

gehegt, Gestalt und Ziel zu geben. Wenn es mich noch immer in die schönen Länder des heißen Erdgürtels zog, so war es jetzt nicht mehr der Drang nach einem aufregenden Wander=leben, es war der Trieb, eine wilde, großartige, an mannig=faltigen Naturprodukten reiche Natur zu sehen, die Aussicht, Erfahrungen zu sammeln, welche die Wissenschaften förderten. Meine Verhältnisse gestatteten mir damals nicht, Gedanken zu verwirklichen, die mich so lebhaft beschäftigten, und ich hatte sechs Jahre Zeit, mich zu den Beobachtungen, die ich in der Neuen Welt anzustellen gedachte, vorzubereiten, mehrere Länder Europas zu bereisen und die Kette der Hochalpen zu untersuchen, deren Bau ich in der Folge mit dem der Anden von Quito und Peru vergleichen konnte. Da ich zu verschie=denen Zeiten mit Instrumenten von verschiedener Konstruktion arbeitete, wählte ich am Ende diejenigen, die mir als die genauesten und dabei auf dem Transport dauerhaftesten er=schienen; ich fand Gelegenheit, Messungen, die nach den strengsten Methoden vorgenommen worden, zu wiederholen, und lernte so selbständig die Grenzen der Irrtümer kennen, auf die ich gefaßt sein mußte.

Im Jahre 1795 hatte ich einen Teil von Italien bereist, aber die vulkanischen Striche in Neapel und Sizilien nicht besuchen können. Ungern hätte ich Europa verlassen, ohne Vesuv, Stromboli und Aetna gesehen zu haben; ich sah ein, um zahlreiche geologische Erscheinungen, namentlich in der Trappformation, richtig aufzufassen, mußte ich mich mit den Erscheinungen, wie noch thätige Vulkane sie bieten, näher bekannt gemacht haben. Ich entschloß mich daher im Novem=ber 1797, wieder nach Italien zu gehen. Ich hielt mich lange in Wien auf, wo die ausgezeichneten Sammlungen und die Freundlichkeit Jacquins und Josephs van der Schott mich in meinen vorbereitenden Studien ausnehmend förderten; ich durch=zog mit Leopold von Buch, von dem seitdem ein treffliches Werk über Lappland erschienen ist, mehrere Teile des Salz=burger Landes und Steiermark, Länder, die für den Geologen und den Landschaftsmaler gleich viel Anziehendes haben; als ich aber über die Tiroler Alpen gehen wollte, sah ich mich durch den in ganz Italien ausgebrochenen Krieg genötigt, den Plan der Reise nach Neapel aufzugeben.

Kurz zuvor hatte ein leidenschaftlicher Kunstfreund, der bereits die Küsten Illyriens und Griechenlands als Altertums=forscher besucht hatte, mir den Vorschlag gemacht, ihn auf einer Reise nach Oberägypten zu begleiten. Der Ausflug sollte nur acht Monate dauern; geschickte Zeichner und astronomische Werkzeuge sollten uns begleiten, und so wollten wir den Nil bis Assuan hinaufgehen und den zwischen Tentyris und den Katarakten gelegenen Teil des Saïd genau untersuchen. Ich hatte bis jetzt bei meinen Plänen nie ein außertropisches Land im Auge gehabt, dennoch konnte ich der Versuchung nicht widerstehen, Länder zu besuchen, die in der Geschichte der Kultur eine so bedeutende Rolle spielen. Ich nahm den Vorschlag an, aber unter der ausdrücklichen Bedingung, daß ich bei der Rückkehr nach Alexandrien allein durch Syrien und Palästina weiterreisen dürfte. Sofort richtete ich meine Studien nach dem neuen Plane ein, was mir später zu gute kam, als es sich davon handelte, die rohen Denkmale der Mexikaner mit denen der Völker der Alten Welt zu vergleichen. Ich hatte die nahe Aussicht, mich nach Aegypten einzuschiffen, da nötigten mich die eingetretenen politischen Verhältnisse, eine Reise aufzugeben, die mir so großen Genuß versprach. Im Orient standen die Dinge so, daß ein einzelner Reisender gar keine Aussicht hatte, dort Studien machen zu können, welche selbst in den ruhigsten Zeiten von den Regierungen mit mißtrauischem Auge angesehen werden.

Zur selben Zeit war in Frankreich eine Entdeckungsreise in die Südsee unter dem Befehl des Kapitäns Baudin im Werk. Der ursprüngliche Plan war großartig, kühn, und hätte verdient, unter umsichtigerer Leitung ausgeführt zu werden. Man wollte die spanischen Besitzungen in Südamerika von der Mündung des Rio de la Plata bis zum Königreich Quito und der Landenge von Panama besuchen. Die zwei Korvetten sollten sofort über die Inselwelt des Stillen Meeres nach Neuholland gelangen, die Küsten desselben von Vandiemensland bis Nuytsland untersuchen, bei Madagaskar anlegen und über das Kap der guten Hoffnung zurückkehren. Ich war nach Paris gekommen, als man sich eben zu dieser Reise zu rüsten begann. Der Charakter des Kapitäns Baudin war eben nicht geeignet, mir Vertrauen einzuflößen; der Mann hatte meinen Freund, den jungen Botaniker van der Schott, nach Brasilien gebracht, und der Wiener Hof war dabei mit ihm schlecht zufrieden gewesen; da ich aber mit eigenen Mitteln nie eine so weite Reise unternehmen und ein so schönes Stück der Welt hätte kennen lernen können, so entschloß ich mich, auf gutes Glück die Expedition mitzumachen. Ich erhielt Erlaubnis, mich mit meinen Instrumenten auf einer der Korvetten, die nach der Südsee gehen sollten, einzuschiffen, und machte nur zur Bedingung, daß ich mich von Kapitän Baudin trennen dürfte, wo und wann es mir beliebte. Michaux, der bereits Persien und einen Teil von Nordamerika besucht hatte, und Bonpland, dem ich mich anschloß, und der mir seitdem aufs innigste befreundet geblieben, sollten die Reise als Naturforscher mitmachen.

Ich hatte mich einige Monate lang darauf gefreut, an einer so großen und ehrenvollen Unternehmung teilnehmen zu dürfen, da brach der Krieg in Deutschland und in Italien von neuem aus, so daß die französische Regierung die Geld= mittel, die sie zu der Entdeckungsreise angewiesen, zurückzog und dieselbe auf unbestimmte Zeit verschob. Mit Kummer sah ich alle meine Aussichten vernichtet, ein einziger Tag hatte dem Plane, den ich für mehrere Lebensjahre entworfen, ein Ende gemacht; da beschloß ich nur so bald als möglich, wie es auch sei, von Europa wegzukommen, irgend etwas zu unter= nehmen, das meinen Unmut zerstreuen könnte.

Ich wurde mit einem schwedischen Konsul, Skiöldebrand, bekannt, der dem Dei von Algier Geschenke von seiten seines Hofes zu überbringen hatte und durch Paris kam, um sich in Marseille einzuschiffen. Dieser achtungswerte Mann war lange auf der afrikanischen Küste angestellt gewesen, und da er bei der algerischen Regierung gut angeschrieben war, konnte er für mich auswirken, daß ich den Teil der Atlaskette bereisen durfte, auf den sich die bedeutenden Untersuchungen von Des= fontaines nicht erstreckt hatten. Er schickte jedes Jahr ein Fahrzeug nach Tunis, auf dem die Pilger nach Mekka gingen, und er versprach mir, mich auf diesem Wege nach Aegypten zu befördern. Ich besann mich keinen Augenblick, eine so gute Gelegenheit zu benutzen, und ich meinte nunmehr den Plan, den ich vor meiner Reise nach Frankreich entworfen, sofort ausführen zu können. Bis jetzt hatte kein Mineralog die hohe Bergkette untersucht, die in Marokko bis zur Grenze des ewigen Schnees aufsteigt. Ich konnte darauf rechnen, daß ich, nachdem ich in den Alpenstrichen der Berberei einiges für die Wissenschaft gethan, in Aegypten bei den bedeutenden Gelehrten, die seit einigen Monaten zum Institut von Kairo zusammengetreten waren, dasselbe Entgegenkommen fand, das mir in Paris in so reichem Maße zu teil geworden. Ich ergänzte rasch meine Sammlung von Instrumenten und ver=

schaffte mir die Werke über die zu bereisenden Länder. Ich
nahm Abschied von meinem Bruder, der durch Rat und Bei=
spiel meine Geistesrichtung hatte bestimmen helfen. Er billigte
die Beweggründe meines Entschlusses, Europa zu verlassen;
eine geheime Stimme sagte uns, daß wir uns wiedersehen
würden. Diese Hoffnung hat uns auch nicht betrogen, und
sie linderte den Schmerz einer langen Trennung. Ich verließ
Paris mit dem Entschluß, mich nach Algier und Aegypten
einzuschiffen, und wie nun einmal der Zufall in allem Men=
schenleben regiert, ich sah bei der Rückkehr vom Amazonenstrom
und aus Peru meinen Bruder wieder, ohne das Festland von
Afrika betreten zu haben.

Die schwedische Fregatte, welche Skiöldebrand nach Algier
überführen sollte, wurde zu Marseille in den letzten Tagen
Oktobers erwartet. Bonpland und ich begaben uns um diese
Zeit dahin, und eilten um so mehr, da wir während der Reise
immer besorgten, zu spät zu kommen und das Schiff zu ver=
säumen. Wir ahnten nicht, welche neuen Widerwärtigkeiten
uns zunächst bevorstanden.

Skiöldebrand war so ungeduldig als wir, seinen Bestim=
mungsort zu erreichen. Wir bestiegen mehrmals im Tage den
Berg Notre Dame de la Garde, von dem man weit ins
Mittelmeer hinausblickt. Jedes Segel, das am Horizont
sichtbar wurde, setzte uns in Aufregung; aber nachdem wir
zwei Monate in großer Unruhe vergeblich geharrt, ersahen
wir aus den Zeitungen, daß die schwedische Fregatte, die uns
überführen sollte, in einem Sturm an den Küsten von Portugal
stark gelitten und in den Hafen von Cadiz habe einlaufen
müssen, um ausgebessert zu werden. Privatbriefe bestätigten
die Nachricht, und es war gewiß, daß der Jaramas — so
hieß die Fregatte — vor dem Frühjahr nicht nach Marseille
kommen konnte.

Wir konnten es nicht über uns gewinnen, bis dahin in
der Provence zu bleiben. Das Land, zumal das Klima,
fanden wir herrlich; aber der Anblick des Meeres mahnte
uns fortwährend an unsere zertrümmerten Hoffnungen. Auf
einem Ausflug nach Hyères und Toulon fanden wir in letzterem
Hafen die Fregatte Boudeuse, die Bougainville auf seiner
Reise um die Welt befehligt hatte. Ich hatte mich zu Paris,
als ich mich rüstete, die Expedition des Kapitäns Baudin
mitzumachen, des besondern Wohlwollens des berühmten See=
fahrers zu erfreuen gehabt. Nur schwer vermöchte ich zu

schildern, was ich beim Anblick des Schiffes empfand, das Commerson auf die Inseln der Südsee gebracht. Es gibt Stimmungen, in denen sich ein Schmerzgefühl in alle unsere Empfindungen mischt.

Wir hielten immer noch am Gedanken fest, uns an die afrikanische Küste zu begeben, und dieser zähe Entschluß wäre uns beinahe verderblich geworden. Im Hafen von Marseille lag zur Zeit ein kleines ragusanisches Fahrzeug, bereit nach Tunis unter Segel zu gehen. Dies schien uns eine günstige Gelegenheit; wir kamen ja auf diese Weise in die Nähe von Aegypten und Syrien. Wir wurden mit dem Kapitän wegen des Ueberfahrtspreises einig; am folgenden Tage sollten wir unter Segel gehen, aber die Abreise verzögerte sich glücklicherweise durch einen an sich ganz unbedeutenden Umstand. Das Vieh, das uns als Proviant auf der Ueberfahrt dienen sollte, war in der großen Kajütte untergebracht. Wir verlangten, daß zur Bequemlichkeit der Reisenden und zur sicheren Unterbringung unserer Instrumente das Notwendigste vorgekehrt werde. Allermittelst erfuhr man in Marseille, daß die tunesische Regierung die in der Berberei niedergelassenen Franzosen verfolge, und daß alle aus französischen Häfen ankommenden Personen ins Gefängnis geworfen würden. Durch diese Kunde entgingen wir einer großen Gefahr; wir mußten die Ausführung unserer Pläne verschieben und entschlossen uns, den Winter in Spanien zuzubringen, in der Hoffnung, uns im nächsten Frühjahr, wenn anders die politischen Zustände im Orient es gestatteten, in Cartagena oder in Cadiz einschiffen zu können.

Wir reisten durch Katalonien und das Königreich Valencia nach Madrid. Wir besuchten auf dem Wege die Trümmer Tarragonas und des alten Sagunt, machten von Barcelona aus einen Ausflug auf den Montserrat, dessen hochaufragende Gipfel von Einsiedlern bewohnt sind, und der durch die Kontraste eines kräftigen Pflanzenwuchses und nackter, öder Felsmassen ein eigentümliches Landschaftsbild bietet. Ich fand Gelegenheit, durch astronomische Rechnung die Lage mehrerer für die Geographie Spaniens wichtiger Punkte zu bestimmen; ich maß mittels des Barometers die Höhe des Centralplateaus und stellte einige Beobachtungen über die Inklination der Magnetnadel und die Intensität der magnetischen Kraft an. Die Ergebnisse dieser Beobachtungen sind für sich erschienen, und ich verbreite mich hier nicht weiter über die Naturbeschaffenheit eines Landes, in dem ich mich nur ein halbes Jahr aufhielt, und das in neuerer Zeit von so vielen unterrichteten Männern bereist worden ist.

Zu Madrid angelangt, fand ich bald Ursache mir Glück dazu zu wünschen, daß wir uns entschlossen, die Halbinsel zu besuchen. Der Baron Forell, sächsischer Gesandter am spanischen Hofe, kam mir auf eine Weise entgegen, die meinen Zwecken sehr förderlich wurde. Er verband mit ausgebreiteten mineralogischen Kenntnissen das regste Interesse für Unternehmungen zur Förderung der Wissenschaft. Er bedeutete mir, daß ich unter der Verwaltung eines aufgeklärten Ministers, des Ritters Don Mariano Luis de Urquijo, Aussicht habe, auf meine Kosten im Inneren des spanischen Amerikas reisen zu dürfen. Nach all den Widerwärtigkeiten, die ich erfahren, besann ich mich keinen Augenblick, diesen Gedanken zu ergreifen.

Im März 1799 wurde ich dem Hofe von Aranjuez vorgestellt. Der König nahm mich äußerst wohlwollend auf. Ich entwickelte die Gründe, die mich bewogen, eine Reise in den neuen Kontinent und auf die Philippinen zu unternehmen, und reichte dem Staatssekretär eine darauf bezügliche Denkschrift ein. Der Ritter d'Urquijo unterstützte mein Gesuch und räumte alle Schwierigkeiten aus dem Wege. Der Minister handelte hierbei desto großmütiger, da ich in gar keiner persönlichen Beziehung zu ihm stand. Der Eifer, mit dem er fortwährend meine Absichten unterstützte, hatte keinen anderen Beweggrund als seine Liebe zu den Wissenschaften. Es wird mir zur angenehmen Pflicht, in diesem Werke der Dienste, die er mir erwiesen, dankbar zu gedenken.

Ich erhielt zwei Pässe, den einen vom ersten Staatssekretär, den anderen vom Rat von Indien. Nie war einem Reisenden mit der Erlaubnis, die man ihm erteilte, mehr zugestanden worden, nie hatte die spanische Regierung einem Fremden größeres Vertrauen bewiesen. Um alle Bedenken zu beseitigen, welche die Vizekönige oder Generalkapitäne, als Vertreter der königlichen Gewalt in Amerika, hinsichtlich des Zweckes und Wesens meiner Beschäftigungen erheben könnten, hieß es im Paß der primera secretaria de estado: „ich sei ermächtigt, mich meiner physikalischen und geobätischen Instrumente mit voller Freiheit zu bedienen; ich dürfe in allen spanischen Besitzungen astronomische Beobachtungen anstellen, die Höhen der Berge messen, die Erzeugnisse des Bodens sammeln und alle Operationen ausführen, die ich zur Förderung der Wissenschaft vorzunehmen gut finde". Diese Befehle von seiten des Hofes wurden genau befolgt, auch nachdem infolge der Ereignisse Don d'Urquijo vom Ministerium hatte abtreten müssen. Ich meinerseits war bemüht, diese sich nie verleugnende Freundlichkeit zu erwidern. Ich übergab während meines Aufenthaltes in Amerika den Statthaltern der Provinzen Abschriften des von mir gesammelten Materials über die Geographie und Statistik der Kolonieen, das dem Mutterlande von einigem Wert sein konnte. Dem von mir vor meiner Abreise gegebenen Versprechen gemäß übermachte ich dem naturhistorischen Kabinett zu Madrid mehrere geologische Sammlungen. Da der Zweck unserer Reise ein rein wissenschaftlicher war, so hatten Bonpland und ich das Glück, uns das Wohlwollen der Kolonisten wie der mit der Verwaltung dieser weiten Landstriche betrauten Europäer zu erwerben. In den fünf Jahren, während deren wir den neuen Kontinent durchzogen, sind wir niemals einer Spur von Mißtrauen begegnet. Mit Freude spreche ich es hier aus: unter den härtesten Entbehrungen, im Kampfe mit einer wilden Natur haben wir uns nie über menschliche Ungerechtigkeit zu beklagen gehabt.

Verschiedene Gründe hätten uns eigentlich bewegen sollen, noch länger in Spanien zu verweilen. Abbé Cavanilles, ein Mann gleich geistreich wie mannigfaltig unterrichtet, Née, der mit Hänke die Expedition Malaspinas als Botaniker mitgemacht und allein eine der größten Kräutersammlungen, die man je in Europa gesehen, zusammengebracht hat, Don Casimir Ortega, Abbé Pourret und die gelehrten Verfasser der Flora von Peru, Ruiz und Papon, stellten uns ihre reichen Sammlungen zur unbeschränkten Verfügung. Wir untersuchten zum Teil die mexikanischen Pflanzen, die von Sesse, Mociño und Cervantes entdeckt worden, und von denen Abbildungen an das naturhistorische Museum zu Madrid gelangt waren. In dieser großen Anstalt, die unter der Leitung Clavijos stand, des Herausgebers einer gefälligen Uebersetzung der Werke Buffons, fanden wir allerdings keine geologischen Suiten aus den Kordilleren; aber Proust, der sich durch die große Genauigkeit seiner chemischen Arbeiten bekannt gemacht hat, und ein ausgezeichneter Mineralog, Hergen, gaben uns interessante Nachweisungen über verschiedene mineralische Substanzen Amerikas. Mit bedeutendem Nutzen hätten wir uns wohl noch länger mit den Naturprodukten der Länder beschäftigt, die das Ziel unserer Forschungen waren, aber es drängte uns zu

ſehr, von der Vergünſtigung, die der Hof uns gewährt, Ge=
brauch zu machen, als daß wir unſere Abreiſe hätten verſchieben
können. Seit einem Jahre war ich ſo vielen Hinderniſſen
begegnet, daß ich es kaum glauben konnte, daß mein ſehn=
lichſter Wunſch endlich in Erfüllung gehen ſollte.

Wir verließen Madrid gegen die Mitte Mais. Wir
reiſten durch einen Teil von Altkaſtilien, durch das Königreich
Leon und Galicien nach Coruña, wo wir uns nach der Inſel
Cuba einſchiffen ſollten. Der Winter war ſtreng und lang
geweſen, und jetzt genoſſen wir auf der Reiſe der milden
Frühlingstemperatur, die ſchon ſo weit gegen Süd gewöhnlich
nur den Monaten Mai und April eigen iſt. Schnee bedeckte
noch die hohen Granitgipfel der Guadarrama; aber in den
tiefen Thälern Galiciens, welche an die maleriſchen Land=
ſchaften der Schweiz und Tirols erinnern, waren alle Felſen
mit Ciſtus in voller Blüte und baumartigem Heidekraut über=
zogen. Man iſt froh, wenn man die kaſtiliſche Hochebene
hinter ſich hat, welche faſt ganz von Pflanzenwuchs entblößt,
und wo es im Winter empfindlich kalt, im Sommer drückend
heiß iſt. Nach den wenigen Beobachtungen, die ich ſelbſt
anſtellen konnte, beſteht das Innere Spaniens aus einer weiten
Ebene, die 584 m über dem Spiegel des Meeres mit ſekun=
dären Gebirgsbildungen, Sandſtein, Gips, Steinſalz, Jurakalk
bedeckt iſt; das Klima von Kaſtilien iſt weit kälter als das
von Toulon und Genua; die mittlere Temperatur erreicht
kaum 15° der hundertteiligen Skale. Man wundert ſich, daß
unter der Breite von Kalabrien, Theſſalien und Kleinaſien
die Orangenbäume im Freien nicht mehr fortkommen. Die
Hochebene in der Mitte des Landes iſt umgeben von einer
tiefgelegenen, ſchmalen Zone, wo an mehreren Punkten Cha=
märops, der Dattelbaum, das Zuckerrohr, die Banane und
viele Spanien und dem nördlichen Afrika gemeinſame Pflanzen
vorkommen, ohne vom Winterfroſt zu leiden. Unter dem 36.
bis 40. Grad der Breite beträgt die mittlere Temperatur dieſer
Zone 17 bis 20°, und durch den Verein von Verhältniſſen,
die hier nicht aufgezählt werden können, iſt dieſer glückliche
Landſtrich der vornehmſte Sitz des Gewerbfleißes und der
Geiſtesbildung geworden.

Kommt man im Königreich Valencia von der Küſte des
Mittelmeeres gegen die Hochebene von Mancha und Kaſtilien
herauf, ſo meint man, tief im Lande, in weithin geſtreckten
ſchroffen Abhängen die alte Küſte der Halbinſel vor ſich zu

haben. Dieses merkwürdige Phänomen erinnert an die Sagen der Samothraker und andere geschichtliche Zeugnisse, welche darauf hinzuweisen scheinen, daß durch den Ausbruch der Wasser aus den Dardanellen das Becken des Mittelmeeres erweitert und der südliche Teil Europas zerrissen und vom Mittelmeer verschlungen worden ist. Nimmt man an, diese Sagen seien keine geologischen Träume, sondern beruhen wirklich auf der Erinnerung an eine uralte Umwälzung, so hätte die spanische Centralhochebene dem Anprall der gewaltigen Fluten widerstanden, bis die Wasser durch die zwischen den Säulen des Herkules sich bildende Meerenge abflossen, so daß der Spiegel des Mittelmeeres allmählich sank und einerseits Niederägypten, andererseits die fruchtbaren Ebenen von Tarragona, Valencia und Murcia trocken gelegt wurden. Was mit der Bildung dieses Meeres zusammenhängt, dessen Dasein von so bedeutendem Einfluß auf die frühesten Kulturbewegungen der Menschheit war, ist von ganz besonderem Interesse. Man könnte denken, Spanien, das sich als ein Vorgebirge inmitten der Meere darstellt, verdanke seine Erhaltung seinem hochgelegenen Boden; ehe man aber auf solche theoretische Vorstellungen Gewicht legt, müßte man erst die Bedenken beseitigen, die sich gegen die Durchbrechung so vieler Dämme erheben, müßte man wahrscheinlich zu machen suchen, daß das Mittelmeer einst in mehrere abgeschlossene Becken geteilt gewesen, deren alte Grenzen durch Sizilien und die Insel Kandia angedeutet scheinen. Die Lösung diese Probleme soll uns hier nicht beschäftigen, wir beschränken uns darauf, auf den auffallenden Kontrast in der Gestaltung des Landes am östlichen und am westlichen Ende Europas aufmerksam zu machen. Zwischen dem Baltischen und dem Schwarzen Meer erhebt sich das Land gegenwärtig kaum 97,5 m über den Spiegel des Ozeans, während die Hochebene von Mancha, wenn sie zwischen den Quellen des Niemen und des Dnjepr läge, sich als eine Gebirgsgruppe von bedeutender Höhe darstellen würde. Es ist höchst anziehend, auf die Ursachen zurückzugehen, durch welche die Oberfläche unseres Planeten umgestaltet worden sein mag; sicherer ist es aber, sich an diejenigen Seiten der Erscheinungen zu halten, welche der Beobachtung und Messung des Forschers zugänglich sind.

Zwischen Astorga und Coruña, besonders von Lugo an, werden die Berge allmählich höher. Die sekundären Gebirgsbildungen verschwinden mehr und mehr, und die Uebergangsgebirgsarten, die sie ablösen, verkünden die Nähe des Urgebirges. Wir sahen ansehnliche Berge aufgebaut aus altem Sandstein, den die Mineralogen der Freiberger Schule als Grauwacke und Grauwackenschiefer aufführen. Ich weiß nicht, ob diese Formation, die im südlichen Europa nicht häufig vorkommt, auch in anderen Strichen Spaniens aufgefunden worden ist. Eckige Bruchstücke von lydischem Stein, die in den Thälern am Boden liegen, schienen uns darauf zu deuten, daß die Grauwacke dem Uebergangsschiefer aufgelagert ist. Bei Coruña selbst erheben sich Granitgipfel, die bis zum Kap Ortegal fortstreichen. Diese Granite, welche einst mit denen in Bretagne und Wales in Zusammenhang gestanden haben mögen, sind vielleicht die Trümmer einer von den Fluten zertrümmerten und verschlungenen Bergkette. Schöne große Feldspatkristalle sind für dieses Gestein charakteristisch, Zinnstein ist darin eingesprengt, und von den Galiciern wird darauf ein mühsamer, wenig ergiebiger Bergbau betrieben.

In Coruña angelangt, fanden wir den Hafen von zwei englischen Fregatten und einem Linienschiff blockiert. Diese Fahrzeuge sollten den Verkehr zwischen dem Mutterlande und den Kolonieen in Amerika unterbrechen; denn von Coruña, nicht von Cadiz lief damals jeden Monat ein Paketboot (Correo maritimo) nach der Havana aus, und alle zwei Monate ein anderes nach Buenos Ayres oder der Mündung des La Plata. Ich werde später den Zustand der Posten auf dem neuen Kontinent genau beschreiben; hier nur so viel, daß seit dem Ministerium des Grafen Florida Blanca der Dienst der „Landkuriere" so gut eingerichtet ist, daß einer in Paraguay oder in der Provinz Jaen de Bracamoros nur durch sie ziemlich regelmäßig mit einem in Neumexiko oder an der Küste von Neukalifornien korrespondiern kann, also so weit, als es von Paris nach Siam oder von Wien an das Kap der guten Hoffnung ist. Ebenso gelangt ein Brief, den man in einer kleinen Stadt in Aragonien zur Post gibt, nach Chile oder in die Missionen am Orinoko, wenn nur der Name des Corregimiento oder Bezirkes, in dem das betreffende indianische Dorf liegt, genau angegeben ist. Mit Vergnügen verweilt der Gedanke bei Einrichtungen, die für eine der größten Wohlthaten der Kultur der neueren Zeit gelten können. Die Einrichtung der Kuriere zur See und im inneren Lande hat das Band zwischen den Kolonieen unter sich und mit dem Mutterlande enger geknüpft. Der Gedankenaustausch wurde dadurch beschleunigt, die Beschwerden der Kolonisten drangen leichter nach Europa und die Staatsgewalt konnte hin und wieder Bedrückungen ein Ende machen, die sonst aus so weiter Ferne nie zu ihrer Kenntnis gelangt wären.

Der Minister hatte uns ganz besonders dem Brigadier Don Rafael Clavijo empfohlen, der seit kurzem die Oberaufsicht über die Seeposten hatte. Dieser Offizier, bekannt als ausgezeichneter Schiffsbauer, war in Coruña mit der Einrichtung neuer Werfte beschäftigt. Er bot alles auf, um uns den Aufenthalt im Hafen angenehm zu machen, und gab uns den Rat, uns auf der Korvette[1] Pizarro einzuschiffen, die nach der Havana und Mexiko ging. Dieses Fahrzeug, das die Post für Juni an Bord hatte, sollte mit der Alcudia segeln, dem Paketboot für den Mai, das wegen der Blockade seit drei Wochen nicht hatte auslaufen können. Der Pizarro galt für keinen guten Segler, aber durch einen glücklichen Zufall war er vor kurzem auf seiner langen Fahrt vom Rio de la Plata nach Coruña den kreuzenden englischen Fahrzeugen entgangen. Clavijo ließ an Bord der Korvette Einrichtungen treffen, daß wir unsere Instrumente aufstellen und während der Ueberfahrt unsere chemischen Versuche über die atmosphärische Luft vornehmen konnten. Der Kapitän des Pizarro erhielt Befehl, bei Tenerifa so lange anzulegen, daß wir den Hafen von Orotava besuchen und den Gipfel des Piks besteigen könnten.

Die Einschiffung verzögerte sich nur zehn Tage, dennoch kam uns der Aufenthalt gewaltig lang vor. Wir benutzten die Zeit, die Pflanzen einzulegen, die wir in den schönen, noch von keinem Naturforscher betretenen Thälern Galiciens gesammelt; wir untersuchten die Tange und Weichtiere, welche die Flut von Nordwest her in Menge an den Fuß des steilen Felsens wirft, auf dem der Wachtturm des Herkules steht. Dieser Turm, auch „der eiserne Turm“ genannt, wurde im Jahre 1788 restauriert. Er ist 30 m hoch, seine Mauern sind 1,46 m dick, und nach seiner Bauart ist er unzweifelhaft ein Werk der Römer. Eine in der Nähe der Fundamente gefundene Inschrift, von der ich durch Herrn de Labordes' Gefälligkeit eine Abschrift besitze, besagt, der Turm sei von Cajus Servius Lupus, Architekten der Stadt Aqua Flavia (Chaves), erbaut und dem Mars geweiht. Warum heißt der

---

[1] Nach dem spanischen Sprachgebrauch war der Pizarro eine leichte Fregatte (Fregata lijera).

eiserne Turm der Herkulesturm? Sollten ihn die Römer auf den Trümmern eines griechischen oder phönizischen Bauwerkes errichtet haben? Wirklich behauptet Strabo, Galicien, das Land der Galläci, sei von griechischen Kolonieen bevölkert gewesen. Nach einer Angabe des Asklepiades von Myrtäa in seiner Geographie von Spanien hätten sich nach einer alten Sage die Gefährten des Herkules in diesen Landstrichen niedergelassen. [1]

Die Höhen von Ferrol und Coruña sind an derselben Bai gelegen, so daß ein Schiff, das bei schlimmem Wetter gegen das Land getrieben wird, je nach der Richtung des Windes, im einen oder im anderen Hafen vor Anker gehen kann. Ein solcher Vorteil ist unschätzbar in Strichen, wo die See fast beständig hoch geht, wie zwischen den Vorgebirgen Ortegal und Finisterre, den Vorgebirgen Trileucum und Artabrum der alten Geographen. Ein enger, von steilen Granitfelsen gebildeter Kanal führt in das weite Becken von Ferrol. In ganz Europa findet sich kein zweiter Ankerplatz, der so merkwürdig weit ins Land hineinschnitte. Dieser enge, geschlängelte Paß, durch den die Schiffe in den Hafen gelangen, sieht aus, als wäre er durch eine Flut oder durch wiederholte Stöße ungemein heftiger Erdbeben eingerissen. In der Neuen Welt, an der Küste von Neuandalusien, hat die Laguna del Opisco, der „Bischofssee", genau dieselbe Gestalt wie der Hafen von Ferrol. Die auffallendsten geologischen Erscheinungen wiederholen sich auf den Festländern an weit entlegenen Punkten, und der Forscher, der Gelegenheit gehabt, verschiedene Weltteile zu sehen, erstaunt über die durchgehende Gleichförmigkeit im Ausschnitt der Küsten, im krummen Zug der Thäler, im Anblick der Berge und ihrer Gruppierung. Das zufällige Zusammentreffen derselben Ursachen mußte allerorten dieselben Wirkungen hervorbringen, und mitten aus der Mannigfaltigkeit der Natur tritt uns in der Anordnung der toten Stoffe, wie in der Organisation der Pflanzen und Tiere eine gewisse Uebereinstimmung in Bau und Gestaltung entgegen.

Auf der Ueberfahrt von Coruña nach Ferrol machten wir über eine Untiefe beim „weißen Signal", in der Bai, die nach d'Anville der portus magnus der Alten war, mittels

---

[1] Die Phönizier und die Griechen besuchten die Küsten von Galicien (Gallaecia) wegen des Handels mit Zinn, das sie von hier wie von den Kassiteridischen Inseln bezogen.

einer Thermometersonde mit Ventilen einige Beobachtungen über die Temperatur der See und über die Abnahme der Wärme in den übereinander gelagerten Wasserschichten. Ueber der Bank zeigte das Instrument an der Meeresfläche 12,5 bis 13,3° der hundertteiligen Skale, während ringsumher, wo das Meer sehr tief war, der Thermometer bei 12,8° Luft= temperatur auf 15 bis 15,3° stand. Der berühmte Franklin und Jonathan Williams, der Verfasser des zu Philadelphia erschienenen Werkes „Thermometric Navigation", haben zu= erst die Physiker darauf aufmerksam gemacht, wie abweichend sich die Temperaturverhältnisse der See über Untiefen gestalten, sowie in der Zone warmer Wasserströme, die aus dem Meer= busen von Mexiko zur Bank von Neufundland und hinüber an die Nordküsten von Europa sich erstreckt. Die Beobachtung, daß sich die Nähe einer Sandbank durch ein rasches Sinken der Temperatur an der Meeresfläche verkündet, ist nicht nur für die Physik von Wichtigkeit, sie kann auch für die Sicher= heit der Schiffahrt von großer Bedeutung werden. Allerdings wird man über dem Thermometer das Senkblei nicht aus der Hand legen; aber Beobachtungen, wie ich sie im Verlauf dieser Reisebeschreibung anführen werde, thun zur Genüge dar, daß ein Temperaturwechsel, den die unvollkommensten Instrumente anzeigen, die Gefahr verkündet, lange bevor das Schiff über die Untiefe gelangt. In solchen Fällen mag die Abnahme der Meerestemperatur den Schiffer veranlassen, zum Senkblei zu greifen in Strichen, wo er sich vollkommen sicher dünkte. Auf die physischen Ursachen dieser verwickelten Erscheinungen kommen wir anderswo zurück. Hier sei nur erwähnt, daß die niedrigere Temperatur des Wassers über den Untiefen großenteils daher rührt, daß es sich mit tieferen Wasserschichten mischt, welche längs der Abhänge der Bank zur Meeresfläche aufsteigen.

Eine Aufregung des Meeres von Nordwest her unter= brach unsere Versuche über die Meerestemperatur in der Bai von Ferrol. Die Wellen gingen so hoch, weil auf offener See ein heftiger Wind geweht hatte, in dessen Folge die eng= lischen Schiffe sich hatten von der Küste entfernen müssen. Man wollte die Gelegenheit zum Auslaufen benutzen; man schiffte alsbald unsere Instrumente, unsere Bücher, unser ganzes Gepäck ein; aber der Westwind wurde immer stärker und man konnte die Anker nicht lichten. Wir benutzten den Auf= schub, um an unsere Freunde in Deutschland und Frankreich

zu schreiben. Der Augenblick, wo man zum erstenmal von
Europa scheidet, hat etwas Ergreifendes. Wenn man sich noch
so bestimmt vergegenwärtigt, wie stark der Verkehr zwischen
beiden Welten ist, wie leicht man bei den großen Fortschritten
der Schiffahrt über den Atlantischen Ozean gelangt, der, der
Südsee gegenüber, ein nicht sehr breiter Meeresarm ist, das
Gefühl, mit dem man zum erstenmal eine weite Seereise an=
tritt, hat immer etwas tief Aufregendes. Es gleicht keiner
der Empfindungen, die uns von früher Jugend auf bewegt
haben. Getrennt von den Wesen, an denen unser Herz hängt,
im Begriff, gleichsam den Schritt in ein neues Leben zu thun,
ziehen wir uns unwillkürlich in uns selbst zusammen und
über uns kommt ein Gefühl des Alleinseins, wie wir es nie
empfunden.

Unter den Briefen, die ich kurz vor unserer Einschiffung
schrieb, befand sich einer, der für die Richtung unserer Reise
und den Verlauf unserer späteren Forschungen sehr folgereich
wurde. Als ich Paris verließ, um die Küste von Afrika zu
besuchen, schien die Entdeckungsreise in die Südsee auf mehrere
Jahre verschoben. Ich hatte mit Kapitän Baudin die Ver=
abredung getroffen, daß ich, wenn er wider Vermuten die
Reise früher antreten könnte und ich davon Kenntnis bekäme,
von Algier aus in einen französischen oder spanischen Hafen
eilen wolle, um die Expedition mitzumachen. Im Begriff
in die Neue Welt abzugehen, wiederholte ich jetzt dieses Ver=
sprechen. Ich schrieb Kapitän Baudin, wenn die Regierung
ihn auch jetzt noch den Weg um Kap Horn nehmen lassen
wolle, so werde ich mich bemühen, mit ihm zusammenzutreffen,
in Montevideo, in Chile, in Lima, wo immer er in den
spanischen Kolonieen anlegen möchte. Treu dieser Zusage,
änderte ich meinen Reiseplan, sobald die amerikanischen Blätter
im Jahre 1801 die Nachricht brachten, die französische Expe=
dition sei von Havre abgegangen, um von Ost nach West die
Welt zu umsegeln. Ich mietete ein kleines Fahrzeug und
ging von Batabano auf der Insel Cuba nach Portobelo und
von da über die Landenge an die Küste der Südsee. Infolge
einer falschen Zeitungsnachricht haben Bonpland und ich über
3600 km in einem Lande gemacht, das wir gar nicht hatten
bereisen wollen. Erst in Quito erfuhren wir durch einen
Brief Delambres, des beständigen Sekretärs der ersten Klasse
des Institutes, daß Kapitän Baudin um das Kap der guten
Hoffnung gegangen und die West= und Ostküste Amerikas gar

nicht berührt habe. Nicht ohne ein Gefühl von Wehmut gedenke ich einer Expedition, die mehrfach in mein Leben eingreift, und die kürzlich von einem Gelehrten[1] beschrieben worden ist, den die Menge der Entdeckungen, welche die Wissenschaft ihm dankt, und der aufopfernde Mut, den er auf seiner Laufbahn unter den härtesten Entbehrungen und Leiden bewiesen, gleich hoch stellen.

Ich hatte auf die Reise nach Spanien nicht meine ganze Sammlung physikalischer, geodätischer und astronomischer Werkzeuge mitnehmen können; ich hatte die Dubletten in Marseille in Verwahrung gegeben und wollte sie, sobald ich Gelegenheit gefunden hätte, an die Küste der Berberei zu gelangen, nach Algier oder Tunis nachkommen lassen. In ruhigen Zeiten ist Reisenden sehr zu raten, daß sie sich nicht mit allen ihren Instrumenten beladen; man läßt sie besser nachkommen, um nach einigen Jahren diejenigen zu ersetzen, die durch den Gebrauch oder auf dem Transport gelitten haben. Diese Vorsicht erscheint besonders dann geboten, wenn man zahlreiche Punkte durch rein chronometrische Mittel zu bestimmen hat. Aber während eines Seekrieges thut man klug, seine Instrumente, Handschriften und Sammlungen fortwährend bei sich zu haben. Wie wichtig dies ist, haben traurige Erfahrungen mir bewiesen. Unser Aufenthalt zu Madrid und Coruña war zu kurz, als daß ich den meteorologischen Apparat, den ich in Marseille gelassen, hätte von dort kommen lassen können. Nach unserer Rückkehr vom Orinoko gab ich Auftrag, mir denselben nach der Havana zu schicken, aber ohne Erfolg; weder dieser Apparat, noch die achromatischen Fernröhren und der Thermometer von Arnold, die ich in London bestellt, sind mir in Amerika zugekommen.

Getrennt von unseren Instrumenten, die sich am Bord der Korvette befanden, brachten wir noch zwei Tage in Coruña zu. Ein dichter Nebel, der den Horizont bedeckte, verkündete endlich die sehnlich erwartete Aenderung des Wetters. Am 4. Juni abends drehte sich der Wind nach Nordost, welche Windrichtung an der Küste von Galicien in der schönen Jahreszeit für sehr beständig gilt. Am fünften ging der Pizarro wirklich unter Segel, obgleich wenige Stunden zuvor die Nachricht angelangt war, eine englische Eskadre sei vom Wacht-

---

[1] Peron, der nach langen schmerzlichen Leiden im 35. Jahre der Wissenschaft entrissen wurde.

posten Sisarga signalisiert worden und scheine nach der Mün=
dung des Tajo zu segeln. Die Leute, welche unsere Korvette
die Anker lichten sahen, äußerten laut, ehe drei Tage ver=
gehen, seien wir aufgebracht und mit dem Schiffe, dessen Los
wir teilen müßten, auf dem Wege nach Lissabon. Diese Prophe=
zeiung beunruhigte uns um so mehr, als wir in Madrid
Mexikaner kennen gelernt hatten, die sich dreimal in Cadiz
nach Veracruz eingeschifft hatten, jedesmal aber fast unmittel=
bar vor dem Hafen aufgebracht worden und über Portugal
nach Spanien zurückgekehrt waren.

Um zwei Uhr nachmittags war der Pizarro unter Segel.
Der Kanal, durch den man aus dem Hafen von Coruña fährt,
ist lang und schmal; da er sich gegen Nord öffnet und der
Wind uns entgegen war, mußten wir acht kleine Schläge
machen, von denen drei so gut wie verloren waren. Gewendet
wurde immer äußerst langsam, und einmal, unter dem Fort
St. Amarro, schwebten wir in Gefahr, da uns die Strömung
sehr nahe an die Klippen trieb, an denen sich das Meer mit
Ungestüm bricht. Unsere Blicke hingen am Schloß St. Antonio,
wo damals der unglückliche Malaspina als Staatsgefangener
saß. Im Augenblick, da wir Europa verließen, um Länder
zu besuchen, welche dieser bedeutende Forscher mit so vielem
Erfolg bereist hat, hätte ich mit meinen Gedanken gern bei
einem minder traurigen Gegenstande verweilt.

Um sechs ein halb Uhr kamen wir am Turm des Herkules
vorüber, von dem oben die Rede war, der Coruña als Leucht=
turm dient, und auf dem man seit den ältesten Zeiten ein
Steinkohlenfeuer unterhält. Der Schein dieses Feuers steht
in schlechtem Verhältnis mit dem schönen, stattlichen Bauwerk;
es ist so schwach, daß die Schiffe es erst gewahr werden,
wenn sie bereits Gefahr laufen zu stranden. Bei Einbruch
der Nacht wurde die See sehr unruhig und der Wind bedeu=
tend frischer. Wir steuerten gegen Nordwest, um nicht den
englischen Fregatten zu begegnen, die, wie man glaubte, in
diesen Strichen kreuzten. Gegen neun Uhr sahen wir das
Licht in einer Fischerhütte von Sisarga, das letzte, was uns
von der Küste von Europa zu Gesicht kam. Mit der zu=
nehmenden Entfernung verschmolz der schwache Schimmer mit
dem Licht der Sterne, die am Horizont aufgingen, und un=
willkürlich blieben unsere Blicke daran hängen. Dergleichen
Eindrücke vergißt einer nie, der in einem Alter, wo die Em=
pfindung noch ihre volle Tiefe und Kraft besitzt, eine weite

Seereise angetreten hat. Welche Erinnerungen werden in der Einbildungskraft wach, wenn so ein leuchtender Punkt in finsterer Nacht, der von Zeit zu Zeit aus den bewegten Wellen aufblitzt, die Küste des Heimatlandes bezeichnet!

Wir mußten die oberen Segel einziehen. Wir segelten zehn Knoten in der Stunde, obgleich die Korvette nicht zum Schnellsegeln gebaut war. Um sechs Uhr morgens wurde das Schlingern so heftig, daß die kleine Bramstenge brach. Der Unfall hatte indessen keine schlimmen Folgen. Wir brauchten zur Ueberfahrt von Coruña nach den Kanarien dreizehn Tage, und dies war lang genug, um uns in so stark befahrenen Strichen wie die Küsten von Portugal der Gefahr auszusetzen, auf englische Schiffe zu stoßen. Die ersten drei Tage zeigte sich kein Segel am Horizont, und dies beruhigte nachgerade unsere Mannschaft, die sich auf kein Gefecht einlassen konnte.

Am 7. liefen wir über den Parallelkreis von Kap Finisterre. Die Gruppe von Granitfelsen, die dieses Vorgebirge, wie das Vorgebirge Torianes und den Berg Corcubion bilden, heißt Sierra de Toriñona. Das Kap Finisterre ist niedriger als das Land umher, aber die Toriñona ist auf hoher See 76,5 km weit sichtbar, woraus folgt, daß die höchsten Gipfel derselben nicht unter 582 m hoch sein können.

Am 8. bei Sonnenuntergang wurde von den Masten ein englisches Konvoi signalisiert, das gegen Südost an der Küste hinsteuerte. Ihm zu entgehen, wichen wir die Nacht hindurch aus unserem Kurs. Damit durften wir in der großen Kajütte kein Licht mehr haben, um nicht von weitem bemerkt zu werden. Diese Vorsicht, die an Bord aller Kauffahrer beobachtet wird und in dem Reglement für die Paketboote der königlichen Marine vorgeschrieben ist, brachte uns tödliche Langeweile auf den vielen Ueberfahrten, die wir in fünf Jahren zu machen hatten. Wir mußten uns fortwährend der Blendlaternen bedienen, um die Temperatur des Meerwassers zu beobachten oder an der Teilung der astronomischen Instrumente die Zahlen abzulesen. In der heißen Zone, wo die Dämmerung nur einige Minuten dauert, ist man unter diesen Umständen schon um sechs Uhr abends außer Thätigkeit gesetzt. Dies war für mich um so verdrießlicher, als ich vermöge meiner Konstitution nie seekrank wurde, und so oft ich an Bord eines Schiffes war, immer großen Trieb zur Arbeit fühlte.

Eine Fahrt von der spanischen Küste nach den Kanarien

und von da nach Südamerika bietet wenig Bemerkenswertes, zumal in der guten Jahreszeit. Es ist weniger Gefahr dabei als oft bei der Ueberfahrt über die großen Schweizer Seen. Ich teile daher hier nur die allgemeinen Ergebnisse meiner magnetischen und meteorologischen Versuche in diesem Meeresstriche mit.

Am 9. Juni, unter 39° 50′ der Breite und 16° 10′ westlicher Länge vom Meridian der Pariser Sternwarte, fingen wir an die Wirkung der großen Strömung zu spüren, welche von den Azorischen Inseln nach der Meerenge von Gibraltar und nach den Kanarischen Inseln geht. Indem ich den Punkt, den mir der Gang der Berthoudschen Seeuhr angab, mit des Steuermanns Schätzung verglich, konnte ich die kleinsten Aenderungen in der Richtung und Geschwindigkeit der Strömungen bemerken. Zwischen dem 37. und 30. Breitengrade wurde das Schiff in 24 Stunden zuweilen 81 bis 117 km nach Ost getrieben. Anfänglich war die Richtung des Stromes Ost ¼ Südost, aber in der Nähe der Meerenge wurde sie genau Ost. Kapitän Macintosh und einer der gebildetsten Seefahrer unserer Zeit, Sir Erasmus Gower, haben die Veränderungen beobachtet, welche in dieser Bewegung des Wassers zu verschiedenen Zeiten des Jahres eintreten. Es kommt nicht selten vor, daß Schiffer, welche die Kanarischen Inseln besuchen, sich an der Küste von Lancerota befinden, während sie meinten, an Tenerifa landen zu können. Bougainville befand sich auf seiner Ueberfahrt vom Kap Finisterre nach den Kanarien im Angesicht der Insel Ferro um 4° weiter nach Ost, als seine Rechnung ihm ergab.

Gemeinhin erklärt man die Strömung, die sich zwischen den Azorischen Inseln, der Südküste von Portugal und den Kanarien merkbar macht, daraus, daß das Wasser des Atlantischen Ozeans durch die Meerenge von Gibraltar einen Zug nach Osten erhalte. De Fleurieu behauptet sogar in den Anmerkungen zur Reise des Kapitän Marchand, der Umstand, daß das Mittelmeer durch die Verdunstung mehr Wasser verliere, als die Flüsse einwerfen, bringe im benachbarten Weltmeer eine Bewegung hervor, und der Einfluß der Meerenge sei 2700 km weit auf offener See zu spüren. Bei aller Hochachtung, die ich einem Seefahrer schuldig bin, dessen mit Recht sehr geschätzten Werken ich viel zu danken habe, muß es mir gestattet sein, diesen wichtigen Gegenstand aus einem weit allgemeineren Gesichtspunkte zu betrachten.

Wirft man einen Blick auf das Atlantische Meer, oder das tiefe Thal, das die Westküsten von Europa und Afrika von den Ostküsten des neuen Kontinents trennt, so bemerkt man in der Bewegung der Wasser entgegengesetzte Richtungen. Zwischen den Wendekreisen, namentlich zwischen der afrikanischen Küste am Senegal und dem Meere der Antillen geht die allgemeine, den Seefahrern am längsten bekannte Strömung fortwährend von Morgen nach Abend. Dieselbe wird mit dem Namen Aequinoktialstrom bezeichnet. Die mittlere Geschwindigkeit derselben unter verschiedenen Breiten ist sich im Atlantischen Ozean und in der Südsee ungefähr gleich. Man kann sie auf 40 bis 45 km in 24 Stunden, somit auf 0,18 bis 0,21 m in der Sekunde schätzen. [1] Die Geschwindigkeit, mit der die Wasser in diesen Strichen nach Westen strömen, ist etwa ein Viertel von der der meisten großen europäischen Flüsse. Diese der Umdrehung des Erdballes entgegengesetzte Bewegung des Ozeans hängt mit jenem Phänomen wahrscheinlich nur insofern zusammen, als durch die Umdrehung der Erde die Polarwinde, welche in den unteren Luftschichten die kalte Luft aus den hohen Breiten dem Aequator zuführen, in Passatwinde umgewandelt werden. Der Aequinoktialstrom ist die Folge der allgemeinen Bewegung, in welche die Meeresfläche durch die Passatwinde versetzt wird, und lokale Schwankungen im Zustande der Luft bleiben ohne merkbaren Einfluß auf die Stärke und die Geschwindigkeit der Strömung.

Im Kanal, den der Atlantische Ozean zwischen Guyana und Guinea auf 20 bis 23 Längengrade, vom 8. oder 9. bis zum 2. oder 3. Grad nördlicher Breite gegraben hat, wo die Passatwinde häufig durch Winde aus Süd oder Süd-Süd-West unterbrochen werden, ist die Richtung des Aequinoktialstromes weniger konstant. Der afrikanischen Küste zu werden die Schiffe nach Südost fortgetrieben, während der Allerheiligenbai und dem Vorgebirge St. Augustin zu, denen die

---

[1] Ich habe die Beobachtungen, die ich in beiden Hemisphären anzustellen Gelegenheit gehabt, mit denen zusammengestellt, die in den Werken von Cook, Lapérouse, d'Entrecasteaux, Vancouver, Macartney, Krusenstern und Marchand gegeben sind, und danach schwankt die Geschwindigkeit der allgemeinen Strömung unter den Tropen zwischen 22,5 und 81 km in 24 Stunden, somit zwischen 0,096 und 0,384 m in der Sekunde.

Schiffe, die nach der Mündung des La Plata steuern, nicht gern nahe kommen, der allgemeine Zug der Wasser durch eine besondere Strömung maskiert ist. Letztere Strömung ist vom Kap St. Roch bis zur Insel Trinidad fühlbar, sie ist gegen Nordwest gerichtet mit einer Geschwindigkeit von 32 bis 48 cm in der Sekunde.

Der Aequinoktialstrom ist, wenn auch schwach, sogar jenseits des Wendekreises des Krebses unter 26 und 28° der Breite fühlbar. Im weiten Becken des Atlantischen Ozeans, 3150 bis 3600 km von der afrikanischen Küste, beschleunigt sich der Lauf der europäischen Schiffe, welche nach den Antillen gehen, ehe sie in die heiße Zone gelangen. Weiter gegen Nord, unter dem 18. bis 35. Grad, zwischen den Parallelkreisen von Teneriffa und Ceuta, unter 46 und 48° der Länge, bemerkt man keine konstante Bewegung; denn eine 655 km breite Zone trennt den Aequinoktialstrom, der nach West geht, von der großen Wassermasse, die nach Ost strömt und sich durch auffallend hohe Temperatur auszeichnet. Auf diese Wassermasse, bekannt unter dem Namen Golfstrom (Gulf-stream), sind die Physiker seit 1776 durch Franklins und Sir Charles Blagdens schöne Beobachtungen aufmerksam geworden. Da in neuerer Zeit amerikanische und englische Seefahrer eifrig bemüht sind, die Richtung desselben zu ermitteln, so müssen wir weiter ausholen, um einen allgemeinen Gesichtspunkt für das Phänomen zu gewinnen.

Der Aequinoktialstrom treibt die Wasser des Atlantischen Ozeans an die Küsten der Moskitoindianer und von Honduras. Der von Süd nach Nord gestreckte neue Kontinent hält diese Strömung auf wie ein Damm. Die Gewässer erhalten zuerst die Richtung nach Nordwest, gelangen durch die Meerenge zwischen Kap Catoche und Kap St. Antonio in den Meerbusen von Mexiko, und folgen den Krümmungen der merikanischen Küste von Veracruz zur Mündung des Rio del Norte, und von da zur Mündung des Mississippi und den Untiefen westwärts von der Ostspitze von Florida. Nach dieser großen Drehung nach West, Nord, Ost und Süd nimmt die Strömung wieder die Richtung nach Nord und drängt sich mit Ungestüm in den Kanal von Bahama. Dort habe ich im Mai 1804, unter 26 und 27° der Breite, eine Geschwindigkeit von 360 km in 24 Stunden, also von 1,60 m in der Sekunde beobachtet, obgleich gerade ein sehr starker Nordwind wehte. Beim Ausgang des Kanals von Bahama,

unter dem Parallel von Kap Cañaveral, kehrt sich der Golf=
strom oder Strom von Florida nach Nordost. Er gleicht hier
einem reißenden Strome und erreicht zuweilen die Geschwindig=
keit von 22,5 km in der Stunde. Der Steuermann kann,
sobald er den Rand der Strömung erreicht, mit ziemlicher
Sicherheit abnehmen, um was er sich in seiner Schätzung ge=
irrt, und wie weit er noch nach New York, Philadelphia oder
Charlestown hat; die hohe Temperatur des Wassers, sein
starker Salzgehalt, die indigoblaue Farbe und die schwimmen=
den Massen Tang, endlich die im Winter sehr merkbare Er=
höhung der Lufttemperatur geben den Golfstrom zu erkennen.
Gegen Norden nimmt seine Geschwindigkeit ab, während seine
Breite zunimmt und die Gewässer sich abkühlen. Zwischen
Cayo Biscaino und der Bank von Bahama ist er nur 67,5 km,
unter 28 1/2° Breite schon 76,5, und unter dem Parallel von
Charlestown, Kap Henlopen gegenüber, 180 bis 225 km breit.
Wo die Strömung am schmälsten ist, erreicht sie eine Ge=
schwindigkeit von 13,5 bis 18 km in der Stunde, weiter nach
Norden zu beträgt dieselbe nur noch 4,5 km. Die Gewässer
des mexikanischen Meerbusens behalten auf ihrem gewaltigen
Zuge nach Nordost ihre hohe Temperatur dermaßen, daß ich
unter 40 und 41° der Breite noch 22,5° beobachtete, während
außerhalb des Stromes das Wasser an der Oberfläche kaum
17,5° warm war. Unter der Breite von New York und
Oporto zeigt somit der Golfstrom dieselbe Temperatur wie
die tropischen Meere unter 18° Breite, also unter der Breite
von Portorico und der Inseln des grünen Vorgebirges.

Vom Hafen von Boston an und unter dem Meridian
von Halifax, unter 41° 25' der Breite und 67° der Länge,
erreicht der Strom gegen 148 km Breite. Hier kehrt er sich
auf einmal nach Ost, so daß sein westlicher Rand bei der
Umbiegung zur nördlichen Grenze der bewegten Wasser wird
und er an der Spitze der großen Bank von Neufundland
wegstreicht, die Volney sinnreich die Barre an der Mündung
dieses ungeheuren Meerstromes nennt. Höchst auffallend ist
der Abstand zwischen der Temperatur des kalten Wassers über
dieser Bank und der Wärme der Gewässer der heißen Zone,
die durch den Golfstrom nach Norden getrieben werden; jene
betrug nach meinen Beobachtungen 8,7 bis 10°, diese 21 bis
22,5°. In diesen Strichen ist die Wärme im Meere höchst
sonderbar verteilt, die Gewässer der Bank sind um 9,4° kälter
als das benachbarte Meer, und dieses ist um 3° kälter als

der Strom. Diese Zonen können ihre Temperaturen nicht ausgleichen, weil jede ihre eigene Wärmequelle oder einen Grund der Wärmeerniedrigung hat, und beide Momente beständig fortwirken. [1]

Von der Bank von Neufundland, oder vom 52. Grad der Breite bis zu den Azoren bleibt der Golfstrom nach Ost oder Ost-Süd-Ost gerichtet. Noch immer wirkt hier in den Gewässern der Stoß nach, den sie 4500 km von da in der Meerenge von Florida, zwischen der Insel Cuba und den Untiefen der Schildkröteninseln, erhalten haben. Diese Entfernung ist das Doppelte von der Länge des Laufes des Amazonenstromes von Jaen oder dem Paß von Manseriche zum Gran-Para. Im Meridian der Inseln Corvo und Flores, der westlichsten der Gruppe der Azoren, nimmt die Strömung eine Meeresstrecke von 720 km in der Breite ein. Wenn die Schiffe auf der Rückreise aus Südamerika nach Europa diese beiden Inseln aufsuchen, um ihre Länge zu berichtigen, so gewahren sie immer deutlich den Zug des Wassers nach Südost. Unter 33° der Breite rückt der tropische Aequinoktialstrom dem Golfstrom sehr nahe. In diesem Striche des Weltmeeres kann man an einem Tage aus den Gewässern, die nach West laufen, in diejenigen gelangen, die nach Südost oder Ost-Süd-Ost strömen.

Von den Azoren an nimmt der Strom von Florida seine Richtung gegen die Meerenge von Gibraltar, die Insel Madeira und die Gruppe der Kanarien. Die Pforte bei den Säulen des Herkules beschleunigt ohne Zweifel den Zug des Wassers gegen Ost. Und in diesem Sinne mag man mit Recht behaupten, die Meerenge, durch welche Mittelmeer und Atlantischer Ozean zusammenhängen, äußere ihren Einfluß auf weite Ferne; sehr wahrscheinlich würden aber, auch wenn die Meerenge nicht bestünde, Fahrzeuge, die nach Tenerifa segeln, den-

---

[1] Wenn es sich von der Meerestemperatur handelt, hat man sorgfältig vier ganz gesonderte Erscheinungen zu unterscheiden: 1) die Temperatur des Wassers an der Oberfläche unter verschiedenen Breiten, das Meer als ruhig angenommen; 2) die Abnahme der Wärme in den übereinander gelagerten Wasserschichten; 3) den Einfluß der Untiefen auf die Temperatur des Meeres; 4) die Temperatur der Strömungen, die mit konstanter Geschwindigkeit die Gewässer der einen Zone durch die ruhenden Gewässer der anderen hindurchführten.

noch nach Südost getrieben, und zwar infolge eines An=
stoßes, dessen Ursprung man an den Küsten der Neuen Welt
zu suchen hat. Im weiten Meeresbecken pflanzen sich alle
Bewegungen fort, gerade wie im Luftmeere. Verfolgt man
die Strömungen rückwärts zu ihren fernen Quellen, gibt man
sich Rechenschaft von dem Wechsel in ihrer Geschwindigkeit,
warum sie bald abnimmt, wie zwischen dem Kanal von Ba=
hama und der Bank von Neufundland, bald wieder wächst,
wie in der Nähe der Meerenge von Gibraltar und bei den
Kanarischen Inseln, so kann man nicht darüber im Zweifel
sein, daß dieselbe Ursache, welche die Gewässer im Meerbusen
von Mexiko herumdreht, sie auch bei der Insel Madeira in
Bewegung setzt.

Südlich von letztgenannter Insel läßt sich die Strömung
in ihrer Richtung nach Südost und Süd=Süd=Ost gegen die
Küste von Afrika zwischen Kap Cantin und Kap Bojador ver=
folgen. In diesen Strichen sieht sich ein Schiff bei stillem
Wetter nahe an der Küste, wenn es sich nach der nicht be=
richtigten Schätzung noch weit davon entfernt glaubt. Ist
die Oeffnung bei Gibraltar die Ursache der Bewegung des
Wassers, warum hat denn die Strömung südlich von der
Meerenge nicht die entgegengesetzte Richtung? Im Gegenteil
aber geht sie unter dem 25. und 26. Grad der Breite erst
gerade nach Süd und dann nach Südwest. Kap Blanc, nach
Kap Verd das am weitesten sich hinausstreckende Vorgebirge,
scheint Einfluß auf diese Richtung zu äußern, und unter der
Breite desselben mischen sich die Wasser, deren Bewegung
wir von der Küste von Honduras bis zur afrikanischen verfolgt
haben, mit dem großen tropischen Strom, um den Lauf von
Morgen nach Abend von neuem zu beginnen. Wir haben
oben bemerkt, daß mehrere hundert Kilometer westwärts von
den Kanarien der eigentümliche Zug der Aequinoktialgewässer
schon in der gemäßigten Zone, vom 28. und 29. Breitengrad
an, bemerklich wird; aber im Meridian der Insel Ferro
kommen die Schiffe südwärts bis zum Wendekreise des Krebses,
ehe sie sich nach der Schätzung ostwärts von ihrer wahren
Länge befinden.

Wie nun aber die nördliche Grenze des tropischen Stromes
und der Passatwinde nach den Jahreszeiten sich verschiebt, so
zeigt sich auch der Golfstrom nach Stellung und Richtung
veränderlich. Diese Schwankungen sind besonders auffallend
vom 28. Breitengrad bis zur großen Bank von Neufundland,

ebenſo zwiſchen dem 48. Grad weſtlicher Länge von Paris
und dem Meridian der Azoren. Die wechſelnden Winde in
der gemäßigten Zone und das Schmelzen des Eiſes am Nord=
pol, von wo in den Monaten Juli und Auguſt eine bedeutende
Maſſe ſüßen Waſſers nach Süden abfließt, erſcheinen als die
vornehmſten Urſachen, aus welchen ſich in dieſen hohen Breiten
Stärke und Richtung des Golfſtromes verändern.

Wir haben geſehen, daß zwiſchen dem 11. und 43. Grad
der Breite die Gewäſſer des Atlantiſchen Ozeans mittels
Strömungen fortwährend im Kreiſe umhergeführt worden.
Angenommen, ein Waſſerteilchen gelange zu derſelben Stelle
zurück, von der es ausgegangen, ſo läßt ſich nach dem, was
wir bis jetzt von der Geſchwindigkeit der Strömungen wiſſen,
berechnen, daß es zu ſeinem 17 100 km langen Umlauf zwei
Jahre und zehn Monate brauchte. Ein Fahrzeug, bei dem
man von der Wirkung des Windes abſähe, gelangte in drei=
zehn Monaten von den Kanariſchen Inſeln an die Küſte von
Caracas. Es brauchte zehn Monate, um im Meerbuſen von
Mexiko herumzukommen und um zu den Untiefen der Schild=
kröteninſeln gegenüber vom Hafen von Havana zu gelangen,
aber nur 40 bis 50 Tage vom Eingang der Meerenge
von Florida bis Neufundland. Die Geſchwindigkeit der
rückläufigen Strömung von jener Bank bis an die Küſte von
Afrika iſt ſchwer zu ſchätzen; nimmt man ſie im Mittel auf
31,5 oder 36 km in 24 Stunden an, ſo ergeben ſich für
dieſe letzte Strecke zehn bis elf Monate. Solches ſind die
Wirkungen des langſamen, aber regelmäßigen Zuges, der die
Gewäſſer des Ozeans herumführt. Das Waſſer des Ama=
zonenſtromes braucht von Tomependa bis zum Gran=Para
etwa 45 Tage.

Kurz vor meiner Ankunft auf Teneriffa hatte das Meer
auf der Reede von Santa Cruz einen Stamm der Cedrela
odorata, noch mit der Rinde, ausgeworfen. Dieſer ameri=
kaniſche Baum wächſt nur unter den Tropen oder in den zu=
nächſt angrenzenden Ländern. Er war ohne Zweifel an der
Küſte von Terra Firma oder Honduras abgeriſſen worden.
Die Beſchaffenheit des Holzes und der Flechten auf der Rinde
zeigte augenſcheinlich, daß der Stamm nicht etwa von einem
der unterſeeiſchen Wälder herrührte, welche durch alte Erd=
umwälzungen in die Flözgebilde nördlicher Länder eingebettet
worden ſind. Wäre der Cedrelaſtamm, ſtatt bei Teneriffa
ans Land geworfen zu werden, weiter nach Süden gelangt,

so wäre er wahrscheinlich rings um den ganzen Atlantischen Ozean geführt worden und mittels des allgemeinen tropischen Stromes wieder in sein Heimatland gelangt. Diese Vermutung wird durch einen älteren Fall unterstützt, dessen Abbé Viera in seiner allgemeinen Geschichte der Kanarien erwähnt. Im Jahre 1770 wurde ein mit Getreide beladenes Fahrzeug, das von der Insel Lancerota nach Santa Cruz auf Tenerifa gehen sollte, auf die hohe See getrieben, als sich niemand von der Mannschaft an Bord befand. Der Zug der Gewässer von Morgen nach Abend führte es nach Amerika, wo es an der Küste von Guyana bei Caracas strandete.

Zu einer Zeit, wo die Schiffahrtskunst noch wenig entwickelt war, bot der Golfstrom dem Geiste eines Christoph Kolumbus sichere Anzeichen vom Dasein westwärts gelegener Länder. Zwei Leichname, die nach ihrer Körperlichkeit einem unbekannten Menschenstamme angehörten, wurden gegen Ende des 15. Jahrhunderts bei den Azorischen Inseln ans Land geworfen. Ungefähr um dieselbe Zeit fand Kolumbus' Schwager, Peter Borrea, Statthalter von Porto Santo, am Strande dieser Insel mächtige Stücke Bamburohr, die von der Strömung und den Westwinden angeschwemmt worden waren. Diese Leichname und diese Rohre machten den genuesischen Seemann aufmerksam; er erriet, daß beide von einem gegen West gelegenen Festlande herrühren mußten. Wir wissen jetzt, daß in der heißen Zone die Passatwinde und der tropische Strom sich jeder Wellenbewegung in der Richtung der Umdrehung der Erde widersetzen. Erzeugnisse der Neuen Welt können in die Alte Welt nur in hohen Breiten und in der Richtung des Stromes von Florida gelangen. Häufig werden Früchte verschiedener Bäume der Antillen an den Küsten der Inseln Ferro und Gomera angetrieben. Vor der Entdeckung von Amerika glaubten die Kanarier, diese Früchte kommen von der bezauberten Insel St. Borondon, die nach den Seemannsmärchen und nach gewissen Sagen westwärts in einem Striche des Ozeans liegen sollte, der beständig in Nebel gehüllt sei.

Mit dieser Uebersicht der Strömungen im Atlantischen Meere wollte ich hauptsächlich darthun, daß der Zug der Gewässer gegen Südost, von Kap St. Vincent zu den Kanarischen Inseln eine Wirkung der allgemeinen Bewegung ist, in der sich die Oberfläche des Ozeans an seinem Westende befindet. Wir erwähnen daher nur kurz des Armes des Golfstromes, der unter dem 45. und 50. Grad der Breite, bei der Bank Bonnet Flamand, von Südwest nach Nordost gegen die Küsten von Europa gerichtet ist. Diese Abteilung des Stromes wird sehr reißend, wenn der Wind lange aus West geblasen hat. Gleich dem, der an Ferro und Gomera vorüberstreicht, wirft er alle Jahre an die Westküsten von Irland und Norwegen Früchte von Bäumen, welche dem heißen Erdstrich Amerikas eigentümlich sind. Am Strande der Hebriden findet man Samen von Mimosa scandens, Dolichos urens, Guilandina bonduc, und verschiedener anderer Pflanzen von Jamaika, Cuba und dem benachbarten Festlande. Die Strömung treibt nicht selten wohl erhaltene Fässer mit französischem Wein an, von Schiffen, die im Meere der Antillen Schiffbruch gelitten. Neben diesen Beispielen von den weiten Wanderungen der Gewächse stehen andere, welche die Einbildungskraft beschäftigen. Die Trümmer des englischen Schiffes Tilbury, das bei Jamaika verbrannt war, wurden an der schottischen Küste gefunden. In denselben Strichen kommen zuweilen verschiedene Arten von Schildkröten vor, welche das Meer der Antillen bewohnen. Hat der Westwind lange angehalten, so entsteht in den hohen Breiten eine Strömung, die von den Küsten von Grönland und Labrador bis nordwärts von Schottland gerade nach Ost-Süd-Ost gerichtet ist. Wie Wallace berichtet, gelangten zweimal, in den Jahren 1682 und 1684, amerikanische Wilde vom Stamme der Eskimo, die ein Sturm in ihren Kanoen aus Fellen auf die hohe See verschlagen, mittels der Strömung zu den orkadischen Inseln. Dieser letztere Fall verdient um so mehr Aufmerksamkeit, als man daraus zugleich ersieht, wie zu einer Zeit, wo die Schiffahrt noch in ihrer Kindheit war, die Bewegung der Gewässer des Ozeans ein Mittel werden konnte, um die verschiedenen Menschenstämme über die Erde zu verbreiten.

Das Wenige, was wir bis jetzt über die wahre Lage und die Breite des Golfstromes, sowie über die Fortsetzung desselben gegen die Küsten von Europa und Afrika wissen, ist die Frucht der zufälligen Beobachtung einiger unterrichteter Männer, welche in verschiedenen Richtungen über das Atlantische Meer gefahren sind. Da die Kenntnis der Strömungen zu Abkürzung der Seefahrten wesentlich beitragen kann, so wäre es von so großem Belang für die praktische Seemannskunst, als wissenschaftlich von Interesse, wenn Schiffe mit vorzüglichen Chronometern im Meerbusen von Mexiko und im nördlichen Ozean zwischen dem 30. und 54. Grad der Breite kreuzten, ganz eigens zum Zweck, um zu ermitteln, in welchem Abstande sich der Golfstrom in den verschiedenen Jahreszeiten und unter dem Einfluß der verschiedenen Winde südlich von der Mündung des Mississippi und ostwärts von den Vorgebirgen Hatteras und Cobb hält. Dieselben könnten zu untersuchen haben, ob der große Strom von Florida beständig am östlichen Ende der Bank von Neufundland hinstreicht, und unter welchem Parallel zwischen dem 32. und 40. Grad westlicher Länge die Gewässer, die von Ost nach West strömen, denen, welche die umgekehrte Richtung haben, am nächsten gerückt sind. Die Lösung der letzteren Frage ist desto wichtiger, als die meisten Fahrzeuge, welche von den Antillen oder vom Kap der guten Hoffnung nach Europa zurückkehren, die bezeichneten Striche befahren. Neben der Richtung und Geschwindigkeit der Strömungen könnte sich eine solche Expedition mit Beobachtungen über die Meerestemperatur, über die Linien ohne Abweichung, die Inklination der Magnetnadel und die Intensität der magnetischen Kraft beschäftigen. Beobachtungen dieser Art erhalten einen hohen Wert, wenn der Punkt, wo sie angestellt werden, astronomisch bestimmt ist. Auch in den von Europäern am stärksten besuchten Meeren, weit von jeder Küste, kann ein unterrichteter Seemann der Wissenschaft wichtige Dienste leisten. Die Entdeckung einer unbewohnten Inselgruppe ist von geringerem Interesse, als die Kenntnis der Gesetze, welche um eine Menge vereinzelter Thatsachen das einigende Band schlingen.

Denkt man den Ursachen der Strömungen nach, so erkennt man, daß sie viel häufiger vorkommen müssen, als man gemeiniglich glaubt. Die Gewässer des Meeres können durch gar mancherlei in Bewegung gesetzt werden, durch einen äußeren Anstoß, durch Verschiedenheiten in Temperatur und Salzgehalt, durch das zeitweise Schmelzen des Polareises, endlich durch das ungleiche Maß der Verdunstung unter verschiedenen Breiten. Bald wirken mehrere dieser Ursachen zum selben Effekt zusammen, bald bringen sie entgegengesetzte Effekte hervor. Schwache, aber beständig in einem ganzen Erdgürtel wehende Winde, wie die Passatwinde, bedingen eine Bewegung vorwärts, wie wir sie selbst bei den stärksten Stürmen nicht beobachten, weil diese auf ein kleines Gebiet beschränkt sind. Wenn in einer großen Wassermasse die Wasserteilchen an der Oberfläche spezifisch verschieden schwer werden, so bildet sich an der Fläche ein Strom dem Punkte zu, wo das Wasser am kältesten ist, oder am meisten salzsaures Natron, schwefelsauren Kalk und schwefelsaure oder salzsaure Bittererde enthält. In den Meeren unter den Wendekreisen zeigt der Thermometer in großen Tiefen nicht mehr als 7 bis 8° der hundertteiligen Skale. Dies ergibt sich aus zahlreichen Beobachtungen des Kommodore Ellis und Perons. Da in diesen Strichen die Lufttemperatur nie unter 19 bis 20° sinkt, so kann das Wasser einen dem Gefrierpunkt und dem Maximum der Dichtigkeit des Wassers so nahe gerückten Kältegrad nicht an der Oberfläche angenommen haben. Die Existenz solcher kalten Wasserschichten in niederen Breiten weist somit auf einen Strom hin, der in der Tiefe von den Polen zum Aequator geht; sie weist ferner darauf hin, daß die Salze, welche das spezifische Gewicht des Wassers verändern, im Ozean so verteilt sind, daß sie die von der Verschiedenheit im Wärmegrad abhängigen Wirkungen nicht aufheben.

Bedenkt man, daß infolge der Umdrehung der Erde die Wasserteilchen je nach der Breite eine verschiedene Geschwindigkeit haben, so sollte man voraussetzen, daß jede von Süd nach Nord gehende Strömung zugleich nach Ost, die Gewässer dagegen, die vom Pol zum Aequator strömen, nach West ablenken müßten. Man sollte ferner glauben, daß diese Neigung den tropischen Strom bis zu einem gewissen Grade einerseits verlangsamen, andererseits dem Polarstrome, der sich im Juli und August, wenn das Eis schmilzt, unter der Breite der Bank von Neufundland und weiter nordwärts regelmäßig einstellt, eine andere Richtung geben müßte. Sehr alte nautische Beobachtungen, die ich zu bestätigen Gelegenheit hatte, indem ich die vom Chronometer angegebene Länge mit der Schätzung des Schiffers verglich, widersprechen diesen theoretischen Annahmen. In beiden Hemisphären weichen die Polarströme, wenn sie merkbar sind, ein wenig nach Ost ab, und nach unserer Ansicht ist der Grund dieser Erscheinung in der Beständigkeit der in hohen Breiten herrschenden Westwinde zu suchen. Ueberdies bewegen sich die Wasserteilchen nicht mit derselben Geschwindigkeit wie die Luftteilchen, und die stärksten Meeresströmungen, die wir kennen, legen nur 2,5 bis 2,9 m in der Sekunde zurück; es ist demnach höchst wahrscheinlich, daß das Wasser, indem es durch verschiedene Breiten geht, die denselben entsprechende Geschwindigkeit annimmt, und daß die Umdrehung der Erde ohne Einfluß auf die Richtung der Strömungen bleibt.

Der verschiedene Druck, dem die Meeresfläche infolge der wechselnden Schwere der Luft unterliegt, erscheint als eine weitere Ursache der Bewegung, die besonders ins Auge zu fassen ist. Es ist bekannt, daß die Schwankungen des Barometers im allgemeinen nicht gleichzeitig an zwei auseinander liegenden, im selben Niveau befindlichen Punkten eintreten. Wenn am einen dieser Punkte der Barometer einige Linien tiefer steht als am anderen, so wird sich dort das Wasser infolge des geringeren Luftdruckes erheben, und diese örtliche Anschwellung ·wird andauern, bis durch den Wind das Gleichgewicht der Luft wiederhergestellt ist. Nach Vauchers Ansicht rühren die Schwankungen im Spiegel des Genfer Sees, die sogenannten „Seiches", eben davon her. In der heißen Zone können die stündlichen Schwankungen des Barometers kleine Schwingungen an der Meeresfläche hervorbringen, da der Meridian von 4 Uhr, der dem Minimum des Luftdruckes entspricht, zwischen den Meridianen von 21 und 11 Uhr liegt, wo das Quecksilber am höchsten steht; aber diese Schwingungen, wenn sie überhaupt merkbar sind, können keine Bewegung in horizontaler Richtung zur Folge haben.

Ueberall wo eine solche durch die Ungleichheit im spezifischen Gewicht der Wasserteile entsteht, bildet sich ein doppelter Strom, ein oberer und ein unterer, die entgegengesetzte Richtungen haben. Daher ist in den meisten Meerengen wie in den tropischen Meeren, welche die kalten Gewässer der Polarregionen aufnehmen, die ganze Wassermasse bis zu bedeutender Tiefe in Bewegung. Wir wissen nicht, ob es sich ebenso verhält, wenn die Vorwärtsbewegung, die man nicht mit dem Wellenschlage verwechseln darf, Folge eines äußeren Anstoßes ist. De Fleurieu führt in seinem Bericht über die Expedition der Isis mehrere Thatsachen an, die darauf hinweisen, daß das Meer in der Tiefe weit weniger ruhig ist, als die Physiker gewöhnlich annehmen. Ohne hier auf eine Untersuchung einzugehen, mit der wir uns in der Folge zu beschäftigen haben werden, bemerken wir nur, daß, wenn der äußere Anstoß ein andauernder ist, wie bei den Passatwinden, durch die gegenseitige Reibung der Wasserteilchen die Bewegung notwendig von der Meeresfläche sich auf die tieferen Wasserschichten fortpflanzen muß. Eine solche Fortpflanzung nehmen auch die Seefahrer beim Golfstrom schon lange an; auf die

Wirkungen derselben scheint ihnen die große Tiefe hinzudeuten, welche das Meer allerorten zeigt, wo der Strom von Florida durchgeht, sogar mitten in den Sandbänken an den Nordküsten der Vereinigten Staaten. Dieser ungeheure Strom warmen Wassers hat, nachdem er in 50 Tagen vom 24. bis 45. Grad der Breite 2025 km zurückgelegt, trotz der bedeutenden Winterkälte in der gemäßigten Zone, kaum 3 bis 4° von seiner ursprünglichen Temperatur unter den Tropen verloren. Die Größe der Masse und der Umstand, daß das Wasser ein schlechter Wärmeleiter ist, machen, daß die Abkühlung nicht rascher erfolgt. Wenn sich somit der Golfstrom auf dem Boden des Atlantischen Ozeans ein Bett gegraben hat, und wenn seine Gewässer bis in beträchtliche Tiefen in Bewegung sind, so müssen sie auch in ihren unteren Schichten eine höhere Temperatur behalten, als unter derselben Breite Meeresstriche ohne Strömungen und Untiefen zeigen. Diese Fragen sind nur durch unmittelbare Beobachtungen mittels des Senkbleies mit Thermometer zu lösen.

Sir Erasmus Gower bemerkt, auf der Ueberfahrt von England nach den Kanarischen Inseln gerate man in die Strömung und dieselbe treibe vom 39. Breitengrade an die Schiffe nach Südost. Auf unserer Fahrt von Coruña nach Südamerika machte sich der Einfluß dieses Zuges der Wasser noch weiter nördlich merkbar. Vom 37. zum 30. Grad war die Abweichung sehr ungleich; sie betrug täglich im Mittel 54 km, das heißt unsere Korvette wurde in sechs Tagen um 133 km gegen Ost abgetrieben. Als wir auf 655 km Entfernung den Parallel der Meerenge von Gibraltar schnitten, hatten wir Gelegenheit zur Beobachtung, daß in diesen Strichen das Maximum der Geschwindigkeit nicht der Oeffnung der Meerenge selbst entspricht, sondern einem nördlicher gelegenen Punkte in der Verlängerung einer Linie, die man durch die Meerenge und Kap Vincent zieht. Diese Linie läuft von der Gruppe der Azorischen Inseln bis zum Kap Cantin parallel mit der Richtung der Gewässer. Es ist ferner zu bemerken, und der Umstand ist für die Physiker, die sich mit der Bewegung der Flüssigkeiten beschäftigen, nicht ohne Interesse, daß in diesem Stück des rückläufigen Stromes, in einer Breite von 540 bis 655 km, nicht die ganze Wassermasse dieselbe Geschwindigkeit, noch dieselbe Richtung hat. Bei ganz ruhiger See zeigen sich an der Oberfläche schmale Streifen, kleinen Bächen gleich, in denen das Wasser mit einem für das Ohr des geübten Schiffers wohl hörbaren Geräusch hinströmt. Am 13. Juni, unter 34° 36' nördlicher Breite, befanden wir uns mitten unter einer Menge solcher Strombetten. Wir konnten die Richtung derselben mit dem Kompaß aufnehmen, die einen liefen nach Nordost, andere nach Ost-Nord-Ost, trotzdem, daß der allgemeine Zug der See, wie die Vergleichung der Schätzung mit der chronometrischen Länge angab, fortwährend nach Südost ging. Sehr häufig sieht man eine stehende Wassermasse von Wasserfäden durchzogen, die nach verschiedenen Richtungen strömen; solches kann man täglich an der Oberfläche unserer Landseen beobachten, aber seltener bemerkt man solch partielle Bewegungen kleiner Wasserteile infolge lokaler Ursachen mitten in einem Meeresstrome, der sich über ungeheure Räume erstreckt und sich immer in derselben Richtung, wenn auch nicht mit bedeutender Geschwindigkeit fortbewegt. Die sich kreuzenden Strömungen beschäftigen unsere Einbildungskraft, wie der Wellenschlag, weil diese Bewegungen, die den Ozean in beständiger Unruhe erhalten, sich zu durchdringen scheinen.

Wir fuhren am Kap Vincent, das aus Basalt besteht, auf mehr als 360 km Entfernung vorüber. Auf 67,5 km erkennt man es nicht mehr deutlich, aber die Foya von Monchique, ein Granitberg in der Nähe des Kaps, soll, wie die Steuerleute behaupten, auf 117 km in See sichtbar sein. Verhält es sich wirklich so, so ist die Foya 1363 m hoch), also 225 m höher als der Vesuv. Es ist auffallend, daß die portugiesische Regierung kein Feuer auf einem Punkte unterhält, nach dem sich alle vom Kap der guten Hoffnung und vom Kap Horn kommenden Schiffe richten müssen; nach keinem anderen Punkte wird mit so viel Ungeduld ausgeschaut, bis er in Sicht kommt. Die Feuer auf dem Turm des Herkules und am Kap Spichel sind so schwach und so wenig weit sichtbar, daß man sie gar nicht rechnen kann. Dazu wäre das Kapuzinerkloster, das auf Kap Vincent steht, ganz der geeignete Platz zu einem Leuchtturm mit sich drehendem Feuer, wie zu Cadiz und an der Garonnemündung.

Seit unserer Abfahrt von Coruña und bis zum 36. Breitengrad hatten wir außer Meerschwalben und einigen Delphinen fast kein lebendes Wesen gesehen. Umsonst sahen wir uns nach Tangen und Weichtieren um. Am 11. Juni aber hatten wir ein Schauspiel, das uns höchlich überraschte, das wir aber später in der Südsee häufig genossen. Wir gelangten in einen

Strich, wo das Meer mit einer ungeheuren Menge Medusen bedeckt war. Das Schiff stand beinahe still, aber die Weichtiere zogen gegen Südost, viermal rascher als die Strömung. Ihr Vorüberzug währte beinahe drei Viertelstunden, und dann sahen wir nur noch einzelne Individuen dem großen Haufen, wie wandermüde, nachziehen. Kommen diese Tiere vom Grunde des Meeres, das in diesen Strichen wohl mehrere tausend Meter tief ist? oder machen sie in Schwärmen weite Züge? Wie man weiß, lieben diese Weichtiere die Untiefen, und wenn die acht Klippen unmittelbar unter dem Wasserspiegel, welche Kapitän Bobonne im Jahre 1832 nordwärts von der Insel Porto Santo gesehen haben will, wirklich vorhanden sind, so läßt sich annehmen, daß diese ungeheure Masse von Medusen dorther kam, denn wir befanden uns nur 126 km von jenen Klippen. Wir erkannten neben der Medusa aurita von Baster und der M. pelagica von Bosc mit acht Tentakeln (Pelagia denticulata, Peron) eine dritte Art, die sich der M. hysocella nähert, die Vandelli an der Mündung des Tajo gefunden hat. Sie ist ausgezeichnet durch die braungelbe Farbe und dadurch, daß die Tentakeln länger sind als der Körper. Manche dieser Meernesseln hatten 10 cm im Durchmesser; ihr fast metallischer Glanz, ihre violett und purpurn schillernde Färbung hob sich vom Blau der See äußerst angenehm ab.

Unter den Medusen fand Bonpland Bündel der Dagysa notata, eines Weichtieres von sonderbarem Bau, das Sir Joseph Banks zuerst kennen gelehrt hat. Es sind kleine gallertartige Säcke, durchsichtig, walzenförmig, zuweilen vieleckig, 3 mm lang, 0,5 bis 0,7 mm im Durchmesser. Diese Säcke sind an beiden Enden offen. An der einen Oeffnung zeigt sich eine durchsichtige Blase mit einem gelben Fleck. Diese Cylinder sind der Länge nach aneinander geklebt wie Bienenzellen und bilden 16 bis 21 cm lange Schnüre. Umsonst versuchte ich die galvanische Elektrizität an diesen Weichtieren; sie brachte keine Zusammenziehung hervor. Die Gattung Dagysa, die zur Zeit von Cooks erster Reise zuerst aufgestellt wurde, scheint zu den Salpen zu gehören. Auch die Salpen wandern in Schwärmen, wobei sie sich zu Schnüren aneinander hängen, wie wir bei der Dagysa gesehen.

Am 13. Juni morgens unter 34° 33' Breite sahen wir wieder bei vollkommen ruhiger See große Haufen des letzterwähnten Tieres vorbeitreiben. Bei Nacht machten wir die

Beobachtung, daß alle drei Medusenarten, die wir gefangen, nur leuchteten, wenn man sie ganz leicht anstieß. Diese Eigenschaft kommt also nicht der von Forskael in seiner Fauna Aegyptiaca beschriebenen Medusa noctiluca allein zu, die Gmelin mit der Medusa pelagica Löflings vereinigt, obgleich sie rote Tentakeln und braune Körperwarzen hat. Legt man eine sehr reizbare Meduse auf einen Zinnteller und schlägt mit irgend einem Metall an den Teller, so wird das Tier schon durch die leichte Schwingung des Zinnes leuchtend. Galvanisiert man Medusen, so zeigt sich zuweilen der phosphorische Schein im Moment, wo man die Kette schließt, wenn auch die Excitatoren die Organe des Tieres nicht unmittelbar berühren. Die Finger, mit denen man es berührt, bleiben ein paar Minuten leuchtend, wie man dies auch beobachtet, wenn man das Gehäuse der Pholaden zerbricht. Reibt man Holz mit dem Körper einer Meduse und leuchtet die geriebene Stelle nicht mehr, so erscheint der Schimmer wieder, wenn man mit der trockenen Hand über das Holz fährt. Ist derselbe wieder verschwunden, so läßt er sich nicht noch einmal hervorrufen, wenn auch die geriebene Stelle noch feucht und klebrig ist. Wie wirkt in diesem Falle die Reibung oder der Stoß? Die Frage ist schwer zu beantworten. Ruft etwa eine kleine Temperaturerhöhung den Schein hervor, oder kommt er wieder, weil man die Oberfläche erneuert und so die Teile des Tieres, welche den Phosphorwasserstoff entbinden, mit dem Sauerstoff der atmosphärischen Luft in Berührung bringt? Ich habe durch Versuche, die im Jahre 1797 veröffentlicht worden, dargethan, daß Scheinholz in reinem Wasserstoff und Stickstoff nicht mehr leuchtet, und daß der Schein wiederkehrt, sobald man die kleinste Blase Sauerstoff in das Gas treten läßt. Diese Thatsachen, deren wir in der Folge noch mehrere anführen werden, bahnen uns den Weg zur Erklärung des Meerleuchtens und des besonderen Umstandes, daß das Erscheinen des Lichtschimmers mit dem Wellenschlag in Zusammenhang steht.

Zwischen Madeira und der afrikanischen Küste hatten wir gelinde Winde oder Windstille, wodurch ich mich bei den magnetischen Versuchen, mit denen ich mich bei der Ueberfahrt beschäftigte, sehr gefördert sah. Wir wurden nicht satt, die Pracht der Nächte zu bewundern; nichts geht über die Klarheit und Heiterkeit des afrikanischen Himmels. Wir wunderten uns über die ungeheure Menge Sternschnuppen, die jeden

Augenblick niedergingen. Je weiter wir nach Süden kamen, desto häufiger wurden sie, besonders bei den Kanarischen Inseln. Ich glaube auf meinen Reisen die Beobachtung gemacht zu haben, daß diese Feuermeteore überhaupt in manchen Landstrichen häufiger vorkommen und glänzender sind als in anderen. Nie sah ich ihrer so viele als in der Nähe der Vulkane der Provinz Quito und in der Südsee an der vulkanischen Küste von Guatemala. Der Einfluß, den Oertlichkeit, Klima und Jahreszeit auf die Bildung der Sternschnuppen zu haben scheinen, trennt diese Klasse von Meteoren von den Aerolithen, die wahrscheinlich dem Weltraume außerhalb unseres Luftkreises angehören. Nach den übereinstimmenden Beobachtungen von Benzenberg und Brandes erscheinen in Europa viele Sternschnuppen nicht mehr als 58470 m über der Erde. Man hat sogar eine gemessen, die nur 27280 m hoch war. Es wäre zu wünschen, daß dergleichen Messungen, die nur annähernde Resultate ergeben können, öfters wiederholt würden. In den heißen Landstrichen, besonders unter den Tropen, zeigen die Sternschnuppen einen Schweif, der noch 12 bis 15 Sekunden fortleuchtet; ein andermal ist es, als platzten sie und zerstieben in mehrere Lichtfunken, und im allgemeinen sind sie viel weiter unten in der Luft als im nördlichen Europa. Man sieht sie nur bei heiterem, blauem Himmel, und unter einer Wolke ist wohl noch nie eine beobachtet worden. Häufig haben die Sternschnuppen ein paar Stunden lang eine und dieselbe Richtung, und dies ist dann die Richtung des Windes. In der Bucht von Neapel haben Gay-Lussac und ich Lichterscheinungen beobachtet, die denen, welche mich bei meinem langen Aufenthalt in Mexiko und Quito beschäftigten, sehr ähnlich waren. Das Wesen dieser Meteore hängt vielleicht ab von der Beschaffenheit von Boden und Luft, gleich gewissen Erscheinungen von Luftspiegelung und Strahlenbrechung an der Erdoberfläche, wie sie an den Küsten von Kalabrien und Sizilien vorkommen.

Wir bekamen auf unserer Fahrt weder die Inseln Desiertas noch Madeira zu Gesicht. Gerne hätte ich die Länge dieser Inseln berichtigt und von den vulkanischen Bergen nordwärts von Funchal Höhenwinkel genommen. De Borda berichtet, man sehe diese Berge auf 90 km, was nur auf eine Höhe von 800 m hinwiese; wir wissen aber, daß nach neueren Messungen der höchste Gipfel von Madeira 1573 m hoch ist. Die kleinen Inseln Desiertas und Salvages, auf denen man

Orseille und Mesembryanthemum crystallinum sammelt,
haben nicht 390 m senkrechter Höhe. Es scheint mir von
Nutzen, die Seefahrer auf dergleichen Bestimmungen hinzuweisen, weil sich mittels einer Methode, deren in dieser Reisebeschreibung öfter Erwähnung geschieht und deren sich Borda,
Lord Mulgrave, de Rossel und Don Cosme Churruca auf
ihren Reisen mit Erfolg bedient haben, durch Höhenwinkel,
die man mit guten Reflexionsinstrumenten nimmt, mit hin-
länglicher Genauigkeit ermitteln läßt, wie weit sich das Schiff
von einem Vorgebirge oder von einer gebirgigen Insel befindet.

Als wir 180 km ostwärts von Madeira waren, setzte sich
eine Schwalbe auf die Marsstange. Sie war so müde, daß
sie sich leicht fangen ließ. Es war eine Rauchschwalbe (Hirundo rustica, Lin.). Was mag einen Vogel veranlassen,
in dieser Jahreszeit und bei stiller Luft so weit zu fliegen?
Bei d'Entrecasteaux' Expedition sah man gleichfalls eine Rauchschwalbe 270 km weit vom Weißen Vorgebirge; das war aber
Ende Oktobers, und Labillardière war der Meinung, sie
komme eben aus Europa. Wir befuhren diese Striche im
Juni, und seit langer Zeit hatte kein Sturm das Meer auf-
gerührt. Ich betone den letzteren Umstand, weil kleine Vögel,
sogar Schmetterlinge zuweilen durch heftige Winde auf die
hohe See verschlagen werden, wie wir es in der Südsee,
westwärts von der Küste von Mexiko, beobachten konnten.

Der Pizarro hatte Befehl, bei der Insel Lanzarote, einer
der sieben großen Kanarien, anzulegen, um sich zu erkundigen,
ob die Engländer die Reede von Santa Cruz auf Tenerifa
blockierten. Seit dem 15. Juni war man im Zweifel, welchen
Weg man einschlagen sollte. Bis jetzt hatten die Steuerleute,
die mit den Seeuhren nicht recht umzugehen wußten, keine
großen Stücke auf die Länge gehalten, die ich fast immer
zweimal des Tages bestimmte, indem ich zum Uebertrag der
Zeit morgens und abends Stundenwinkel aufnahm. Endlich
am 16. Juni, um 9 Uhr morgens, als wir schon unter
29° 26' der Breite waren, änderte der Kapitän den Kurs
und steuerte gegen Ost. Da zeigte sich bald, wie genau Louis
Berthouds Chronometer war; um 2 Uhr nachmittags kam
Land in Sicht, das wie eine kleine Wolke am Horizont erschien. Um 5 Uhr, bei niedriger stehender Sonne, lag die
Insel Lanzarote so deutlich vor uns, daß ich den Höhenwinkel
eines Kegelberges messen konnte, der majestätisch die anderen
Gipfel überragt und den wir für den großen Vulkan hielten,

der in der Nacht vom 1. September 1730 so große Verheerungen angerichtet hat.

Die Strömung trieb uns schneller gegen die Küste, als wir wünschten. Im Hinfahren sahen wir zuerst die Insel Fuerteventura, bekannt durch die vielen Kamele,[1] die darauf leben, und bald darauf die kleine Insel Lobos im Kanal zwischen Fuerteventura und Lanzarote. Wir brachten die Nacht zum Teil auf dem Verdeck zu. Der Mond beschien die vulkanischen Gipfel von Lanzarote, deren mit Asche bedeckte Abhänge wie Silber schimmerten. Antares glänzte nahe der Mondscheibe, die nur wenige Grad über dem Horizont stand. Die Nacht war wunderbar heiter und frisch. Obgleich wir nicht weit von der afrikanischen Küste und der Grenze der heißen Zone waren, zeigte der hundertteilige Thermometer nicht mehr als 18°. Es war, als ob das Leuchten des Meeres die in der Luft verbreitete Lichtmasse vermehrte. Zum erstenmal konnte ich an einem zweizölligen Sextanten von Troughton mit sehr feiner Teilung den Nonius ablesen, ohne mit einer Kerze an den Rand zu leuchten. Mehrere unserer Reisegefährten waren Kanarier; gleich allen Einwohnern der Insel priesen sie enthusiastisch die Schönheit ihres Landes. Nach Mitternacht zogen hinter dem Vulkan schwere Wolken auf und bedeckten hin und wieder den Mond und das schöne Sternbild des Skorpion. Wir sahen am Ufer Feuer hin und her tragen. Es waren wahrscheinlich Fischer, die sich zur Fahrt rüsteten. Wir hatten auf der Reise fortwährend in den alten spanischen Reisebeschreibungen gelesen, und diese sich hin und her bewegenden Lichter erinnerten uns an die, welche Pedro Gutierez, ein Page der Königin Isabella, in der denkwürdigen Nacht, da die Neue Welt entdeckt wurde, auf der Insel Guanahani sah.

Am 17. morgens war der Horizont neblig und der Himmel leicht umzogen. Desto schärfer traten die Berge von Lanzarote in ihren Umrissen hervor. Die Feuchtigkeit erhöht

---

[1] Diese Kamele, die zum Feldbau dienen und deren Fleisch man im Lande zuweilen eingesalzen ißt, lebten hier nicht vor der Eroberung der Inseln durch die Béthencourts. Im 16. Jahrhundert hatten sich die Esel auf Fuerteventura dergestalt vermehrt, daß sie verwildert waren und man Jagd auf sie machen mußte. Man schoß ihrer mehrere tausend, damit die Ernten nicht zu Grunde gingen. Die Pferde auf Fuerteventura sind von berberischer Rasse und ausgezeichnet schön.

die Durchsichtigkeit der Luft und rückt zugleich scheinbar die
Gegenstände näher. Diese Erscheinung ist jedem bekannt, der
Gelegenheit gehabt hat, an Orten, wo man die Ketten der
Hochalpen oder der Anden sieht, hygrometrische Beobachtungen
anzustellen. Wir liefen, mit dem Senkblei in der Hand, durch
den Kanal zwischen den Inseln Alegranza und Montaña
Clara. Wir untersuchten den Archipel kleiner Eilande nörd-
lich von Lanzarote, die sowohl auf der sonst sehr genauen
Karte von de Fleurieu, als auf der Karte, die zur Reise der
Fregatte Flora gehört, so schlecht gezeichnet sind. Die auf Befehl des Herrn de Castries im Jahre 1786 veröffentlichte Karte
des Atlantischen Ozeans hat dieselben irrigen Angaben. Da
die Strömungen in diesen Strichen ausnehmend rasch sind,
so mag die für die Sicherheit der Schiffahrt nicht unwichtige
Bemerkung hier stehen, daß die Lage der fünf kleinen Inseln
Alegranza, Clara, Graciosa, Roca del Este und Infierno
nur auf der Karte der Kanarischen Inseln von Borda und im
Atlas von Tofiño genau angegeben ist, welcher letztere sich
dabei an die Beobachtungen von Don Jose Varela hielt, die
mit denen der Fregatte Boussole ziemlich übereinstimmen.

Inmitten dieses Archipels, den Schiffe, die nach Tenerifa
gehen, selten befahren, machte die Gestaltung der Küsten den
eigentümlichsten Eindruck auf uns. Wir glaubten uns in
die Euganeischen Berge im Vicentinischen oder an die Ufer
des Rheins bei Bonn versetzt (Siebengebirge). Die Gestaltung der organischen Wesen wechselt nach den Klimaten, und
diese erstaunliche Mannigfaltigkeit gibt dem Studium der Verteilung der Pflanzen und Tiere seinen Hauptreiz; aber die
Gebirgsarten, die vielleicht früher gebildet worden, als die
Ursachen, von welchen die Abstufung der Klimate abhängt,
in Wirksamkeit getreten, sind in beiden Hemisphären die näm-
lichen. Die Porphyre, welche glasigen Feldspat oder Hornblende einschließen, die Phonolithe (Werners Porphyrschiefer),
Grünsteine, Mandelsteine und Basalte zeigen fast so konstante
Formen wie die einfachen kristallinischen Körper. Auf den
Kanarien wie in der Auvergne, im böhmischen Mittelgebirge
wie in Mexiko und an den Ufern des Ganges erkennt man
die Trappformation am symmetrischen Bau der Berge, an den
gestutzten, bald einzeln stehenden, bald zu Gruppen vereinigten
Kegeln, an den Plateaus, die an beiden Enden mit einer
runden niedrigen Kuppe gekrönt sind.

Der ganze westliche Teil von Lanzarote, den wir in der

Nähe sahen, hat ganz das Ansehen eines in neuester Zeit von vulkanischem Feuer verwüsteten Landes. Alles ist schwarz, dürr, von Dammerde entblößt. Wir erkannten mit dem Fernrohr Basalt in ziemlich dünnen, stark fallenden Schichten. Mehrere Hügel gleichen dem Monte Nuovo bei Neapel, oder den Schlacken- und Aschenhügeln, welche am Fuße des Vulkanes Jorullo in Mexiko in einer Nacht aus dem berstenden Boden emporgestiegen sind. Nach Abbé Viera wurde auch im Jahre 1730 mehr als die Hälfte der Insel völlig umgewandelt. Der „Große Vulkan", dessen wir oben erwähnt, und der bei den Eingeborenen der Vulkan von Temanfaya heißt, verheerte das fruchtbarste und bestangebaute Gebiet; neun Dörfer wurden durch die Lavaströme völlig zerstört. Ein heftiges Erdbeben war der Katastrophe vorangegangen, und gleich starke Stöße wurden noch mehrere Jahre nachher gespürt. Letztere Erscheinung ist um so auffallender, je seltener sie nach einem Ausbruche ist, wenn einmal nach dem Ausfluß der geschmolzenen Stoffe die elastischen Dämpfe durch den Krater haben entweichen können. Der Gipfel des großen Vulkanes ist ein runder, nicht genau kegelförmiger Hügel. Nach den Höhenwinkeln, die ich in verschiedenen Abständen genommen, scheint seine absolute Höhe nicht viel über 580 m zu betragen. Die benachbarten kleinen Berge und die der Inseln Alegranza une Clara sind kaum 95 bis 134 m hoch. Man wundert sich, daß Gipfel, die sich auf hoher See so imposant darstellen, nicht höher sein sollen. Aber nichts ist so unsicher als unser Urteil über die Größe der Winkel, unter denen uns Gegenstände ganz nahe am Horizont erscheinen. Einer Täuschung derart ist es zuzuschreiben, wenn vor den Messungen de Churrucas und Galeanos am Kap Pilar die Berge an der Magelhaensschen Meerenge und des Feuerlandes bei den Seefahrern für ungemein hoch galten.

Die Insel Lanzarote hieß früher Titeroigotra. Bei der Ankunft der Spanier zeichneten sich die Bewohner vor den anderen Kanariern durch Merkmale höherer Kultur aus. Sie hatten Häuser aus behauenen Steinen, während die Guanchen auf Tenerifa, als wahre Troglodyten, in Höhlen wohnten. Auf Lanzarote herrschte zu jener Zeit ein seltsamer Gebrauch, der nur noch bei den Tibetanern vorkommt. [1] Eine

---

[1] In Tibet ist übrigens die Vielmännerei nicht so häufig, als man glaubt, und von der Priesterschaft mißbilligt.

Frau hatte mehrere Männer, welche in der Ausübung der Rechte des Familienhauptes wechselten. Der eine Ehemann ward als solcher nur während eines Mondumlaufs anerkannt, sofort übernahm ein anderer das Amt und jener trat in das Hausgesinde zurück. Es ist zu bedauern, daß wir von den Geistlichen im Gefolge Johanns von Béthencourt, welche die Geschichte der Eroberung der Kanarien geschrieben haben, nicht mehr von den Sitten eines Volkes erfahren, bei dem so sonderbare Bräuche herrschten. Im 15. Jahrhundert bestanden auf der Insel Lanzarote zwei kleine voneinander unabhängige Staaten, die durch eine Mauer geschieden waren, dergleichen man auch in Schottland, in Peru und in China findet, Denkmäler, die den Nationalhaß überleben.

Wegen des Windes mußten wir zwischen den Inseln Alegranza und Montaña Clara durchfahren. Da niemand am Bord der Korvette je in diesem Kanal gewesen war, so mußte das Senkblei ausgeworfen werden. Wir fanden Grund bei 45 und 60 m. Mit dem Senkblei wurde eine organische Substanz von so sonderbarem Bau aufgezogen, daß wir lange nicht wußten, ob wir sie für einen Zoophyten oder für eine Tangart halten sollten. Auf einem bräunlichen, 8 cm langen Stiel sitzen runde lappige Blätter mit gezahntem Rande. Sie sind hellgrün, lederartig und gestreift wie die Blätter der Adianten und des Ginkgo biloba. Ihre Fläche ist mit steifen, weißlichen Haaren bedeckt; vor der Entwickelung sind sie konkav und ineinander geschachtelt. Wir konnten keine Spur von willkührlicher Bewegung, von Irritabilität daran bemerken, auch nicht als wir es mit dem Galvanismus versuchten. Der Stiel ist nicht holzig, sondern besteht aus einem hornartigen Stoff, gleich der Achse der Gorgonen. Da Stickstoff und Phosphor in Menge in verschiedenen kryptogamischen Gewächsen nachgewiesen sind, so wäre nichts dabei herausgekommen, wenn wir auf chemischem Wege hätten ermitteln wollen, ob dieser organische Körper dem Pflanzen= oder dem Tierreiche angehöre. Da er einigen Seepflanzen mit Adiantenblättern sehr nahe kommt, so stellten wir ihn vorläufig zu den Tangen und nannten ihn Fucus vitifolius. Die Haare, mit denen das Gewächs bedeckt ist, kommen bei vielen anderen Tangen vor. Allerdings zeigte das Blatt, als es frisch aus der See unter dem Mikroskop untersucht wurde, nicht die drüsigen Körper in Häufchen oder die dunkeln Punkte, welche bei den Gattungen Ulva und Fucus die Fruktifikationen enthalten; aber wie oft findet man Tange, die vermöge ihrer Entwickelungsstufe in ihrem durchsichtigen Parenchym noch keine Spur von Körnern zeigen.

Ich hätte diese Einzelheiten, die in die beschreibende Naturgeschichte gehören, hier übergangen, wenn sich nicht am Fukus mit weinblattähnlichen Blättern eine physiologische Erscheinung von allgemeinerem Interesse beobachten ließe. Unser Seetang hatte, an Madreporen befestigt, 68 m tief im Meeresboden vegetiert, und doch waren seine Blätter so grün wie unsere Gräser. Nach de Bouguers Versuchen[1] wird das Licht, das durch 58,5 m Wasser hindurchgeht, im Verhältnis von 1 zu 1477,8 geschwächt. Der Tang von Alegranza ist also ein neuer Beweis für den Satz, daß Gewächse im Dunkeln vegetieren können, ohne farblos zu werden. Die noch in den Zwiebeln eingeschlossenen Keime mancher Liliengewächse, der Embryo der Malven, der Rhamnoiden, der Pistazie, der Mistel und des Zitronenbaums, die Zweige mancher unterirdischer Pflanzen, endlich die Gewächse, die man in Erzgruben bringt, wo die umgebende Luft Wasserstoff oder viel Stickstoff enthält, sind grün ohne Lichtgenuß. Diese Thatsachen berechtigen zu der Annahme, daß der Kohlenwasserstoff, der das Parenchym dunkler oder heller grün färbt, je nachdem der Kohlenstoff in der Verbindung vorherrscht, sich nicht bloß unter dem Einfluß der Sonnenstrahlen im Gewebe der Gewächse bildet.

Turner, der so viel für die Familie der Tange geleistet hat, und viele andere bedeutende Botaniker sind der Ansicht, die Tange, die man an der Meeresfläche findet, und die unter dem 23. und 25. Grad der Breite und dem 35. der Länge sich dem Seefahrer als eine weite überschwemmte Wiese darstellen, wachsen ursprünglich auf dem Meeresgrunde und schwimmen an der Oberfläche nur im ausgebildeten Zustande, nachdem sie von den Wellen losgerissen worden. Ist dem wirklich so, so ist nicht zu leugnen, daß die Familie der Seealgen große Schwierigkeiten macht, wenn man am Glauben festhält, daß Farblosigkeit die notwendige Folge des Mangels an Licht ist;

---

[1] In 60 m Tiefe kann der Fukus nur von einem Lichte beleuchtet gewesen sein, das 203mal stärker ist als das Mondlicht, also gleich der Hälfte des Lichtes, das eine Talgkerze auf 32 cm Entfernung verbreitet. Nach meinen direkten Versuchen wird aber das Lepidium sativum beim glänzenden Lichte zweier Argandschen Lampen kaum merkbar grün.

denn wie sollte man voraussetzen können, daß so viele Arten von Ulvaceen und die Diktyoteen mit grünen Stengeln und Blättern auf Gestein unmittelbar unter der Meeresfläche gewachsen sind?

Nach den Angaben eines alten portugiesischen Wegweisers meinte der Kapitän des Pizarro sich einem kleinen Fort nördlich von Teguise, dem Hauptort von Lanzarote, gegenüber zu befinden. Man hielt einen Basaltfelsen für ein Kastell, man salutierte es durch Aufhissen der spanischen Flagge und warf das Boot aus, um sich durch einen Offizier beim Kommandanten des vermeintlichen Forts erkundigen zu lassen, ob die Engländer in der Umgegend kreuzten. Wir wunderten uns nicht wenig, als wir vernahmen, daß das Land, das wir für einen Teil der Küste von Lanzarote gehalten, die kleine Insel Graciosa sei und daß es auf mehrere Kilometer in der Runde keinen bewohnten Ort gebe.

Wir benutzten das Boot, um ans Land zu gehen, das den Schlußpunkt einer weiten Bai bildete. Ganz unbeschreiblich ist das Gefühl des Naturforschers, der zum erstenmal einen außereuropäischen Boden betritt. Die Aufmerksamkeit wird von so vielen Gegenständen in Anspruch genommen, daß man sich von seinen Empfindungen kaum Rechenschaft zu geben vermag. Bei jedem Schritt glaubt man einen neuen Naturkörper vor sich zu haben, und in der Aufregung erkennt man häufig Dinge nicht wieder, die in unseren botanischen Gärten und naturgeschichtlichen Sammlungen zu den gemeinsten gehören. An 200 m vom Ufer sahen wir einen Mann mit der Angelrute fischen. Man fuhr im Boot auf ihn zu, aber er ergriff die Flucht und versteckte sich hinter einem Felsen. Die Matrosen hatten Mühe, seiner habhaft zu werden. Der Anblick der Korvette, der Kanonendonner am einsamen, jedoch zuweilen von Kapern besuchten Orte, das Landen des Bootes, alles hatte dem armen Fischer Angst eingejagt. Wir erfuhren von ihm, die kleine Insel Graciosa, an der wir gelandet, sei von Lanzarote durch einen engen Kanal, el Rio genannt, getrennt. Er erbot sich, uns in den Hafen los Colorados zu führen, wo wir uns hinsichtlich der Blockade von Tenerifa erkundigen könnten; da er aber zugleich versicherte, seit mehreren Wochen kein Fahrzeug auf offener See gesehen zu haben, so beschloß der Kapitän, geradezu nach Santa Cruz zu steuern.

Das kleine Stück der Insel Graciosa, das wir kennen gelernt, gleicht den aus Laven aufgebauten Vorgebirgen bei

Neapel zwischen Portici und Torre del Greco. Die Felsen sind nackt, ohne Bäume und Gebüsche, meist ohne Spur von Dammerde. Einige Flechten, Variolarien, Leprarien, Urceolarien, kamen hin und wieder auf dem Basalt vor. Laven, die nicht mit vulkanischer Asche bedeckt sind, bleiben Jahrhunderte ohne eine Spur von Vegetation. Auf dem afrikanischen Boden hemmt die große Hitze und die lange Trockenheit die Entwickelung der kryptogamischen Gewächse.

Mit Sonnenuntergang schifften wir uns wieder ein und gingen unter Segel, aber der Wind war zu schwach, als daß wir unseren Weg nach Tenerifa hätten fortsetzen können. Die See war ruhig; ein rötlicher Dunst umzog den Horizont und ließ alle Gegenstände größer erscheinen. In solcher Einsamkeit, ringsum so viele unbewohnte Eilande, schwelgten wir lange im Anblicke einer wilden, großartigen Natur. Die schwarzen Berge von Graciosa zeigten 160 bis 200 m hohe senkrechte Wände. Ihre Schatten, die auf die Meeresfläche fielen, gaben der Landschaft einen schwermütigen Charakter. Gleich den Trümmern eines gewaltigen Gebäudes stiegen Basaltfelsen aus dem Wasser auf. Ihr Dasein mahnte uns an die weit entlegene Zeit, wo unterseeische Vulkane neue Inseln emporhoben oder die Festländer zertrümmerten. Alles umher verkündete Verwüstung und Unfruchtbarkeit; aber einen freundlicheren Anblick bot im Hintergrunde des Bildes die Küste von Lanzarote. In einer engen Schlucht, zwischen zwei mit zerstreuten Baumgruppen gekrönten Hügeln, zog sich ein kleiner bebauter Landstrich hin. Die letzten Strahlen der Sonne beleuchten das zur Ernte reife Korn. Selbst die Wüste belebt sich, sobald man den Spuren der arbeitsamen Menschenhand begegnet.

Wir versuchten aus der Bucht herauszukommen, und zwar durch den Kanal zwischen Alegranza und Montaña Clara, durch den wir ohne Schwierigkeit hereingelangt waren, um an der Nordspitze von Graciosa ans Land zu gehen. Da der Wind sehr flau wurde, so trieb uns die Strömung nahe zu einem Riff, an dem sich die See ungestüm brach, und das die alten Karten als „Infierno“ bezeichnen. Als wir das Riff auf zwei Kabellängen vom Vorderteil der Korvette vor uns hatten, sahen wir, daß es eine 5,8 bis 7,8 m hohe Lavakuppe ist, voll Höhlungen und bedeckt mit Schlacken, die den Koks oder der schwammigen Masse der entschwefelten Steinkohle ähnlich sind. Wahrscheinlich ist die Klippe Infierno,[1] welche die neueren Karten Roca del Oeste (westlicher Fels) nennen, durch das vulkanische Feuer emporgehoben. Sie kann sogar früher weit höher gewesen sein; denn die „neue Insel" der Azoren, die zu wiederholten Malen aus dem Meere gestiegen, in den Jahren 1638 und 1719, war 115 m hoch[2] geworden, als sie im Jahre 1728 so gänzlich verschwand, daß man da, wo sie gestanden, das Meer 146 m tief fand. Meine Ansicht vom Ursprung der Basaltkuppe Insierno wird durch ein Ereignis bestätigt, das um die Mitte des vorigen Jahrhunderts in derselben Gegend beobachtet wurde. Beim Ausbruch des Vulkanes Temanfaya erhoben sich vom Meeresboden zwei pyramidale Hügel von steiniger Lava, und verschmolzen nach und nach mit der Insel Lanzarote.

Da der schwache Wind und die Strömung uns aus dem Kanal von Alegranza nicht herauskommen ließen, beschloß man, während der Nacht zwischen der Insel Clara und der Roca del Oeste zu kreuzen. Dies hätte beinahe sehr schlimme Folgen für uns gehabt. Es ist gefährlich, sich bei Windstille in der Nähe dieses Riffes aufzuhalten, gegen das die Strömung ausnehmend stark hinzieht. Um Mitternacht fingen wir an, die Wirkung der Strömung gewahr zu werden. Die nahe vor uns senkrecht aus dem Wasser aufsteigenden Felsmassen benahmen uns den wenigen Wind, der wehte; die Korvette gehorchte dem Steuer fast nicht mehr und jeden Augenblick fürchtete man zu stranden. Es ist schwer begreiflich, wie eine einzelne Basaltkuppe mitten im weiten Weltmeer das Wasser in solche Aufregung versetzen kann. Diese Erscheinungen, welche die volle Aufmerksamkeit der Physiker verdienen, sind übrigens den Seefahrern wohl bekannt; sie treten in der Südsee, namentlich im kleinen Archipel der Galapagosinseln, in furchtbarem Maßstabe auf. Der Temperaturunterschied zwischen der Flüssigkeit und der Felsmasse vermag den Zug der Strömung zu ihnen hin nicht zu er-

---

[1] Ich bemerke hier, daß diese Klippe schon auf der berühmten venezianischen Karte des Andrea Bianco angegeben ist, daß aber mit dem Namen Insierno, wie auch auf der ältesten Karte des Picigano, Tenerifa bezeichnet ist, wahrscheinlich weil die Guanchen den Pik als den Eingang der Hölle ansahen.

[2] Im Jahre 1720 war die Insel auf 31 bis 36 km sichtbar. In denselben Strichen ist im Jahre 1811 wieder eine Insel erschienen.

klären, und wie sollte man es glaublich finden, daß sich das Wasser am Fuße der Klippen in die Tiefe stürzt, und daß bei diesem fortwährenden Zug nach unten die Wasserteilchen den entstehenden leeren Raum auszufüllen suchen?[1]

Am 18. morgens wurde der Wind etwas frischer, und so gelang es uns, aus dem Kanal zu kommen. Wir kamen dem Infierno noch einmal sehr nahe, und jetzt bemerkten wir im Gestein große Spalten, durch welche wahrscheinlich die Gase entwichen, als die Basaltkuppe emporgehoben wurde. Wir verloren die kleinen Inseln Alegranza, Montaña Clara und Graciosa aus dem Gesicht. Sie scheinen nie von Guanchen bewohnt gewesen zu sein und man besucht sie jetzt nur, um Orseille dort zu sammeln; diese Pflanze ist übrigens weniger gesucht, seit so viele andere Flechtenarten aus dem nördlichen Europa kostbare Farbstoffe liefern. Montaña Clara ist berühmt wegen der schönen Kanarienvögel, die dort vorkommen. Der Gesang dieser Vögel wechselt nach Schwärmen, wie ja auch bei uns der Gesang der Finken in zwei benachbarten Landstrichen häufig ein anderer ist. Auf Montaña Clara gibt es auch Ziegen, zum Beweis, daß das Eiland im Inneren nicht so öde ist als die Küste, die wir gesehen. Der Name Alegranza kommt her von „La Joyeuse", wie die ersten Eroberer der Kanarien, zwei normännische Barone, Jean de Béthencourt und Gadifer de Salle, die Insel benannten. Es war der erste Punkt, wo sie gelandet. Nach einem Aufenthalt von einigen Tagen auf der Insel Graciosa, von der wir ein kleines Stück gesehen, beschlossen sie sich der benachbarten Insel Lanzarote zu bemächtigen, und wurden von Guadarfia, dem Häuptling der Guanchen, so gastfreundlich empfangen, wie Cortez im Palast Montezumas. Der Hirtenkönig, der keine anderen Schätze hatte als seine Ziegen, wurde so schmählich verraten, wie der mexikanische Sultan.

Wir fuhren an den Küsten von Lanzarote, Lobos und Fuerteventura hin. Die zweite scheint früher mit den anderen zusammengehangen zu haben. Diese geologische Hypothese

---

[1] Mit Verwunderung liest man in einem sonst ganz nützlichen, unter den Seeleuten sehr verbreiteten Buche, in der neunten Ausgabe des Practical Navigator von Hamilton Moore, S. 200, infolge der Massenattraktion oder der allgemeinen Schwere komme ein Fahrzeug schwer von der Küste weg und werde die Schaluppe einer Fregatte von dieser selbst angezogen.

wurde schon im 17. Jahrhundert von einem Franziskaner, Juan Galindo, aufgestellt. Er war sogar der Ansicht, König Juba habe nur sechs Kanarische Inseln genannt, weil zu seiner Zeit drei derselben nur eine gebildet. Ohne auf diese unwahrscheinliche Hypothese einzugehen, haben gelehrte Geographen den Archipel der Kanarien für die beiden Inseln Junonia, die Inseln Nivaria, Ombrios, Canaria und Capraria der Alten erklärt.

Da der Horizont dunstig war, konnten wir auf der ganzen Ueberfahrt von Lanzarote nach Tenerifa des Gipfels des Pik be Teyde nicht ansichtig werden. Ist der Vulkan wirklich 3712 m hoch, wie Bordas letzte trigonometrische Messung angibt, so muß sein Gipfel auf 80 km zu sehen sein, das Auge am Meeresspiegel angenommen und die Refraktion gleich 0,079 der Entfernung. Man hat in Zweifel gezogen, ob der Pik im Kanal zwischen Lanzarote und Fuerteventura, der nach Varelas Karte 2° 20' oder gegen 225 km davon entfernt ist, je gesehen worden sei. Der Punkt scheint indessen durch einige Offiziere der königlich spanischen Marine entschieden worden zu sein; ich habe an Bord der Korvette Pizarro ein Schiffstagebuch in Händen gehabt, in dem stand, der Pik von Tenerifa sei in 250 km Entfernung beim südlichen Vorgebirge von Lanzarote, genannt Pichiguera, gesehen worden, und zwar erschien der Gipfel unter einem so großen Winkel, daß der Beobachter, Don Manuel Bazuti, glaubt, der Vulkan hätte noch 40,5 km weiter weg gesehen werden können. Das war im September, gegen Abend, bei sehr feuchtem Wetter. Rechnet man 4,87 m als Erhöhung des Auges über der See, so finde ich, daß man, um die Erscheinung zu erklären, eine Refraktion gleich 0,158 des Bogens anzunehmen hat, was für die gemäßigte Zone nicht außerordentlich viel ist. Nach den Beobachtungen des Generals Roy schwanken in England die Refraktionen zwischen $1/20$ und $1/3$, und wenn es wahr ist, daß sie an der Küste von Afrika diese äußersten Grenzen erreichen, woran ich sehr zweifle, so könnte unter gewissen Umständen der Pik vom Verdeck eines Schiffes auf 113 km gesehen werden.

Seeleute, die häufig diese Striche befahren und über die Ursachen der Naturerscheinungen nachdenken, wundern sich, daß der Pik de Teyde und der der Azoren[1] zuweilen in sehr

---

[1] Die Höhe dieses Piks beträgt nach de Fleurieu 2144 m, nach Ferrer 2413, nach Tofiño 2457, aber diese Maße sind nur

großer Entfernung zum Vorschein kommen, ein andermal in
weit größerer Nähe nicht sichtbar sind, obgleich der Himmel
klar erscheint und der Horizont nicht dunstig ist. Diese Um=
stände verdienen die Aufmerksamkeit des Physikers um so mehr,
als viele Fahrzeuge auf der Rückreise nach Europa mit Un=
geduld des Erscheinens dieser Berge harren, um ihre Länge
danach zu berichtigen, und sie sich weiter davon entfernt glauben,
als sie in Wahrheit sind, wenn sie sie bei hellem Wetter in
Entfernungen, wo die Sehwinkel schon sehr bedeutend sein
müßten, nicht sehen können. Der Zustand der Atmosphäre
hat den bedeutendsten Einfluß auf die Sichtbarkeit ferner
Gegenstände. Im allgemeinen läßt sich annehmen, daß der
Pik von Tenerifa im Juli und August, bei sehr warmem,
trockenem Wetter, ziemlich selten sehr weit gesehen wird, daß
er dagegen im Januar und Februar, bei leicht bedecktem
Himmel und unmittelbar nach oder einige Stunden vor einem
starken Regen in außerordentlich großer Entfernung zu Gesicht
kommt. Die Durchsichtigkeit der Luft scheint, wie schon oben
bemerkt, in erstaunlichem Maße erhöht zu werden, wenn eine
gewisse Menge Wasser gleichförmig in derselben verbreitet ist.
Zudem darf man sich nicht wundern, wenn man den Pik de
Teyde seltener sehr weit sieht als die Gipfel der Anden, die
ich so lange Zeit habe beobachten können. Der Pik ist nicht
so hoch als der Teil des Atlas, an dessen Abhang die Stadt
Marokko liegt, und nicht wie dieser mit ewigem Schnee be=
deckt. Der Piton oder Zuckerhut, der die oberste Spitze
des Piks bildet, wirft allerdings vieles Licht zurück, weil der
aus dem Krater ausgeworfene Bimsstein von weißlicher Farbe
ist; aber dieser kleine abgestutzte Kegel mißt nur ein Zwanzigteil
der ganzen Höhe. Die Wände des Vulkanes sind entweder
mit schwarzen, verschlackten Lavablöcken oder mit einem kräf=
tigen Pflanzenwuchs bedeckt, dessen Masse um so weniger Licht

---

annähernde Schätzungen. Der Kapitän des Pizarro, Don Manuel
Cagigal, hat mir aus seinem Tagebuch bewiesen, daß er den Pik
der Azoren auf 166 km Entfernung gesehen hat, zu einer Zeit, wo
er seiner Länge wenigstens bis auf 2 Minuten gewiß war. Der
Vulkan wurde in Süd 4° Ost gesehen, so daß der Irrtum in der
Länge auf die Schätzung der Entfernung nur ganz unbedeutenden
Einfluß haben konnte. Indessen war der Winkel, unter dem der
Pik der Azoren erschien, so groß, daß Cagigal der Meinung ist,
der Vulkan müsse auf mehr als 180 oder 190 km zu sehen sein.
Der Abstand von 166 km setzt eine Höhe von 2789 m voraus.

zurückwirft, als die Baumblätter voneinander durch Schatten getrennt sind, die einen größeren Umfang haben als die be=leuchteten Teile.

Daraus geht hervor, daß der Pik von Tenerifa, abge=sehen vom Piton, zu den Bergen gehört, die man, wie Bouguer sich ausdrückt, auf weite Entfernung nur negativ sieht, weil sie das Licht auffangen, das von der äußersten Grenze des Luftkreises zu uns gelangt, und wir ihr Dasein nur gewahr werden, weil das Licht in der sie umgebenden Luft und das, welches die Luftteilchen zwischen dem Berge und dem Auge des Beobachters fortpflanzen, von verschiedener Intensität sind.[1] Entfernt man sich von der Insel Tenerifa, so bleibt der Piton oder Zuckerhut ziemlich lange positiv sichtbar, weil er weißes Licht reflektiert und sich vom Himmel hell abhebt; da aber dieser Kegel nur 156 m hoch und an der Spitze 78 m breit ist, so hat man neuerdings die Frage auf=geworfen, ob er bei so unbedeutender Masse auf weiter als 180 km sichtbar sein kann, und ob es nicht wahrscheinlicher ist, daß man in See den Pik erst dann als ein Wölkchen über dem Horizont gewahr wird, wenn bereits die Basis des Piton heraufzurücken beginnt. Nimmt man die mittlere Breite des Zuckerhutes zu 200 m an, so findet man, daß der kleine Kegel in 180 km Entfernung in horizontaler Richtung noch unter einem Winkel von mehr als drei Minuten erscheint. Dieser Winkel ist groß genug, um einen Gegenstand sichtbar zu machen, und wenn der Piton beträchtlich höher wäre, als an der Basis breit, so dürfte der Winkel in horizontaler Richtung noch kleiner sein, und der Gegenstand machte doch noch einen Eindruck auf unsere Organe; aus mikrometrischen Beobachtungen geht hervor, daß eine Minute nur dann die Grenze der Sichtbarkeit ist, wenn die Gegenstände nach allen Richtungen von gleichem Durchmesser sind. Man erkennt in einer weiten Ebene einzelne Baumstämme mit bloßem Auge, obgleich der Sehwinkel nicht 25 Sekunden beträgt.

Da die Sichtbarkeit eines Gegenstandes, der sich dunkel=farbig abhebt, von der Lichtmenge abhängt, die auf zwei Linien zum Auge gelangt, deren eine am Berge endet, während die

---

[1] Aus den Versuchen desselben Beobachters geht hervor, daß, wenn dieser Unterschied für unsere Organe merkbar werden und der Berg sich deutlich vom Himmel abheben soll, das eine Licht wenig=stens um ein Sechzigteil stärker sein muß als das andere.

andere bis zur Grenze des Luftmeeres fortläuft, so folgt daraus, daß, je weiter man vom Gegenstande wegrückt, desto kleiner der Unterschied wird zwischen dem Lichte der umgebenden Luft und dem Lichte der vor dem Berge befindlichen Luftschichten. Daher kommt es, daß nicht sehr hohe Berggipfel, wenn sie sich über dem Horizont zu zeigen anfangen, anfangs dunkler erscheinen als Gipfel, die man auf sehr große Entfernung sieht. Ebenso hängt die Sichtbarkeit von Bergen, die man nur negativ gewahr wird, nicht allein vom Zustande der unteren Luftschichten ab, auf die unsere meteorologischen Beobachtungen beschränkt sind, sondern auch von der Durchsichtigkeit und der physischen Beschaffenheit der höheren Regionen; denn das Bild hebt sich desto besser ab, je stärker das Licht in der Luft, das von den Grenzen der Atmosphäre herkommt, ursprünglich ist, oder je weniger Verlust es auf seinem Durchgange erlitten hat. Dieser Umstand macht es bis zu einem gewissen Grade erklärlich, warum bei gleich heiterem Himmel, bei ganz gleichem Thermometer- und Hygrometerstand nahe an der Erdoberfläche, der Pik auf Schiffen, die gleich weit davon entfernt sind, das eine Mal sichtbar ist, das andere Mal nicht. Wahrscheinlich würde man sogar den Vulkan nicht häufiger sehen können, wenn die Höhe des Aschenkegels, an dessen Spitze sich die Krateröffnung befindet, ein Viertel der ganzen Berghöhe wäre; wie es beim Vesuv der Fall ist. Die Asche, zu Pulver zerriebener Bimsstein, wirft das Licht nicht so stark zurück als der Schnee der Anden. Sie macht, daß der Berg bei sehr großem Abstand sich nicht hell, sondern weit schwächer dunkelfarbig abhebt. Sie trägt so zu sagen dazu bei, die Anteile des in der Luft verbreiteten Lichtes, deren veränderliche Unterschiede einen Gegenstand mehr oder weniger deutlich sichtbar machen, auszugleichen. Kahle Kalkgebirge, mit Granitsand bedeckte Berggipfel, die hohen Savannen der Kordilleren,[1] die goldgelb sind, treten allerdings in geringer Entfernung deutlicher hervor als Gegenstände, die man negativ sieht; aber nach der Theorie besteht eine gewisse Grenze, jenseits welcher diese letzteren sich bestimmter vom Blau des Himmels abheben.

Bei den kolossalen Berggipfeln von Quito und Peru, die über die Grenze des ewigen Schnees hinausragen, wirken alle

---

[1] Los Pajonales. von paja. Gras. So heißt die Zone der grasartigen Gewächse, welche unter der Region des ewigen Schnees liegt.

günstigen Umstände zusammen, um sie unter sehr kleinen Winkeln sichtbar zu machen. Wir haben oben gesehen, daß der abgestumpfte Gipfel des Piks von Tenerifa nur gegen 580 m Durchmesser hat. Nach den Messungen, die ich im Jahre 1803 zu Riobamba angestellt, ist die Kuppe des Chimborazo 298 m unter der Spitze, also an einer Stelle, die 2533 m höher liegt als der Pik, noch 1312 m breit. Ferner nimmt die Zone des ewigen Schnees ein Viertel der ganzen Berghöhe ein, und die Basis dieser Zone ist, von der Südsee gesehen, 6700 m breit. Obgleich aber der Chimborazo um zwei Drittel höher ist als der Pik, sieht man ihn doch wegen der Krümmung der Erde nur 172,5 km weiter. Wenn er im Hafen von Guayaquil am Ende der Regenzeit am Horizont auftaucht, glänzt sein Schnee so stark, daß man glauben sollte, er müßte sehr weit in der Südsee sichtbar sein. Glaubwürdige Schiffer haben mich versichert, sie haben ihn bei der Klippe Muerto, südwestlich von der Insel Puna, auf 211,5 km gesehen. So oft er noch weiter gesehen worden, sind die Angaben unzuverlässig, weil die Beobachter ihrer Länge nicht gewiß waren.

Das in der Luft verbreitete Licht erhöht, indem es auf die Berge fällt, die Sichtbarkeit derer, die positiv sichtbar sind; die Stärke desselben vermindert im Gegenteil die Sichtbarkeit von Gegenständen, die, wie der Pik von Tenerifa und der der Azoren, sich dunkelfarbig abheben. Bouguer hat auf theoretischem Wege gefunden, daß nach der Beschaffenheit unserer Atmosphäre Berge negativ nicht weiter als auf 157 km gesehen werden können. Die Erfahrung — und diese Bemerkung ist wichtig — widerspricht dieser Rechnung. Der Pik von Tenerifa ist häufig auf 162, 171, sogar auf 180 km gesehen worden. Noch mehr, auf der Fahrt nach den Sandwichinseln hat man den Gipfel des Mauna-Roa[1]

---

[1] Der Mauna-Roa auf den Sandwichinseln ist nach Marchand über 5063 m hoch, nach King 5022 m, aber diese Messungen sind, trotz ihrer zufälligen Uebereinstimmung, keineswegs auf zuverlässigem Wege erzielt. Es ist eine ziemlich auffallende Erscheinung, daß ein Berggipfel unter 19° Breite, der wahrscheinlich über 4870 m hoch ist, von Schnee ganz entblößt wird. Die starke Abplattung des Mauna-Roa, der Mesa der alten spanischen Karten, seine vereinzelte Lage im Weltmeer und die Häufigkeit gewisser Winde, die, durch den aufsteigenden Strom abgelenkt, in schiefer Richtung wehen,

und zwar zu einer Zeit, wo kein Schnee darauf lag, dicht am Horizont auf 238 km gesehen. Dies ist bis jetzt das auffallendste bekannte Beispiel von der Sichtbarkeit eines Berges, und was noch merkwürdiger ist, es handelt sich dabei von einem Gegenstand, der nur negativ sichtbar ist.

Ich glaubte diese Bemerkungen am Ende dieses Kapitels zusammenstellen zu sollen, weil sie sich auf eines der wichtigsten Probleme der Optik beziehen, auf die Schwächung der Lichtstrahlen bei ihrem Durchgang durch die Schichten der Luft, und zugleich nicht ohne praktischen Nutzen sind. Die Vulkane Tenerifas und der Azoren, die Sierra Nevada von St. Martha, der Pik von Orizaba, die Silla bei Caracas, Mauna-Roa und der St. Eliasberg liegen vereinzelt in weiten Meeresstrecken oder auf den Küsten der Kontinente, und dienen so dem Seefahrer, der die Mittel nicht hat, um den Ort des Schiffes durch Sternbeobachtungen zu bestimmen, gleichsam als Bojen im Fahrwasser. Alles, was mit der Erkennbarkeit dieser natürlichen Bojen zusammenhängt, ist für die Sicherheit der Schiffahrt von Belang.

———

mögen die vornehmsten Ursachen sein. Es läßt sich nicht wohl annehmen, daß sich Kapitän Marchand in der Schätzung des Abstandes, in dem er am 10. Oktober 1791 den Gipfel des Mauna-Roa sah, bedeutend geirrt habe. Er hatte die Insel Owaihi erst am 7. abends verlassen, und nach der Bewegung der Gewässer und den Mondbeobachtungen am 19. betrug die Entfernung wahrscheinlich sogar mehr als 238 km. Ueberdies berichtet ein erfahrener Seemann, de Fleurieu, daß der Pik von Tenerifa selbst bei nicht ganz klarem Wetter auf 157 bis 162 km zu sehen sei.

Zweites Kapitel.

Aufenthalt auf Tenerifa. — Reise von Santa Cruz nach Orotava. —
Besteigung des Piks.

Von unserer Abreise von Graciosa an war der Horizont
fortwährend so dunstig, daß trotz der ansehnlichen Höhe der
Berge Canarias (Isla de la gran Canaria) die Insel erst
am 19. abends in Sicht kam. Sie ist die Kornkammer des Ar=
chipels der „glückseligen Inseln", und man behauptet, was
für ein Land außerhalb der Tropen sehr auffallend ist, in
einigen Strichen erhalte man zwei Getreideernten im Jahre,
eine im Februar, die andere im Juni. Canaria ist noch nie
von einem unterrichteten Mineralogen besucht worden; sie ver=
diente es aber um so mehr, als mir ihre in parallelen Ketten
streichenden Berge von ganz anderem Charakter schienen als
die Gipfel von Lanzarote und Tenerifa. Nichts ist für den
Geologen anziehender als die Beobachtung, wie sich an einem
bestimmten Punkte die vulkanischen Bildungen zu den Ur=
gebirgen und den sekundären Gebirgen verhalten. Sind ein=
mal die Kanarischen Inseln in allen ihren Gebirgsgliedern er=
forscht, so wird sich zeigen, daß man zu voreilig die Bildung
der ganzen Gruppe einer Hebung durch unterseeische Feuer=
ausbrüche zugeschrieben hat.

Am 19. morgens sahen wir den Berggipfel Naga (Punta
de Naga, Anaga oder Nago), aber der Pik von Tenerifa
blieb fortwährend unsichtbar. Das Land trat nur undeutlich
hervor, ein dicker Nebel verwischte alle Umrisse. Als wir uns
der Reede von Santa Cruz näherten, bemerkten wir, daß der
Nebel, vom Winde getrieben, auf uns zukam. Das Meer war
sehr unruhig, wie fast immer in diesen Strichen. Wir warfen
Anker, nachdem wir mehrmals das Senkblei ausgeworfen;
denn der Nebel war so dicht, daß man kaum auf ein paar
Kabellängen sah. Aber eben da man anfing den Platz zu

salutieren, zerstreute sich der Nebel völlig, und da erschien der Pik de Teyde in einem freien Stück Himmel über den Wolken, und die ersten Strahlen der Sonne, die für uns noch nicht aufgegangen war, beleuchteten den Gipfel des Vulkanes. Wir eilten eben aufs Vorderteil der Korvette, um dieses herrlichen Schauspieles zu genießen, da signalisierte man vier englische Schiffe, die ganz nahe an unserem Hinterteile auf der Seite lagen. Wir waren an ihnen vorbeigesegelt, ohne daß sie uns bemerkt hatten, und derselbe Nebel, der uns den Anblick des Piks entzogen, hatte uns der Gefahr entrückt, nach Europa zurückgebracht zu werden. Wohl wäre es für Naturforscher ein großer Schmerz gewesen, die Küste von Tenerifa von weitem gesehen zu haben, und einen von Vulkanen zerrütteten Boden nicht betreten zu dürfen.

Alsbald hoben wir den Anker und der Pizarro näherte sich so viel möglich dem Fort, um unter den Schutz desselben zu kommen. Hier auf dieser Reede, als zwei Jahre vor unserer Ankunft die Engländer zu landen versuchten, riß eine Kanonenkugel Admiral Nelson den Arm ab (im Juli 1797). Der Generalstatthalter der Kanarischen Inseln [1] schickte an den Kapitän der Korvette den Befehl, alsbald die Staatsdepeschen für die Statthalter der Kolonieen, das Geld an Bord und die Post ans Land schaffen zu lassen. Die englischen Schiffe entfernten sich von der Reede; sie hatten tags zuvor auf das Paketboot Alcadia Jagd gemacht, das wenige Tage vor uns von Coruña abgegangen war. Es hatte in den Hafen von Palmas auf Canaria einlaufen müssen, und mehrere Passagiere, die in einer Schaluppe nach Santa Cruz auf Tenerifa fuhren, waren gefangen worden.

Die Lage dieser Stadt hat große Aehnlichkeit mit der von Guayra, dem besuchtesten Hafen der Provinz Caracas. An beiden Orten ist die Hitze aus denselben Ursachen sehr groß; aber von außen erscheint Santa Cruz trübseliger. Auf einem öden, sandigen Strande stehen blendend weiße Häuser mit platten Dächern und Fenstern ohne Glas vor einer schwarzen senkrechten Felsmauer ohne allen Pflanzenwuchs. Ein hübscher Hafendamm aus gehauenen Steinen und der öffentliche, mit Pappeln besetzte Spaziergang bringen die einzige Abwechselung in das eintönige Bild. Von Santa Cruz aus nimmt sich der Pik weit weniger malerisch aus als im

---

[1] Don Andrès de Perlasca.

Hafen von Orotava. Dort ergreift der Gegensatz zwischen einer lachenden, reich bebauten Ebene und der wilden Physiognomie des Vulkanes. Von den Palmen- und Bananengruppen am Strande bis zu der Region der Arbutus, der Lorbeeren und Pinien ist das vulkanische Gestein mit kräftigem Pflanzenwuchs bedeckt. Man begreift, wie sogar Völker, welche unter dem schönen Himmel von Griechenland und Italien wohnen, im östlichen Teil von Tenerifa eine der glückseligen Inseln gefunden zu haben meinten. Die Ostküste dagegen, an der Santa Cruz liegt, trägt überall den Stempel der Unfruchtbarkeit. Der Gipfel des Piks ist nicht öder als das Vorgebirge aus basaltischer Lava, das der Punta de Naga zuläuft, und wo Fettpflanzen in den Ritzen des Gesteines eben erst den Grund zu einstiger Dammerde legen. Im Hafen von Orotava erscheint die Spitze des Zuckerhutes unter einem Winkel von mehr als 16 ½ °, während auf dem Hafendamm von Santa Cruz der Winkel kaum 4° 36′ beträgt.[1]

Trotz diesem Unterschied, und obgleich am letzteren Orte der Vulkan kaum so weit über den Horizont aufsteigt als der Vesuv, vom Molo von Neapel aus gesehen, so ist dennoch der Anblick des Piks, wenn man ihn vor Anker auf der Reede zum erstenmal sieht, äußerst großartig. Wir sahen nur den Zuckerhut; sein Kegel hob sich vom reinsten Himmelsblau ab, während schwarze dicke Wolken den übrigen Berg bis auf 3500 m Höhe einhüllten. Der Bimsstein, von den ersten Sonnenstrahlen beleuchtet, warf ein rötliches Licht zurück, dem ähnlich, das häufig die Gipfel der Hochalpen färbt. Allmählich ging dieser Schimmer in das blendendste Weiß über, und es ging uns wie den meisten Reisenden, wir meinten, der Pik sei noch mit Schnee bedeckt und wir werden nur mit großer Mühe an den Rand des Kraters gelangen können.

Wir haben in der Kordillere der Anden die Beobachtung gemacht, daß Kegelberge, wie der Cotopaxi und der Tunguragua, sich öfter unbewölkt zeigen als Berge, deren Krone mit vielen kleinen Unebenheiten besetzt ist, wie der Antisana und der Pichincha; aber der Pic von Tenerifa ist, trotz seiner Kegelgestalt, einen großen Teil des Jahres in Dunst gehüllt, und zuweilen sieht man ihn auf der Reede von Santa Cruz mehrere Wochen lang nicht ein einziges Mal. Die Erschei-

---

[1] Die Spitze des Vulkanes ist von Orotava etwa 16,5 km, von Santa Cruz 44 km entfernt.

nung erklärt sich ohne Zweifel daraus, daß er westwärts von einem großen Festlande und ganz isoliert im Meere liegt. Die Schiffer wissen recht gut, daß selbst die kleinsten, niedrigsten Eilande die Wolken anziehen und festhalten. Ueberdies erfolgt die Wärmeabnahme über den Ebenen Afrikas und über der Meeresfläche in verschiedenem Verhältnis, und die Luftschichten, welche die Passatwinde herführen, kühlen sich immer mehr ab, je weiter sie gegen West gelangen. Die Luft, die über dem heißen Wüstensande ausnehmend trocken war, schwängert sich rasch, sobald sie mit der Meeresfläche oder mit der Luft, die auf dieser Fläche ruht, in Berührung kommt. Man sieht also leicht, warum die Dünste in Luftschichten sichtbar werden, die, vom Festland weggeführt, nicht mehr die Temperatur haben, bei der sie sich mit Wasser gesättigt hatten. Zudem hält die bedeutende Masse eines frei aus dem Atlantischen Meere aufsteigenden Berges die Wolken auf, welche der Wind der hohen See zutreibt.

Lange und mit Ungeduld warteten wir auf die Erlaubnis von seiten des Statthalters, aus Land gehen zu dürfen. Ich nutzte die Zeit, um die Länge des Hafendammes von Santa Cruz zu bestimmen und die Inklination der Magnetnadel zu beobachten. Der Chronometer von Louis Berthoud gab jene zu 18° 33′ 10″ an. Diese Bestimmung weicht um 3 bis 4 Bogenminuten von derjenigen ab, die sich aus den alten Beobachtungen von Fleurieu, Pingré, Borda, Vancouver und La Peyrouse ergibt. Guenot hatte übrigens gleichfalls 18° 33′ 36″ gefunden und der unglückliche Kapitän Blight 18° 34′ 30″. Die Genauigkeit meines Ergebnisses wurde drei Jahre darauf bei der Expedition des Ritters Krusenstern bestätigt; man fand für Santa Cruz 16° 12′ 45″ westlich von Greenwich, folglich 18° 33′ 0″ westlich von Paris. Diese Angaben zeigen, daß die Längen, welche Kapitän Cook für Tenerifa und das Kap der guten Hoffnung annahm, viel zu weit westlich sind. Derselbe Seefahrer hatte im Jahre 1799 die magnetische Inklination gleich 61° 52′ gefunden. Bonpland und ich fanden 62° 24′, was mit dem Resultat übereinstimmt, das de Rossel bei d'Entrecasteaux' Expedition im Jahre 1791 erhielt. Die Deklination der Nadel schwankt um mehrere Grade, je nachdem man sie auf dem Hafendamm oder an verschiedenen Punkten nordwärts längs des Gestades beobachtet. Diese Schwankungen können an einem von vulkanischem Gestein umgebenen Orte nicht befremden. Ich habe mit

Gay-Lussac die Beobachtung gemacht, daß am Abhange des Vesuvs und im Inneren des Kraters die Intensität der magnetischen Kraft durch die Nähe der Laven modifiziert wird.

Nachdem die Leute, die zu uns an Bord gekommen waren, um sich nach politischen Neuigkeiten zu erkundigen, uns mit ihren vielerlei Fragen geplagt hatten, stiegen wir endlich ans Land. Das Boot wurde sogleich zur Korvette zurückgeschickt, weil die auf der Reede sehr gefährliche Brandung es leicht hätte am Hafendamm zertrümmern können. Das erste, was uns zu Gesicht kam, war ein hochgewachsenes, sehr gebräuntes, schlecht gekleidetes Frauenzimmer, das die Capitana hieß. Hinter ihr kamen einige andere in nicht anständigerem Aufzug; sie bestürmten uns mit der Bitte, an Bord des Pizarro gehen zu dürfen, was ihnen natürlich nicht bewilligt wurde. In diesem von Europäern so stark besuchten Hafen ist die Ausschweifung diszipliniert. Die Capitana ist von ihresgleichen als Anführerin gewählt, und sie hat große Gewalt über sie. Sie läßt nichts geschehen, was sich mit dem Dienst auf den Schiffen nicht verträgt, sie fordert die Matrosen auf, zur rechten Zeit an Bord zurückzukehren, und die Offiziere wenden sich an sie, wenn man fürchtet, daß sich einer von der Mannschaft versteckt habe, um auszureißen.

Als wir die Straßen von Santa Cruz betraten, kam es uns zum Ersticken heiß vor, und doch stand der Thermometer nur auf 25°. Wenn man lange Seeluft geatmet hat, fühlt man sich unbehaglich, so oft man ans Land geht, nicht weil jene Luft mehr Sauerstoff enthält als die Luft am Lande, wie man irrtümlich behauptet hat, sondern weil sie weniger mit den Gasgemischen geschwängert ist, welche die tierischen und Pflanzenstoffe und die Dammerde, die sich aus ihrer Zersetzung bildet, fortwährend in den Luftkreis entbinden. Miasmen, welche sich der chemischen Analyse entziehen, wirken gewaltig auf unsere Organe, zumal wenn sie nicht schon seit längerer Zeit denselben Reizen ausgesetzt gewesen sind.

Santa Cruz de Tenerifa, das Añaza der Guanchen, ist eine ziemlich hübsche Stadt mit 8000 Einwohnern. Mir ist die Menge von Mönchen und Weltgeistlichen, welche die Reisenden in allen Ländern unter spanischem Zepter sehen zu müssen glauben, gar nicht aufgefallen. Ich halte mich auch nicht damit auf, die Kirchen zu beschreiben, die Bibliothek der Dominikaner, die kaum ein paar hundert Bände zählt, den Hafendamm, wo die Einwohnerschaft abends zusammenkommt,

um der Kühle zu genießen, und das berühmte 10 m hohe
Denkmal aus karrarischem Marmor, geweiht unserer lieben
Frau von Candelaria, zum Gedächtnis ihrer wunderbaren Er=
scheinung zu Chimisay bei Guimar im Jahre 1392. Der
Hafen von Santa Cruz ist eigentlich ein großes Karawanserai
auf dem Wege nach Amerika und Indien. Fast alle Reise=
beschreibungen beginnen mit einer Beschreibung von Madeira
und Tenerifa, und wenn die Naturgeschichte dieser Inseln der
Forschung noch ein ungeheures Feld bietet, so läßt dagegen
die Topographie der kleinen Städte Funchal, Santa Cruz,
Laguna und Orotava fast nichts zu wünschen übrig.

Die Empfehlungen des Madrider Hofes verschafften uns
auf den Kanarien, wie in allen anderen spanischen Besitzungen,
die befriedigendste Aufnahme. Vor allem erteilte uns der
Generalkapitän die Erlaubnis, die Insel zu bereisen. Der
Oberst Armiaga, Befehlshaber eines Infanterieregiments, nahm
uns in seinem Hause auf und überhäufte uns mit Höflichkeit.
Wir wurden nicht müde, in seinem Garten im Freien ge=
zogene Gewächse zu bewundern, die wir bis jetzt nur in Treib=
häusern gesehen hatten, den Bananenbaum, den Melonenbaum,
die Poinciana pulcherrima und andere. Das Klima der
Kanarien ist indessen nicht warm genug, um den echten
Platano arton mit dreieckiger, 186 bis 212 mm langer Frucht,
der eine mittlere Temperatur von etwa 24° verlangt und
selbst nicht im Thale von Caracas fortkommt, reif werden zu
lassen. Die Bananen auf Tenerifa sind die, welche die spa=
nischen Kolonisten Camburis oder Guineos und Domi=
nicos nennen. Der Camburi, der am wenigsten vom Frost
leidet, wird sogar in Malaga mit Erfolg gebaut;[1] aber die
Früchte, die man zuweilen zu Cadiz sieht, kommen von den
Kanarien auf Schiffen, welche die Ueberfahrt in drei, vier
Tagen machen. Die Musa, die allen Völkern der heißen
Zone bekannt ist, und die man bis jetzt nirgends wild ge=
funden hat, variiert meist in ihren Früchten, wie unsere Apfel=
und Birnenbäume. Diese Varietäten, welche die meisten Bo=
taniker verwechseln, obgleich sie sehr verschiedene Klimate
verlangen, sind durch lange Kultur konstant geworden.

Am Abend machten wir eine botanische Exkursion nach
dem Fort Paso Alto längs der Basaltfelsen, welche das Vor=
gebirge Naga bilden. Wir waren mit unserer Ausbeute sehr

---

[1] Die mittlere Temperatur dieser Stadt beträgt nur 18°.

schlecht zufrieden, denn die Trockenheit und der Staub hatten die Vegetation so ziemlich vernichtet. Cacalia Kleinia, Euphorbia canariensis und verschiedene andere Fettpflanzen, welche ihre Nahrung vielmehr aus der Luft als aus dem Boden ziehen, auf dem sie wachsen, mahnten uns durch ihren Habitus daran, daß diese Inseln Afrika angehören, und zwar dem dürrsten Striche dieses Festlandes.

Der Kapitän der Korvette hatte zwar Befehl, so lange zu verweilen, daß wir die Spitze des Piks besteigen könnten, wenn anders der Schnee es gestattete; man gab uns aber zu erkennen, wegen der Blockade der englischen Schiffe dürften wir nur auf einen Aufenthalt von vier, fünf Tagen rechnen. Wir eilten demnach, in den Hafen von Orotava zu kommen, der am Westabhang des Vulkanes liegt, und wo wir Führer finden sollten. In Santa Cruz konnte ich niemand auffinden, der den Pik bestiegen gehabt hätte, und ich wunderte mich nicht darüber. Die merkwürdigsten Dinge haben desto weniger Reiz für uns, je näher sie uns sind, und ich kannte Schaffhauser, welche den Rheinfall niemals in der Nähe gesehen hatten.

Am 20. Juni vor Sonnenaufgang machten wir uns auf den Weg nach Villa de la Laguna, die 682 m über dem Hafen von Santa Cruz liegt. Wir konnten diese Höhenangabe nicht verifizieren, denn wegen der Brandung hatten wir in der Nacht nicht an Bord gehen können, um Barometer und Inklinationskompaß zu holen. Da wir voraussahen, daß wir bei unserer Besteigung des Piks sehr würden eilen müssen, so war es uns ganz lieb, daß wir Instrumente, die uns in unbekannteren Ländern dienen sollten, hier keiner Gefahr aussetzen konnten. Der Weg nach Laguna hinauf läuft an der rechten Seite eines Baches oder Barranco hin, der in der Regenzeit schöne Fälle bildet; er ist schmal und vielfach gewunden. Nach meiner Rückkehr habe ich gehört, Herr von Perlasca habe hier eine neue Straße anlegen lassen, auf der Wagen fahren können. Bei der Stadt begegneten uns weiße Kamele, die sehr leicht beladen schienen. Diese Tiere werden vorzugsweise dazu gebraucht, die Waren von der Douane in die Magazine der Kaufleute zu schaffen. Man ladet ihnen gewöhnlich zwei Kisten mit Havanazucker auf, die zusammen 450 kg wiegen, man kann aber die Ladung bis auf 13 Zentner oder 52 kastilische Arrobas steigern. Auf Tenerifa sind die Kamele nicht sehr häufig, während ihrer auf Lanzarote und

Fuerteventura viele Tausende sind. Diese Inseln liegen Afrika näher und kommen daher auch in Klima und Vegetation mehr mit diesem Kontinent überein. Es ist sehr auffallend, daß dieses nützliche Tier, das sich in Südamerika fortpflanzt, dies auf Tenerifa fast nie thut. Nur im fruchtbaren Distrikt von Adexe, wo die bedeutendsten Zuckerrohrpflanzungen sind, hat man die Kamele zuweilen Junge werfen sehen. Diese Lasttiere, wie die Pferde, sind im 15. Jahrhundert durch die normännischen Eroberer auf den Kanarien eingeführt worden. Die Guanchen kannten sie nicht, und dies erklärt sich wohl leicht daraus, daß ein so gewaltiges Tier schwer auf schwachen Fahrzeugen zu transportieren ist, ohne daß man die Guanchen als die Ueberreste der Bevölkerung der Atlantis zu betrachten und zu glauben braucht, sie gehören einer anderen Rasse an als die Westafrikaner.

Der Hügel, auf dem die Stadt San Christobal de la Laguna liegt, gehört dem System von Basaltgebirgen an, die, unabhängig vom System neuerer vulkanischer Gebirgsarten, einen weiten Gürtel um den Pik von Tenerifa bilden. Der Basalt von Laguna ist nicht säulenförmig, sondern zeigt nicht sehr dicke Schichten, die nach Ost unter einem Winkel von 30 bis 40° fallen. Nirgends hat er das Ansehen eines Lavastromes, der an den Abhängen der Piks ausgebrochen wäre. Hat der gegenwärtige Vulkan diese Basalte hervorgebracht, so muß man annehmen, wie bei den Gesteinen, aus denen die Somma neben dem Vesuv besteht, daß sie infolge eines unterseeischen Ausbruches gebildet sind, wobei die weiche Masse wirklich geschichtet wurde. Außer einigen baumartigen Euphorbien, Cacalia Kleinia und Fackeldisteln (Kaktus), welche auf den Kanarien, wie im südlichen Europa und auf dem afrikanischen Festlande verwildert sind, wächst nichts auf diesem dürren Gestein. Unsere Maultiere glitten jeden Augenblick auf stark geneigten Steinlagern aus. Indessen sahen wir die Ueberreste eines alten Pflasters. Bei jedem Schritt stößt man in den Kolonieen auf Spuren der Thatkraft, welche die spanische Nation im 16. Jahrhundert entwickelt hat.

Je näher wir Laguna kamen, desto kühler wurde die Luft, und dies thut um so wohler, da es in Santa Cruz zum Ersticken heiß ist. Da widrige Eindrücke unsere Organe stärker angreifen, so ist der Temperaturwechsel auf dem Rückweg von Laguna zum Hafen noch auffallender; man meint, man nähere sich der Mündung eines Schmelzofens. Man hat dieselbe

Empfindung, wenn man an der Küste von Caracas vom Berge
Avila zum Hafen von Guayra niedersteigt. Nach dem Gesetz
der Wärmeabnahme machen in dieser Breite 682 m Höhe nur
3 bis 4° Temperaturunterschied. Die Hitze, welche dem
Reisenden so lästig wird, wenn er Santa Cruz de Tenerifa
oder Guayra betritt, ist daher wohl dem Rückprallen der
Wärme von den Felsen zuzuschreiben, an welche beide Städte
sich lehnen.

Die fortwährende Kühle, die in Laguna herrscht, macht
die Stadt für die Kanarier zu einem köstlichen Aufenthalts-
orte. Auf einer kleinen Ebene, umgeben von Gärten, am
Fuße eines Hügels, den Lorbeeren, Myrten und Erdbeerbäume
krönen, ist die Hauptstadt von Tenerifa wirklich ungemein
freundlich gelegen. Sie liegt keineswegs, wie man nach mehreren Reiseberichten glauben sollte, an einem See. Das Regenwasser bildet hier periodisch einen weiten Sumpf, und der
Geolog, der überall in der Natur vielmehr einen früheren
Zustand der Dinge als den gegenwärtigen im Auge hat,
zweifelt nicht daran, daß die ganze Ebene ein großes aus-
getrocknetes Becken ist. Laguna ist in seinem Wohlstand herabgekommen, seit die Seitenausbrüche des Vulkanes den Hafen
von Garachico zerstört haben und Santa Cruz der Haupt-
handelsplatz der Inseln geworden ist; es zählt nur noch
9000 Einwohner, worunter gegen 400 Mönche in sechs Klöstern.
Manche Reisende behaupten, die Hälfte der Bevölkerung be-
stehe aus Kuttenträgern. Die Stadt ist mit zahlreichen Wind-
mühlen umgeben, ein Wahrzeichen des Getreidebaus in diesem
hochgelegenen Striche. Ich bemerke bei dieser Gelegenheit,
daß die nährenden Grasarten den Guanchen bekannt waren.
Das Korn hieß auf Tenerifa tano, auf Lanzarote triffa; die
Gerste hieß auf Kanaria aramotanoque, auf Lanzarote ta-
mosen. Geröstetes Gerstenmehl (gofio) und Ziegenmilch waren
die vornehmsten Nahrungsmittel dieses Volkes, über dessen Ursprung so viele systematische Träumereien ausgeheckt worden
sind. Diese Nahrung weist bestimmt darauf hin, daß die
Guanchen zu den Völkern der Alten Welt gehörten, wohl selbst
zur kaukasischen Rasse, und nicht, wie die anderen Atlanten,[1] zu

---

[1] Ich lasse mich hier auf keine Verhandlung über die Existenz
der Atlantis ein und erwähne nur, daß nach Diodor von Sizilien
die Atlanten die Cerealien nicht kannten, weil sie von der übrigen
Menschheit getrennt worden, bevor überhaupt Getreide gebaut wurde.

den Volksstämmen der Neuen Welt; die letzteren kannten vor der Ankunft der Europäer weder Getreide, noch Milch, noch Käse.

Eine Menge Kapellen, von den Spaniern ermitas genannt, liegen um die Stadt Laguna. Umgeben von immergrünen Bäumen auf kleinen Anhöhen, erhöhen diese Kapellen, wie überall, den malerischen Reiz der Landschaft. Das Innere der Stadt entspricht dem Aeußeren durchaus nicht. Die Häuser sind solid gebaut, aber sehr alt, und die Straßen öde. Der Botaniker hat übrigens nicht zu bedauern, daß die Häuser so alt sind. Dächer und Mauern sind bedeckt mit Sempervivum canariense und dem zierlichen Trichomanes, dessen alle Reisende gedenken; die häufigen Nebel geben diesen Gewächsen Unterhalt.

Anderson, der Naturforscher bei Kapitän Cooks dritter Reise, gibt den europäischen Aerzten den Rat, ihre Kranken nach Tenerifa zu schicken, keineswegs aus der Rücksicht, welche manche Heilkünstler die entlegensten Bäder wählen läßt, sondern wegen der ungemeinen Milde und Gleichmäßigkeit des Klimas der Kanarien. Der Boden der Inseln steigt amphitheatralisch auf und zeigt, gleich Peru und Meriko, wenn auch in kleinerem Maßstab, alle Klimate, von afrikanischer Hitze bis zum Froste der Hochalpen. Santa Cruz, der Hafen von Orotava, die Stadt desselben Namens und Laguna sind vier Orte, deren mittlere Temperaturen eine abnehmende Reihe darstellen. Das südliche Europa bietet nicht dieselben Vorteile, weil der Wechsel der Jahreszeiten sich noch zu stark fühlbar macht. Tenerifa dagegen, gleichsam an der Pforte der Tropen und doch nur wenige Tagereisen von Spanien, hat schon ein gut Teil der Herrlichkeit aufzuweisen, mit der die Natur die Länder zwischen den Wendekreisen ausgestattet. Im Pflanzenreich treten bereits mehrere der schönsten und großartigsten Gestalten auf, die Bananen und die Palmen. Wer Sinn für Naturschönheit hat, findet auf dieser köstlichen Insel noch kräftigere Heilmittel als das Klima. Kein Ort der Welt scheint mir geeigneter, die Schwermut zu bannen und einem schmerzlich ergriffenen Gemüte den Frieden wiederzugeben, als Tenerifa und Madeira. Und solches wirkt nicht allein die herrliche Lage und die reine Luft, sondern vor allem das Nichtvorhandensein der Sklaverei, deren Anblick einen in beiden Indien so tief empört, wie überall, wohin europäische Kolonisten ihre sogenannte Aufklärung und ihre Industrie getragen haben.

Im Winter ist das Klima von Laguna sehr neblig und die Einwohner beklagen sich häufig über Frost. Man hat indessen nie schneien sehen, woraus man schließen sollte, daß die mittlere Temperatur der Stadt über 18,7° (15° R.) beträgt, das heißt mehr als in Neapel. Für streng kann dieser Schluß nicht gelten; denn im Winter hängt die Erkältung der Wolken weniger von der mittleren Temperatur des ganzen Jahres ab als vielmehr von der augenblicklichen Erniedrigung der Wärme, der ein Ort vermöge seiner besonderen Lage ausgesetzt ist. Die mittlere Temperatur der Hauptstadt von Mexiko ist z. B. nur 16,8° (13,5° R.), und doch hat man in hundert Jahren nur ein einziges Mal schneien sehen, während es im südlichen Europa und in Afrika noch an Orten schneit, die über 19° mittlere Temperatur haben.

Wegen der Nähe des Meeres ist das Klima von Laguna im Winter milder, als es nach der Meereshöhe sein sollte. Herr Broussonet hat sogar, wie ich mit Verwunderung hörte, mitten in der Stadt, im Garten des Marquis von Nava, Brotfruchtbäume (Artocarpus incisa) und Zimtbäume (Laurus cinnamomum) angepflanzt. Diese köstlichen Gewächse der Südsee und Ostindiens wurden hier einheimisch, wie auch in Orotava. Sollte dieser Versuch nicht beweisen, daß der Brotfruchtbaum in Kalabrien, auf Sizilien und in Granada fortkäme? Der Anbau des Kaffeebaumes ist in Laguna nicht in gleichem Maße gelungen, wenn auch die Früchte bei Tegueste und zwischen dem Hafen von Orotava und dem Dorfe San Juan de la Rambla reif werden. Wahrscheinlich sind örtliche Verhältnisse, vielleicht die Beschaffenheit des Bodens und die Winde, die in der Blütezeit wehen, daran schuld. In anderen Ländern, z. B. bei Neapel, trägt der Kaffeebaum ziemlich reichlich Früchte, obgleich die mittlere Temperatur kaum über 18° der hundertteiligen Skale beträgt.

Auf Tenerifa ist die mittlere Höhe, in der jährlich Schnee fällt, noch niemals bestimmt worden. Solches ist mittels barometrischer Messung leicht auszuführen, es ist aber bis jetzt fast in allen Erdstrichen versäumt worden; und doch ist diese Bestimmung von großem Belang für den Ackerbau in den Kolonieen und für die Meteorologie, und ganz so wichtig als das Höhenmaß der unteren Grenze des ewigen Schnees. Ich stelle die Ergebnisse meiner betreffenden Beobachtungen in folgender Uebersicht zusammen.

Nörd-liche Breite	Geringste Höhe, in der Schnee fällt	Untere Grenze des ewigen Schnees	Unterschied der beiden vorstehenden Kolumnen	Mittlere Temperatur
	m	m	m	100teilige Skale
0°	3976	4794	818	27°
20°	3020	4598	1578	24,5°
40°	0	3001	3001	17°

Diese Tafel gibt nur das Durchschnittsverhältnis, das heißt die Erscheinungen, wie sie sich im ganzen Jahre zeigen. Besondere Lokalitäten können Ausnahmen herbeiführen. So schneit es zuweilen, wenn auch sehr selten, in Neapel, Lissabon, sogar in Malaga, also noch unter dem 37. Grad der Breite, und wie schon bemerkt, hat man Schnee in der Stadt Mexiko fallen sehen, die 2286 m über dem Meere liegt. Dies war seit mehreren Jahrhunderten nicht vorgekommen, und das Ereignis trat gerade am Tage ein, da die Jesuiten vertrieben wurden, und wurde daher vom Volke natürlich dieser Gewaltmaßregel zugeschrieben. Noch ein auffallenderes Beispiel bietet das Klima von Valladolid, der Hauptstadt der Provinz Michoacan. Nach meinen Messungen liegt diese Stadt unter 19° 42' der Breite nur 1950 m hoch; dennoch waren daselbst wenige Jahre vor unserer Ankunft in Neuspanien die Straßen mehrere Stunden lang mit Schnee bedeckt.

Auch auf Tenerifa hat man an einem Orte über Esperanza de la Laguna, dicht bei der Stadt dieses Namens, in deren Gärten Brotbäume wachsen, schneien sehen. Dieser außerordentliche Fall wurde Broussonet von sehr alten Leuten erzählt. Die Erica arborea, die Mirica Faya und Arbutus callycarpa litten nicht durch den Schnee; aber alle Schweine, die im Freien waren, kamen dadurch um. Diese Beobachtung ist für die Pflanzenphysiologie von Wichtigkeit. In heißen Ländern sind die Gewächse so kräftig, daß ihnen der Frost weniger schadet, wenn er nur nicht lange anhält. Ich habe auf der Insel Cuba den Bananenbaum an Orten angebaut gesehen, wo der hundertteilige Thermometer auf 7°, ja zuweilen fast auf den Gefrierpunkt fällt. In Italien und

Spanien gehen Orangen= und Dattelbäume nicht zu Grunde, wenn es auch bei Nacht zwei Grad Kälte hat. Im allgemeinen macht man beim Garten= und Landbau die Bemerkung, daß Pflanzen in fruchtbarem Boden weniger zärtlich und somit auch für ungewöhnlich niedrige Temperaturgrade weniger empfindlich sind, als solche, die in einem Erdreich wachsen, das ihnen nur wenig Nahrungssäfte bietet.[1]

Zwischen der Stadt Laguna und dem Hafen von Orotava und der Westküste von Tenerifa kommt man zuerst durch ein hügeliges Land mit schwarzer thoniger Dammerde, in der man hin und wieder kleine Augitkristalle findet. Wahrscheinlich reißt das Wasser diese Kristalle vom anstehenden Gestein ab, wie zu Frascati bei Rom. Leider entziehen eisenhaltige Flözschichten den Boden der geologischen Untersuchung. Nur in einigen Schluchten kommen säulenförmige, etwas gebogene Basalte zu Tag, und darüber sehr neue, den vulkanischen Tuffen ähnliche Mengsteine. In denselben sind Bruchstücke des unterliegenden Basaltes eingeschlossen, und wie versichert wird, finden sich Versteinerungen von Seetieren darin; ganz dasselbe kommt im Vicentinischen bei Montechio maggiore vor.

Wenn man ins Thal von Tacoronte hinabkommt, betritt man das herrliche Land, von dem die Reisenden aller Nationen mit Begeisterung sprechen. Ich habe im heißen Erdgürtel Landschaften gesehen, wo die Natur großartiger ist, reicher in der Entwickelung organischer Formen; aber nachdem ich die Ufer des Orinoko, die Kordilleren von Peru und die schönen Thäler von Mexiko durchwandert, muß ich gestehen, nirgends ein so mannigfaltiges, so anziehendes, durch die Verteilung von Grün und Felsmassen so harmonisches Gemälde vor mir gehabt zu haben.

Das Meeresufer schmücken Dattelpalmen und Kokosnuß=bäume; weiter oben stechen Bananengebüsche von Drachen=bäumen ab, deren Stamm man ganz richtig mit einem Schlan=genleib vergleicht. Die Abhänge sind mit Reben bepflanzt,

---

[1] Die Schwäche der Lebenskraft zeigt sich auch an den Maul=beerbäumen, die auf magerem sandigen Boden in der Nähe des Baltischen Meeres gezogen werden. Die Spätfröste thun ihnen weit weher als den Maulbeerbäumen in Piemont. In Italien bringt ein Frost von 5° unter dem Gefrierpunkt kräftige Orangenbäume nicht um. Diese Bäume, die weniger empfindlich sind als Zitronen, erfrieren nach Galesio erst bei — 16° der hundertteiligen Skale.

die sich um sehr hohe Spaliere ranken. Mit Blüten bedeckte Orangenbäume, Myrten und Cypressen umgeben Kapellen, welche die Andacht auf freistehenden Hügeln errichtet hat. Ueberall sind die Grundstücke durch Hecken von Agave und Kaktus eingefriedigt. Unzählige kryptogamische Gewächse, zumal Farne, bekleiden die Mauern, die von kleinen klaren Wasserquellen feucht erhalten werden. Im Winter, während der Vulkan mit Eis und Schnee bedeckt ist, genießt man in diesem Landstrich eines ewigen Frühlings. Sommers, wenn der Tag sich neigt, bringt der Seewind angenehme Kühlung. Die Bevölkerung der Küste ist hier sehr stark; sie erscheint noch größer, weil Häuser und Gärten zerstreut liegen, was den Reiz der Landschaft noch erhöht. Leider steht der Wohlstand der Bewohner weder mit ihrem Fleiße, noch mit der Fülle der Natur im Verhältnis. Die das Land bauen, sind meist nicht Eigentümer desselben; die Frucht ihrer Arbeit gehört dem Adel, und das Lehnssystem, das so lange ganz Europa unglücklich gemacht hat, läßt noch heute das Volk der Kanarien zu keiner Blüte gelangen.

Von Tegueste und Tacoronte bis zum Dorfe San Juan de la Rambla, berühmt durch seinen trefflichen Malvasier, ist die Küste wie ein Garten angebaut. Ich möchte sie mit der Umgegend von Capua oder Valencia vergleichen, nur ist die Westseite von Tenerifa unendlich schöner wegen der Nähe des Piks, der bei jedem Schritt wieder eine andere Ansicht bietet. Der Anblick dieses Berges ist nicht allein wegen seiner imposanten Masse anziehend; er beschäftigt lebhaft den Geist und läßt uns den geheimnisvollen Quellen der vulkanischen Kräfte nachdenken. Seit Tausenden von Jahren ist kein Lichtschimmer auf der Spitze des Piton gesehen worden, aber ungeheure Seitenausbrüche, deren letzter im Jahre 1798 erfolgte, beweisen die fortwährende Thätigkeit eines nicht erlöschenden Feuers. Der Anblick eines Feuerschlundes mitten in einem fruchtbaren Lande mit reichem Anbau hat indessen etwas Niederschlagendes. Die Geschichte des Erdballes lehrt uns, daß die Vulkane wieder zerstören, was sie in einer langen Reihe von Jahrhunderten aufgebaut. Inseln, welche die unterirdischen Feuer über die Fluten emporgehoben, schmücken sich allmählich mit reichem, lachendem Grün; aber gar oft werden diese neuen Länder durch dieselben Kräfte zerstört, durch die sie vom Boden des Ozeans über seine Fläche gelangt sind. Vielleicht waren Eilande, die jetzt nichts sind als Schlacken- und Aschenhaufen, einst so fruchtbar als die Gelände von Tacoronte und Sauzal. Wohl den Ländern, wo der Mensch dem Boden, auf dem er wohnt, nicht mißtrauen darf!

Auf unserem Wege zum Hafen von Orotava kamen wir durch die hübschen Dörfer Matanza und Victoria. Diese beiden Namen findet man in allen spanischen Kolonieen nebeneinander; sie machen einen widrigen Eindruck in einem Lande, wo alles Ruhe und Frieden atmet. Matanza bedeutet Schlachtbank, Blutbad, und schon das Wort deutet an, um welchen Preis der Sieg erkauft worden. In der Neuen Welt weist er gewöhnlich auf eine Niederlage der Eingeborenen hin; auf Tenerifa bezeichnet das Wort Matanza den Ort, wo die Spanier von denselben Guanchen geschlagen wurden, die man bald darauf auf den spanischen Märkten als Sklaven verkaufte.

Ehe wir nach Orotava kamen, besuchten wir den botanischen Garten nicht weit vom Hafen. Wir trafen da den französischen Vizekonsul Legros, der oft auf der Spitze des Piks gewesen war und an dem wir einen vortrefflichen Führer fanden. Er hatte mit Kapitän Baudin eine Fahrt nach den Antillen gemacht, durch die der Pariser Pflanzengarten ansehnlich bereichert worden ist. Ein furchbarer Sturm, den Ledru in seiner Reise nach Puertorico beschreibt, zwang das Fahrzeug, bei Tenerifa anzulegen, und das herrliche Klima der Insel brachte Legros zum Entschluß, sich hier niederzulassen. Ihm verdankt die gelehrte Welt Europas die ersten genauen Nachrichten über den großen Seitenausbruch des Piks, den man sehr uneigentlich den Ausbruch des Vulkanes von Chahorra nennt. [1]

Die Anlage eines botanischen Gartens auf Tenerifa ist ein sehr glücklicher Gedanke, da derselbe sowohl für die wissenschaftliche Botanik als für die Einführung nützlicher Gewächse in Europa sehr förderlich werden kann. Die erste Idee eines solchen verdankt man dem Marquis von Nava (Marquis von Villanueva del Prado), einem Manne, der Poivre an die Seite gestellt zu werden verdient und im Triebe, das Gute zu fördern, von seinem Vermögen den edelsten Gebrauch gemacht hat. Mit ungeheuren Kosten ließ er den Hügel von Durasno, der amphitheatralisch aufsteigt, abheben, und im Jahre 1795 machte man mit den Anpflanzungen den Anfang. Nava war der Ansicht, daß die Kanarien, vermöge des milden Klimas

---

[1] Am 8. Juni 1798.

und der geographischen Lage, der geeignetste Punkt seien, um
die Naturprodukte beider Indien zu afflimatisieren, um die
Gewächse aufzunehmen, die sich allmählich an die niedrigere
Temperatur des südlichen Europas gewöhnen sollen. Asiatische,
afrikanische, südamerikanische Pflanzen gelangen leicht in den
Garten bei Orotava, und um den Chinabaum [1] in Sizilien,
Portugal oder Granada einzuführen, müßte man ihn zuerst in
Durasno oder Laguna anbauen und dann erst die Schößlinge
der kanarischen China nach Europa verpflanzen. In besseren
Zeiten, wo kein Seekrieg mehr den Verkehr in Fesseln schlägt,
kann der Garten von Teneriffa auch für die starken Pflanzen=
sendungen aus Indien nach Europa von Bedeutung werden.
Diese Gewächse gehen häufig, ehe sie unsere Küsten erreichen,
zu Grunde, weil sie auf der langen Ueberfahrt eine mit Salz=
wasser geschwängerte Luft atmen müssen. Im Garten von
Orotava fänden sie eine Pflege und ein Klima, wobei sie sich
erholen könnten. Da die Unterhaltung des botanischen Gartens
von Jahr zu Jahr kostspieliger wurde, trat der Marquis den=
selben der Regierung ab. Wir fanden daselbst einen geschickten
Gärtner, einen Schüler Aitons, des Vorstehers des königlichen
Gartens zu Kew. Der Boden steigt in Terrassen auf und
wird von einer natürlichen Quelle bewässert. Man hat die
Aussicht auf die Insel Palma, die wie ein Kastell aus dem
Meere emporsteigt. Wir fanden aber nicht viele Pflanzen
hier; man hatte, wo Gattungen fehlten, Etiketten aufgesteckt,
mit Namen, die aufs Geratewohl aus Linnés Systema vegeta-
bilium genommen schienen. Diese Anordnung der Gewächse
nach den Klassen des Sexualsystems, die man leider auch in
manchen europäischen Gärten findet, ist dem Anbau sehr hin=
derlich. In Durasno wachsen Proteen, der Gujavabaum, der
Jambusenbaum, die Chirimoya aus Peru, [2] Mimosen und
Helikonien im Freien. Wir pflückten reife Samen von meh=
reren schönen Glycinearten aus Neuholland, welche der Gou=
verneur von Cumana, Emparan, mit Erfolg angepflanzt hat

---

[1] Ich meine die Chinaarten, die in Peru und im Königreich
Neugranada auf dem Rücken der Kordilleren, zwischen 1950 und
2925 m Meereshöhe an Orten wachsen, wo der Thermometer bei
Tag zwischen 9 und 10°, bei Nacht zwischen 3 und 4° steht. Die
orangegelbe Quinquina (Cinchona lancifolia) ist weit weniger em=
pfindlich als die rote (C. oblongifolia).

[2] Annona Cherimolia, Lamarck.

und die seitdem auf den südamerikanischen Küsten wild ge=
worden sind.

Wir kamen sehr spät in den Hafen von Orotava,[1] wenn
man anders diesen Namen einer Reede geben kann, auf der
die Fahrzeuge unter Segel gehen müssen, wenn der Wind
stark aus Nordwest bläst. Man kann nicht von Orotava
sprechen, ohne die Freunde der Wissenschaft an Cologan zu
erinnern, dessen Haus von jeher den Reisenden aller Nationen
offen stand. Mehrere Glieder dieser achtungswerten Familie
sind in London und Paris erzogen worden. Don Bernardo
Cologan ist bei gründlichen, mannigfaltigen Kenntnissen der
feurigste Patriot. Man ist freudig überrascht, auf einer Insel=
gruppe an der Küste von Afrika der liebenswürdigen Gesellig=
keit, der edlen Wißbegierde, dem Kunstsinn zu begegnen, die
man ausschließlich in einem kleinen Teile von Europa zu
Hause glaubt.

Gern hätten wir einige Zeit in Cologans Hause ver=
weilt und mit ihm in der Umgegend von Orotava die herr=
lichen Punkte San Juan de la Rambla und Rialexo de Abaxo
besucht. Aber auf einer Reise wie die, welche ich angetreten,
kommt man selten dazu, der Gegenwart zu genießen. Die
quälende Besorgnis, nicht ausführen zu können, was man den
anderen Tag vorhat, erhält einen in beständiger Unruhe. Lei=
denschaftliche Natur= und Kunstfreunde sind auf der Reise durch
die Schweiz oder Italien in ganz ähnlicher Gemütsverfassung;
da sie die Gegenstände, die Interesse für sie haben, immer
nur zum kleinsten Teil sehen können, so wird ihnen der Ge=
nuß durch die Opfer verbittert, die sie auf jedem Schritt zu
bringen haben.

Bereits am 21. morgens waren wir auf dem Wege nach
dem Gipfel des Vulkanes. Legros, dessen zuvorkommende Ge=
fälligkeit wir nicht genug loben können, der Sekretär des
französischen Konsulats zu Santa Cruz und der englische
Gärtner von Durasno teilten mit uns die Beschwerden der
Reise. Der Tag war nicht sehr schön, und der Gipfel des
Piks, den man in Orotava fast immer sieht, von Sonnenauf=
gang bis zehn Uhr in dicke Wolken gehüllt. Ein einziger
Weg führt auf den Vulkan durch Villa de Orotava, die Ginster=
ebene und das Malpays, derselbe, den Pater Feuillée, Borda,

---

[1] Puerto de la Cruz. Der einzige schöne Hafen der Kanarien
ist der von San Sebastiano auf der Insel Gomera.

Labillardière, Barrow eingeschlagen, und überhaupt alle Rei=
senden, die sich nur kurze Zeit in Tenerifa aufhalten konnten.
Wenn man den Pik besteigt, ist es gerade, wie wenn man
das Chamounithal oder den Aetna besucht: man muß seinen
Führern nachgehen und man bekommt nur zu sehen, was schon
andere Reisende gesehen und beschrieben haben.

Der Kontrast zwischen der Vegetation in diesem Striche
von Tenerifa und der in der Umgegend von Santa Cruz
überraschte uns angenehm. Beim kühlen, feuchten Klima war
der Boden mit schönem Grün bedeckt, während auf dem Wege
von Santa Cruz nach Laguna die Pflanzen nichts als Hülsen
hatten, aus denen bereits der Samen gefallen war. Beim
Hafen von Orotava wird der kräftige Pflanzenwuchs den
geologischen Beobachtungen hinderlich. Wir kamen an zwei
kleinen glockenförmigen Hügeln vorüber. Beobachtungen am
Vesuv und in der Auvergne weisen darauf hin, daß dergleichen
runde Erhöhungen von Seitenausbrüchen des großen Vulkanes
herrühren. Der Hügel Montanita de la Villa scheint wirk=
lich einmal Lava ausgeworfen zu haben; nach den Ueber=
lieferungen der Guanchen fand dieser Ausbruch im Jahre 1430
statt. Der Oberst Franqui versicherte Borda, man sehe noch
deutlich, wo die geschmolzenen Stoffe hervorgequollen, und
die Asche, die den Boden ringsum bedecke, sei noch nicht
fruchtbar.[1] Ueberall, wo das Gestein zu Tage ausgeht, fan=
den wir basaltartigen Mandelstein (Werner) und Bimsstein=
konglomerat, in dem Rapilli oder Bruchstücke von Bimsstein
eingeschlossen sind. Letztere Formation hat Aehnlichkeit mit
dem Tuff von Pausilipp und mit den Puzzolanschichten, die
ich im Thale von Quito, am Fuße des Vulkanes Pichincha,
gefunden habe. Der Mandelstein hat langgezogene Poren,
wie die oberen Lavaschichten des Vesuv. Es scheint dies darauf

---

[1] Ich entnehme diese Notiz einer interessanten Handschrift, die
jetzt in Paris im Dépôt des cartes de la Marine aufbewahrt wird.
Sie führt den Titel: Résumé des opérations de la campagne
de la Boussole (1776). pour déterminer les positions géogra=
phiques des côtes d'Espagne et de Portugal sur l'Océan, d'une
partie des côtes occidentales de l'Afrique et des îles Canaries,
par le chevalier de Borda. Es ist dies die Handschrift, von der
de Fleurieu in seinen Noten zu Marchands Reise spricht und die
mir Borda zum Teil schon vor meiner Abreise mitgeteilt hatte. Ich
habe wichtige, noch nicht veröffentlichte Beobachtungen daraus aus=
gezogen.

hinzudeuten, daß eine elastische Flüssigkeit durch die geschmol=
zene Materie durchgegangen ist. Trotz diesen Uebereinstim=
mungen muß ich noch einmal bemerken, daß ich in der ganzen
unteren Region des Piks von Tenerifa auf der Seite gegen
Orotava keinen Lavastrom, überhaupt keinen vulkanischen Aus=
bruch gesehen habe, der scharf begrenzt gewesen wäre. Regen=
güsse und Ueberschwemmungen wandeln die Erdoberfläche um,
und wenn zahlreiche Lavaströme sich vereinigen und über eine
Ebene ergießen, wie ich es am Besuv im Atrio dei Cavalli
gesehen, so verschmelzen sie ineinander und nehmen das An=
sehen wirklich geschichteter Bildungen an.

Villa de Orotava macht schon von weitem einen guten
Eindruck durch die Fülle der Gewässer, die auf den Ort zu=
eilen und durch die Hauptstraßen fließen. Die Quelle Aqua
mansa, in zwei großen Becken gefaßt, treibt mehrere Mühlen
und wird dann in die Weingärten des anliegenden Geländes
geleitet. Das Klima in der Villa ist noch kühler als am
Hafen, da dort von morgens zehn Uhr an ein starker Wind
weht. Das Wasser, das sich bei höherer Temperatur in der
Luft aufgelöst hat, schlägt sich häufig nieder, und dadurch wird
das Klima sehr neblig. Die Villa liegt etwa 312 m über
dem Meere, also 390 m niedriger als Laguna; man bemerkt
auch, daß dieselben Pflanzen an letzterem Orte einen Monat
später blühen.

Orotava, das alte Taoro der Guanchen, liegt am steilen
Abhang eines Hügels; die Straßen schienen uns öde, die
Häuser, solid gebaut, aber trübselig anzusehen, gehören fast
durchaus einem Adel, der für sehr stolz gilt und sich selbst
anspruchsvoll als dozo casas bezeichnet. Wir kamen an einer
sehr hohen, mit einer Menge schöner Farne bewachsenen Wasser=
leitung vorüber. Wir besuchten mehrere Gärten, in denen
die Obstbäume des nördlichen Europas neben Orangen, Granat=
bäumen und Dattelpalmen stehen. Man versicherte uns,
letztere tragen hier so wenig Früchte als in Terra Firma an
der Küste von Cumana. Obgleich wir den Drachenbaum in
Herrn Franquis Garten aus Reiseberichten kannten, so setzte
uns seine ungeheure Dicke dennoch in Erstaunen. Man be=
hauptet, der Stamm dieses Baumes, der in mehreren sehr
alten Urkunden erwähnt wird, weil er als Grenzmarke eines
Feldes diente, sei schon im 15. Jahrhundert so ungeheuer dick
gewesen wie jetzt. Seine Höhe schätzten wir auf 16 bis 19,5 m;
sein Umfang nahe über den Wurzeln beträgt 14,6 m. Weiter

oben konnten wir nicht messen, aber Sir Georg Staunton hat
gefunden, daß 3,25 m über dem Boden der Stamm noch
3,66 m im Durchmesser hat, was gut mit Bordas Angabe
übereinstimmt, der den mittleren Umfang zu 10,93 m angibt.
Der Stamm teilt sich in viele Aeste, die kronleuchterartig auf=
wärts ragen und an den Spitzen Blätterbüschel tragen, ähnlich
der Yucca im Thale von Mexiko. Durch diese Teilung in
Aeste unterscheidet sich sein Habitus wesentlich von dem der
Palmen.

Unter den organischen Bildungen ist dieser Baum, neben
der Adansonia oder dem Baobab am Senegal, ohne Zweifel
einer der ältesten Bewohner unseres Erdballs. Die Baobab
werden indessen noch dicker als der Drachenbaum von Villa
d'Orotava. Man kennt welche, die an der Wurzel 11 m Durch=
messer haben, wobei sie nicht höher sind als 16 bis 20 m.[1]
Man muß aber bedenken, daß die Adansonia, wie die Ochroma
und alle Gewächse aus der Familie der Bombaceen, viel
schneller wächst[2] als der Drachenbaum, der sehr langsam zu=
nimmt. Der in Herrn Franquis Garten trägt noch jedes
Jahr Blüten und Früchte. Sein Anblick mahnt lebhaft an

---

[1] Adanson wundert sich, daß die Baobab nicht von anderen
Reisenden beschrieben worden seien. Ich finde in der Sammlung
des Grynäus, daß schon Aloysio Cadomosto vom hohen Alter dieser
ungeheuren Bäume spricht, die er im Jahre 1504 gesehen, und von
denen er ganz richtig sagt: „eminentia altitudinis non quadrat
magnitudini.“ Cadam. navig. c. 42. Am Senegal und bei Praya
auf den Kapverdischen Inseln haben Adanson und Staunton Adan=
sonien gesehen, deren Stamm 18,2 bis 19,5 m im Umfang hatte.
Den Baobab mit 11 m Durchmesser hat Golberry im Thale der
zwei Gagnack gesehen.

[2] Ebenso verhält es sich mit den Platanen (Platanus occi-
dentalis). die Michaux zu Marietta am Ufer des Ohio gemessen
hat und die 6,5 m über dem Boden noch 5,1 m im Durchmesser
hatten. Die Taxus, die Kastanien, die Eichen, die Platanen, die
kahlen Cypressen, die Bombax, die Mimosen, die Cäsalpinien, die
Hymenäen und die Drachenbäume sind, wie mir scheint, die Ge=
wächse, bei denen in verschiedenen Klimaten Fälle von so außer=
ordentlichem Wachstum vorkommen. Eine Eiche, die zugleich mit
gallischen Helmen im Jahre 1809 in den Torfgruben im Departe=
ment der Somme beim Dorfe Yseux, 31,5 km von Abbeville, ge=
funden wurde, gibt dem Drachenbaum von Orovata in der Dicke
nichts nach. Nach der Angabe von Traullée hatte der Stamm der
Eiche 4,5 m Durchmesser.

„die ewige Jugend der Natur",[1] die eine unerschöpfliche Quelle von Bewegung und Leben ist.

Der Drachenbaum, der nur in den angebauten Strichen der Kanarien, auf Madeira und Porto Santo vorkommt, ist eine merkwürdige Erscheinung in Beziehung auf die Wanderung der Gewächse. Auf dem Kontinent von Afrika[2] ist er nirgends wild gefunden worden, und Ostindien ist sein eigentliches Vaterland. Auf welchem Wege ist der Baum nach Tenerifa verpflanzt worden, wo er gar nicht häufig vorkommt? Ist sein Dasein ein Beweis dafür, daß in sehr entlegener Zeit die Guanchen mit anderen, mit asiatischen Völkern in Verkehr gestanden haben?

Von Villa de Orotava gelangten wir auf einem schmalen steinigen Pfade durch einen schönen Kastanienwald (el Monte de Castaños) in eine Gegend, die mit einigen Lorbeerarten und der baumartigen Heide bewachsen ist. Der Stamm der letzteren wird hier ausnehmend dick, und die Blüten, mit denen der Strauch einen großen Teil des Jahres bedeckt ist, stechen angenehm ab von den Blüten des Hypericum canariense, das in dieser Höhe sehr häufig vorkommt. Wir machten unter einer schönen Tanne Halt, um uns mit Wasser zu versehen. Dieser Platz ist im Lande unter dem Namen Pino del Dornajito bekannt; seine Meereshöhe beträgt nach Bordas barometrischer Messung 1017 m. Man hat da eine prachtvolle Aussicht auf das Meer und die ganze Westseite der Insel. Beim Pino del Dornajito, etwas rechts vom Wege, sprudelt eine ziemlich reiche Quelle; wir tauchten ein Thermometer

---

[1] Aristoteles de longit. vitae. cap. 6.

[2] Schousboe (Flora von Marokko) erwähnt seiner nicht einmal unter den kultivierten Pflanzen, während er doch vom Kaktus, von der Agave und der Yukka spricht. Die Gestalt des Drachenbaumes kommt verschiedenen Arten der Gattung Dracäna am Kap der guten Hoffnung, in China und auf Neuseeland zu; aber in der Neuen Welt vertritt die Yukka die Stelle derselben; denn die Dracaena borealis d'Aitons ist eine Convallaria, deren Habitus sie auch hat. Der im Handel unter dem Namen Drachenblut bekannte adstringierende Saft kommt nach unseren Untersuchungen an Ort und Stelle von verschiedenen amerikanischen Pflanzen, die nicht derselben Gattung angehören, unter denen sich einige Lianen befinden. In Laguna verfertigt man in Nonnenklöstern Zahnstocher, die mit dem Saft des Drachenbaumes gefärbt sind, und die man uns sehr anpries, weil sie das Zahnfleisch konservieren sollten.

hinein, es fiel auf 15,4°. An 200 m davon ist eine andere ebenso klare Quelle. Nimmt man an, daß diese Gewässer ungefähr die mittlere Wärme des Ortes, wo sie zu Tage kommen, anzeigen, so findet man als absolute Höhe des Platzes 1013 m, die mittlere Temperatur der Küste zu 21° und unter dieser Zone eine Abnahme der Wärme um einen Grad auf 181 m angenommen. Man dürfte sich nicht wundern, wenn diese Quelle etwas unter der mittleren Lufttemperatur bliebe, weil sie sich wahrscheinlich weiter oben am Pik bildet, und vielleicht sogar mit den kleinen unterirdischen Gletschern zusammenhängt, von denen weiterhin die Rede sein wird. Die oben erwähnte Uebereinstimmung der barometrischen und der thermometrischen Messung ist desto auffallender, als im allgemeinen, wie ich anderwärts ausgeführt,[1] in Gebirgsländern mit steilen Hängen die Quellen eine zu rasche Wärmeabnahme anzeigen, weil sie kleine Wasseradern aufnehmen, die in verschiedenen Höhen in den Boden gelangen, und somit ihre Temperatur das Mittel aus den Temperaturen dieser Adern ist. Die Quellen des Dornajito sind im Lande berühmt; als ich dort war, kannte man auf dem Wege zum Gipfel des Vulkanes keine andere. Quellenbildung setzt eine gewisse Regelmäßigkeit im Streichen und Fallen der Schichten voraus. Auf vulkanischem Boden verschluckt das löcherige, zerklüftete Gestein das Regenwasser und läßt es in große Tiefen versinken. Deshalb sind die Kanarien größtenteils so dürr, trotzdem daß ihre Berge so ansehnlich sind und der Schiffer fortwährend gewaltige Wolkenmassen über dem Archipel gelagert sieht.

Vom Pino del Dornajito bis zum Krater zieht sich der Weg bergan, aber durch kein einziges Thal mehr; denn die kleinen Schluchten (Barrancos) verdienen diesen Namen nicht. Geologisch betrachtet, ist die ganze Insel Tenerifa nichts als ein Berg, dessen fast eiförmige Grundfläche sich gegen Nordost verlängert, und der mehrere Systeme vulkanischer, zu verschiedenen Zeiten gebildeter Gebirgsarten aufzuweisen hat. Was man im Lande für besondere Vulkane ansieht, wie der Chahorra oder Montaña Colorada und die Urca, das sind nur Hügel, die sich an den Pik lehnen und seine

---

[1] So hat Hunter in den Blauen Bergen auf Jamaika die Quellen immer kälter gefunden, als sie nach der Höhe, in der sie zu Tage kommen, sein sollten.

Pyramide maskieren. Der große Vulkan, dessen Seitenaus=
brüche mächtige Vorgebirge gebildet haben, liegt indessen nicht
genau in der Mitte der Insel, und diese Eigentümlichkeit im
Bau erscheint weniger auffallend, wenn man sich erinnert,
daß nach der Ansicht eines ausgezeichneten Mineralogen (Cordier)
vielleicht nicht der kleine Krater im Piton die Hauptrolle bei
den Umwälzungen der Insel Tenerifa gespielt hat.

Auf die Region der baumartigen Heiden, Monte Verde
genannt, folgt die der Farne. Nirgends in der gemäßigten
Zone habe ich Pteris, Blechnum und Asplenium in solcher
Menge gesehen; indessen hat keines dieser Gewächse den Wuchs
der Baumfarne, die in Südamerika, in 975 bis 1170 m Höhe,
ein Hauptschmuck der Wälder sind. Die Wurzel der Pteris
aquilina dient den Bewohnern von Palma und Gomera zur
Nahrung; sie zerreiben sie zu Pulver und mischen ein wenig
Gerstenmehl darunter. Dieses Gemisch wird geröstet und
heißt Gofio; ein so rohes Nahrungsmittel ist ein Beweis
dafür, wie elend das niedere Volk auf den Kanarien lebt.

Der Monte Verde wird von mehreren kleinen, sehr dürren
Schluchten (cañadas) durchzogen. Ueber der Region der Farne
kommt man durch ein Gehölz von Wacholderbäumen (cedro)
und Tannen, das durch die Stürme sehr gelitten hat. An
diesem Ort, den einige Reisende la Caravela nennen, will
Edens[1] kleine Flammen gesehen haben, die er nach den physi=
kalischen Begriffen seiner Zeit schwefligen Ausdünstungen
zuschreibt, die sich von selbst entzünden. Es ging immer
aufwärts bis zum Felsen Gayta oder Portillo; hinter
diesem Engpaß, zwischen zwei Basalthügeln, betritt man die
große Ebene des Ginsters (los Llanos del Retama). Bei
Lapérouses Expedition hatte Manneron den Pik bis zu dieser
etwa 2730 m über dem Meere gelegenen Ebene gemessen, er
hatte aber wegen Wassermangels und des üblen Willens der
Führer die Messung nicht bis zum Gipfel des Vulkanes fortsetzen
können. Das Ergebnis dieser zu zwei Dritteilen vollendeten
Operation ist leider nicht nach Europa gelangt, und so ist
das Geschäft von der Küste an noch einmal vorzunehmen.

Wir brauchten gegen zwei und eine halbe Stunde, um

---

[1] Die Reise wurde im August 1715 gemacht. Carabela heißt
ein Fahrzeug mit lateinischen Segeln. Die Tannen vom Pik dienten
früher als Mastholz und die königliche Marine ließ im Monte Verde
schlagen.

über die Ebene des Ginsters zu kommen, die nichts ist als ein ungeheures Sandmeer. Trotz der hohen Lage zeigte hier der hundertteilige Thermometer gegen Sonnenuntergang 13,8°, das heißt 3,7° mehr als mitten am Tage auf dem Monte Verde. Dieser höhere Wärmegrad kann nur von der Strah= lung des Bodens und von der weiten Ausdehnung der Hoch= ebene herrühren. Wir litten sehr vom erstickenden Bimsstein= staub, in den wir fortwährend gehüllt waren. Mitten in der Ebene stehen Büsche von Retama, dem Spartium nubi= genum d'Aitons. Dieser schöne Strauch, den de Martinière[1] in Languedoc, wo Feuermaterial selten ist, einzuführen rät, wird 3 m hoch, er ist mit wohlriechenden Blüten bedeckt, und die Ziegenjäger, denen wir unterwegs begegneten, hatten ihre Strohhüte damit geschmückt. Die dunkelbraunen Ziegen des Piks gelten für Leckerbissen; sie nähren sich von den Blättern des Spartium und sind in diesen Einöden seit unvordenklicher Zeit verwildert. Man hat sie sogar nach Madeira verpflanzt, wo sie geschätzter sind, als die Ziegen aus Europa.

Bis zum Felsen Gayta, das heißt bis zum Anfang der großen Ebene des Ginsters ist der Pik von Tenerifa mit schönem Pflanzenwuchs überzogen, und nichts weist auf Ver= wüstungen in neuerer Zeit hin. Man meint einen Vulkan zu besteigen, dessen Feuer so lange erloschen ist, wie das des Monte Cavo bei Rom. Kaum hat man die mit Bimsstein bedeckte Ebene betreten, so nimmt die Landschaft einen ganz anderen Charakter an; bei jedem Schritt stößt man auf un= geheure Obsidianblöcke, die der Vulkan ausgeworfen. Alles ringsum ist öd und still; ein paar Ziegen und Kaninchen sind die einzigen Bewohner dieser Hochebene. Das unfrucht= bare Stück des Piks mißt über 200 qkm, und da die unteren Regionen, von ferne gesehen, in Verkürzung erscheinen, so stellt sich die ganze Insel als ein ungeheurer Haufen ver= brannten Gesteins dar, um den sich die Vegetation nur wie ein schmaler Gürtel zieht.

Ueber der Region des Spartium nubigenum kamen wir durch enge Schründe und kleine, sehr alte, vom Regenwasser ausgespülte Schluchten zuerst auf ein höheres Plateau und dann an den Ort, wo wir die Nacht zubringen sollten. Dieser Platz, der mehr als 2982 m über der Küste liegt, heißt

---

[1] Einer der Botaniker, die auf Lapérouses Seereise umkamen.

Estancia de los Ingleses,[1] ohne Zweifel, weil früher
die Engländer den Pik am häufigsten besuchten. Zwei über=
hängende Felsen bilden eine Art Höhle, die Schutz gegen den
Wind bietet. Bis zu diesem Orte, der bereits höher liegt
als der Gipfel des Canigou, kann man auf Maultieren ge=
langen; viele Neugierige, die beim Abgang von Orotava den
Kraterrand erreichen zu können glaubten, bleiben daher hier
liegen. Obgleich es Sommer war und der schöne afrikanische
Himmel über uns, hatten wir doch in der Nacht von der
Kälte zu leiden. Der Thermometer fiel auf 5°. Unsere
Führer machten ein großes Feuer von dürren Zweigen der
Retama an. Ohne Zelt und Mäntel lagerten wir uns auf
Haufen verbrannten Gesteins, und die Flammen und der
Rauch, die der Wind beständig gegen uns hertrieb, wurden
uns sehr lästig. Wir hatten noch nie eine Nacht in so be=
deutender Höhe zugebracht, und ich ahnte damals nicht, daß
wir einst in Städten wohnen würden, die höher liegen als
die Spitze des Vulkanes, den wir morgen vollends besteigen
sollten. Je tiefer die Temperatur sank, desto mehr bedeckte
sich der Pik mit dicken Wolken. Bei Nacht stockt der Zug
des Stromes, der den Tag über von den Ebenen in die hohen
Luftregionen aufsteigt, und im Maße, als sich die Luft ab=
kühlt, nimmt auch ihre das Wasser auflösende Kraft ab. Ein
sehr starker Nordwind jagte die Wolken; von Zeit zu Zeit
brach der Mond durch das Gewölk und seine Scheibe glänzte
auf tief dunkelblauem Grunde; im Angesicht des Vulkanes
hatte diese nächtliche Szene etwas wahrhaft Großartiges. Der
Pik verschwand bald gänzlich im Nebel, bald erschien er un=
heimlich nahe gerückt und warf wie eine ungeheure Pyramide
seinen Schatten auf die Wolken unter uns.

Gegen drei Uhr morgens brachen wir beim trüben Schein
einiger Kienfackeln nach der Spitze des Piton auf. Man
beginnt die Besteigung an der Nordostseite, wo der Abhang

---

[1] Diese Benennung war schon zu Anfang des vorigen Jahr=
hunderts im Brauch. Edens, der alle spanischen Wörter verdreht,
wie noch heute die meisten Reisenden, nennt sie Stancha; es ist
Bordas Station des rochers, wie aus den daselbst beobachteten
Barometerhöhen hervorgeht. Diese Höhen waren nach Cordier im
Jahre 1803 527 mm, und nach Borda und Varela im Jahre 1776
528 mm, während der Barometer zu Orotava bis auf 2,22 mm
ebenso hoch stand.

ungemein steil ist, und wir gelangten nach zwei Stunden auf
ein kleines Plateau, das seiner isolierten Lage wegen Alta
Vista heißt. Hier halten sich auch die Neveros auf, das
heißt die Eingeborenen, die gewerbsmäßig Eis und Schnee
suchen und in den benachbarten Städten verkaufen. Ihre
Maultiere, die das Klettern mehr gewöhnt sind als die, welche
man den Reisenden gibt, gehen bis zur Alta Vista und die
Neveros müssen den Schnee dahin auf dem Rücken tragen.
Ueber diesem Punkte beginnt das Malpays, wie man in
Mexiko, in Peru und überall, wo es Vulkane gibt, einen
von Dammerde entblößten und mit Lavabruchstücken bedeckten
Landstrich nennt.

Wir bogen rechts vom Wege ab, um die Eishöhle
zu besehen, die in 3367 m Höhe liegt, also unter der Grenze
des ewigen Schnees in dieser Breite. Wahrscheinlich rührt
die Kälte, die in dieser Höhle herrscht, von denselben Ursachen
her, aus denen sich das Eis in den Gebirgsspalten des Jura
und der Pyrenäen erhält, und über welche die Ansichten der
Physiker noch ziemlich auseinander gehen.[1] Die natürliche
Eisgrube des Piks hat übrigens nicht jene senkrechten Oeffnungen, durch welche die warme Luft entweichen kann, während
die kalte Luft am Boden ruhig liegen bleibt. Das Eis scheint
sich hier durch seine starke Anhäufung zu halten, und weil
der Prozeß des Schmelzens durch die bei rascher Verdunstung
erzeugte Kälte verlangsamt wird. Dieser kleine unterirdische
Gletscher liegt an einem Orte, dessen mittlere Temperatur
schwerlich unter 3° beträgt, und er wird nicht, wie die eigentlichen Gletscher der Alpen, vom Schneewasser gespeist, das
von den Berggipfeln herabkommt. Während des Winters
füllt sich die Höhle mit Schnee und Eis, und da die Sonnenstrahlen nicht über den Eingang hinaus eindringen, so ist die
Sonnenwärme nicht imstande, den Behälter zu leeren. Die
Bildung einer natürlichen Eisgrube hängt also nicht sowohl
ab von der absoluten Höhe der Felsspalte und der mittleren

----

[1] In den meisten Erdhöhlen, z. B. in der von Saint George,
zwischen Niort und Rolle, bildet sich an den Kalksteinwänden selbst
im Sommer eine dünne Schicht durchsichtigen Eises. Pictet hat
die Beobachtung gemacht, daß der Thermometer alsdann in der
Luft der Höhle nicht unter 2 bis 3° steht, so daß man das Frieren
des Wassers einer örtlichen, sehr raschen Verdunstung zuzuschreiben hat.

Temperatur der Luftschicht, in der sie sich befindet, als von der Masse des Schnees, der hineinkommt, und von der geringen Wirkung der warmen Winde im Sommer. Die im Inneren eines Berges eingeschlossene Luft ist schwer von der Stelle zu bringen, wie man am Monte Testaccio in Rom sieht, dessen Temperatur von der der umgebenden Luft so bedeutend abweicht. Wir werden in der Folge sehen, daß am Chimborazo ungeheure Eismassen unter dem Sande liegen, und zwar, wie auf dem Pik von Tenerifa, weit unter der Grenze des ewigen Schnees.

. Bei der Eishöhle (Cueva del Hielo) stellten bei Lapérouses Seereise Lamanon und Mongès ihren Versuch über die Temperatur des siedenden Wassers an. Sie fanden dieselbe 88,7°, während der Barometer auf 508 mm stand. Im Königreich Neugranada, bei der Kapelle Guadeloupe in der Nähe von Santa Fé de Bogota, sah ich das Wasser bei 89,9° unter einem Luftdruck von 510 mm sieden. Zu Tambores, in der Provinz Popayan, fand Caldas 89,5° für die Temperatur des siedenden Wassers bei einem Barometerstand von 505,6 mm. Nach diesen Ergebnissen könnte man vermuten, daß bei Lamanons Versuch das Wasser das Maximum seiner Temperatur nicht ganz erreicht hatte.

Der Tag brach an, als wir die Eishöhle verließen. Da beobachteten wir in der Dämmerung eine Erscheinung, die auf hohen Bergen häufig ist, die aber bei der Lage des Vulkanes, auf dem wir uns befanden, besonders auffallend hervortrat. Eine weiße, flockige Wolkenschicht entzog das Meer und die niedrigen Regionen der Insel unseren Blicken. Die Schicht schien nicht über 1560 m hoch; die Wolken waren so gleichmäßig verbreitet und lagen so genau in einer Fläche, daß sie sich ganz wie eine ungeheure mit Schnee bedeckte Ebene darstellen. Die kolossale Pyramide des Piks, die vulkanischen Gipfel von Lanzarote, Fuerteventura und Palma ragten wie Klippen aus dem weiten Dunstmeere empor. Ihre dunkle Färbung stach grell vom Weiß der Wolken ab.

Während wir auf den zertrümmerten Laven des Malpays emporklommen, wobei wir oft die Hände zu Hilfe nehmen mußten, beobachteten wir eine merkwürdige optische Erscheinung. Wir glaubten gegen Ost kleine Raketen in die Luft steigen zu sehen. Leuchtende Punkte, 7 bis 8° über dem Horizont, schienen sich zuerst senkrecht aufwärts zu bewegen, aber allmählich ging die Bewegung in eine wagerechte Oszillation über, die acht Minuten anhielt. Unsere Reisegefährten, sogar die Führer äußerten ihre Verwunderung über die Erscheinung, ohne daß wir sie darauf aufmerksam zu machen brauchten. Auf den ersten Blick glaubten wir, diese sich hin und her bewegenden Lichtpunkte seien die Vorläufer eines neuen Ausbruchs des großen Vulkanes von Lanzarote. Wir erinnerten uns, daß Bouguer und La Condamine bei der Besteigung des Vulkanes Pichincha den Ausbruch des Cotopaxi mit angesehen hatten; aber die Täuschung dauerte nicht lange, und wir sahen, daß die Lichtpunkte die durch die Dünste vergrößerten Bilder verschiedener Sterne waren. Die Bilder standen periodisch still, dann schienen sie senkrecht aufzusteigen, sich zur Seite abwärts zu bewegen und wieder am Ausgangspunkt anzugelangen. Diese Bewegung dauerte eine bis zwei Sekunden. Wir hatten keine Mittel zur Hand, um die Größe der seitlichen Verrückung genau zu messen, aber den Lauf des Lichtpunktes konnten wir ganz gut beobachten. Er erschien nicht doppelt durch Luftspiegelung und ließ keine leuchtende Spur hinter sich. Als ich im Fernrohr eines kleinen Troughtonschen Sextanten die Sterne mit einem hohen Berggipfel auf Lanzarote in Kontakt brachte, konnte ich sehen, daß die Oszillation beständig gegen denselben Punkt hinging, nämlich gegen das Stück des Horizontes, wo die Sonnenscheibe erscheinen sollte, und daß, abgesehen von der Deklinationsbewegung des Sternes, das Bild immer an denselben Fleck zurückkehrte. Diese scheinbaren seitlichen Refraktionen hörten auf, lange bevor die Sterne vor dem Tageslicht gänzlich verschwanden. Ich habe hier genau wiedergegeben, was wir in der Dämmerung beobachteten, versuche aber keine Erklärung der auffallenden Erscheinung, die ich schon vor zwölf Jahren in Zachs astronomischem Tagebuch bekannt gemacht habe. Die Bewegung der Dunstbläschen infolge des Sonnenaufgangs, die Mischung verschiedener, in Temperatur und Dichtigkeit sehr von einander abweichenden Luftschichten haben ohne Zweifel zu der Verrückung der Gestirne in horizontaler Richtung das Ihrige beigetragen. Etwas Aehnliches sind wohl die starken Schwankungen der Sonnenscheibe, wenn sie eben den Horizont berührt; aber diese Schwankungen betragen selten mehr als zwanzig Sekunden, während die seitliche Bewegung der Sterne, wie wir sie auf dem Pik in mehr als 3507 m Höhe beobachteten, ganz gut mit bloßem Auge zu bemerken und auffallender war als alle Erscheinungen, die man bis jetzt als Wirkungen der Brechung des Sternlichtes angesehen hat. Ich war bei Sonnenaufgang und die ganze Nacht in 4092 m Höhe auf dem Rücken der Anden, in Antisana, konnte aber nichts gewahr werden, was mit jenem Phänomen übereingekommen wäre.

Ich wünschte in so bedeutender Höhe wie die, welche wir am Pik von Tenerifa erreicht hatten, den Moment des Sonnen= aufganges genau zu beobachten. Kein mit Instrumenten ver= sehener Reisender hatte noch eine solche Beobachtung angestellt. Ich hatte ein Fernrohr und ein Chronometer, dessen Gang mir sehr genau bekannt war. Der Himmelsstrich, wo die Sonnenscheibe erscheinen sollte, war dunstfrei. Wir sahen den obersten Rand um 4 Uhr 48' 55'' wahrer Zeit, und, was ziemlich auffallend ist, der erste Lichtpunkt der Scheibe berührte unmittelbar die Grenze des Horizontes; wir sahen demnach den wahren Horizont, das heißt einen Strich Meers auf mehr als 152,5 km Entfernung. Die Rechnung ergibt, daß unter dieser Breite in der Ebene die Sonne um 5 Uhr 1 Minute 50 Sekunden, oder 11 Minuten 51,3 Sekunden später als auf dem Pik hätte anfangen sollen aufzugehen. Der beobachtete Unterschied betrug 12 Minuten 55 Sekunden, und dies kommt ohne Zweifel von der Ungewißheit hinsichtlich der Refraktionsverhältnisse für einen Abstand vom Zenith, wofür keine Beobachtungen vorliegen.[1]

Wir wunderten uns, wie ungemein langsam der untere Rand der Sonne sich vom Horizont zu lösen schien. Dieser Rand wurde erst um 4 Uhr 56 Minuten 56 Sekunden sichtbar. Die stark abgeplattete Sonnenscheibe war scharf begrenzt; es zeigte sich während des Aufganges weder ein doppeltes Bild noch eine Verlängerung des unteren Randes. Der Sonnen= aufgang dauerte dreimal länger, als wir in dieser Breite

---

[1] In der Rechnung wurden für 91° 54' scheinbaren Abstandes vom Zenith 57' 7'' Refraktion angenommen. Die Sonne erscheint bei ihrem Aufgang auf dem Pik von Tenerifa um so viel früher, als sie braucht, um einen Bogen von 0° 54' zurückzulegen. Für den Gipfel des Chimborazo nimmt dieser Bogen nur um 41' zu. Die Alten hatten so übertriebene Vorstellungen von der Beschleuni= gung des Sonnenaufganges auf dem Gipfel hoher Berge, daß sie behaupteten, die Sonne sei auf dem Berg Athos 3 Stunden früher sichtbar, als am Ufer des Aegeischen Meeres. (Strabo, Buch VII.) Und doch ist der Athos nach Delambre nur 1390 m hoch.

hätten erwarten sollen, und so ist anzunehmen, daß eine sehr gleichförmig verbreitete Dunstschicht den wahren Horizont verdeckte und der aufsteigenden Sonne nachrückte. Trotz des Schwankens der Sterne, das wir vorhin im Osten beobachtet, kann man die Langsamkeit des Sonnenaufganges nicht wohl einer ungewöhnlich starken Brechung der vom Meereshorizont zu uns gelangenden Strahlen zuschreiben; denn, wie Le Gentil es täglich in Pondichéry und ich öfters in Cumana beobachtet haben, erniedrigt sich der Horizont gerade bei Sonnenaufgang, weil die Temperatur der Luftschicht unmittelbar auf der Meeresfläche sich erhöht.

Der Weg, den wir uns durch das Malpays bahnen mußten, ist äußerst ermüdend. Der Abhang ist steil und die Lavablöcke wichen unter unseren Füßen. Ich kann dieses Stück des Weges nur mit den Moränen der Alpen vergleichen, jenen Haufen von Rollsteinen, welche am unteren Ende der Gletscher liegen; die Lavatrümmer auf dem Pik haben aber scharfe Kanten und lassen oft Lücken, in die man Gefahr läuft bis zum halben Körper zu fallen. Leider trug die Faulheit und der üble Wille unserer Führer viel dazu bei, uns das Aufsteigen sauer zu machen; sie glichen weder den Führern im Chamounithal noch jenen gewandten Guanchen, von denen die Sage geht, daß sie ein Kaninchen oder eine wilde Ziege im Laufe fingen. Unsere kanarischen Führer waren träg zum Verzweifeln; sie hatten tags zuvor uns bereden wollen, nicht über die Station bei den Felsen hinaufzugehen; sie setzten sich alle zehn Minuten nieder, um auszuruhen; sie warfen hinter uns die Handstücke Obsidian und Bimsstein, die wir sorgfältig gesammelt hatten, weg, und es kam heraus, daß noch keiner auf dem Gipfel des Vulkanes gewesen war.

Nach dreistündigem Marsch erreichten wir das Ende des Malpays bei einer kleinen Ebene, la Rambleta genannt; aus ihrem Mittelpunkte steigt der Piton oder Zuckerhut empor. Gegen Orotava zu gleicht der Berg jenen Treppenpyramiden in Fajum und in Mexiko, denn die Plateaus der Retama und die Rambleta bilden zwei Stockwerke, deren ersteres viermal höher ist als letzteres. Nimmt man die ganze Höhe des Piks zu 3710 m an, so liegt die Rambleta 3546 m über dem Meere. Hier befinden sich die Luftlöcher, welche bei den Eingeborenen Nasenlöcher des Piks (Narices del Pico) heißen. Aus mehreren Spalten im Gestein dringen

hier in Absätzen warme Wasserdünste; wir sahen den Ther=
mometer darin auf 43,2° steigen; Labillardière hatte acht
Jahre vor uns diese Dämpfe 53,7° heiß gefunden, ein Unter=
schied, der vielleicht nicht sowohl auf eine Abnahme der vul=
kanischen Thätigkeit als auf einen lokalen Wechsel in der
Erhitzung der Bergwände hindeutet. Die Dämpfe sind ge=
ruchlos und scheinen reines Wasser. Kurz vor dem großen
Ausbruch des Vesuvs im Jahre 1806 beobachteten Gay=Lussac
und ich, daß das Wasser, das in Dampfform aus dem Inneren
des Kraters kommt, Lackmuspapier nicht rötete. Ich kann
übrigens der kühnen Hypothese mehrerer Physiker nicht bei=
stimmen, wonach die Naslöcher des Piks als die Mün=
dungen eines ungeheuren Destillierapparates, dessen Boden
unter der Meeresfläche liegt, zu betrachten sein sollen. Seit man
die Vulkane sorgfältiger beobachtet und der Hang zum Wunder=
baren sich in geologischen Büchern weniger bemerkbar macht,
fängt man an, den unmittelbaren beständigen Zusammenhang
zwischen dem Meere und den Herden des vulkanischen Feuers
mit Recht stark in Zweifel zu ziehen.[1] Diese durchaus nicht
auffallende Erscheinung erklärt sich wohl sehr einfach. Der
Pik ist einen Teil des Jahres mit Schnee bedeckt; wir selbst
fanden noch welchen auf der kleinen Ebene Rambleta; ja
Odonnell und Armstrong haben im Jahre 1806 im Malpays
eine sehr starke Quelle entdeckt, und zwar 195 m über der
Eishöhle, die vielleicht zum Teil von dieser Quelle gespeist
wird. Alles weist also darauf hin, daß der Pik von Tenerifa,
gleich den Vulkanen der Anden und der Insel Luzon, im
Inneren große Höhlungen hat, die mit atmosphärischem Wasser
gefüllt sind, das einfach durchgesickert ist. Die Wasserdämpfe
welche die Naslöcher und die Spalten im Krater ausstoßen,
sind nichts als dieses selbe Wasser, das durch die Wände,
über die es fließt, erhitzt wird.

---

[1] Diese Frage ist mit großem Scharfsinn von Breislack in
seiner Introduzzione alla Geologia erörtert. Der Cotopaxi und
der Popocatepetl, die ich im Jahre 1804 Rauch und Asche aus=
werfen sah, liegen weiter vom Großen Ozean und dem Meere der
Antillen als Grenoble vom Mittelmeer und Orléans vom Atlanti=
schen Meer. Man kann es allerdings nicht als einen bloßen Zufall
ansehen, daß man keinen thätigen Vulkan entdeckt hat, der über
74 km von der Meeresküste läge; aber die Hypothese, nach der das
Meerwasser von den Vulkanen aufgesogen, destilliert und zersetzt
würde, scheint mir sehr zweifelhaft.

Wir hatten jetzt noch den steilsten Teil des Berges, der die Spitze bildet, den Piton, zu ersteigen. Der Abhang dieses kleinen, mit vulkanischer Asche und Bimssteinstücken bedeckten Kegels ist so schroff, daß es fast unmöglich wäre, auf den Gipfel zu gelangen, wenn man nicht einem alten Lavastrom nachginge, der aus dem Krater geflossen scheint und dessen Trümmer dem Zahn der Zeit getrotzt haben. Diese Trümmer bilden eine verschlackte Felswand, die sich mitten durch die lose Asche hinzieht. Wir erstiegen den Piton, indem wir uns an diesen Schlacken anklammerten, die scharfe Kanten haben und, halb verwittert, wie sie sind, uns nicht selten in der Hand blieben. Wir brauchten gegen eine halbe Stunde, um einen Hügel zu ersteigen, dessen senkrechte Höhe kaum 175 m beträgt. Der Vesuv, der dreimal niedriger ist als der Vulkan von Tenerifa, läuft in einen fast dreimal höheren Aschenkegel aus, der aber nicht so steil und zugänglicher ist. Unter allen Vulkanen, die ich besucht, ist nur der Jorullo in Mexiko noch schwerer zu besteigen, weil der ganze Berg mit loser Asche bedeckt ist.

Wenn der Zuckerhut mit Schnee bedeckt ist, wie bei Eintritt des Winters, so kann die Steilheit des Abhanges den Reisenden in die größte Gefahr bringen. Legros zeigte uns die Stelle, wo Kapitän Baudin auf seiner Reise nach Tenerifa beinahe ums Leben gekommen wäre. Mutig hatte er gegen Ende Dezembers 1797 mit den Naturforschern Advenier, Mauger und Riedlé die Besteigung des Gipfels des Vulkanes unternommen. In der halben Höhe des Kegels fiel er und rollte bis zur kleinen Ebene Rambleta hinunter; zum Glück machte ein mit Schnee bedeckter Lavahaufen, daß er nicht noch weiter mit beschleunigter Geschwindigkeit hinabflog. Wie man mir versichert, ist ein Reisender, der den mit festem Rasen bedeckten Abhang des Col de Balme hinabgerollt war, erstickt gefunden worden.

Auf der Spitze des Piton angelangt, wunderten wir uns nicht wenig, daß wir kaum Platz fanden, bequem niederzusitzen. Wir standen vor einer kleinen kreisförmigen Mauer aus porphyrartiger Lava mit Pechsteinbasis; diese Mauer hinderte uns in den Krater hinabzusehen. [1] Der Wind blies so heftig aus West, daß wir uns kaum auf den Beinen halten konnten.

---

[1] La Caldera oder der Kessel des Piks. Der Name erinnert an die Oules der Pyrenäen.

Es war acht Uhr morgens und wir waren starr vor Kälte, obgleich der Thermometer etwas über dem Gefrierpunkt stand. Seit lange waren wir an eine sehr hohe Temperatur gewöhnt, und der trockene Wind steigerte das Frostgefühl, weil er die kleine Schicht warmer und feuchter Luft, welche sich durch die Hautausdünstung um uns her bildete, fortwährend wegführte.

Der Krater des Piks hat, was den Rand betrifft, mit den Kratern der meisten anderen Vulkane, die ich besucht, z. B. mit dem des Vesuvs, des Jorullo und Pichincha, keine Aehnlichkeit. Bei diesen behält der Piton seine Kegelgestalt bis zum Gipfel; der ganze Abhang ist im selben Winkel geneigt und gleichförmig mit einer Schicht sehr fein zerteilten Bimssteines bedeckt; hat man die Spitze dieser drei Vulkane erreicht, so blickt man frei bis auf den Boden des Schlundes. Der Pik von Tenerifa und der Cotopaxi dagegen sind ganz anders gebaut; auf ihrer Spitze läuft kreisförmig ein Kamm oder eine Mauer um den Krater; von ferne stellt sich diese Mauer wie ein kleiner Cylinder auf einem abgestutzten Kegel dar. Beim Cotopaxi erkennt man dieses eigentümliche Bauwerk über 3900 m weit mit bloßem Auge, weshalb auch noch kein Mensch bis zum Krater dieses Vulkanes gekommen ist. Beim Pik von Tenerifa ist der Kamm, der wie eine Brustwehr um den Krater läuft, so hoch, daß er gar nicht zur Caldera gelangen ließe, wenn sich nicht gegen Ost eine Lücke darin befände, die von einem sehr alten Lavaerguß herzurühren scheint. Durch diese Lücke stiegen wir auf den Boden des Trichters hinab, der elliptisch ist; die große Achse läuft von Nordwest nach Südost, etwa Nord 35° Ost. Die größte Breite der Oeffnung schätzten wir auf 97 m, die kleinste auf 65 m. Diese Angaben stimmen ziemlich mit den Messungen von Verguin, Verela und Borda; nach diesen Reisenden messen die zwei Achsen 78 und 58 m.[1]

Man sieht leicht ein, daß die Größe eines Kraters nicht allein von der Höhe und der Masse des Berges abhängt, dessen Hauptöffnung er bildet. Seine Weite steht sogar selten im Verhältnis mit der Intensität des vulkanischen Feuers oder der Thätigkeit des Vulkanes. Beim Vesuv, der gegen

---

[1] Cordier, der den Gipfel des Piks 4 Jahre nach mir besucht hat, schätzt die große Achse auf 127 m. Lamanon gibt dafür 97 m an, Odonnell aber gibt dem Krater 550 Varas (460 m) Umfang.

ben Pik von Tenerifa nur ein Hügel ist, hat der Krater einen fünfmal größeren Durchmesser. Bedenkt man, daß sehr hohe Vulkane aus ihrem Gipfel weniger Stoffe auswerfen als aus Seitenspalten, so könnte man versucht sein anzunehmen, daß, je niedriger die Vulkane sind, ihre Krater, bei gleicher Kraft und Thätigkeit, desto größer sein müßten. Allerdings gibt es ungeheure Vulkane in den Anden, die nur sehr kleine Oeffnungen haben, und man könnte es als ein geologisches Gesetz hinstellen, daß die kolossalsten Berge auf ihren Gipfeln nur Krater von geringem Umfang haben, wenn sich nicht in den Kordilleren mehrere Beispiele [1] des gegenteiligen Verhaltens fänden. Ich werde im Verfolg Gelegenheit finden, zahlreiche Thatsachen anzuführen, welche einst auf das, was man den äußeren Bau der Vulkane nennen kann, einiges Licht werfen könnten. Dieser Bau ist so mannigfaltig als die vulkanischen Erscheinungen selbst, und will man sich zu geologischen Vorstellungen erheben, die der Größe der Natur würdig sind, so muß man die Meinung aufgeben, als ob alle Vulkane nach dem Muster des Vesuv, des Stromboli und des Aetna gebaut wären.

Die äußeren Ränder der Caldera sind beinahe senkrecht; sie stellen sich ungefähr dar wie die Somma, vom Atrio dei Cavalli aus gesehen. Wir stiegen auf den Boden des Kraters auf einem Streif zerbrochener Laven, der zu der Lücke in der Umfangsmauer hinaufläuft. Hitze war nur über einigen Spalten zu spüren, aus denen Wasserdampf mit einem eigentümlichen Sumsen strömte. Einige dieser Luftlöcher oder Spalten befinden sich außerhalb des Kraterumfanges, am äußeren Rand der Brüstung, welche den Krater umgibt. Ein in dieselben gebrachter Thermometer stieg rasch auf 68 und 75°. Er zeigte ohne Zweifel eine noch höhere Temperatur an, aber wir konnten das Instrument erst ansehen, nachdem wir es herausgezogen, wollten wir uns nicht die Hände verbrennen. Cordier hat mehrere Spalten gefunden, in denen die Hitze der des siedenden Wassers gleich war. Man könnte glauben, diese Dämpfe, die stoßweise hervorkommen, enthalten Salzsäure oder Schwefelsäure; läßt man sie aber an einem kalten Körper sich verdichten, zeigen sie keinen besonderen Geschmack,

---

[1] Die großen Vulkane Cotopaxi und Rucupichincha haben nach meinen Messungen Krater mit Diametern von mehr als 975 und 1365 m.

und die Versuche mehrerer Physiker mit Reagentien beweisen,
daß die Fumarolen des Piks nur reines Wasser aushauchen;
diese Erscheinung, die mit meinen Beobachtungen im Krater
des Jorullo übereinstimmt, verdient desto mehr Aufmerksamkeit, als Salzsäure in den meisten Vulkanen in großer Menge
vorkommt und Vauquelin sogar in den porphyrähnlichen Laven
von Sarcouy in der Auvergne Salzsäure gefunden hat.

Ich habe an Ort und Stelle die Ansicht des inneren
Kraterrandes gezeichnet, wie er sich darstellt, wenn man durch
die gegen Ost gelegene Lücke hinabsteigt. Nichts merkwürdiger
als diese Aufeinanderlagerung von Lavaschichten, die Krümmungen zeigen, wie der Alpenkalkstein. Diese ungeheuren
Bänke sind bald wagerecht, bald geneigt und wellenförmig gewunden, und alles weist darauf hin, daß einst die ganze
Masse flüssig war, und daß mehrere störende Ursachen zusammenwirkten, um jedem Strom seine bestimmte Richtung
zu geben. An der oben umlaufenden Mauer sieht man das
seltsame Astwerk, wie man es an der entschwefelten Steinkohle beobachtet. Der nördliche Rand ist der höchste; gegen
Südwest erniedrigt sich die Mauer bedeutend und am äußersten
Rand ist eine ungeheure verschlackte Lavamasse angebacken.
Gegen West ist das Gestein durchbrochen, und durch eine weite
Spalte sieht man den Meereshorizont. Vielleicht hat die Gewalt der elastischen Dämpfe im Moment, wo die im Krater
aufgestiegene Lava überquoll, hier durchgerissen.

Das Innere des Trichters weist darauf hin, daß der
Vulkan seit Jahrtausenden nur noch aus seinen Seiten Feuer
gespieen hat. Diese Behauptung gründet sich nicht darauf,
weil sich am Boden der Caldera keine großen Oeffnungen
zeigen, wie man erwarten könnte. Die Physiker, die die Natur
selbst beobachtet haben, wissen, daß viele Vulkane in der
Zwischenzeit zweier Ausbrüche ausgefüllt und fast erloschen
scheinen, daß sich dann aber im vulkanischen Schlund Schichten
sehr rauher, klingender und glänzender Schlacken finden. Man
bemerkt kleine Erhöhungen, Auftreibungen durch die elastischen
Dämpfe, kleine Schlacken- und Aschenkegel, unter denen die
Oeffnungen liegen. Der Krater des Piks von Tenerifa zeigt
keines dieser Merkmale; sein Boden ist nicht im Zustand geblieben, wie ein Ausbruch ihn zurückläßt. Durch den Zahn
der Zeit und den Einfluß der Dämpfe sind die Wände ab-
gebröckelt und haben das Becken mit großen Blöcken steiniger
Lava bedeckt.

Man gelangt gefahrlos auf den Boden des Kraters. Bei einem Vulkan, dessen Hauptthätigkeit dem Gipfel zu geht, wie beim Vesuv, wechselt die Tiefe des Kraters vor und nach jedem Ausbruch; auf dem Pik von Tenerifa dagegen scheint die Tiefe seit langer Zeit sich gleich geblieben zu sein. Ebens schätzte sie im Jahre 1715 auf 37 m, Cordier im Jahre 1803 auf 35,5. Nach dem Augenmaß hätte ich geglaubt, daß der Trichter nicht einmal so tief wäre. In seinem jetzigen Zustand ist er eigentlich eine Solfatara; er ist ein weites Feld für interessante Beobachtungen, aber imposant ist sein Anblick nicht. Großartig wird der Punkt nur durch die Höhe über dem Meeresspiegel, durch die tiefe Stille in dieser hohen Region, durch den unermeßlichen Erdraum, den das Auge auf der Spitze des Berges überblickt.

Die Besteigung des Vulkanes von Tenerifa ist nicht nur dadurch anziehend, daß sie uns so reichen Stoff für wissenschaftliche Forschung liefert; sie ist es noch weit mehr dadurch, daß sie dem, der Sinn hat für die Größe der Natur, eine Fülle malerischer Reize bietet. Solche Empfindungen zu schildern, ist eine schwere Aufgabe; sie regen uns desto tiefer auf, da sie etwas Unbestimmtes haben, wie es die Unermeßlichkeit des Raumes und die Größe, Neuheit und Mannigfaltigkeit der uns umgebenden Gegenstände mit sich bringen. Wenn ein Reisender die hohen Berggipfel unseres Erdballes, die Katarakten der großen Ströme, die gewundenen Thäler der Anden zu beschreiben hat, so läuft er Gefahr, den Leser durch den eintönigen Ausdruck seiner Bewunderung zu ermüden. Es scheint mir den Zwecken, die ich bei dieser Reisebeschreibung im Auge habe, angemessener, den eigentümlichen Charakter zu schildern, der jeden Landstrich auszeichnet. Man lehrt die Physiognomie einer Landschaft desto besser kennen, je genauer man die einzelnen Züge auffaßt, sie untereinander vergleicht und so auf dem Wege der Analysis den Quellen der Genüsse nachgeht, die uns das große Naturgemälde bietet.

Die Reisenden wissen aus Erfahrung, daß man auf der Spitze sehr hoher Berge selten eine so schöne Aussicht hat und so mannigfaltige malerische Effekte beobachtet als auf Gipfeln von der Höhe des Vesuvs, des Rigi, des Puy de Dome. Kolossale Berge wie der Chimborazo, der Antisana oder der Montblanc haben eine so große Masse, daß man die mit reichem Pflanzenwuchs bedeckten Ebenen nur in großer

Entfernung sieht und ein bläulicher Duft gleichförmig auf der ganzen Landschaft liegt. Durch seine schlanke Gestalt und seine eigentümliche Lage vereinigt nun der Pik von Tenerifa die Vorteile niedrigerer Gipfel mit denen, wie sehr bedeutende Höhen sie bieten. Man erblickt auf seiner Spitze nicht allein einen ungeheuren Meereshorizont, der über die höchsten Berge der benachbarten Inseln hinaufreicht, man sieht auch die Wälder von Tenerifa und die bewohnten Küstenstriche so nahe, daß noch Umrisse und Farben in den schönsten Kontrasten hervortreten. Es ist, als ob der Vulkan die kleine Insel, die ihm zur Grundlage dient, erdrückte; er steigt aus dem Schoße des Meeres dreimal höher auf, als die Wolken im Sommer ziehen. Wenn sein seit Jahrhunderten halb erloschener Krater Feuergarben auswürfe wie der Stromboli der äolischen Inseln, so würde der Pik von Tenerifa dem Schiffer in einem Umkreis von mehr als 1170 km als Leuchtturm dienen.

Wir lagerten uns am äußeren Rande des Kraters und blickten zuerst nach Nordwest, wo die Küsten mit Dörfern und Weilern geschmückt sind. Vom Winde fortwährend hin und her getriebene Dunstmassen zu unseren Füßen boten uns das mannigfaltigste Schauspiel. Eine ebene Wolkenschicht zwischen uns und den tiefen Regionen der Insel, dieselbe, von der oben die Rede war, war da und dort durch die kleinen Luftströme durchbrochen, welche nachgerade die von der Sonne erwärmte Erdoberfläche zu uns heraufsandte. Der Hafen von Orotava, die darin ankernden Schiffe, die Gärten und Weinberge um die Stadt wurden durch eine Oeffnung sichtbar, welche jeden Augenblick größer zu werden schien. Aus diesen einsamen Regionen blickten wir nieder in eine bewohnte Welt; wir ergötzten uns am lebhaften Kontrast zwischen den dürren Flanken des Piks, seinen mit Schlacken bedeckten steilen Abhängen, seinen pflanzenlosen Plateaus, und dem lachenden Anblick des bebauten Landes; wir sahen, wie sich die Gewächse nach der mit der Höhe abnehmenden Temperatur in Zonen verteilten. Unter dem Piton beginnen Flechten die verschlackten, glänzenden Laven zu überziehen; ein Veilchen,[1] das der Viola decumbens nahe steht, geht am Abhang des Vulkanes bis zu 3390 m Höhe, höher nicht allein als die anderen krautartigen Gewächse, sondern sogar höher als die Gräser, welche in den Alpen und auf dem Rücken der Kor-

---

[1] Viola cheiranthifolia.

billeren unmittelbar an die Gewächse aus der Familie der
Kryptogamen stoßen. Mit Blüten bedeckte Retamabüsche
schmücken die kleinen, von den Regenströmen eingerissenen und
durch die Seitenausbrüche verstopften Thäler; unter der Re=
tama folgt die Region der Farne und auf diese die der baum=
artigen Heiden. Wälder von Lorbeeren, Rhamnus und Erd=
beerbäumen liegen zwischen den Heidekräutern und den mit
Reben und Obstbäumen bepflanzten Geländen. Ein reicher
grüner Teppich breitet sich von der Ebene der Ginster und
der Zone der Alpenkräuter bis zu den Gruppen von Dattel=
palmen und Musen, deren Fuß das Weltmeer zu bespülen
scheint. Ich deute hier nur die Hauptzüge dieser Pflanzen=
karte an; im folgenden gebe ich einiges Nähere über die
Pflanzengeographie der Insel Tenerifa.

Daß auf der Spitze des Piks die Dörfchen, Weinberge
und Gärten an der Küste einem so nahe gerückt scheinen,
dazu trägt die erstaunliche Durchsichtigkeit der Luft viel bei.
Trotz der bedeutenden Entfernung erkannten wir nicht nur
die Häuser, die Baumstämme, das Takelwerk der Schiffe, wir
sahen auch die reiche Pflanzenwelt der Ebenen in den leb=
haftesten Farben glänzen. Diese Erscheinung ist nicht allein
dem hohen Standpunkt zuzuschreiben, sie deutet auf eine eigen=
tümliche Beschaffenheit der Luft in heißen Ländern. Unter
allen Zonen erscheint ein Gegenstand, der sich auf dem Meeres=
spiegel befindet und von dem die Lichtstrahlen in wagerechter
Richtung ausgehen, weniger lichtstark, als wenn man ihn vom
Gipfel eines Berges sieht, wohin die Wasserdämpfe durch
Luftschichten von abnehmender Dichtigkeit gelangen. Gleich
auffallende Unterschiede werden vom Einfluß der Klimate be=
dingt; der Spiegel eines Sees oder eines breiten Flusses
glänzt bei gleicher Entfernung weniger, wenn man ihn vom
Kamme der Schweizer Hochalpen, als wenn man ihn vom
Gipfel der Kordilleren von Peru oder Mexiko sieht. Je reiner
und heiterer die Luft ist, desto vollständiger lösen sich die
Wasserdämpfe auf und desto weniger wird das Licht bei
seinem Durchgang geschwächt. Wenn man von der Südsee
her auf die Hochebene von Quito oder Antisana kommt, so
wundert man sich in den ersten Tagen, wie nahe gerückt
Gegenstände erscheinen, die 31 bis 36 km entfernt sind. Der
Pik von Teyde genießt nun zwar nicht des Vorteils, unter
den Tropen zu liegen, aber die Trockenheit der Luftsäulen,
welche fortwährend über den benachbarten afrikanischen Ebenen

aufſteigen und die die Weſtwinde raſch herbeiführen, verleiht
der Luft der Kanariſchen Inſeln eine Durchſichtigkeit, hinter
der nicht nur die Luft Neapels und Siziliens, ſondern viel=
leicht ſogar der klare Himmel Perus und Quitos zurückſtehen.
Auf dieſer Durchſichtigkeit beruht vornehmlich die Pracht der
Landſchaften unter den Tropen; ſie hebt den Glanz der Farben
der Gewächſe und ſteigert die magiſche Wirkung ihrer Har=
monieen und ihrer Kontraſte. Wenn eine große, um die Gegen=
ſtände verbreitete Lichtmaſſe in gewiſſen Stunden des Tages
die äußeren Sinne ermüdet, ſo wird der Bewohner ſüdlicher
Klimate durch moraliſche Genüſſe dafür entſchädigt. Schwung
und Klarheit der Gedanken, innerliche Heiterkeit entſprechen
der Durchſichtigkeit der umgebenden Luft. Man erhält dieſe
Eindrücke, ohne die Grenze von Europa zu überſchreiten; ich
berufe mich auf die Reiſenden, welche jene durch die Wunder
des Gedankens und der Kunſt verherrlichten Länder geſehen
haben, die glücklichen Himmelsſtriche Griechenlands und Italiens.

Umſonſt verlängerten wir unſeren Aufenthalt auf dem
Gipfel des Piks, des Momentes harrend, wo wir den ganzen
Archipel der glückſeligen Inſeln [1] würden überſehen können.
Wir ſahen zu unſeren Füßen Palma, Gomera und die große
Canaria. Die Berge von Lanzarote, die bei Sonnenaufgang
dunſtfrei geweſen waren, hüllten ſich bald wieder in dichte
Wolken. Nur die gewöhnliche Refraktion vorausgeſetzt, über=
ſieht das Auge bei hellem Wetter vom Gipfel des Vulkanes
ein Stück Erdoberfläche von 115 000 qkm, alſo ſo viel als
ein Viertel der Oberfläche Spaniens. Oft iſt die Frage auf=
geworfen worden, ob man von dieſer ungeheuren Pyramide
die afrikaniſche Küſte ſehen könne. Aber die nächſten Striche
dieſer Küſte ſind 2° 49′ im Bogen, oder 252 km entfernt;
da nun der Geſichtshalbmeſſer des Horizontes des Piks 1° 47,
beträgt, ſo kann Kap Bojador nur ſichtbar werden, wenn man
ihm 390 m Meereshöhe gibt. Wir wiſſen gar nicht, wie hoch
die Schwarzen Berge bei Kap Bojador ſind, ſowie der Pik
ſüdlich von dieſem Vorgebirge, den die Seefahrer Peñon grande
nennen. Wäre der Gipfel des Vulkanes von Tenerifa zu=

---

[1] Von allen kleinen Kanariſchen Inſeln iſt nur die Roca del
Eſte vom Pik auch bei hellem Wetter nicht zu ſehen. Sie liegt
3,5° ab, Salvage dagegen nur 2° 1′. Die Inſel Madeira, die
4° 29′ entfernt iſt, wäre nur dann zu ſehen, wenn ihre Berge über
5850 m hoch wären.

gänglicher, so ließen sich dort ohne Zweifel bei gewissen Wind-
richtungen die Wirkungen ungewöhnlicher Refraktion beobachten. Liest man die Berichte spanischer und portugiesischer
Schriftsteller über die Existenz der fabelhaften Insel San
Borondon oder Antilia, so sieht man, daß in diesen Strichen
vorzüglich der feuchte West-Süd-Westwind Luftspiegelungen
zur Folge hat;[1] indessen wollen wir nicht mit Viera glauben,
„daß durch das Spiel der irdischen Refraktion die Inseln des
grünen Vorgebirges, ja sogar die Appalachen in Amerika den
Bewohnern der Kanarien sichtbar werden können".

Die Kälte, die wir auf dem Gipfel des Piks empfanden,
war für die Jahreszeit sehr bedeutend. Der hundertteilige
Thermometer[2] zeigte entfernt vom Boden und von den Fumarolen, die heiße Dämpfe ausstoßen, im Schatten 2,7°.
Der Wind war West, also dem entgegengesetzt, der einen
großen Teil des Jahres Tenerifa die heiße Luft zuführt, die
über den glühenden Wüsten Afrikas aufsteigt. Da die Temperatur im Hafen von Orotava, nach Herrn Savagis Beobachtung, 22,8° war, so nahm die Wärme auf 183 m Höhe
um einen Grad ab. Dieses Ergebnis stimmt vollkommen mit
dem überein, was Lamanon und Saussure auf den Spitzen
des Piks und des Aetna, obwohl in sehr verschiedenen Jahreszeiten, beobachtet haben.[3] Die schlanke Gestalt dieser Berge
bietet den Vorteil, daß man die Temperatur zweier Luftschichten fast senkrecht übereinander beobachten kann, und in

---

[1] „La refraction de para todo." Wir haben schon oben
bemerkt, daß die amerikanischen Früchte, welche das Meer häufig
an die Küsten von Ferro und Gomera wirft, früher für Gewächse
der Insel San Borondon gehalten wurden. Dieses Land, das nach
der Volkssage von einem Erzbischof und sechs Bischöfen regiert
wurde, und das, nach Pater Feijoos Ansicht, das auf einer Nebel-
schicht projizierte Bild der Insel Ferro ist, wurde im 16. Jahrhundert vom König von Portugal Ludwig Perdigon geschenkt, als
dieser sich zur Eroberung desselben rüstete.

[2] Nach Odonnell und Armstrong stand auf dem Gipfel des
Piks am 2. August 1806 um 8 Uhr morgens der Thermometer im
Schatten auf 13,8°, in der Sonne auf 20,5°; Unterschied oder
Wirkung der Sonne: 6,7°.

[3] Lamanons Beobachtung ergibt einen Grad auf 193 m, obgleich die Temperatur des Piks um 9° von der von uns beobachteten abwich. Am Aetna fand Saussure die Abnahme gleich
175 m.

dieser Beziehung gleichen die Beobachtungen, die man bei der Besteigung des Vulkanes von Tenerifa macht, denen, die man bei einer Auffahrt im Luftballon machen kann. Es ist indessen zu bemerken, daß die See wegen ihrer Durchsichtigkeit und wegen der Verdunstung weniger Wärme den hohen Luftregionen zusendet als die Ebenen; daher ist es auf vom Meere umgebenen Berggipfeln im Sommer kälter als auf Bergen mitten im Lande; dieses Moment hat aber nur geringen Einfluß auf die Abnahme der Luftwärme, da die Temperatur der tiefen Regionen in der Nähe des Meeres gleichfalls eine niedrigere ist.

Anders verhält es sich mit dem Einflusse der Windrichtung und der Geschwindigkeit des aufsteigenden Stromes; letzterer erhöht nicht selten die Temperatur der höchsten Berge in erstaunlichem Grade. Am Abhang des Antisana im Königreich Quito sah ich in 5530 m Höhe den Thermometer auf 19° stehen; Labillardière beobachtete am Kraterrand des Pik von Tenerifa 18,7°, wobei er alle erdenkliche Vorsicht gebraucht hatte, um den Einfluß zufälliger Ursachen auszuschließen. Da die Temperatur der Reede von Santa Cruz zur selben Zeit 28° war, so betrug der Unterschied zwischen der Luft an der Küste und der auf dem Pik 9,3° statt 20°, die einer Wärmeabnahme von einem Grad auf 183 m entsprechen. Ich finde im Schiffstagebuch von d'Entrecasteaux' Expedition, daß damals in Santa Cruz der Wind Süd-Süd-Ost war. Vielleicht wehte derselbe Wind stärker in den hohen Luftregionen; vielleicht trieb er in schiefer Richtung die warme Luft vom nahen Festlande der Spitze des Piton zu. Labillardières Besteigung fand zudem am 17. Oktober 1791 statt, und in den Schweizer Alpen hat man die Beobachtung gemacht, daß der Temperaturunterschied zwischen Berg und Tiefland im Herbst geringer ist als im Sommer. Alle diese Schwankungen im Maß der Temperaturabnahme haben auf die Messungen mittels des Barometers nur insofern Einfluß, als die Abnahme in den dazwischenliegenden Schichten nicht gleichförmig ist, und von der arithmetischen gleichmäßigen Progression, wie die angewandten Formeln sie annehmen, abweicht.

Wir wurden auf dem Gipfel des Piks nicht müde, die Farbe des blauen Himmelsgewölbes zu bewundern. Ihre Intensität im Zenith schien uns gleich 41° des Cyanometers. Man weiß nach Saussures Versuchen, daß diese Intensität mit der Verdünnung der Luft zunimmt, und daß dasselbe Instrument zur selben Zeit bei der Priorei von Chamouni 39° und auf der Spitze des Montblanc 40° zeigte. Dieser Berg ist um 1052 m höher als der Vulkan von Tenerifa, und wenn trotz diesem Unterschied auf ersterem das Himmelsblau nicht so dunkel ist, so rührt dies wohl von der Trockenheit der afrikanischen Luft und der Nähe der heißen Zone her.

Wir fingen am Kraterrand Luft auf, um sie auf der Fahrt nach Amerika chemisch zu zerlegen. Die Flasche war so gut verschlossen, daß, als wir sie nach zehn Tagen öffneten, das Wasser mit Gewalt hineindrang. Nach mehreren Versuchen mit Salpetergas in der engen Röhre des Fontanaschen Eudiometers enthielt die Luft im Krater neun Hundertteile weniger Sauerstoff als die Seeluft; ich gebe aber wenig auf dieses Resultat, da die Methode jetzt für ziemlich unzuverlässig gilt. Der Krater des Piks hat so wenig Tiefe und die Luft darin erneuert sich so leicht, daß schwerlich mehr Stickstoff darin ist als an der Küste. Wir wissen überdem aus Gay-Lussacs und Theodor Saussures Versuchen, daß die Luft in den höchsten Luftregionen wie in den tiefsten 0,21 Sauerstoff enthält. [1]

Wir sahen auf dem Gipfel des Piks keine Spur von Psora, Lecidium oder anderen Kryptogamen, kein Insekt flatterte in der Luft. Indessen findet man hier und da ein hautflügliges Insekt an den Schwefelmassen angeklebt, die von schwefliger Säure feucht sind und die Oeffnungen der Fumarolen auskleiden. Es sind Bienen, die wahrscheinlich die Blüten des Spartium nubigenum aufgesucht hatten und vom Winde schief aufwärts in diese Höhe getrieben worden waren, wie die Schmetterlinge, welche Ramond auf dem Gipfel des Mont Perdu gefunden. Die letzteren gehen durch die Kälte zu Grunde, während die Bienen auf dem Pik geröstet werden, wenn sie unvorsichtig den Spalten, an denen sie sich wärmen wollten, zu nahe kommen.

Trotz dieser Wärme, die man am Rande des Kraters unter den Füßen spürt, ist der Aschenkegel im Winter mehrere

---

[1] Im März 1805 fingen Gay-Lussac und ich beim Hospiz auf dem Mont Cenis in einer stark elektrisch geladenen Wolke Luft auf und zerlegten sie im Voltaschen Eudiometer. Sie enthielt keinen Wasserstoff und nicht um 0,002 weniger Sauerstoff als die Pariser Luft, die wir in hermetisch verschlossenen Flaschen bei uns hatten.

Monate mit Schnee bedeckt. Wahrscheinlich bilden sich unter der Schneehaube große Höhlungen, ähnlich denen unter den Gletschern in der Schweiz, die beständig eine niedrigere Temperatur haben als der Boden, auf dem sie ruhen. Der heftige kalte Wind, der seit Sonnenaufgang blies, zwang uns, am Fuße des Piton Schutz zu suchen. Hände und Gesicht waren uns erstarrt, während unsere Stiefeln auf dem Boden, auf den wir den Fuß setzten, verbrannten. In wenigen Minuten waren wir am Fuß des Zuckerhutes, den wir so mühsam erklommen, und diese Geschwindigkeit war zum Teil unwillkürlich, da man häufig in der Asche hinunterrutscht. Ungern schieden wir von dem einsamen Orte, wo sich die Natur in ihrer ganzen Großartigkeit vor uns aufthut; wir hofften die Kanarischen Inseln noch einmal besuchen zu können, aber aus dem Plane wurde nichts, wie aus so vielen, die wir damals entwarfen.

Wir gingen langsam durch das Malpays; auf losen Lavablöcken tritt man nicht sicher auf. Der Station bei den Felsen zu wird der Weg abwärts äußerst beschwerlich; der dichte kurze Rasen ist so glatt, daß man sich beständig nach hinten überbeugen muß, um nicht zu stürzen. Auf der sandigen Ebene der Retama zeigte der Thermometer 22,5°, und dies schien uns nach dem Frost, der uns auf dem Gipfel geschüttelt, eine erstickende Hitze. Wir hatten gar kein Wasser; die Führer hatten nicht allein den kleinen Vorrat Malvasier, den wir der freundlichen Vorsorge Cologans verdankten, heimlich getrunken, sondern sogar die Wassergefäße zerbrochen. Zum Glück war die Flasche mit der Kraterluft unversehrt geblieben.

In der schönen Region der Farne und der baumartigen Heiden genossen wir endlich einiger Kühlung. Eine dicke Wolkenschicht hüllte uns ein; sie hielt sich in 1170 m Höhe über der Niederung. Während wir durch diese Schicht kamen, hatten wir Gelegenheit, eine Erscheinung zu beobachten, die uns später am Abhang der Kordilleren öfters vorgekommen ist. Kleine Luftströme trieben Wolkenstreifen mit verschiedener Geschwindigkeit nach entgegengesetzten Richtungen. Dies nahm sich aus, als ob in einer großen stehenden Wassermasse kleine Wasserströme sich rasch nach allen Seiten bewegten. Diese teilweise Bewegung der Wolken rührt wahrscheinlich von sehr verschiedenen Ursachen her, und man kann sich denken, daß der Anstoß dazu sehr weit herkommen mag. Man kann den Grund in kleinen Unebenheiten des Bodens suchen, die mehr ober weniger Wärme strahlen, in einem auf irgend einem chemischen Prozeß beruhenden Temperaturunterschied, oder endlich in einer starken elektrischen Ladung der Dunstbläschen.

In der Nähe der Stadt Orotava trafen wir große Schwärme von Kanarienvögeln. [1] Diese in Europa so wohlbekannten Vögel waren ziemlich gleichförmig grün, einige auf dem Rücken gelblich; ihr Schlag glich dem der zahmen Kanarienvögel, man bemerkt indessen, daß die, welche auf der Insel Gran Canaria und auf dem kleinen Eiland Monte Clara bei Lanzarote gefangen werden, einen stärkeren und zugleich harmonischeren Schlag haben. In allen Himmelsstrichen hat jeder Schwarm derselben Vogelart seine eigene Sprache. Die gelben Kanarienvögel sind eine Spielart, die in Europa entstanden ist, und die, welche wir zu Orotava und Santa Cruz de Tenerifa in Käfigen sahen, waren in Cadiz und anderen spanischen Häfen gekauft. Aber der Vogel der Kanarischen Inseln, der von allen den schönsten Gesang hat, ist in Europa unbekannt, der Capirote, der so sehr die Freiheit liebt, daß er sich niemals zähmen ließ. Ich bewunderte seinen weichen, melodischen Schlag in einem Garten bei Orotava, konnte ihn aber nicht nahe genug zu Gesicht bekommen, um zu bestimmen, welcher Gattung er angehört. Was die Papageien betrifft, die man beim Aufenthalt des Kapitän Cook auf Tenerifa gesehen haben will, so existieren sie nur in Reiseberichten, die einander abschreiben. Es gibt auf den Kanarien weder Papageien noch Affen, und obgleich erstere in der Neuen Welt bis Nordkarolina wandern, so glaube ich doch kaum, daß in der Alten über dem 28. Grad nördlicher Breite welche vorkommen.

Wir kamen, als der Tag sich neigte, im Hafen von Orotava an und erhielten daselbst die unerwartete Nachricht, daß der Pizarro erst in der Nacht vom 24. zum 25. unter Segel gehen werde. Hätten wir auf diesen Aufschub rechnen können, so wären wir entweder länger auf dem Pik geblieben, [2]

---

[1] Fringilla Canaria. La Caille erzählt in seiner Reisebeschreibung nach dem Kap, auf der Insel Salvage fänden sich diese Vögel in so ungeheurer Menge, daß man in einer gewissen Jahreszeit nicht umhergehen könne, ohne Eier zu zertreten.

[2] Da viele Reisende, welche bei Santa Cruz de Tenerifa anlegen, die Besteigung des Piks unterlassen, weil sie nicht wissen, wie viel Zeit man dazu braucht, so sind die folgenden Angaben wohl nicht unwillkommen. Wenn man bis zum Haltpunkt der Eng-

oder hätten einen Ausflug nach dem Vulkan Chahorra gemacht. Den folgenden Tag durchstreiften wir die Umgegend von Orotava und genossen des Umgangs mit Cologans liebenswürdiger Familie. Da fühlten wir recht, daß der Aufenthalt auf Tenerifa nicht bloß für den Naturforscher von Interesse ist; man findet in Orotava Liebhaber von Litteratur und Musik, welche den Reiz europäischer Gesellschaft in diese fernen Himmelsstriche verpflanzt haben. In dieser Beziehung haben die Kanarischen Inseln mit den übrigen spanischen Kolonieen, Havana ausgenommen, wenig gemein.

Am Vorabend des Johannistages wohnten wir einem ländlichen Feste in Herrn Littles Garten bei. Dieser Handelsmann, der den Kanarien bei der letzten Getreideteurung bedeutende Dienste erwiesen, hat einen mit vulkanischen Trümmern bedeckten Hügel angepflanzt und an diesem köstlichen Punkt einen englischen Garten angelegt, wo man eine herrliche Aussicht auf die Pyramide des Piks, auf die Dörfer an der Küste und die Insel Palma hat, welche die weite Meeresfläche begrenzt. Ich kann diese Aussicht nur mit der in den Golfen von Neapel und Genua vergleichen, aber hinsichtlich der Großartigkeit der Massen und der Fülle des Pflanzenwuchses steht Orotava über beiden. Bei Einbruch der Nacht bot uns der Abhang des Vulkanes auf einmal ein eigentümliches Schauspiel. Nach einem Brauch, den ohne Zweifel die Spanier eingeführt hatten, obgleich er an sich uralt ist, hatten die Hirten die Johannisfeuer angezündet. Die zerstreuten Lichtmassen, die vom Winde gejagten Rauchsäulen hoben sich an den Seiten des Piks vom Dunkelgrün der Wälder ab. Freudengeschrei drang aus der Ferne zu uns herüber, und schien der einzige Laut, der die Stille der Natur an jenen einsamen Orten unterbrach.

Die Familie Cologan besitzt ein Landhaus näher an der

---

länder sich der Maultiere bedient, braucht man von Orotava aus zur Besteigung des Piks und zur Rückkehr in den Hafen 21 Stunden; nämlich von Orotava zum Pino del Dornajito 3 Stunden, von da zur Felsenstation 6, von da nach der Caldera $3\frac{1}{2}$. Für die Rückkehr rechne ich 9 Stunden. Es handelt sich dabei nur von der Zeit, die man unterwegs zubringt, keineswegs von der, die man auf die Untersuchung der Produkte des Piks oder zum Ausruhen verwendet. In einem halben Tage gelangt man von Santa Cruz de Tenerifa nach Orotava.

Küste als das eben beschriebene. Der Name, den ihm der
Eigentümer gegeben, bezeichnet den Eindruck, den dieser Landsitz
macht. Das Haus La Paz hatte zudem noch besonderes In=
teresse für uns. Borda, dessen Tod wir bedauerten, hatte
hier bei seiner letzten Reise nach den Kanarien gewohnt. Auf
einer kleinen Ebene in der Nähe hat er die Standlinie zur
Messung der Höhe des Piks abgesteckt. Bei dieser trigono=
metrischen Messung diente der große Drachenbaum von Oro=
tava als Signal. Wollte einmal ein unterrichteter Reisender
eine neue genauere Messung des Vulkanes mittels astrono=
mischer Repetitionskreise vornehmen, so müßte er die Stand=
linie nicht bei Orotava, sondern bei Los Silos, an einem
Orte, Bante genannt, messen; nach Broussonet ist keine Ebene
in der Nähe des Piks so groß wie diese. Wir botanisierten
bei La Paz und fanden in Menge das Lichen roccella auf
basaltischem, von der See bespülten Gestein. Die Orseille
der Kanarien ist ein sehr alter Handelsartikel; man bezieht
aber das Moos weniger von Tenerifa als von den unbe=
wohnten Inseln Salvage, Graciosa, Alegranza, sogar von
Canaria und Hierro.

Am 24. Juni morgens verließen wir den Hafen von
Orotava; in Laguna speisten wir beim französischen Konsul.
Er hatte die Gefälligkeit, die Besorgung der geologischen
Sammlungen zu übernehmen, die wir dem Naturalienkabinett
des Königs von Spanien übermachten. Als wir vor der
Stadt auf die Reede hinausblickten, sahen wir zu unserem
Schreck den Pizarro, unsere Korvette, unter Segel. Im Hafen
angelangt, erfuhren wir, er laviere mit wenigen Segeln, uns
erwartend. Die englischen bei Tenerifa stationierten Schiffe
waren verschwunden, und wir hatten keinen Augenblick zu
verlieren, um aus diesen Strichen wegzukommen. Wir schifften
uns allein ein; unsere Reisegefährten waren Kanarier gewesen,
die nicht mit nach Amerika gingen.

Ehe wir den Archipel der Kanarien verlassen, werfen wir
einen Blick auf die Geschichte des Landes.

Vergeblich sehen wir uns im Periplus des Hanno und
dem des Scylax nach den ersten schriftlichen Urkunden über
die Ausbrüche des Piks von Tenerifa um. Diese Seefahrer
hielten sich ängstlich an die Küsten, sie liefen jeden Abend in
eine Bai und ankerten, und so konnten sie nichts von einem
Vulkan wissen, der 252 km vom Festland von Afrika liegt.
Hanno berichtet indessen von leuchtenden Strömen, die sich in

das Meer zu ergießen schienen; jede Nacht haben sich auf der Küste viele Feuer gezeigt, und der große Berg, der Götter=wagen genannt, habe Feuergarben ausgeworfen, die bis zu den Wolken aufgestiegen. Aber dieser Berg, nordwärts von der Insel der Gorilla,[1] bildete das Westende der Atlaskette, und es ist zudem sehr zweifelhaft, ob die von Hanno bemerkten Feuer wirklich von einem vulkanischen Ausbruch herrührten, oder von dem bei so vielen Völkern herrschenden Brauch, die Wälder und das dürre Gras der Savannen anzuzünden. In neuester Zeit waren ja auch die Naturforscher, welche die Expedition unter Konteradmiral d'Entrecasteaux mitmachten, ihrer Sache nicht gewiß, als sie die Insel Amsterdam mit dickem Rauch bedeckt sahen. Auf der Küste von Caracas sah ich mehrere Nächte hintereinander rötliche Feuerstreifen von brennendem Grase, die sich täuschend wie Lavaströme aus=nahmen, die von den Bergen herabkamen und sich in mehrere Arme teilten.

Obgleich in den Reisetagebüchern des Hanno und des Scylax, so weit sie uns erhalten sind, keine Stelle vorkommt, die sich mit einigem Schein von Recht auf die Kanarischen Inseln beziehen ließe, ist es doch sehr wahrscheinlich, daß die Karthager und auch die Phönizier den Pik von Teneriffa ge=kannt haben.[2] Zu Platos und Aristoteles' Zeit waren dunkle Gerüchte davon zu den Griechen gedrungen, nach deren Vor=stellung die ganze Küste von Afrika jenseits der Säulen des Herkules von vulkanischem Feuer verheert war.[3] Die Inseln der

---

[1] Auf dieser Insel sah der karthageniensische Feldherr zum ersten=mal eine große menschenähnliche Affenart, die Gorilla. Er be=schreibt sie als durchaus behaarte Weiber, und als höchst bösartig, weil sie sich mit Nägeln und Zähnen wehrten. Er rühmt sich, ihrer drei die Haut abgezogen zu haben, um sie mitzunehmen. Gosselin verlegt die Insel der Gorilla an die Mündung des Flusses Nun, aber nach dieser Annahme müßte der Sumpf, in dem Hanno eine Menge Elefanten weiden sah, unter 35½° Breite liegen, beinahe am Nordende von Afrika.

[2] Einer der angesehensten deutschen Gelehrten, Heeren, hält die glückseligen Inseln Diodors von Sizilien für Madeira und Porto Santo.

[3] Aristoteles, Mirab. Auscultat. Solinus sagt vom Atlas: vertex semper nivalis lucet nocturnis ignibus; aber dieser Atlas ist gleich dem Berge Meru der Hindu ein aus richtigen Begriffen und mythischen Fiktionen zusammengesetztes Ding, und lag nicht

Seligen, die man anfangs im Norden, jenseits der Riphäischen Gebirge bei den Hyperboreern,[1] später südwärts von Cyrenaica gesucht hatte, wurden nach Westen verlegt, dahin, wo die den Alten bekannte Welt ein Ende hatte. Was man glückselige Inseln nannte, war lange ein schwankender Begriff, wie der Name Dorado bei den ersten Eroberern Amerikas. Man versetzte das Glück an das Ende der Welt, wie man den lebhaftesten Geistesgenuß in einer idealen Welt jenseits der Grenzen der Wirklichkeit sucht.

Es ist nicht zu verwundern, daß vor Aristoteles die griechischen Geographen keine genaue Kenntnis von den Kanarischen Inseln und ihren Vulkanen hatten. Das einzige Volk, das weit nach West und Nord die See befuhr, die Karthager, fanden ihren Vorteil dabei, wenn sie diese entlegenen Landstriche in den Schleier des Geheimnisses hüllten. Der karthagische Senat duldete keine Auswanderung einzelner und ersah diese Inseln als Zufluchtsort in Zeiten der Unruhe und politischen Unfälle; sie sollten für die Karthager sein, was der freie Boden von Amerika für die Europäer bei ihren bürgerlichen und religiösen Zwistigkeiten geworden ist.

Die Römer wurden erst achtzig Jahre vor Octavians Regierung näher mit den Kanarischen Inseln bekannt. Ein bloßer Privatmann wollte den Gedanken verwirklichen, den der karthagische Senat in weiser Vorsicht gefaßt. Nach seiner Niederlage durch Sylla sucht Sertorius, müde des Waffenlärms, eine sichere, ruhige Zufluchtsstätte. Er wählt die glückseligen Inseln, von denen man ihm an den Küsten von Bätika eine reizende Schilderung entwirft. Er sammelt sorgfältig, was ihm von Reisenden an Nachrichten zukommt; aber in den wenigen Stücken dieser Nachrichten, die auf uns gekommen sind, und in den umständlicheren Beschreibungen des Sebosus und des Juba ist niemals von Vulkanen und vulkanischen Ausbrüchen die Rede. Kaum erkennt man die Insel

---

auf einer der hesperischen Inseln, wie Abbé Viera und nach ihm verschiedene Reisende annehmen, die den Pik von Tenerifa beschreiben. Die folgenden Stellen lassen keinen Zweifel hierüber: Herodot IV, 184; Strabo XVII; Mela III, 10; Plinius V, 1; Solinus I, 24, sogar Diodor von Sizilien III.

[1] Die Vorstellung vom Glück, der hohen Kultur und dem Reichtum der Bewohner des Nordens hatten die Griechen, die indischen Völker und die Mexikaner miteinander gemein.

Tenerifa und den Schnee, der im Winter die Spitze des Piks bedeckt, am Namen Nivaria, der einer der glückseligen Inseln beigelegt wird. Man könnte danach annehmen, daß der Vulkan damals kein Feuer gespieen habe, wenn sich aus dem Stillschweigen von Schriftstellern etwas schließen ließe, von denen wir nichts besitzen als Bruchstücke und trockene Namenverzeichnisse. Umsonst sucht der Physiker in der Geschichte Urkunden über die ältesten Ausbrüche des Piks; er findet nirgends welche, außer in der Sprache der Guanchen, in der das Wort „Echeyde"[1] zugleich die Hölle und den Vulkan von Tenerifa bedeutete.

Die älteste schriftliche Nachricht von der Thätigkeit des Vulkanes, die ich habe auffinden können, kommt aus dem Anfang des 16. Jahrhunderts. Sie findet sich in der Reisebeschreibung[2] des Aloysio Cadamosto, der im Jahre 1505 auf den Kanarien landete. Dieser Reisende war nicht selbst Zeuge eines Ausbruches, er versichert aber bestimmt, der Berg brenne fortwährend gleich dem Actna und das Feuer sei von Christen gesehen worden, die als Sklaven der Guanchen auf Tenerifa lebten. Der Pik befand sich also damals nicht im Zustand der Ruhe wie jetzt, denn es ist sicher, daß kein Reisender und kein Einwohner von Tenerifa der Mündung des Piks von weitem sichtbaren Rauch, geschweige denn Flammen, hat entsteigen sehen. Es wäre vielleicht zu wünschen, daß der Schlund

---

[1] Der Berg hieß auch Aya-dyrma, in welchem Wort Horn (De Orig. Americ. p. 155 und 185) den alten Namen des Atlas findet, der nach Strabo, Plinius und Solinus Dyris war. Diese Ableitung ist höchst zweifelhaft; legt man auf die Vokale nicht mehr Wert, als sie bei den orientalischen Völkern haben, so findet man Dyris fast ganz in Daran, wie die arabischen Geographen den östlichen Teil des Atlasgebirges nennen.

[1] Non silendum puto de insula Teneriffa quae et eximie colitur et inter orbis insulas est eminentior. Nam coelo sereno eminus conspicitur, adeo ut qui absunt ab ea ad leucas hispanas sexaginta vel septuaginta, non difficulter eam intueantur. Quod cernatur a longe id efficit acuminatus lapis adamantinus, instar pyramidis, in medio. Qui metiti sunt lapidem ajunt altitudine leucarum quindecim mensuram excedere ab imo ad summum verticem. Is lapis jugiter flagrat, instar Aetnae montis; id affirmant nostri Christiani qui capti aliquando haec animadvertere. Al. Cadamusti, Navigatio ad terras incognitas c. 8.

der Caldera sich wieder öffnete, die Seitenausbrüche würden damit weniger heftig und die ganze Inselgruppe hätte weniger von Erdbeben zu leiden.

Ich habe zu Orotava die Frage besprechen hören, ob anzunehmen sei, daß der Krater des Piks im Laufe der Jahrhunderte wieder in Thätigkeit treten werde. In einer so zweifelhaften Sache kann man sich nur an die Analogie halten. Nun war nach Braccinis Bericht im Jahre 1611 der Krater des Vesuvs im Inneren mit Gebüsch bewachsen. Alles verkündete die tiefste Ruhe, und dennoch warf derselbe, der sich in ein schattiges Thal verwandeln zu wollen schien, zwanzig Jahre später Feuersäulen und ungeheure Massen Asche aus. Der Vesuv wurde im Jahre 1631 wieder so thätig, als er im Jahre 1500 gewesen war. So könnte möglicherweise auch der Krater des Piks sich eines Tages wieder umwandeln. Er ist jetzt eine Solfatare, ähnlich der friedlichen Solfatare von Pozzuoli; aber sie ist auf der Spitze eines noch thätigen Vulkanes gelegen.

Die Ausbrüche des Piks waren seit zweihundert Jahren sehr selten, und solche lange Pausen scheinen charakteristisch für sehr hohe Vulkane. Der kleinste von allen, der Stromboli, ist fast in beständiger Thätigkeit. Beim Vesuv sind die Ausbrüche schon seltener, indessen häufiger als beim Aetna und dem Pik von Tenerifa. Die kolossalen Gipfel der Anden, der Cotopaxi und der Tunguragua speien kaum einmal im Jahrhundert Feuer. Bei thätigen Vulkanen scheint die Häufigkeit der Ausbrüche im umgekehrten Verhältnis mit der Höhe und der Masse derselben zu stehen. So schien auch der Pik nach zweiundneunzig Jahren erloschen, als im Jahre 1792 der letzte Ausbruch durch eine Seitenöffnung im Berg Chahorra erfolgte. In diesem Zeitraum hat der Vesuv sechzehnmal Feuer gespieen.

Ich habe anderswo ausgeführt, daß der ganze gebirgige Teil des Königreichs Quito anzusehen ist, als ein ungeheurer Vulkan von 14175 qkm Oberfläche, der aus verschiedenen Kegeln mit eigenen Namen, Cotopaxi, Tunguragua, Pichincha, Feuer speit. Ebenso ruht die ganze Gruppe der Kanarischen Inseln gleichsam auf einem untermeerischen Vulkan. Das Feuer brach sich bald durch diese, bald durch jene der Inseln Bahn. Nur Tenerifa trägt in seiner Mitte eine ungeheure Pyramide mit einem Krater auf der Spitze, die in jahrhundertlangen Perioden aus ihren Seiten Lavaströme ergießt.

Auf den anderen Inseln haben die verschiedenen Ausbrüche an verschiedenen Stellen stattgefunden, und man findet dort keinen vereinzelten Berg, an den die vulkanische Thätigkeit gebunden wäre. Die von uralten Vulkanen gebildete Basalt-rinde scheint dort allerorten unterhöhlt, und die Lavaströme, die auf Lanzarote und Palma ausgebrochen sind, kommen geologisch durchaus mit dem Ausbruch überein, der im Jahre 1301 auf der Insel Jschia durch die Tuffe des Epomeo erfolgte.

Es folgt hier die Liste der Ausbrüche, deren Andenken sich bei den Geschichtsschreibern der Insel seit der Mitte des 16. Jahrhunderts erhalten hat.

Jahr 1558. — Am 15. April. Zur selben Zeit wurde Tenerifa zum erstenmal von der aus der Levante eingeschleppten Pest verheert. Ein Vulkan öffnet sich auf der Insel Palma, nahe einer Quelle im Partido de los Llanos. Ein Berg steigt aus dem Boden; auf der Spitze bildet sich ein Krater, der einen 195 m breiten und über 4,8 km langen Lavastrom ergießt. Die Lava stürzt sich ins Meer, und durch die Er-hitzung des Wassers gehen die Fische in weitem Umkreise zu Grunde.[1]

Jahr 1646. — Am 13. November thut sich ein Schlund auf der Insel Palma bei Tigalate auf; zwei andere bilden sich am Meeresufer. Die Laven, die sich aus diesen Spalten ergießen, machen die berühmte Quelle Foncaliente oder Fuente Santa versiegen, deren Mineralwasser Kranke sogar aus Europa herbeizog. Nach einer Volkssage wurde dem Aus-bruch durch ein seltsames Mittel Einhalt gethan. Das Bild unserer lieben Frau zum Schnee wurde aus Santa Cruz an den Schlund des neuen Vulkanes gebracht, und alsbald fiel eine so ungeheure Masse Schnee, daß das Feuer dadurch er-losch. In den Anden von Quito wollen die Indianer die Bemerkung gemacht haben, daß die Thätigkeit der Vulkane durch vieles einsickerndes Schneewasser gesteigert wird.

Jahr 1677. — Dritter Ausbruch auf der Insel Palma. Der Berg Las Cabras wirft aus einer Menge kleiner Oeff-nungen, die sich nacheinander bilden, Schlacken und Asche aus.

Jahr 1704. — Am 31. Dezember. Der Pik von Tenerifa

---

[1] Dieselbe Erscheinung wiederholte sich 1811 bei den Azoren, als der Vulkan Sabrina auf dem Meeresboden ausbrach. Das kalcinierte Skelett eines Haifisches wurde im erloschenen, mit Wasser gefüllten Krater gefunden.

macht einen Seitenausbruch in der Ebene Los Infantes, ober=
halb Icore, im Bezirk Guimar. Furchtbare Erdbeben gingen
dem Ausbruch voran. Am 5. Januar 1705 thut sich ein
zweiter Schlund in der Schlucht Almerchiga, 4,5 km von
Icore auf. Die Lava ist so stark, daß sie das ganze Thal
Faßnia oder Areza ausfüllt. Dieser zweite Schlund hört
am 13. Januar zu speien auf. Ein dritter bildet sich am
2. Februar in der Cañada de Arafo. Die Lava in drei
Strömen bedroht das Dorf Guimar, wird aber im Thal
Melofar durch einen Felsgrat aufgehalten, der einen unüber=
steiglichen Damm bildet. Während dieser Ausbrüche spürt
die Stadt Orotava, die nur ein schmaler Damm von den
neuen Schlünden trennt, starke Erdstöße.

Jahr 1706. — Am 5. Mai. Ein weiterer Seiten=
ausbruch des Piks von Tenerifa. Der Schlund bricht auf
südlich vom Hafen von Garachico, damals dem schönsten und
besuchtesten der Insel. Die volkreiche, wohlhabende Stadt
hatte eine malerische Lage am Saum eines Lorbeerwaldes.
Zwei Lavaströme zerstörten sie in wenigen Stunden; kein
Haus blieb stehen. Der Hafen, der schon im Jahre 1645
gelitten hatte, weil ein Hochwasser viel Erdreich hineingeführt,
wurde so ausgefüllt, daß die sich aufthürmenden Laven in der
Mitte seines Umfangs ein Vorgebirge bildeten. Ueberall,
rings um Garachico, wurde das Erdreich völlig umgewandelt.
Aus der Ebene stiegen Hügel auf, die Quellen blieben aus,
und Felsmassen wurden durch die häufigen Erdstöße der
Dammerde und des Pflanzenwuchses beraubt und blieben
nackt stehen. Nur die Fischer ließen nicht vom heimatlichen
Boden. Mutig, wie die Einwohner von Torre del Greco,
erbauten sie wieder ein Dörfchen auf Schlackenhaufen und
dem verglasten Gestein.

Jahr 1730. — Am 1. September. Eine der furcht=
barsten Katastrophen zerstört den Landungsplatz der Insel
Lanzarote. Ein neuer Vulkan bildet sich bei Temanfaya. Die
Lavaströme und die Erdstöße, welche den Ausbruch begleiten,
zerstören eine Menge Dörfer, worunter die alten Flecken der
Guanchen Tingafa, Macintafe und Guatisca. Die Stöße
dauern bis 1736 fort, und die Bewohner von Lanzarote
flüchten sich großenteils auf die Insel Fuerteventura. Während
dieses Ausbruches, von dem schon im vorigen Kapitel die
Rede war, sieht man eine dicke Rauchsäule aus der See auf=
steigen. Pyramidalische Felsen erheben sich über der Meeres=

fläche, die Klippen werden immer größer und verschmelzen allmählich mit der Insel selbst.

Jahr 1798. — Am 9. Juni. Seitenausbruch des Piks von Tenerifa, am Abhang des Berges Chahorra oder Venge,[1] an einem völlig unbebauten Orte, südlich von Icod beim Dorfe Guia, dem alten Isora. Dieser Berg, der sich an den Pik anlehnt, galt von jeher für einen erloschenen Vulkan. Er besteht zwar aus festen Gebirgsarten, verhält sich aber doch zum Pik wie der Monte Rosso, der im Jahre 1661 aufstieg, oder die boche nueve, die im Jahre 1704 aufbrachen, zum Aetna und zum Vesuv. Der Ausbruch des Chahorra währte drei Monate und sechs Tage. Die Lava und die Schlacken wurden aus vier Mündungen in einer Reihe ausgeworfen. Die 5,8 bis 7,8 m hoch aufgetürmte Lava legte 1 m in der Stunde zurück. Da dieser Ausbruch nur ein Jahr vor meiner Ankunft auf Tenerifa erfolgt war, so war der Eindruck desselben bei den Einwohnern noch sehr lebhaft. Ich sah bei Herrn Legros in Durasno eine von ihm an Ort und Stelle entworfene Zeichnung der Oeffnungen des Chahorra. Don Bernardo Cologan hat diese Oeffnungen, acht Tage nachdem sie aufgebrochen, besucht und die Haupterscheinungen bei dem Ausbruch in einem Aufsatz beschrieben, von dem er mir eine Abschrift mitteilte, um sie meiner Reisebeschreibung einzuverleiben. Seitdem sind dreizehn Jahre verflossen; Bory St. Vincent ist mir mit der Veröffentlichung des Aufsatzes zuvorgekommen, und so verweise ich den Leser auf sein interessantes Werk: Essai sur les îles fortunées. Ich beschränke mich hier darauf, einiges über die Höhe mitzuteilen, zu der sehr ansehnliche Felsstücke aus den Oeffnungen des Chahorra emporgeschleudert wurden. Cologan zählte während des Falles der Steine 12 bis 15 Sekunden,[2] das heißt er fing im Moment zu zählen an, wo sie ihre höchste Höhe erreicht hatten. Aus dieser interessanten Beobachtung geht hervor, daß die Felsstücke aus der Oeffnung über 975 m hoch geschleudert wurden.

Alle in dieser chronologischen Uebersicht verzeichneten Ausbrüche gehören den drei Inseln Palma, Tenerifa und Lanzarote

---

[1] Der Abhang des Berges Venge, auf dem der Ausbruch stattfand, heißt Chazajaûe.

[2] Cologan bemerkt, der Fall habe sogar über 15 Sekunden gedauert, weil er den Stein mit dem Auge nicht verfolgen konnte, bis er auffiel.

an. Wahrscheinlich sind vor dem 16. Jahrhundert die übrigen Inseln auch von vulkanischem Feuer heimgesucht worden. Nach mir mitgeteilten unbestimmten Notizen läge mitten auf der Insel Ferro ein erloschener Vulkan und ein anderer auf der großen Canaria bei Arguineguin. Es wäre aber wichtig zu erfahren, ob sich an der Kalkformation von Fuerteventura oder am Granit und Glimmerschiefer von Gomera Spuren des unterirdischen Feuers zeigen.

Die rein seitliche vulkanische Thätigkeit die Piks von Tenerifa ist geologisch um so merkwürdiger, als sie dazu beiträgt, die Berge, die sich an den Hauptvulkan anlehnen, isoliert erscheinen zu lassen. Allerdings kommen beim Aetna und beim Vesuv die großen Lavaströme auch nicht aus dem Krater selbst, und die Masse geschmolzener Stoffe steht meist im umgekehrten Verhältnis mit der Höhe, in der sich die Spalte bildet, welche die Lava auswirft. Aber beim Vesuv und Aetna endet ein Seitenausbruch immer damit, daß der Krater, das heißt die eigentliche Spitze des Berges, Feuer und Asche auswirft. Beim Pik von Tenerifa ist solches seit Jahrhunderten nicht vorgekommen. Auch beim letzten Ausbruch im Jahre 1798 blieb der Krater vollkommen unthätig. Sein Grund hat sich nicht gesenkt, während nach Leopold von Buchs scharfsinniger Bemerkung beim Vesuv die größere oder geringere Tiefe des Kraters fast ein untrügliches Zeichen ist, ob ein neuer Ausbruch bevorsteht oder nicht.

Werfen wir jetzt einen Blick darauf, wie die einst geschmolzenen Felsmassen des Piks, wie die Basalte und Mandelsteine sich allmählich mit einer Pflanzendecke überzogen haben, wie die Gewächse an den steilen Abhängen des Vulkanes verteilt sind, welcher Charakter der Pflanzenwelt der Kanarischen Inseln zukommt.

Im nördlichen Teile des gemäßigten Erdstrichs bedecken kryptogamische Gewächse zuerst die steinige Erdrinde. Auf die Flechten und Moose, deren Laub sich unter dem Schnee entwickelt, folgen grasartige und andere phanerogame Pflanzen. Anders an den Grenzen des heißen Erdstrichs und zwischen den Tropen selbst. Allerdings findet man dort, was auch manche Reisende sagen mögen, nicht allein auf den Bergen, sondern auch an feuchten, schattigen Orten Funarien, Dicranum- und Bryumarten; unter den zahlreichen Arten dieser Gattungen befinden sich mehrere, die zugleich in Lappland, auf dem Pik von Tenerifa und in den Blauen Bergen auf Jamaika vorkommen; im allgemeinen aber beginnt die Vegetation in den Ländern in der Nähe der Tropen nicht mit Flechten und Moosen. Auf den Kanarien, wie in Guinea und an den Felsenküsten von Peru sind es die Saftpflanzen, die den Grund zur Dammerde legen, Gewächse, deren mit unzähligen Oeffnungen und Hauptgefäßen versehene Blätter der umgebenden Luft das darin aufgelöste Wasser entziehen. Sie wachsen in den Ritzen des vulkanischen Gesteins und bilden gleichsam die erste vegetabilische Schicht, womit sich die Lavaströme überziehen. Ueberall wo die Laven verschlackt sind oder eine glänzende Oberfläche haben, wie die Basaltkuppen im Norden von Lanzarote, entwickelt sich die Vegetation ungemein langsam darauf, und es vergehen mehrere Jahrhunderte, bis Buschwerk darauf wächst. Nur wenn die Lava mit Tuff und Asche bedeckt ist, verliert sich auf vulkanischen Eilanden die Kahlheit, die sie in der ersten Zeit nach ihrer Bildung auszeichnet, und schmücken sie sich mit einer üppigen glänzenden Pflanzendecke.

In seinem gegenwärtigen Zustand zeigt die Insel Tenerifa oder das Chinerfe[1] der Guanchen fünf Pflanzenzonen, die man bezeichnen kann als die Regionen der Weinreben, der Lorbeeren, der Fichten, der Retama, der Gräser. Diese Zonen liegen am steilen Abhang des Piks wie Stockwerke übereinander und haben 1462 m senkrechte Höhe, während 15° weiter gegen Norden in den Pyrenäen der Schnee bereits zu 2530 bis 2725 m absoluter Höhe erreicht. Wenn auf Tenerifa die Pflanzen nicht bis zum Gipfel des Vulkans vordringen, so rührt dies nicht daher, weil ewiges Eis[2] und die Kälte

---

[1] Aus Chinerfe haben die Europäer durch Korruption Tschineriffe, Tenerifa gemacht.

[2] Obgleich der Pik von Tenerifa sich nur in den Wintermonaten mit Schnee bedeckt, könnte der Vulkan doch die seiner Breite entsprechende Schneegrenze erreichen, und wenn er Sommers ganz schneefrei ist, so könnte dies nur von der freien Lage des Berges in der weiten See, von der Häufigkeit aufsteigender sehr warmer Winde oder von der hohen Temperatur der Asche des Piton herrühren. Beim gegenwärtigen Stand unserer Kenntnisse lassen sich diese Zweifel nicht heben. Vom Parallel der Berge Mexikos bis zum Parallel der Pyrenäen und der Alpen, zwischen dem 20. und dem 45. Grad ist die Kurve des ewigen Schnees durch keine direkte Messung bestimmt worden, und da sich durch die wenigen Punkte, welche uns unter 0°, 20°, 45°, 62° und 71° nörd-

der umgebenden Luft ihnen unübersteigliche Grenzen setzen; vielmehr lassen die verschlackten Laven des Malpays und der

---

licher Breite bekannt sind, unendlich viele Kurven ziehen lassen, so kann die Beobachtung nur sehr mangelhaft durch Rechnung ergänzt werden. Ohne es bestimmt zu behaupten, kann man als wahrscheinlich annehmen, daß unter 28° 17′ die Schneegrenze über 3700 m liegt. Vom Aequator an, wo der Schnee mit 4794 m, also etwa in der Höhe des Montblanc beginnt, bis zum 20. Breitegrad, also bis zur Grenze des heißen Erdstriches, rückt der Schnee nur 195 m herab; läßt sich demnach annehmen, daß 8° weiter und in einem Klima, das fast noch durchaus als ein tropisches erscheint, der Schnee schon 780 m tiefer stehen sollte? Selbst vorausgesetzt, der Schnee rückte vom 20. bis zum 45. Breitegrad in arithmetischer Progression herab, was den Beobachtungen widerspricht, so finge der ewige Schnee unter der Breite des Piks erst bei 3995 m über der Meeresfläche an, somit 1072 m höher als in den Pyrenäen und in der Schweiz. Dieses Ergebnis wird noch durch andere Betrachtungen unterstützt. Die mittlere Temperatur der Luftschicht, mit der der Schnee im Sommer in Berührung kommt, ist in den Alpen ein paar Grad unter, unter dem Aequator ein paar Grad über dem Gefrierpunkt. Angenommen, unter 28½° sei die Temperatur gleich Null, so ergibt sich nach dem Gesetz der Wärmeabnahme, auf 191 m einen Grad gerechnet, daß der Schnee in 4011 m über einer Ebene mit einer mittleren Temperatur von 21°, wie sie der Küste von Tenerifa zukommt, liegen bleiben muß. Diese Zahl stimmt fast mit der, welche sich bei der Annahme einer arithmetischen Progression ergibt. Einer der Hochgipfel der Sierra de Nevada de Granada, der Pico de Veleta, dessen absolute Höhe 3470 m beträgt, ist beständig mit Schnee bedeckt; da aber die untere Grenze des Schnees nicht gemessen worden ist, so trägt dieser Berg, der unter 37° 10′ der Breite liegt, zur Lösung des vorliegenden Problemes nichts bei. Durch die Lage des Vulkanes von Tenerifa mitten auf einer nicht großen Insel kann die Kurve des ewigen Schnees schwerlich hinaufgeschoben werden. Wenn die Winter auf Inseln weniger streng sind, so sind dagegen auch die Sommer weniger heiß, und die Höhe des Schnees hängt nicht sowohl von der ganzen mittleren Jahrestemperatur als vielmehr von der mittleren Wärme der Sommermonate ab. Auf dem Aetna beginnt der Schnee schon bei 2925 m oder selbst etwas tiefer, was bei einem unter 37½° der Breite gelegenen Gipfel ziemlich auffallend erscheint. In der Nähe des Polarkreises, wo die Sommerhitze durch den fortwährend aus dem Meere aufsteigenden Nebel gemildert wird, zeigt sich der Unterschied zwischen Inseln oder Küsten und dem inneren Lande höchst auffallend. Auf Island z. B. ist auf dem Osterjöckull, unter 65° der Breite, die Grenze des ewigen Schnees dürre, zerriebene Bimsstein des Piton die Gewächse nicht an den Kraterrand gelangen.

Die erste Zone, die der Reben, erstreckt sich vom Meeresufer bis in 390 bis 580 m Höhe; sie ist die am stärksten bewohnte und die einzige, wo der Boden sorgfältig bebaut ist. In dieser tiefen Lage, im Hafen von Orotava und überall, wo die Winde freien Zutritt haben, hält sich der hundertteilige Thermometer im Winter, im Januar und Februar, um Mittag auf 15 bis 17°; im Sommer steigt die Hitze nicht über 25 oder 26°, ist also um 5 bis 6° geringer als die größte Hitze, die jährlich in Paris, Berlin und St. Petersburg eintritt. Dies ergibt sich aus den Beobachtungen Savagis in den Jahren 1795 bis 1799. Die mittlere Temperatur der Küste von Tenerifa scheint wenigstens 21° (16,8° R.) zu sein, und ihr Klima steht in der Mitte zwischen dem von Neapel und dem des heißen Erdstrichs. Auf der Insel Madeira sind die mittleren Temperaturen des Januar und des August, nach Heberden, 17,7° und 28,8°, in Rom dagegen 5,6° und 26,1°. Aber so ähnlich sich die Klimate von Madeira und Tenerifa sind, kommen doch die Gewächse der ersteren Insel im allgemeinen in Europa leichter fort als die von Tenerifa. Der Cheiranthus longifolius von Orotava z. B. erfriert in Marseille, wie de Candolle beobachtet hat, während der Cheiranthus mutabilis von Madeira dort im Freien überwintert. Die Sommerhitze dauert auf Madeira nicht so lange als auf Tenerifa.

In der Region der Reben kommen vor acht Arten baumartiger Euphorbien, Mesembryanthemumarten, die vom Kap der guten Hoffnung bis zum Peloponnes verbreitet sind, die Cacalia Kleinia, der Drachenbaum, und andere Gewächse,

---

in 840, in Norwegen dagegen, unter 67°, fern von der Küste in 1170 m Höhe, und doch sind hier die Winter ungleich strenger, folglich die mittlere Jahrestemperatur geringer als in Island. Nach diesen Angaben erscheint es als wahrscheinlich, daß Bouguer und Saussure im Irrtum sind, wenn sie annehmen, daß der Pik von Tenerifa die untere Grenze des ewigen Schnees erreiche. Unter 28° 17' der Breite ergeben sich für diese Grenze wenigstens 3800 m, selbst wenn man sie zwischen dem Aetna und den Bergen von Mexiko durch Interpolation berechnet. Dieser Punkt wird vollständig ins reine gebracht werden, wenn einmal der westliche Teil des Atlas gemessen ist, wo bei Marolfo unter 31½° Breite ewiger Schnee liegt.

die mit ihrem nackten, gewundenen Stamm, mit den saftigen Blättern und der blaugrünen Färbung den Typus der Vegetation Afrikas tragen. In dieser Zone werden der Dattelbaum, der Bananenbaum, das Zuckerrohr, der indische Feigenbaum, Arum colocasia, dessen Wurzel dem gemeinen Volke ein nahrhaftes Mehl liefert, der Oelbaum, die europäischen Obstarten, der Weinstock und die Getreidearten gebaut. Das Korn wird von Ende März bis Anfang Mai geschnitten, und man hat mit dem Anbau des Tahitischen Brotbaumes, des Zimtbaumes von den Molukken, des Kaffeebaumes aus Arabien und des Kakaobaumes aus Amerika gelungene Versuche gemacht. Auf mehreren Punkten der Küste hat das Land ganz den Charakter einer tropischen Landschaft. Chamärops und der Dattelbaum kommen auf der fruchtbaren Ebene von Murviedro, an der Küste von Genua und in der Provence bei Antibes unter 39 bis 44° der Breite ganz gut fort; einige Dattelbäume wachsen sogar innerhalb der Mauern von Rom und dauern in einer Temperatur von 2,5° unter dem Gefrierpunkt aus. Wenn aber dem südlichen Europa nur erst ein geringer Teil von den Schätzen zugeteilt ist, welche die Natur in der Region der Palmen ausstreut, so ist die Insel Tenerifa, die unter derselben Breite liegt wie Aegypten, das südliche Persien und Florida, bereits mit denselben Pflanzengestalten geschmückt, welche den Landschaften in der Nähe des Aequators ihre Großartigkeit verleihen.

Bei der Musterung der Sippen einheimischer Gewächse vermißt man ungern die Bäume mit zartgefiederten Blättern und die baumartigen Gräser. Keine Art der zahlreichen Familie der Sensitiven ist auf ihrer Wanderung zum Archipel der Kanarien gedrungen, während sie auf beiden Kontinenten bis zum 38. und 40. Breitegrad vorkommen. In Amerika ist die Schranckia uncinata Willdenows[1] bis hinauf in die Wälder von Virginien verbreitet; in Afrika wächst die Acacia gummifera auf den Hügeln bei Mogador, in Asien, westwärts vom Kaspischen Meer, hat v. Bibersteiner die Ebenen von Chyrvan mit Acacia stephaniana bedeckt gesehen. Wenn man die Pflanzen von Lanzarote und Fuerteventura, die der Küste von Marokko am nächsten liegen, genauer untersuchte, könnten sich doch unter so vielen Gewächsen der afrikanischen Flora leicht ein paar Mimosen finden.

---

[1] Mimosa horridula, Michaux.

Die zweite Zone, die der Lorbeeren, begreift den bewaldeten Strich von Tenerifa; es ist dies auch die Region der Quellen, die aus dem immer frischen, feuchten Rasen sprudeln. Herrliche Wälder krönen die an den Vulkan sich lehnenden Hügel. Hier wachsen vier Lorbeerarten,[1] eine der Quercus Turneri aus den Bergen Tibets nahestehende Eiche,[2] die Visnea Mocanera, die Myrica Faya der Azoren, ein einheimischer Olivenbaum (Olea excelsa), der größte Baum in dieser Zone, zwei Arten Sideroxylon mit ausnehmend schönem Laub, Arbutus callycarpa und andere immergrüne Bäume aus der Familie der Myrten. Winden und ein vom europäischen sehr verschiedener Epheu (Hedera canariensis) überziehen die Lorbeerstämme, und zu ihren Füßen wuchern zahllose Farne,[3] von denen nur drei Arten[4] schon in der Region der Reben vorkommen. Auf dem mit Moosen und zartem Gras überzogenen Boden prangen überall die Blüten der Campanula aurea, des Chrysanthemum pinnatifidum, der Mentha canariensis und mehrerer strauchartiger Hypericumarten.[5] Pflanzungen von wilden und geimpften Kastanien bilden einen weiten Gürtel um das Gebiet der Quellen, welches das grünste und lieblichste von allen ist.

Die dritte Zone beginnt in 1750 m absoluter Höhe, da, wo die letzten Gebüsche von Erdbeerbäumen, Myrica Faya und des schönen Heidekrautes stehen, das bei den Eingeborenen Texo heißt. Diese 780 m breite Zone besteht ganz aus einem mächtigen Fichtenwald, in dem auch Broussonets Juniperus Cedro vorkommt. Die Fichten haben sehr lange, ziemlich steife Blätter, deren zuweilen zwei, meist aber drei in einer Scheide stecken. Da wir die Früchte nicht untersuchen konnten, wissen wir nicht, ob diese Art, die im Wuchs der schottischen Fichte gleicht, sich wirklich von den achtzehn Fichtenarten unterscheidet, die wir bereits in der Alten Welt

---

[1] Laurus indica, L. foetens, L. nobilis und L. Til. Zwischen diesen Bäumen wachsen Ardisia excelsa, Rhamnus glandulosus, Erica arborea, Erica Texo.

[2] Quercus canariensis, Broussonet.

[3] Woodwardia radicans, Asplenium dalmatum, A. canariense, A. latifolium, Nothalaena subcordata, Trichomanes canariensis, T. speciosus und Davallia canariensis.

[4] Zwei Acrostichum und das Ophyoglossum lusitanicum.

[5] Hypericum canariense. H. floribundum und H. glandulosum.

kennen. Nach der Ansicht eines berühmten Botanikers, dessen
Reisen die Pflanzengeographie Europas sehr gefördert haben,
de Candolle, unterscheidet sich die Fichte von Tenerifa sowohl
von der Pinus atlantica in den Bergen bei Mogador, als
von der Fichte von Aleppo,[1] die dem Becken des Mittel-
ländischen Meeres angehört und nicht über die Säulen des
Herkules hinauszugehen scheint. Die letzten Fichten fanden
wir am Pik etwa in 2340 m Höhe über dem Meer. In
den Kordilleren von Neuspanien, im heißen Erdstrich, gehen
die mexikanischen Fichten bis zu 3900 m Höhe. So sehr
auch die verschiedenen Arten einer und derselben Pflanzen-
gattung im Bau übereinkommen, so verlangt doch jede zu
ihrem Fortkommen einen bestimmten Grad von Wärme und
Verdünnung der umgebenden Luft. Wenn in den gemäßigten
Landstrichen und überall, wo Schnee fällt, die konstante Boden-
wärme etwas höher ist als die mittlere Lufttemperatur, so
ist anzunehmen, daß in der Höhe des Portillo die Wurzeln
der Fichten ihre Nahrung aus dem Boden ziehen, in dem
in einer gewissen Tiefe der Thermometer höchstens auf 9 bis
10° steigt.

Die vierte und fünfte Zone, die der Retama und
der Gräser, liegen so hoch wie die unzugänglichsten Gipfel
der Pyrenäen. Es ist dies der öde Landstrich der Insel, wo
Haufen von Bimsstein, Obsidian und zertrümmerter Lava
wenig Pflanzenwuchs aufkommen lassen. Schon oben war
von den blühenden Büschen des Alpenginsters (Spartium
nubigenum) die Rede, welche Oasen in einem weiten Aschen-
meer bilden. Zwei krautartige Gewächse, Scrophularia gla-
brata und Viola cheiranthifolia, gehen weiter hinauf bis
ins Malpays. Ueber einem von der afrikanischen Sonne aus-
gebrannten Rasen bedeckt die Cladonia paschalis dürre Strecken;
die Hirten zünden sie häufig an, wobei sich dann das Feuer
sehr weit verbreitet. Dem Gipfel des Pik zu arbeiten Urceolarien und andere Flechten an der Zersetzung des ver-

---

[1] Pinus halepensis. Nach de Candolles Bemerkung hieße
diese Fichte, die in Portugal fehlt und am Abhang von Frankreich
und Spanien gegen das Mittelmeer, in Italien, in Kleinasien und
in der Berberei vorkommt, besser Pinus mediterranea. Sie ist
der herrschende Baum in den Fichtenwäldern des südöstlichen Frankreichs, wo sie von Gouan und Gérard mit der Pinus sylvestris
verwechselt worden ist.

schlackten Gesteines, und so erweitert sich auf von Vulkanen
verheerten Eilanden Floras Reich durch die nie stockende
Thätigkeit organischer Kräfte.

Ueberblicken wir die Vegetationszonen von Tenerifa, so
sehen wir, daß die ganze Insel als ein Wald von Lorbeeren,
Erdbeerbäumen und Fichten erscheint, der kaum an seinen
Rändern von Menschen urbar gemacht ist, und in der Mitte
ein nacktes steiniges Gebiet umschließt, das weder zum Acker=
bau noch zur Weide taugt. Nach Broussonets Bemerkung
läßt sich der Archipel der Kanarien in zwei Gruppen teilen.
Die erste begreift Lanzarote und Fuerteventura, die zweite
Tenerifa, Canaria, Gomera, Ferro und Palma. Beide weichen
im Habitus der Vegetation bedeutend voneinander ab. Die
ostwärts gelegenen Inseln, Lanzarote und Fuerteventura, haben
weite Ebenen und nur niedrige Berge; sie sind fast quellen=
los, und diese Eilande haben noch mehr als die anderen den
Charakter vom Kontinent getrennter Länder. Die Winde
wehen hier in derselben Richtung und zu denselben Zeiten;
Euphorbia mauritanica, Atropa frutescens und Sonchus
arborescens wuchern im losen Sand und dienen wie in Afrika
den Kamelen als Futter. Auf der westlichen Gruppe der
Kanarien ist das Land höher, stärker bewaldet, besser von
Quellen bewässert.

Auf dem ganzen Archipel finden sich zwar mehrere Ge=
wächse, die auch in Portugal,[1] in Spanien, auf den Azoren
und im nordwestlichen Afrika vorkommen, aber viele Arten
und selbst einige Gattungen sind Tenerifa, Porto Santo und

---

[1] Willdenow und ich haben unter den Pflanzen vom Pik von
Tenerifa das schöne Satyrium diphyllum (Orchis cordata. Willd.)
erkannt, die Link in Portugal gefunden. Die Kanarien haben nicht
die Dicksonia Culcita, den einzigen Baumfarn, der unter 39° der
Breite vorkommt, wohl aber Asplenium palmatum und Myrica
Faya mit der Flora der Azoren gemein. Letzterer Baum findet
sich in Portugal wild, Hofmannsegg hat sehr alte Stämme gesehen,
es bleibt aber zweifelhaft, ob er in diesem Teil unseres Kontinentes
einheimisch oder eingeführt ist. Denkt man über die Wanderungen
der Gewächse nach und zieht man in Betracht, daß es geologisch
möglich ist, daß Portugal, die Azoren, die Kanarien und die Atlas=
kette einst durch nunmehr im Meer versunkene Länder zusammen=
gehangen haben, so erscheint das Vorkommen der Myrica Faya im
westlichen Europa zum mindesten ebenso auffallend, als wenn die
Fichte von Aleppo auf den Azoren vorkäme.

Madeira eigentümlich, unter anderen Mocanera, Plocama, Bosea, Canarina, Drusa, Pittosporum. Ein Typus, der sich als ein nördlicher ansprechen läßt, der der Kreuzblüten,[1] ist auf den Kanarien schon weit seltener als in Spanien und Griechenland. Weiter nach Süden, im tropischen Landstrich beider Kontinente, wo die mittlere Lufttemperatur über 22° ist, verschwinden die Kreuzblüten fast gänzlich.

Eine Frage, die für die Geschichte der fortschreitenden Entwickelung des organischen Lebens auf dem Erdball von großer Bedeutung erscheint, ist in neuerer Zeit viel besprochen worden, nämlich, ob polymorphe Gewächse auf vulkanischen Inseln häufiger sind als anderswo? Die Vegetation von Tenerifa unterstützt keineswegs die Annahme, daß die Natur auf neugebildetem Boden die Pflanzenformen weniger streng festhält. Broussonet, der sich so lange auf den Kanarien aufgehalten, versichert, veränderliche Gewächse seien nicht häufiger als im südlichen Europa. Wenn auf der Insel Bourbon so viele polymorphe Arten vorkommen, sollte dies nicht vielmehr von der Beschaffenheit des Bodens und des Klimas herrühren, als davon, daß die Vegetation jung ist?

Wohl darf ich mir schmeicheln, mit dieser Naturskizze von Tenerifa einiges Licht über Gegenstände verbreitet zu haben, die bereits von so vielen Reisenden besprochen worden sind; indessen glaube ich, daß die Naturgeschichte dieses Archipels der Forschung noch ein weites Feld darbietet. Die Leiter der wissenschaftlichen Entdeckungsfahrten, wie sie England, Frankreich, Spanien, Dänemark und Rußland zu ihrem Ruhme unternommen, haben meist zu sehr geeilt, von den Kanarien wegzukommen. Sie dachten, da diese Inseln so nahe bei Europa liegen, müßten sie genau beschrieben sein; sie haben vergessen, daß das Innere von Neuholland geologisch nicht unbekannter ist als die Gebirgsarten von Lanzarote und Gomera, Porto Santo und Terceira. So viele Gelehrte bereisen Jahr für Jahr ohne bestimmten Zweck die besuchtesten Länder Europas. Es wäre wünschenswert, daß einer und der andere, den echte Liebe zur Wissenschaft beseelt und dem die Verhältnisse eine mehrjährige Reise gestatten, den Archipel der Azoren, Madeira, die Kanarien, die Inseln des grünen Vorgebirges

---

[2] Von den wenigen Cruciferen in der Flora von Tenerifa führen wir an: Cheiranthus longifolius, Ch. frutescens, Ch. scoparis, Erysimum bicorne, Crambe strigosa, C. laevigata.

und die Nordwestküste von Afrika bereiste. Nur wenn man die Atlantischen Inseln und das benachbarte Festland nach denselben Gesichtspunkten untersucht und die Beobachtungen zusammenstellt, gelangt man zur genauen Kenntnis der geologischen Verhältnisse und der Verbreitung der Tiere und Gewächse.

Bevor ich die Alte Welt verlasse und in die Neue übersetze, habe ich einen Gegenstand zu berühren, der allgemeineres Interesse bietet, weil er sich auf die Geschichte der Menschheit und die historischen Verhängnisse bezieht, durch welche ganze Volksstämme vom Erdboden verschwunden sind. Auf Cuba, St. Domingo, Jamaika fragt man sich, wo die Ureinwohner dieser Länder hingekommen sind; auf Tenerifa fragt man sich, was aus den Guanchen geworden ist, deren in Höhlen versteckte, vertrocknete Mumien ganz allein der Vernichtung entgangen sind. Im 15. Jahrhundert holten fast alle Handelsvölker, besonders aber die Spanier und Portugiesen, Sklaven von den Kanarien, wie man sie jetzt von der Küste von Guinea holt.[1] Die christliche Religion, die in ihren Anfängen die menschliche Freiheit so mächtig förderte, mußte der europäischen Habsucht als Vorwand dienen. Jedes Individuum, das gefangen wurde, ehe es getauft war, verfiel der Sklaverei. Zu jener Zeit hatte man noch nicht zu beweisen gesucht, daß der Neger ein Mittelding zwischen Mensch und Tier ist; der gebräunte Guanche und der afrikanische Neger wurden auf dem Markte zu Sevilla miteinander verkauft, und man stritt nicht über die Frage, ob nur Menschen mit schwarzer Haut und Wollhaar der Sklaverei verfallen sollen.

Auf dem Archipel der Kanarien bestanden mehrere kleine, einander feindlich gegenüber stehende Staaten. Oft war dieselbe Insel zwei unabhängigen Fürsten unterworfen, wie in der Südsee und überall, wo die Kultur noch auf tiefer Stufe steht. Die Handelsvölker befolgten damals hier dieselbe arglistige Politik, wie jetzt auf den Küsten von Afrika: sie leisteten den Bürgerkriegen Vorschub. So wurde ein Guanche Eigentum des anderen, und dieser verkaufte jenen den Europäern; manche zogen den Tod der Sklaverei vor und töteten

---

[1] Die spanischen Geschichtschreiber sprechen von Fahrten, welche die Hugenotten von La Rochelle unternommen haben sollen, um Guanchensklaven zu holen. Ich kann dies nicht glauben, da diese Fahrten nach dem Jahre 1530 fallen müßten.

sich und ihre Kinder. So hatte die Bevölkerung der Kanarien durch den Sklavenhandel, durch die Menschenräuberei der Piraten, besonders aber durch lange blutige Zwiste bereits starke Verluste erlitten, als Alonso de Lugo sie vollends eroberte. Den Ueberrest der Guanchen raffte im Jahre 1494 größtenteils die berühmte Pest, die sogenannte Modorra hin, die man den vielen Leichen zuschrieb, welche die Spanier nach der Schlacht bei Laguna hatten frei liegen lassen. Wenn ein halb wildes Volk, das man um sein Eigentum gebracht, im selben Lande neben einer civilisierten Nation leben muß, so sucht es sich in den Gebirgen und Wäldern zu isolieren. Inselbewohner haben keine andere Zuflucht, und so war denn das herrliche Volk der Guanchen zu Anfang des 17. Jahrhunderts so gut wie ausgerottet; außer ein paar alten Männern in Candelaria und Guimar gab es keine mehr.

Es ist ein tröstlicher Gedanke, daß die Weißen es nicht immer verschmäht haben, sich mit den Eingeborenen zu vermischen; aber die heutigen Kanarier, die bei den Spaniern schlechtweg Isleños heißen, haben triftige Gründe, eine solche Mischung in Abrede zu ziehen. In einer langen Geschlechtsfolge verwischen sich die charakteristischen Merkmale der Rassen, und da die Nachkommen der Andalusier, die sich auf Tenerifa niedergelassen, selbst von ziemlich dunkler Gesichtsfarbe sind, so kann die Hautfarbe der Weißen durch die Kreuzung der Rassen nicht merkbar verändert worden sein. Es ist Thatsache, daß gegenwärtig kein Eingeborener von reiner Rasse mehr lebt, und sonst ganz wahrheitsliebende Reisende sind im Irrtum, wenn sie glauben, bei der Besteigung des Piks schlanke, schnellfüßige Guanchen zu Führern gehabt zu haben. Allerdings wollen einige kanarische Familien vom letzten Hirtenkönig von Guimar abstammen, aber diese Ansprüche haben wenig Grund; sie werden von Zeit zu Zeit wieder laut, wenn einer aus dem Volke, der brauner ist als seine Landsleute, Lust bekommt, sich um eine Offiziersstelle im Dienste des Königs von Spanien umzuthun.

Kurz nach der Entdeckung von Amerika, als Spanien den Gipfel seines Ruhmes erstiegen hatte, war es Brauch, die sanfte Gemütsart der Guanchen zu rühmen, wie man in unserer Zeit die Unschuld der Bewohner von Tahiti gepriesen hat. Bei beiden Bildern ist das Kolorit glänzender als wahr. Wenn die Völker, erschöpft durch geistige Genüsse, in der Verfeinerung der Sitten nur Keime der Entartung vor sich sehen, so finden sie einen eigenen Reiz in der Vorstellung, daß in weit entlegenen Ländern, beim Dämmerlicht der Kultur, in der Bildung begriffene Menschenvereine eines reinen, ungestörten Glückes genießen. Diesem Gefühl verdankt Tacitus zum Teil den Beifall, der ihm geworden, als er den Römern, den Unterthanen der Cäsaren, die Sitten der Germanen schilderte. Dasselbe Gefühl gibt den Beschreibungen der Reisenden, die seit dem Ende des verflossenen Jahrhunderts die Inseln des Stillen Ozeans besucht haben, den unbeschreiblichen Reiz.

Die Einwohner der zuletzt genannten Inseln, die man wohl zu stark gepriesen hat und die einst Menschenfresser waren, haben in mehr als einer Beziehung Aehnlichkeit mit den Guanchen von Tenerifa. Beide sehen wir unter dem Joche eines feudalen Regimentes seufzen, und bei den Guanchen war diese Staatsform, welche so leicht Kriege herbeiführt und sie nicht enden läßt, durch die Religion geheiligt. Die Priester sprachen zum Volk: „Achaman, der große Geist, hat zuerst die Edlen, die Achimenceys, geschaffen und ihnen alle Ziegen in der Welt zugeteilt. Nach den Edlen hat Achaman das gemeine Volk geschaffen, die Achicaxnas; dieses jüngere Geschlecht nahm sich heraus, gleichfalls Ziegen zu verlangen; aber das höchste Wesen erwiderte, das Volk sei dazu da, den Edlen dienstbar zu sein, und habe kein Eigentum nötig." Eine solche Ueberlieferung mußte den reichen Vasallen der Hirtenkönige ungemein behagen; auch stand dem Faycan oder Oberpriester das Recht zu, in den Adelstand zu erheben, und ein Gesetz verordnete, daß jeder Achimencey, der sich herbeiließe, eine Ziege mit eigenen Händen zu melken, seines Adels verlustig sein sollte. Ein solches Gesetz erinnert keineswegs an die Sitteneinfalt des homerischen Zeitalters. Es befremdet, wenn man schon bei den Anfängen der Kultur die nützliche Beschäftigung mit Ackerbau und Viehzucht mit Verachtung gebrandmarkt sieht.

Die Guanchen waren berühmt durch ihren hohen Wuchs; sie erschienen als die Patagonen der Alten Welt und die Geschichtschreiber übertrieben ihre Muskelkraft, wie man vor Bougainvilles und Cordobas Reisen dem Volksstamm am Südende von Amerika eine kolossale Körpergröße zuschrieb. Mumien von Guanchen habe ich nur in den europäischen Kabinetten gesehen; zur Zeit meiner Reise waren sie auf Tenerifa sehr selten; man müßte sie aber in Menge finden, wenn

man die Grabhöhlen, die am östlichen Abhang des Piks zwischen Arico und Guimar in den Fels gehauen sind, berg-
männisch aufbrechen ließe. Diese Mumien sind so stark ver-
trocknet, daß ganze Körper mit der Haut oft nicht mehr als
3 bis 3,5 kg wiegen, das heißt ein Dritteil weniger, als das
Skelett eines gleich großen Individuums, von dem man eben
das Muskelfleisch abgenommen hat. Die Schädelbildung ähnelt
einigermaßen der der weißen Rasse der alten Aegypter, und
die Schneidezähne sind auch bei den Guanchen stumpf, wie
bei den Mumien vom Nil. Aber diese Zahnform ist rein
künstlich und bei genauerer Untersuchung der Kopfbildung der
alten Guanchen haben geübte Anatomen [1] gefunden, daß sie
im Jochbein und im Unterkiefer von den ägyptischen Mumien
bedeutend abweicht. Oeffnet man Mumien von Guanchen,
so findet man Ueberbleibsel aromatischer Kräuter, unter denen
immer das Chenopodium ambrosioides vorkommt; zuweilen
sind die Leichen mit Schnüren geschmückt, an denen kleine
Scheiben aus gebrannter Erde hängen, die als Zahlzeichen
gedient zu haben scheinen und die mit den Quippos der Peruaner, Mexikaner und Chinesen Aehnlichkeit haben.

Da im allgemeinen die Bevölkerung von Inseln den um-
wandelnden Einflüssen, wie sie Folgen der Wanderungen sind,
weniger ausgesetzt ist, als die Bevölkerung der Festländer, so
läßt sich annehmen, daß der Archipel der Kanarien zur Zeit
der Karthager und Griechen vom selben Menschenstamm bewohnt war, den die normännischen und spanischen Eroberer
vorfanden. Das einzige Denkmal, das einiges Licht auf die
Herkunft der Guanchen werfen kann, ist ihre Sprache; leider
sind uns aber davon nur etwa hundertfünfzig Worte aufbe-
halten, die zum Teil dasselbe in der Mundart der verschiedenen
Inseln bedeuten. Außer diesen Worten, die man sorgfältig
gesammelt, hat man in den Namen vieler Dörfer, Hügel und
Thäler wichtige Sprachreste vor sich. Die Guanchen, wie
Basken, Hindu, Peruaner und alle sehr alten Völker, benannten die Oertlichkeiten nach der Beschaffenheit des Bodens,
den sie bebauten, nach der Gestalt der Felsen, deren Höhlen
ihnen als Wohnstätten dienten, nach den Baumarten, welche
die Quellen beschatteten.

---

[1] Blumenbach, Decas quinta collectionis craniorum diver-
sarum gentium illustrium.

Man war lange der Meinung, die Sprache der Guanchen habe keine Aehnlichkeit mit den lebenden Sprachen; aber seit die Sprachforscher durch Hornemanns Reise und durch die scharffinnigen Untersuchungen von Marsden und Ventura auf die Berbern aufmerksam geworden sind, die, gleich den slavischen Völkern, in Nordafrika über eine ungeheure Strecke verbreitet sind, hat man gefunden, daß in der Sprache der Guanchen und in den Mundarten von Chilha und Gebali mehrere Worte gleiche Wurzeln haben.

Wir führen folgende Beispiele an:

Himmel,	guanchisch	Tigo,	berberisch	Tigot.
Milch,	„	Aho,	„	Acho.
Gerste,	„	Temasen	„	Tomzeen.
Korb,	„	Carinas	„	Carian.
Wasser,	„	Aenum	„	Anan.

Ich glaube nicht, daß diese Sprachähnlichkeit ein Beweis für gemeinsamen Ursprung ist; aber sie deutet darauf hin, daß die Guanchen in alter Zeit in Verkehr standen mit den Berbern, einem Gebirgsvolk, zu dem die Numidier, Getuler und Garamanten verschmolzen sind und das vom Ostende des Atlas durch das Harudjé und Fezzan bis zur Oase von Siuah und Audschila sich ausbreitet. Die Eingeborenen der Kanarien nannten sich Guanchen, von Guan, Mensch, wie die Tungusen sich Pye und Donky nennen, welche Worte dasselbe bedeuten, wie Guan. Indessen sind die Völker, welche die Berbersprache sprechen, nicht alle desselben Stammes, und wenn Scylax in seinem Periplus die Einwohner von Cerne als ein Hirtenvolk von hohem Wuchs mit langen Haaren beschreibt, so erinnert dies an die körperlichen Eigenschaften der kanarischen Guanchen.

Je genauer man die Sprachen aus philosophischem Gesichtspunkte untersucht, desto mehr zeigt sich, daß keine ganz allein steht; diesen Anschein würde auch die Sprache der Guanchen [1] noch weniger haben, wenn man von ihrem Mecha-

---

[1] Nach Vaters Untersuchungen zeigt die Sprache der Guanchen folgende Aehnlichkeiten mit den Sprachen weit auseinander gelegener Völker: Hund bei den Huronen in Amerika aguienon, bei den Guanchen aguyan; Mensch bei den Peruanern cari, bei den Guanchen coran; König bei den Mandingo in Afrika monso, bei den Guanchen monsey. Der Name der Insel Gomera kommt im Worte Gomer zum Vorschein, daß der Name

nismus und ihrem grammatischen Bau etwas wüßte, Elemente, welche von größerer Bedeutung sind als Wortform und Gleichlaut. Es verhält sich mit gewissen Mundarten wie mit den organischen Bildungen, die sich in der Reihe der natürlichen Familien nirgends unterbringen lassen. Sie stehen nur scheinbar so vereinzelt da; der Schein schwindet, sobald man eine größere Masse von Bildungen überblickt, wo dann die vermittelnden Glieder hervortreten.

Gelehrte, die überall, wo es Mumien, Hieroglyphen und Pyramiden gibt, Aegypten sehen, sind vielleicht der Ansicht, das Geschlecht Typhons und die Guanchen stehen in Zusammenhang mittels der Berbern, echter Atlanten, zu denen die Tibbu und Tuarik der Wüste gehören.[1] Es genügt hier aber an der Bemerkung, daß eine solche Annahme durch keinerlei Aehnlichkeit zwischen der Berbersprache und dem Koptischen, das mit Recht für ein Ueberbleibsel des alten Aegyptischen gilt, unterstützt wird.

Das Volk, das die Guanchen verdrängt hat, stammt von Spaniern und zu einem sehr kleinen Teil von Normannen ab. Obgleich diese beiden Volksstämme drei Jahrhunderte lang demselben Klima ausgesetzt gewesen sind, zeichnet sich der letztere durch weißere Haut aus. Die Nachkommen der Normannen wohnen im Thal Teganana zwischen Punta de Naga und Punta de Hidalgo. Die Namen Grandville und Dampierre kommen in diesem Bezirke noch ziemlich häufig vor. Die Kanarier sind ein redliches, mäßiges und religiöses Volk; zu Hause zeigen sie aber weniger Betriebsamkeit als in fremden Ländern. Ein unruhiger Unternehmungsgeist treibt diese Insulaner, wie die Biscayer und Katalanen, auf die Philippinen, auf die Marianen und in Amerika überall hin, wo es spanische Kolonieen gibt, von Chile und dem La Plata bis nach Neumexiko. Ihnen verdankt man großenteils die Fortschritte des Ackerbaues in den Kolonieen. Der ganze Archipel hat kaum 160 000 Einwohner, und der Isleños sind vielleicht in der Neuen Welt mehr als in ihrer alten Heimat.

---

eines Berberstammes ist. (Vater, Untersuchungen über Amerika, S. 170.) Die guanchischen Worte alcorac, Gott, und almogaron, Tempel, scheinen arabischen Ursprunges, wenigstens bedeutet in letzterer Sprache almoharram heilig.

[1] Hornemanns Reise von Kairo nach Murzuk.

		qkm			Einwohner,	auf den qkm
Tenerifa	hatte auf	266	i. J.	1790	70 000,	263
Fuerteventura	„ „	225	„	„	9 000,	40
Die große Canaria	„ „	214	„	„	50 000,	233
Palma	„ „	98	„	„	22 600,	230
Lanzarote	„ „	94	„	„	10 000,	106
Gomera	„ „	51	„	„	7 400,	145
Ferro	„ „	25	„	„	5 000,	200

An Wein werden auf Tenerifa geerntet 20 000 bis 24 000 Pipes, worunter 5000 Malvasier; jährliche Ausfuhr von Wein 8000 bis 9000 Pipes; Gesamtgetreideernte des Archipels 54 000 Fanegas zu 50 kg. In gemeinen Jahren reicht diese Ernte aus zum Unterhalt der Einwohner, die großenteils von Mais, Kartoffeln und Bohnen (Frijoles) leben. Der Anbau des Zuckerrohrs und der Baumwolle ist von geringem Belang, und die vornehmsten Handelsartikel sind Wein, Branntwein, Orseille und Soda. Bruttoeinnahme der Regierung, die Tabakspacht eingerechnet, 240 000 Piaster.

Auf nationalökonomische Erörterungen über die Wichtigkeit der Kanarischen Inseln für die Handelsvölker Europas lasse ich mich nicht ein. Ich beschäftigte mich während meines Aufenthaltes zu Caracas und in der Havana lange mit statistischen Untersuchungen über die spanischen Kolonieen, ich stand in genauer Verbindung mit Männern, die auf Tenerifa bedeutende Aemter bekleidet, und so hatte ich Gelegenheit, viele Angaben über den Handel von Santa Cruz und Orotava zu sammeln. Da aber mehrere Gelehrte nach mir die Kanarien besucht haben, standen ihnen dieselben Quellen zu Gebot, und ich entferne ohne Bedenken aus meinem Tagebuch, was in Werken, die vor dem meinigen erschienen sind, genau verzeichnet steht. Ich beschränke mich hier auf einige Bemerkungen, mit denen die Schilderung, die ich vom Archipel der Kanarien entworfen, geschlossen sein mag.

Es ergeht diesen Inseln, wie Aegypten, der Krim und so vielen Ländern, welche von Reisenden, welche in Kontrasten Wirkung suchen, über das Maß gepriesen oder heruntergesetzt worden sind. Die einen schildern von Orotava aus, wo sie ans Land gestiegen, Tenerifa als einen Garten der Hesperiden; sie können das milde Klima, den fruchtbaren Boden, den reichen Anbau nicht genug rühmen; andere, die sich in Santa Cruz aufhalten mußten, sahen in den glückseligen Inseln nichts als ein kahles, dürres, von einem elenden, geistesbeschränkten

Volke bewohntes Land. Wir haben gefunden, daß die Natur auf diesem Archipelagus, wie in den meisten gebirgigen und vulkanischen Ländern, ihre Gaben sehr ungleich verteilt hat. Die Kanarischen Inseln leiden im allgemeinen an Wassermangel; aber wo sich Quellen finden, wo künstlich bewässert wird oder häufig Regen fällt, da ist auch der Boden ausnehmend fruchtbar. Das niedere Volk ist fleißig, aber es entwickelt seine Thätigkeit ungleich mehr in fernen Kolonieen als auf Tenerifa selbst, wo dieselbe auf Hindernisse stößt, die eine kluge Verwaltung allmählich aus dem Wege räumen könnte. Die Auswanderung wird abnehmen, wenn man sich entschließt, das unangebaute Grundeigentum des Staates unter der Einwohnerschaft zu verteilen, die Ländereien, welche zu den Majoraten der großen Familien gehören, zu verkaufen und allmählich die Feudalrechte abzuschaffen.

Die gegenwärtige Bevölkerung der Kanarien erscheint allerdings unbedeutend, wenn man sie mit der Bevölkerung mancher europäischen Völker vergleicht. Die Insel Madeira, deren fleißige Bewohner einen fast von Pflanzenerde entblößten Felsen bebauen, ist siebenmal kleiner als Tenerifa, und doch doppelt so stark bevölkert; aber die Schriftsteller, die sich darin gefallen, die Entvölkerung der spanischen Kolonieen mit so grellen Farben zu schildern und den Grund davon in der kirchlichen Hierarchie suchen, übersehen, daß überall seit der Regierung Philipps V. die Zahl der Einwohner in mehr oder minder rascher Zunahme begriffen ist. Bereits ist auf den Kanarien die Bevölkerung relativ stärker als in beiden Kastilien, in Estremadura und in Schottland. Alle Inseln zusammengerückt stellen ein Gebirgsland dar, das um ein Siebenteil weniger Flächeninhalt hat als die Insel Korsika und doch gleich viel Einwohner zählt.

Obgleich die Inseln Fuerteventura und Lanzarote, die am schlechtesten bevölkert sind, Getreide ausführen, während Tenerifa gewöhnlich nicht zwei Dritteile seines Bedarfes erzeugt, so darf man doch daraus nicht den Schluß ziehen, daß auf letzterer Insel die Bevölkerung aus Mangel an Lebensmitteln nicht zunehmen könnte. Die Kanarischen Inseln sind noch auf lange vor den Uebeln der Uebervölkerung bewahrt, deren Ursachen Malthus so sicher und scharfsinnig entwickelt hat. Das Elend des Volkes ist um vieles gelindert worden, seit der Kartoffelbau eingeführt ist und man angefangen hat, mehr Mais als Gerste und Weizen zu bauen.

Die Bewohner der Kanarien sind ihrem Charakter nach ein Gebirgsvolk und ein Inselvolk zugleich. Will man sie richtig beurteilen, muß man sie nicht nur in ihrer Heimat sehen, wo ihr Fleiß auf gewaltige Hemmnisse stößt; man muß sie beobachten in den Steppen der Provinz Caracas, auf dem Rücken der Anden, auf den glühenden Ebenen der Philippinen, überall wo sie, einsam in unbewohnten Ländern, Gelegenheit finden, die Kraft und die Thätigkeit zu entwickeln, welche der wahre Reichtum des Kolonisten sind.

Die Kanarier gefallen sich darin, ihr Land als einen Teil des europäischen Spaniens zu betrachten, und sie haben auch wirklich die kastilianische Litteratur bereichert. Die Namen Clavigo (Verfasser des Pensador), Viera, Yriarte und Betancourt sind in Wissenschaft und Litteratur mit Ehren genannt; das kanarische Volk besitzt die lebhafte Einbildungskraft, die den Bewohnern von Andalusien und Granada eigen ist, und es ist zu hoffen, daß die glückseligen Inseln, wo der Mensch wie überall die Segnungen und die harte Hand der Natur empfindet, dereinst einen eingeborenen Dichter finden, der sie würdig besingt.

Drittes Kapitel.

Ueberfahrt von Tenerifa an die Küste von Südamerika. — Ankunft
in Cumana.

Am 25. Juni abends verließen wir die Rede von Santa
Cruz und schlugen den Weg nach Südamerika ein. Es wehte
stark aus Nordost und das Meer schlug infolge der Gegen=
strömungen kurze gedrängte Wellen. Die Kanarischen Inseln,
auf deren hohen Bergen ein rötlicher Duft lag, verloren wir
bald aus dem Gesicht. Nur der Pik zeigte sich von Zeit zu
Zeit in Blinken, wahrscheinlich weil der in der hohen Luft=
region herrschende Wind dann und wann die Wolken um den
Piton verjagte. Zum erstenmal empfanden wir, welchen leb=
haften Eindruck der Anblick von Ländern an der Grenze des
heißen Erdgürtels, wo die Natur so reich, so großartig und
so wundervoll auftritt, auf unser Gemüt macht. Wir hatten
nur kurze Zeit auf Tenerifa verweilt, und doch schieden wir
von der Insel, als hätten wir lange dort gelebt.

Unsere Ueberfahrt von Santa Cruz nach Cumana, dem
östlichsten Hafen von Terra Firma, war so schön als je eine.
Wir schnitten den Wendekreis des Krebses am 27., und ob=
gleich der Pizarro eben kein guter Segler war, legten wir
doch den 4050 km langen Weg von der Küste von Afrika
zur Küste der Neuen Welt in zwanzig Tagen zurück. Wir
fuhren auf 225 km westwärts am Vorgebirge Bojador, am
weißen Vorgebirge und an den Inseln des grünen Vorgebirges
vorüber. Ein paar Landvögel, die der starke Wind auf die
hohe See verschlagen, zogen uns einige Tage nach. Hätten
wir nicht unsere Länge mittels der Seeuhren genau gekannt,
so wären wir versucht gewesen zu glauben, wir seien ganz
nahe an der afrikanischen Küste.

Unser Weg war derselbe, den seit Kolumbus' erster Reise
alle Fahrzeuge nach den Antillen einschlagen. Vom Parallel

von Madeira bis zum Wendekreis nimmt dabei die Breite rasch
ab, während man an Länge fast nichts zulegt; hat man aber
die Zone des beständigen Passatwindes erreicht, so fährt man
von Ost nach West auf einer ruhigen, friedlichen See, die
bei den spanischen Seefahrern el Golfo de las Damas heißt.
Wie alle, welche diese Striche befahren, machten auch wir die
Beobachtung, daß, je weiter man gegen Westen rückt, der
Passat, der anfangs Ost-Nord-Ost war, immer mehr Ost=
wind wird.

Hadley[1] hat in einer berühmten Abhandlung die Theorie
des Passats entwickelt, wie sie gemeiniglich angenommen ist,
aber die Erscheinung ist eine weit verwickeltere, als die meisten
Physiker glauben. Im Atlantischen Ozean ist die Länge wie
die Abweichung der Sonne von Einfluß auf die Richtung und
die Grenzen der Passatwinde. Dem neuen Kontinent zu gehen
sie in beiden Halbkugeln 8 bis 9° über den Wendekreis hinauf,
während in der Nähe von Afrika die veränderlichen Winde
weit über den 28. oder 27. Grad hinunter herrschen. Es ist
im Interesse der Meteorologie und der Schiffahrt zu bedauern,
daß die Veränderungen, denen die Luftströmungen unter den
Tropen im Stillen Ozean unterliegen, weit weniger bekannt
sind als das Verhalten derselben Ströme in einem engeren
Meeresbecken, wo die nicht weit auseinander liegenden Küsten
von Guinea und Brasilien ihre Einflüsse geltend machen. Die
Schiffer wissen seit Jahrhunderten, daß im Atlantischen Ozean
der Aequator nicht mit der Linie zusammenfällt, welche die
Passatwinde aus Nordost und die aus Südost scheidet. Diese
Linie liegt, nach Hadleys richtiger Beobachtung, unter dem
3. bis 4. Grad nördlicher Breite, und wenn ihre Lage daher
rührt, daß die Sonne in der nördlichen Halbkugel länger ver=
weilt, so weist sie darauf hin, daß die Temperaturen der

---

[1] Daß fortwährend ein oberer Luftstrom vom Aequator zu den
Polen und ein unterer von den Polen zum Aequator geht, dies
ist, wie Arago dargethan hat, schon von Hooke erkannt worden.
Seine Ideen hierüber entwickelte der berühmte englische Physiker
in einer Rede vom Jahre 1686. „Ich glaube," fügt er hinzu,
„daß sich mehrere Erscheinungen in der Luft und auf dem Meere,
namentlich die Winde, aus Polarströmen erklären lassen." Hadley
führt diese interessante Stelle nicht an; andererseits nimmt Hooke,
wo er auf die Passatwinde selbst zu sprechen kommt, Galileis un=
richtige Theorie an, nach der sich die Erde und die Luft mit ver=
schiedener Geschwindigkeit bewegen sollen.

beiden Halbkugeln[1] sich verhalten wie 11 zu 9. In der Folge, wenn von der Luft über der Südsee die Rede ist, werden wir sehen, daß westwärts von Amerika der Südostpassat nicht so weit über den Aequator hinausreicht als im Atlantischen Ozean. Der Unterschied in der Luftströmung dem Aequator zu vom einen und vom anderen Pol her kann ja nicht unter allen Längengraden derselbe sein, das heißt auf Punkten der Erdkugel, wo die Festländer sehr verschieden breit sind und sich mehr oder minder weit gegen die Pole erstrecken.

Es ist bekannt, daß auf der Ueberfahrt von Santa Cruz nach Cumana, wie von Acapulco nach den Philippinen, die Matrosen fast keine Hand an die Segel zu legen brauchen. Man fährt in diesen Strichen, als ginge es auf einem Flusse hinunter, und es ist zu glauben, daß es kein gewagtes Unternehmen wäre, die Fahrt mit einer Schaluppe ohne Verdeck zu machen. Weiter westwärts aber, an der Küste von St. Marta und im Meerbusen von Mexiko weht der Wind sehr stark und macht die See sehr unruhig.[2]

Je weiter wir uns von der afrikanischen Küste entfernten, desto schwächer wurde der Wind; oft blieb er einige Stunden ganz aus, und diese Windstillen wurden regelmäßig durch elektrische Erscheinungen unterbrochen. Schwarze, dichte, scharf umrissene Wolken zogen sich im Ost zusammen; man konnte meinen, es sei eine Bö im Anzug und man werde die Mars=segel einreffen müssen, aber nicht lange, so erhob sich der Wind wieder, es fielen einige schwere Regentropfen und das Ge=witter verzog sich, ohne daß man hatte donnern hören. Es war interessant, währenddessen die Wirkung schwarzer Wolken zu beobachten, die einzeln und sehr tief durch den Zenith liefen. Man spürte, wie der Wind allmählich stärker oder schwächer wurde, je nachdem die kleinen Haufen von Dunst=bläschen sich näherten oder entfernten, ohne daß die Elektro=meter mit langer Metallstange und brennendem Docht in den unteren Luftschichten eine Aenderung in der elektrischen Span=

---

[1] Nimmt man mit Aepinus an, daß die südliche Halbkugel nur um $^1/_{14}$ kälter ist als die nördliche, so ergibt die Rechnung für die nördliche Grenze des Ost=Süd=Ost=Passats 1° 28'.

[2] Die spanischen Seeleute nennen die sehr starken Passatwinde in Cartagena los brisotes de la Santa Marta und im Meer=busen von Mexiko las brizas pardas. Bei letzteren Winden ist der Himmel grau und unwölkt.

mung anzeigten. Mittels solcher kleinen, mit Windstillen
wechselnden Böen gelangt man in den Monaten Juni und
Juli von den Kanarischen Inseln nach den Antillen oder an
die Küsten von Südamerika. Im heißen Erdstrich lösen sich
die meteorologischen Vorgänge äußerst regelmäßig ab, und das
Jahr 1803 wird in den Annalen der Schiffahrt lange denk=
würdig bleiben, weil mehrere Schiffe, die von Cadiz nach
Cumana gingen, unter 14° der Länge und 48° der Breite
umlegen mußten, weil mehrere Tage lang ein heftiger Wind
aus Nord=Nord=West blies. Welch bedeutende Störung im
regelmäßigen Lauf der Luftströmungen muß man annehmen,
um sich von einem solchen Gegenwind Rechenschaft zu geben,
der ohne Zweifel auch den regelmäßigen Gang des Baro=
meters in seiner stündlichen Schwankung gestört haben wird!

Einige spanische Seefahrer haben neuerlich einen anderen
Weg nach den Antillen und zur Küste von Terra Firma als
den von Christoph Kolumbus zuerst eingeschlagenen zur Sprache
gebracht. Sie schlagen vor, man solle nicht gerade nach Süd
steuern, um den Passat aufzusuchen, sondern auf einer Dia=
gonale zwischen Kap St. Vincent und Amerika in Länge und
Breite zugleich vorrücken. Dieser Weg, der die Fahrt abkürzt,
da man den Wendekreis etwa 20° westwärts vom Punkte
schneidet, wo ihn die Schiffe gewöhnlich schneiden, ist von
Admiral Gravina mehreremal mit Glück eingeschlagen worden.
Dieser erfahrene Seemann, der in der Schlacht von Trafalgar
einen rühmlichen Tod fand, kam im Jahre 1802 auf diesem
schiefen Wege mehrere Tage vor der französischen Flotte nach
St. Domingo, obgleich er zufolge eines Befehls des Madrider
Hofes mit seinem Geschwader im Hafen von Ferrol hatte ein=
laufen und sich dort eine Zeitlang aufhalten müssen.

Dieses neue Verfahren kürzt die Ueberfahrt von Cadiz
nach Cumana etwa um ein Zwanzigteil ab; da man aber erst
unter dem 40. Grad der Länge die Tropen betritt, so läuft
man Gefahr, länger mit den veränderlichen Winden zu thun
zu haben, die bald aus Süd, bald aus Südwest blasen. Beim
alten Verfahren wird der Nachteil, daß man einen längeren
Weg macht, dadurch ausgeglichen, daß man sicher ist, in den
Passat zu gelangen und ihn auf einem größeren Stück der
Ueberfahrt benutzen zu können. Während meines Aufenthaltes
in den spanischen Kolonieen sah ich mehrere Kauffahrer an=
kommen, die aus Furcht vor Kapern den schiefen Weg ein=
geschlagen hatten und ausnehmend rasch herübergekommen

waren; nur nach wiederholten Versuchen wird man sich bestimmt über einen Punkt aussprechen können, der zum mindesten so wichtig ist als die Wahl des Meridians, auf dem man bei der Fahrt nach Buenos Ayres oder Kap Horn den Aequator schneiden soll.

Nichts geht über die Pracht und Milde des Klimas im tropischen Weltmeer. Während der Passatwind stark blies, stand der Thermometer bei Tage auf 23 bis 24°, bei Nacht zwischen 22 und 22,5°. Um den Reiz dieser glücklichen Erdstriche in der Nähe des Aequators voll zu empfinden, muß man in rauher Jahreszeit von Acapulco oder von den Küsten von Chile nach Europa gesegelt haben. Welcher Abstand zwischen den stürmischen Meeren in nördlichen Breiten und diesen Strichen, wo in der Natur ewige Ruhe herrscht! Wenn die Rückfahrt aus Mexiko oder Südamerika nach den spanischen Küsten so kurz und so angenehm wäre als die Reise aus der Alten in die Neue Welt, so wäre die Zahl der Europäer, die sich in den Kolonieen niedergelassen, lange nicht so groß, als sie jetzt ist. Das Meer, in dem die Azoren und die Bermuden liegen, durch das man kommt, wenn man in hohen Breiten nach Europa zurückfährt, führt bei den Spaniern den seltsamen Namen Golfo de las Yeguas.[1] Kolonisten, die an die See nicht gewöhnt sind, und lange einsam in den Wäldern von Guyana, in den Savannen von Caracas oder auf den Kordilleren von Peru gelebt haben, fürchten sich vor dem Seestrich bei den Bermuden mehr als jetzt die Bewohner von Lima vor der Fahrt um Kap Horn. Sie übertreiben in der Einbildung die Gefahren einer Ueberfahrt, die nur im Winter bedenklich ist. Sie verschieben es von Jahr zu Jahr, ein Vorhaben auszuführen, das ihnen gewagt scheint, und meist überrascht sie der Tod, während sie sich zur Rückreise rüsten.

Nördlich von den Inseln des Grünen Vorgebirges stießen wir auf große Bündel schwimmenden Tangs. Es war die tropische Seetraube, Fucus natans, die nur bis zu 40° nördlicher und südlicher Breite auf dem Gestein unter dem Meeresspiegel wächst. Diese Algen schienen hier, wie südwestlich von der Bank von Neufundland, das Vorhandensein der Strömungen anzuzeigen. Die Seestriche, wo viel einzelner Tang vorkommt, und die mit Seegewächsen bedeckten Strecken, welche Kolumbus mit großen Wiesen vergleicht und die der Mann-

---

[1] Der Meerbusen der Stuten.

schaft der Santa Maria unter 42° der Länge Schrecken ein=
jagten, sind nicht miteinander zu verwechseln. Durch die
Vergleichung vieler Schiffstagebücher habe ich mich überzeugt,
daß es im Becken des nördlichen Atlantischen Ozeans zwei
solcher mit Algen bedeckten Strecken gibt, die nichts mitein=
ander zu thun haben. Die größte derselben[1] liegt etwas
westlich vom Meridian von Fayal, einer der Azorischen Inseln,
zwischen 35 und 36° der Breite. Die Meerestemperatur be=
trägt in diesem Strich 16 bis 20°, und die Nordostwinde,
die dort zuweilen sehr stark sind, treiben schwimmende Tang=
inseln in tiefe Breiten, bis zum 24., ja bis zum 20. Grad.
Die Schiffe, die von Montevideo und vom Kap der guten
Hoffnung nach Europa zurückfahren, kommen über diese Fukus=
bank, die nach den spanischen Schiffern von den Kleinen An=
tillen und von den Kanarischen Inseln gleich weit entfernt
ist; die Ungeschicktesten können danach ihre Länge berichtigen.
Die zweite Fukusbank ist wenig bekannt; sie liegt unter 22
und 26° der Breite, 148 km westlich vom Meridian der
Bahamainseln, und ist von weit geringerer Ausdehnung. Man
stößt auf sie auf der Fahrt von den Caycosinseln nach den
Bermuden.

Allerdings kennt man Tangarten mit 260 m langen
Stengeln,[2] und diese Kryptogamen der hohen See wachsen
sehr rasch; dennoch ist kein Zweifel darüber, daß in den oben
beschriebenen Strichen die Tange keineswegs am Meeresboden
haften, sondern in einzelnen Bündeln auf dem Wasser schwim=
men. In diesem Zustand können diese Gewächse nicht viel
länger fortvegetieren als ein vom Stamm abgerissener Baumast.
Will man sich Rechenschaft davon geben, wie es kommt, daß

---

[1] Phönizische Fahrzeuge scheinen „in 30 Tagen Schiffahrt und
mit dem Ostwind" zum Grasmeer gekommen zu sein, das bei
Spaniern und Portugiesen Mar de Sargazo heißt. Ich habe
anderswo dargethan, daß diese Stelle im Buche des Aristoteles „De
Mirabilibus" sich nicht wohl, wie eine ähnliche Stelle im Periplus
des Scylax, auf die Küste von Afrika beziehen kann. Setzt man
voraus, daß das mit Gras bedeckte Meer, das die phönizischen
Schiffe in ihrem Laufe aufhielt, das Mar de Sargazo war, so
braucht man nicht anzunehmen, daß die Alten im Atlantischen Meer
über den 30. Grad westlicher Länge vom Meridian von Paris hin=
ausgekommen seien.

[2] **Fucus giganteus, Forster,** oder **Laminaria pyrifera, Lamouroux.**

bewegliche Massen sich seit Jahrhunderten an denselben Stellen befinden, so muß man annehmen, daß sie vom Gestein 73 bis 92 m unter der Meeresfläche herkommen und der Nachwuchs fortwährend wieder ersetzt, was die tropische Strömung wegreißt. Diese Strömung führt die tropische Seetraube in hohe Breiten, an die Küsten von Norwegen und Frankreich, und die Algen werden südwärts von den Azoren keineswegs vom Golfstrom zusammengetrieben, wie manche Seeleute meinen. Es wäre zu wünschen, daß die Schiffer in diesen mit Pflanzen bedeckten Strichen häufiger das Senkblei auswürfen; man versichert, holländische Seeleute haben mittels Leinen aus Seidenfäden zwischen der Bank von Neufundland und der schottischen Küste eine Reihe von Untiefen gefunden.

Wie und wodurch die Algen in Tiefen, in denen nach der allgemeinen Annahme das Meer wenig bewegt ist, losgerissen werden, darüber ist man noch nicht im klaren. Wir wissen nur nach den schönen Beobachtungen von Lamouroux, daß die Algen zwar vor der Entwickelung ihrer Fruktifikationen ausnehmend fest am Gestein hängen, dagegen nach dieser Zeit oder in der Jahreszeit, wo bei ihnen wie bei den Landpflanzen die Vegetation stockt, sehr leicht abzureißen sind. Fische und Weichtiere, welche die Stengel der Tange benagen, mögen wohl auch dazu beitragen, sie von ihren Wurzeln zu lösen.

Vom 22. Breitegrad an fanden wir die Meeresfläche mit fliegenden Fischen [1] bedeckt; sie schnellten sich 4,5, ja 6 m in die Höhe und fielen auf den Oberlauf nieder. Ich scheue mich nicht, hier gleichfalls einen Gegenstand zu berühren, von dem die Reisenden so viel sprechen, als von Delphinen und Haifischen, von der Seekrankheit und dem Leuchten des Meeres. Alle diese Dinge bieten den Physikern noch lange Stoff genug zu anziehenden Beobachtungen, wenn sie sich ganz besonders damit beschäftigen. Die Natur ist eine unerschöpfliche Quelle der Forschung, und im Maß, als die Wissenschaft vorschreitet, bietet sie dem, der sie recht zu befragen weiß, immer wieder eine neue Seite, von der er sie bis jetzt nicht betrachtet hatte.

Ich erwähnte der fliegenden Fische, um die Naturkundigen auf die ungeheure Größe ihrer Schwimmblase aufmerksam zu machen, die bei einem 172 mm langen Fisch 95 mm lang und 25 mm breit ist und 3½ Kubikzoll Luft enthält. Die Blase nimmt über die Hälfte vom Körperinhalt des Tieres

---

[2] Exocoetus volitans.

ein, und trägt somit wahrscheinlich dazu bei, daß es so leicht
ist. Man könnte sagen, dieser Luftbehälter diene ihm viel=
mehr zum Fliegen als zum Schwimmen, denn die Versuche,
die Provenzal und ich angestellt, beweisen, daß dieses Organ
selbst bei den Arten, die damit versehen sind, zu der Bewegung
an die Wasserfläche herauf nicht durchaus notwendig ist. Bei
einem jungen 13 cm langen Exocötus bot jede der Brust=
flossen, die als Flügel dienen, der Luft bereits eine Oberfläche
von 26 qcm dar. Wir haben gefunden, daß die neun Nerven=
stränge, die zu den zwölf Strahlen dieser Flossen verlaufen,
fast dreimal dicker sind als die Nerven der Bauchflossen. Wenn
man die ersteren Nerven galvanisch reizt, so gehen die Strahlen,
welche die Haut der Brustflossen tragen, fünfmal kräftiger
auseinander, als die der anderen Flossen, wenn man sie mit
denselben Metallen galvanisiert. Der Fisch kann sich aber auch
6,5 m weit wagerecht fortschnellen, ehe er mit der Spitze seiner
Flossen die Meeresfläche wieder berührt. Man hat diese Be=
wegung und die eines flachen Steines, der auffallend und
wieder abprallend ein paar Fuß hoch über die Wellen hüpft,
ganz richtig zusammengestellt. So ausnehmend rasch die
Bewegung ist, kann man doch deutlich sehen, daß das Tier
während des Sprunges die Luft schlägt, das heißt, daß es
die Brustflossen abwechselnd ausbreitet und einzieht. Dieselbe
Bewegung beobachtet man am fliegenden Seeskorpion auf den
japanischen Flüssen, der gleichfalls eine große Schwimmblase
hat, während sie den meisten Seeskorpionen, die nicht fliegen,
fehlt. [1] Die Exocötus können, wie die meisten Kiementiere,
ziemlich lange und mittels derselben Organe im Wasser und
in der Luft atmen, das heißt der Luft wie dem Wasser den
darin enthaltenen Sauerstoff entziehen. Sie bringen einen
großen Teil ihres Lebens in der Luft zu, aber ihr elendes
Leben wird. ihnen dadurch nicht leichter gemacht. Verlassen
sie das Meer, um den gefräßigen Goldbrassen zu entgehen,
so begegnen sie in der Luft den Fregatten, Albatrossen und
anderen Vögeln, die sie im Fluge erschnappen. So werden an
den Ufern des Orinoko Rudel von Cabiais, [2] wenn sie vor
den Krokodilen aus dem Wasser flüchten, am Ufer die Beute
der Jaguare.

Ich bezweifle indessen, daß sich die fliegenden Fische allein

---

[1] Scorpaena porcus, S. scrofa, S. dactyloptera, Delaroche.
[2] Cavia Capybara L.

um der Verfolgung ihrer Feinde zu entgehen, aus dem Wasser schnellen. Gleich den Schwalben schießen sie zu Tausenden fort, gerade aus und immer gegen die Richtung der Wellen. In unseren Himmelsstrichen sieht man häufig am Ufer eines klaren, von der Sonne beschienenen Flusses einzeln stehende Fische, die somit nichts zu fürchten haben können, sich über die Wasserfläche schnellen, als machte es ihnen Vergnügen, Luft zu atmen. Warum sollte dieses Spiel nicht noch häufiger und länger bei den Exocötus vorkommen, die vermöge der Form ihrer Brustflossen und ihres geringen spezifischen Gewichtes sich sehr leicht in der Luft halten? Ich fordere die Forscher auf, zu untersuchen, ob andere fliegende Fische, z. B. Exocoetus exiliens, Trigla vocitans und T. hirundo auch so große Schwimmblasen haben wie der tropische Exocötus. Dieser geht mit dem warmen Wasser des Golfstromes nach Norden. Die Schiffsjungen schneiden ihm zum Spaß ein Stück der Brustflossen ab und behaupten, diese wachsen wieder, was mir mit den bei anderen Fischfamilien gemachten Beobachtungen nicht zu stimmen scheint.

Zur Zeit, da ich von Paris abreiste, hatten die Versuche, welche Dr. Brobbelt in Jamaika mit der Luft in der Schwimmblase des Schwertfisches angestellt, einige Physiker zur Annahme veranlaßt, daß unter den Tropen dieses Organ bei den Seefischen reines Sauerstoffgas enthalte. Auch ich hatte diese Vorstellung, und so war ich überrascht, als ich in der Luftblase des Exocötus nur 0,04 Sauerstoffgas auf 0,94 Stickstoff und 0,02 Kohlensäure fand. Der Anteil des letzteren Gases, der mittels der Absorption durch Kalkwasser in grabuierten Röhren gemessen wurde,[1] schien konstanter als der des Sauerstoffs, von dem einige Exemplare fast noch einmal so viel zeigten. Nach Biots, Consigliachis und Delaroches interessanten Beobachtungen muß man annehmen, daß der von Brobbelt sezierte Schwertfisch in großen Meerestiefen gelebt habe, wo manche Fische bis zu 94% Sauerstoff in ihrer Schwimmblase zeigen.

Am 1. Juli, unter 17° 42′ der Breite und 34° 21′ der Länge stießen wir auf die Trümmer eines Wrackes. Wir konnten einen Mastbaum sehen, der mit schwimmendem Tang überzogen war. In einem Strich, wo die See beständig ruhig ist, konnte das Fahrzeug nicht Schiffbruch gelitten haben.

---

[1] Anthrakometer, gekrümmte Röhren mit einer großen Kugel.

Vielleicht daß diese Trümmer aus den nördlichen stürmischen Meeren kamen, und infolge der merkwürdigen Drehung, welche die Wasser des Atlantischen Meeres in der nördlichen Halbkugel erleiden, wieder zum Fleck zurückwanderten, wo das Schiff zu Grunde gegangen.

Am 3. und 4. fuhren wir über den Teil des Ozeans, wo die Karten die Bank des Maalstromes verzeichnen; mit Einbruch der Nacht änderte man den Kurs, um einer Gefahr auszuweichen, deren Vorhandensein so zweifelhaft ist, als das der Inseln Fonseco und Santa Anna.[1] Es wäre wohl klüger gewesen, den Kurs beizubehalten. Die alten Seekarten wimmeln von sogenannten wachenden Klippen, die zum Teil allerdings vorhanden sind, größtenteils aber sich von optischen Täuschungen herschreiben, die auf der See häufiger sind als im Binnenlande. Die Lage der wirklich gefährlichen Punkte ist meist wie aufs Geratewohl angegeben; sie waren von Schiffern gesehen worden, die ihre Länge nur auf ein paar Grade kannten, und meist kann man sicher darauf rechnen, keine Klippen zu finden, wenn man den Punkten zusteuert, wo sie auf den Karten angegeben sind. Als wir dem vorgeblichen Maalstrom nahe waren, konnten wir am Wasser keine andere Bewegung bemerken, als eine Strömung nach Nordwest, die uns nicht so viel in Länge zurücklegen ließ, als wir

---

[1] Die Karten von Jefferys und van Keulen geben vier Inseln an, die nichts als eingebildete Gefahren sind: die Inseln Garca und Santa Anna, westlich von den Azoren, die Grüne Insel (unter 14° 52′ Breite, 28° 30′ Länge) und die Insel Fonseco (unter 13° 15′ Breite, 57° 10′ Länge). Wie kann man an die Existenz von vier Inseln in von Tausenden von Schiffen befahrenen Strichen glauben, da von so vielen kleinen Riffen und Untiefen, die seit hundert Jahren von leichtgläubigen Schiffern angegeben worden sind, sich kaum zwei oder drei bewahrheitet haben? Was die allgemeine Frage betrifft, mit welchem Grade von Wahrscheinlichkeit sich annehmen läßt, daß zwischen Europa und Amerika eine auf 4 bis 5 km sichtbare Insel werde entdeckt werden, so könnte man sie einer strengen Rechnung unterwerfen, wenn man die Zahl der Fahrzeuge kennte, die seit dreihundert Jahren jährlich das Atlantische Meer befahren, und wenn man dabei die ungleiche Verteilung der Fahrzeuge in verschiedenen Strichen berücksichtigte. Befände sich der Maalstrom, nach van Keulens Angabe, unter 16° Breite und 39° 30′ Länge, so wären wir am 4. Juli darüber weggefahren.

gewünscht hätten. Die Stärke dieser Strömung nimmt zu, je näher man dem neuen Kontinente kommt; sie wird durch die Bildung der Küsten von Brasilien und Guyana abgelenkt, nicht durch die Gewässer des Orinoko und des Amazonenstromes, wie manche Physiker behaupten.

Seit unserem Eintritt in die heiße Zone wurden wir nicht müde, in jeder Nacht die Schönheit des südlichen Himmels zu bewundern, an dem, je weiter wir nach Süden vorrückten, immer neue Sternbilder vor unseren Blicken aufstiegen. Ein sonderbares, bis jetzt ganz unbekanntes Gefühl wird in einem rege, wenn man dem Aequator zu, und namentlich beim Uebergang aus der einen Halbkugel in die andere, die Sterne, die man von Kindheit auf kennt, immer tiefer hinabrücken und endlich verschwinden sieht. Nichts mahnt den Reisenden so auffallend an die ungeheure Entfernung seiner Heimat, als der Anblick eines neuen Himmels. Die Gruppierung der großen Sterne, einige zerstreute Nebelflecke, die an Glanz mit der Milchstraße wetteifern, Strecken, die sich durch ihr tiefes Schwarz auszeichnen, geben dem Südhimmel eine ganz eigentümliche Physiognomie. Dieses Schauspiel regt selbst die Einbildungskraft von Menschen auf, die den physischen Wissenschaften sehr fern stehen und zum Himmelsgewölbe aufblicken, wie man eine schöne Landschaft oder eine großartige Aussicht bewundert. Man braucht kein Botaniker zu sein, um schon am Anblick der Pflanzenwelt den heißen Erdstrich zu erkennen, und wer auch keine astronomischen Kenntnisse hat, wer von Flamsteads und Lacailles Himmelskarten nichts weiß, fühlt, daß er nicht in Europa ist, wenn er das ungeheure Sternbild des Schiffes oder die leuchtenden Magelhaensschen Wolken am Horizont aufsteigen sieht. Erde und Himmel, allem in den Aequinoktialländern drückt sich der Stempel des Fremdartigen auf.

Die niedrigen Luftregionen waren seit einigen Tagen mit Dunst erfüllt. Erst in der Nacht vom 4. zum 5. Juli, unter 16° Breite, sahen wir das südliche Kreuz zum erstenmal deutlich; es war stark geneigt und erschien von Zeit zu Zeit zwischen den Wolken, deren Mittelpunkt, wenn das Wetterleuchten dadurch hinzuckte, wie Silberlicht aufflammte. Wenn es einem Reisenden gestattet ist, von seinen persönlichen Empfindungen zu sprechen, so darf ich sagen, daß ich in dieser Nacht einen der Träume meiner frühesten Jugend in Erfüllung gehen sah.

Wenn man anfängt geographische Karten zu betrachten und Schilderungen der Seefahrer zu lesen, so fühlt man für gewisse Länder und gewisse Klimate eine Art Vorliebe, von der man sich in reiferem Alter keine Rechenschaft zu geben vermag. Eindrücke derart äußern einen nicht unbedeutenden Einfluß auf unsere Entschlüsse, und wie instinktmäßig suchen wir Gegenständen, die schon so lange eine geheime Anziehungskraft für uns gehabt, wirklich nahe zu kommen. Als ich mich mit dem Himmel beschäftigte, nicht um Astronomie zu treiben, sondern nur um die Sterne kennen zu lernen, empfand ich eine bange Unruhe, die Menschen, die ein sitzendes Leben lieben, ganz fremd ist. Der Hoffnung entsagen zu sollen, jemals jene herrlichen Sternbilder am Südpol zu erblicken, das schien mir sehr hart. Im ungeduldigen Drange, die Aequatorialländer kennen zu lernen, konnte ich nicht die Augen zum Sterngewölbe aufschlagen, ohne an das südliche Kreuz zu denken und mir die erhabenen Verse Dantes vorzusagen, welche sich nach den berühmtesten Auslegern auf jenes Sternbild beziehen:

> Jo mi volsi a man destra e posi mente
> All' altro polo, e vidi quattro stelle,
> Non viste mai fuor ch' alla prima gente.
>
> Goder parea lo ciel di lor fiammelle,
> O settentrional vedovo sito,
> Poi cho privato so di mirar quelle![1]

Unsere Freude beim Erscheinen des südlichen Kreuzes wurde lebhaft von denjenigen unter der Mannschaft geteilt, die in den Kolonieen gelebt hatten. In der Meereseinsamkeit begrüßt man einen Stern wie einen Freund, von dem man lange Zeit getrennt gewesen. Bei den Portugiesen und Spaniern steigert sich diese gemütliche Teilnahme noch durch

---

[1] Rechts an des andern Poles Firmament
Boten sich dar vier Sterne meinen Blicken,
Die nur dem ersten Paar zu schaun vergönnt.

Ihr Schimmer schien den Himmel zu entzücken:
O mitternächt'ger Bogen, so verwaist,
Weil du an ihnen nie dich kannst erquicken!
(Nach Kannegießers Uebersetzung)

besondere Gründe; religiöses Gefühl zieht sie zu einem Stern=
bild hin, dessen Gestalt an das Wahrzeichen des Glaubens
mahnt, das ihre Väter in den Einöden der Neuen Welt auf=
gepflanzt.

Da die zwei großen Sterne, welche Spitze und Fuß des
Kreuzes bezeichnen, ungefähr dieselbe Rektaszension haben, so
muß das Sternbild, wenn es durch den Meridian geht, fast
senkrecht stehen. Dieser Umstand ist allen Völkern jenseits
des Wendekreises und in der südlichen Halbkugel bekannt.
Man hat sich gemerkt, zu welcher Zeit bei Nacht in den ver=
schiedenen Jahreszeiten das südliche Kreuz aufrecht oder geneigt
ist. Es ist eine Uhr, die sehr regelmäßig etwa vier Minuten
im Tage vorgeht, und an keiner anderen Sterngruppe läßt sich
die Zeit mit bloßem Auge so genau beobachten. Wie oft
haben wir unsere Führer in den Savannen von Venezuela
oder in der Wüste zwischen Lima und Truxillo sagen hören:
„Mitternacht ist vorüber, das Kreuz fängt an sich zu neigen!"
Wie oft haben wir uns bei diesen Worten an den rührenden
Auftritt erinnert, wo Paul und Virginie an der Quelle des
Fächerpalmenflusses zum letztenmal miteinander sprechen und
der Greis beim Anblick des südlichen Kreuzes sie mahnt, daß
es Zeit sei zu scheiden!

Die letzten Tage unserer Ueberfahrt waren nicht so günstig,
als das milde Klima und die ruhige See uns hoffen ließen.
Nicht die Gefahren der See störten uns in unserem Genusse,
aber der Keim eines bösartigen Fiebers entwickelte sich unter
uns, je näher wir den Antillen kamen. Im Zwischendeck war
es furchtbar heiß und der Raum sehr beschränkt. Seit wir
den Wendekreis überschritten, stand der Thermometer auf 34
bis 36°. Zwei Matrosen, mehrere Passagiere und, was ziem=
lich auffallend ist, zwei Neger von der Küste von Guinea und
ein Mulattenkind wurden von einer Krankheit befallen, die
epidemisch zu werden drohte. Die Symptome waren nicht bei
allen Kranken gleich bedenklich; mehrere aber, und gerade die
kräftigsten, delirierten schon am zweiten Tage und die Kräfte
lagen völlig danieder. Bei der Gleichgültigkeit, mit der an
Bord der Paketboote alles behandelt wird, was mit der Füh=
rung des Schiffes und der Schnelligkeit der Ueberfahrt nichts
zu thun hat, dachte der Kapitän nicht daran, gegen die Ge=
fahr, die uns bedrohte, die gemeinsten Mittel vorzukehren.
Es wurde nicht geräuchert, und ein unwissender, phlegmatischer
galicischer Wundarzt verordnete Aderlässe, weil er das Fieber

der sogenannten Schärfe und Verderbnis des Blutes zuschrieb. Es war keine Unze Chinarinde an Bord, und wir hatten vergessen, beim Einschiffen uns selbst damit zu versehen; unsere Instrumente hatten uns mehr Sorge gemacht als unsere Gesundheit, und wir hatten unbedachterweise vorausgesetzt, daß es an Bord eines spanischen Schiffes nicht an peruanischer Fieberrinde fehlen könne.

Am 8. Juli genas ein Matrose, der schon in den letzten Zügen lag, durch einen Zufall, der der Erwähnung wohl wert ist. Seine Hängematte war so befestigt, daß zwischen seinem Gesicht und dem Deck keine 26 cm Raum blieben. In dieser Lage konnte man ihm unmöglich die Sakramente reichen; nach dem Brauch auf den spanischen Schiffen hätte das Allerheiligste mit brennenden Kerzen herbeigebracht werden und die ganze Mannschaft dabei sein müssen. Man schaffte daher den Kranken an einen luftigen Ort bei der Luke, wo man aus Segeln und Flaggen ein kleines viereckiges Gemach hergestellt hatte. Hier sollte er liegen bis zu seinem Tode, den man nahe glaubte; aber kaum war er aus einer übermäßig heißen, stockenden, mit Miasmen erfüllten Luft in eine kühlere, reinere, fortwährend erneuerte gebracht, so kam er allmählich aus seiner Betäubung zu sich. Mit dem Tage, da er aus dem Zwischendeck fortgeschafft worden, fing die Genesung an, und wie denn in der Arzneikunde dieselben Thatsachen zu Stützen der entgegengesetztesten Systeme werden, so wurde unser Arzt durch diesen Fall von Wiedergenesung in seiner Ansicht von der Entzündung des Blutes und von der Notwendigkeit des Eingreifens durch Aderlässe, abführende und asthenische Mittel aller Art bestärkt. Wir bekamen bald die verderblichen Folgen dieser Behandlung zu sehen und sehnten uns mehr als je nach dem Augenblick, wo wir die Küste Amerikas betreten könnten.

Seit mehreren Tagen war die Schätzung der Steuerleute um 1° 12′ von der Länge abgewichen, die mir mein Chronometer angab. Dieser Unterschied rührte weniger von der allgemeinen Strömung her, die ich den „Rotationsstrom" genannt habe, als von dem eigentümlichen Zuge des Wassers nach Nordwest, von der Küste von Brasilien gegen die Kleinen Antillen, wodurch die Ueberfahrt von Cayenne nach der Insel Guadeloupe abgekürzt wird.[1] Am 12. Juli glaubte ich an-

---

[1] Im Atlantischen Meere ist ein Strich, wo das Wasser immer milchig erscheint, obgleich die See dort sehr tief ist. Diese merk-

kündigen zu können, daß tags darauf vor Sonnenaufgang Land in Sicht sein werde. Wir befanden uns jetzt nach meinen Beobachtungen unter 10° 46' der Breite und 60° 54' westlicher Länge. Einige Reihen Mondbeobachtungen bestätigten die Angabe des Chronometers; aber wir mußten besser, wo sich die Korvette befand, als wo das Land lag, dem unser Kurs zuging und das auf den französischen, spanischen und englischen Karten so verschieden angegeben ist. Die aus den genauen Beobachtungen von Churruca, Fidalgo und Noguera sich ergebenden Längen waren damals noch nicht bekannt gemacht.

Die Steuerleute verließen sich mehr auf das Log als auf den Gang eines Chronometers; sie lächelten zu der Behauptung, daß bald Land in Sicht kommen müsse, und glaubten, man habe noch zwei, drei Tage zu fahren. Es gereichte mir daher zu großer Befriedigung, als ich am 13. gegen sechs Uhr morgens hörte, man sehe von den Masten ein sehr hohes Land, jedoch wegen des Nebels, der darauf lag, nur undeutlich. Es windete sehr stark und die See war sehr unruhig. Es regnete hier und da in großen Tropfen und alles deutete auf ungestümes Wetter. Der Kapitän des Pizarro hatte beabsichtigt, durch den Kanal zwischen Tabago und Trinidad zu laufen, und da er wußte, daß unsere Korvette sehr langsam wendete, so fürchtete er, gegen Süden unter den Wind und der Mündung des Dragon nahe zu kommen. Wir waren allerdings unserer Länge sicherer als der Breite, da seit dem 11. keine Beobachtung um Mittag gemacht worden war. Nach doppelten Höhen, die ich nach Douwes Methode am Morgen aufgenommen hatte, befanden wir uns in 11° 6' 50", somit 15 Minuten weiter nach Nord als nach der Schätzung. Die Gewalt, mit der der große Orinokostrom seine Gewässer in den Ozean ergießt, mag in diesen Strichen immerhin den Zug der Strömungen steigern; wenn man aber behauptet, bis auf 270 km von der Mündung des Orinoko habe das Meerwasser eine andere Farbe und sei weniger gesalzen, so ist dies ein Märchen der Küstenpiloten. Der Einfluß der mächtigsten Ströme Amerikas, des Amazonenstromes,

---

würdige Erscheinung zeigt sich unter der Breite der Insel Dominica und etwa unter 57° der Länge. Sollte an diesem Punkt, noch östlicher als Barbados, ein versunkenes vulkanisches Eiland unter dem Meeresspiegel liegen?

des La Plata, des Orinoko, des Mississippi, des Magdalenen=
stromes, ist in dieser Beziehung in weit engere Grenzen ein=
geschlossen, als man gemeiniglich glaubt.

Obgleich das Ergebnis der doppelten Sonnenhöhen hin=
länglich bewies, daß das hohe Land, das am Horizont auf=
stieg, nicht Trinidad war, sondern Tabago, steuerte der Kapitän
dennoch nach Nord=Nord=West fort, um letztere Insel aufzu=
suchen, die sogar auf Bordas schöner Karte des Atlantischen
Ozeans 5 Minuten zu weit südlich gesetzt ist. Man sollte
kaum glauben, daß an Küsten, welche von allen Handels=
völkern besucht werden, so auffallende Irrtümer in der Breite
sich jahrhundertelang erhalten könnten. Ich habe diesen Gegen=
stand anderswo besprochen, und so bemerke ich hier nur, daß
sogar auf der neuesten Karte von Westindien von Arrow=
smith, die im Jahre 1803, also lange nach Churrucas Beob=
achtungen erschienen ist, die Breiten der verschiedenen Vor=
gebirge von Tabago und Trinidad um 6 bis 11 Minuten
falsch angegeben sind.

Durch die Beobachtung der Sonnenhöhe um Mittag
wurde die Breite, wie ich sie nach Douwes Verfahren er=
halten, vollkommen bestätigt. Es blieb kein Zweifel mehr
über den Schiffsort den Inseln gegenüber, und man beschloß,
um das nördliche Vorgebirge von Tabago zu laufen, zwischen
dieser Insel und La Granada durchzugehen und auf einen
Hafen der Insel Margarita loszusteuern. In diesen Strichen
liefen wir jeden Augenblick Gefahr, von Kapern aufgebracht
zu werden, aber zu unserem Glück war die See sehr unruhig,
und ein kleiner englischer Kutter überholte uns, ohne uns
nur anzurufen. Bonpland und mir war vor einem solchen
Unfall weniger bange, seit wir so nahe am amerikanischen Fest=
land sicher waren, daß wir nicht nach Europa zurückgebracht
wurden.

Der Anblick der Insel Tabago ist höchst malerisch. Es
ist ein sorgfältig bebauter Felsklumpen. Das blendende Weiß
des Gesteines sticht angenehm vom Grün zerstreuter Baum=
gruppen ab. Sehr hohe cylindrische Fackeldisteln krönen die
Bergkämme und geben der tropischen Landschaft einen ganz
eigenen Charakter. Schon ihr Anblick sagt dem Reisenden,
daß er eine amerikanische Küste vor sich hat, denn die Kaktus
gehören ausschließlich der Neuen Welt an, wie die Heidekräuter
der Alten. Der nordöstliche Teil der Insel Tabago ist der
gebirgigste, nach den Höhenwinkeln, die ich mit dem Sextanten

genommen, scheinen indessen die höchsten Gipfel an der Küste nicht über 270 bis 290 m hoch zu sein. Am südlichen Vorgebirge senkt sich das Land und läuft in die „Sandspitze" aus, die nach meiner Rechnung unter 10° 20' 13" der Breite und 62° 47' 30" der Länge liegt. Wir sahen mehrere Felsen über dem Wasserspiegel, an denen sich die See mit Ungestüm brach, und beobachteten große Regelmäßigkeit in der Neigung und dem Streichen der Schichten, die unter einem Winkel von 60° nach Südost fallen. Es wäre zu wünschen, daß ein geübter Mineralog die Großen und Kleinen Antillen von der Küste von Paria bis zum Vorgebirge von Florida bereiste und die ehemalige, durch Strömungen, Erderschütterungen und Vulkane auseinander gerissene Bergkette untersuchte.

Wir waren eben um das Nordkap von Tabago und die kleine Insel St. Giles gelaufen, als man vom Mastkorb ein feindliches Geschwader signalisierte. Wir wendeten sogleich und die Passagiere wurden unruhig, da mehrere ihr kleines Vermögen in Waren gesteckt hatten, die sie in den spanischen Kolonieen zu verwerten gedachten. Das Geschwader schien sich nicht zu rühren, und es zeigte sich bald, daß man eine Menge einzelner Klippen für Segel angesehen hatte.

Wir fuhren über die Untiefe zwischen Tabago und La Granada. Die Farbe der See war nicht merkbar verändert, aber ein paar Zoll unter der Oberfläche zeigte der Thermometer nur 23°, während er ostwärts auf hoher See unter derselben Breite und gleichfalls an der Meeresfläche auf 25,6° stand. Trotz der Strömung zeigte die geringere Temperatur des Wassers die Untiefe an, die nur auf wenigen Karten angegeben ist. Nach Sonnenuntergang wurde der Wind schwächer, und je näher der Mond zum Zenith rückte, desto mehr klärte sich der Himmel auf. In dieser und in den folgenden Nächten fielen sehr viele Sternschnuppen; gegen Nord zeigten sie sich nicht so häufig als gegen Süd, über Terra Firma, an deren Küste wir jetzt hinzufahren anfingen. Diese Verteilung weist darauf hin, daß diese Meteore, über deren Wesen wir noch so sehr im unklaren sind, zum Teil von örtlichen Ursachen abhängig sein mögen.

Am 14. bei Sonnenaufgang kam die Boca de Dragon in Sicht. Wir konnten die Insel Chacachacarreo sehen, das westlichste der Eilande zwischen dem Vorgebirge Paria und dem nordwestlichen Vorgebirge von Trinidad. An 22 km von der Küste, bei der Punta de la Baca, wurden wir gewahr, daß eine eigentümliche Strömung die Korvette nach Süd trieb. Durch den Zug des Wassers, das aus der Boca de Dragon kommt, und durch die Bewegung von Ebbe und Flut entsteht eine Gegenströmung. Man warf das Senkblei aus und fand 66 bis 140 m Tiefe über einem Grunde von grünlichem, sehr feinem Thon. Nach Dampiers Grundsätzen hätten wir in der Nähe einer von sehr hohen, steil aufsteigenden Gebirgen ge=bildeten Küste keine so geringe Meerestiefe erwartet. Wir loteten fort bis zum Cabo de tres puntas und fanden überall erhöhten Meeresgrund, dessen Umriß das Streichen der ehemaligen Meeresküste zu bezeichnen scheint. Die Tem=peratur des Meeres war hier 23 bis 24°, somit 1,5 bis 2° niedriger als auf hoher See, das heißt jenseits der Ränder der Bank.

Das Cabo de tres puntas, von Kolumbus selbst so be=nannt,[1] liegt nach meinen Beobachtungen unter 65° 4′ 5″ der Länge. Es erschien uns um so höher, da seine gezackten Gipfel in Wolken gehüllt waren. Das ganze Ansehen der Berge von Paria, ihre Farbe und besonders ihre meist runden Umrisse ließen uns vermuten, daß die Küste aus Granit be=stehe; die Folge zeigte aber, wie sehr man sich, selbst wenn man sein Leben lang in Gebirgen gereist ist, irren kann, wenn man über die Beschaffenheit der Gebirgsart aus der Ferne urteilt.

Wir benutzten eine Windstille, die ein paar Stunden an=hielt, um die Intensität der magnetischen Kraft beim Cabo de tres puntas genau zu bestimmen. Wir fanden sie größer als auf hoher See ostwärts von Tabago, im Verhältnis von 257 zu 229. Während der Windstille trieb uns die Strö=mung rasch nach West. Ihre Geschwindigkeit betrug 13,5 km in der Stunde; sie nahm zu, je näher wir dem Meridian der Testigos kamen, eines Haufens von Klippen, die aus der weiten See aufsteigen. Als der Mond unterging, bedeckte sich der Himmel mit Wolken, der Wind wurde wieder stärker und es stürzte ein Platzregen nieder, wie sie dem heißen Erd=strich eigen sind und wir auf unseren Zügen im Binnenlande sie so oft durchgemacht haben.

Die am Bord des Pizarro ausgebrochene Seuche breitete sich rasch aus, seit wir uns nahe an der Küste von Terra Firma befanden; der Thermometer stand bei Nacht regelmäßig

---

[1] Im August 1598.

zwischen 22 und 23°, bei Tage zwischen 24 und 27°. Die Kongestionen gegen den Kopf, die ausnehmende Trockenheit der Haut, das Daniederliegen der Kräfte, alle Symptome wurden immer bedenklicher; wir waren aber so ziemlich am Ziele unserer Fahrt, und so hofften wir alle Kranke genesen zu sehen, wenn man sie an der Insel Margarita oder im Hafen von Cumana, die für sehr gesund gelten, ans Land bringen könnte.

Diese Hoffnung ging nicht ganz in Erfüllung. Der jüngste Passagier bekam das bösartige Fieber und unterlag ihm, blieb aber zum Glück das einzige Opfer. Es war ein junger Asturier von 19 Jahren, der einzige Sohn einer armen Witwe. Mehrere Umstände machten den Tod des jungen Mannes, aus dessen Gesicht viel Gefühl und große Gutmütigkeit sprachen, ergreifend für uns. Er war mit Widerstreben zu Schiffe gegangen; er hatte seine Mutter durch den Ertrag seiner Arbeit unterstützen wollen, aber diese hatte ihre Liebe und den eigenen Vorteil dem Gedanken zum Opfer gebracht, daß ihr Sohn, wenn er in die Kolonieen ginge, bei einem reichen Verwandten, der auf Cuba lebte, sein Glück machen könnte. Der unglückliche junge Mann verfiel rasch in Betäubung, redete dazwischen irre und starb am dritten Tage der Krankheit. Das gelbe Fieber oder schwarze Erbrechen rafft in Veracruz nicht leicht die Kranken so furchtbar schnell dahin. Ein anderer, noch jüngerer Asturier wich keinen Augenblick vom Bette des Kranken und bekam, was ziemlich auffallend ist, die Krankheit nicht. Er wollte mit seinem Landsmann nach San Jago de Cuba gehen und sich dort von ihm im Hause des Verwandten einführen lassen, auf den sie ihre ganze Hoffnung gesetzt hatten. Es war herzzerreißend, wie der, welcher den Freund überlebte, sich seinem tiefen Schmerze überließ und die unseligen Ratschläge verwünschte, die ihn in ein fernes Land getrieben, wo er nun allein und verlassen dastand.

Wir standen beisammen auf dem Verdeck in trüben Gedanken. Es war kein Zweifel mehr, das Fieber, das an Bord herrschte, hatte seit einigen Tagen einen bösartigen Charakter angenommen. Unsere Blicke hingen an einer gebirgigen, wüsten Küste, auf die zuweilen ein Mondstrahl durch die Wolken fiel. Die leise bewegte See leuchtete in schwachem phosphorischem Schein; man hörte nichts als das eintönige Geschrei einiger großen Seevögel, die das Land zu suchen schienen. Diese Ruhe herrschte ringsum am einsamen Orte; aber diese Ruhe der Natur stand im Widerspiel mit den schmerzlichen Gefühlen in unserer Brust. Gegen 8 Uhr wurde langsam die Totenglocke geläutet; bei diesem Trauerzeichen brachen die Matrosen ihre Arbeit ab und ließen sich zu kurzem Gebet auf die Kniee nieder, eine ergreifende Handlung, die an die Zeiten mahnt, wo die ersten Christen sich als Glieder einer Familie betrachteten, und die auch jetzt noch die Menschen im Gefühl gemeinsamen Unglückes einander näher bringt. In der Nacht schaffte man die Leiche des Asturiers auf das Verdeck, und auf die Vorstellung des Priesters wurde er erst nach Sonnenaufgang ins Meer geworfen, damit man die Leichenfeier nach dem Gebrauch der römischen Kirche vornehmen konnte. Kein Mann an Bord, den nicht das Schicksal des jungen Mannes rührte, den wir noch vor wenigen Tagen frisch und gesund gesehen hatten.

Der eben erzählte Vorfall zeigte uns, wie gefährlich dieses bösartige oder ataktische Fieber sei, und wenn die langen Windstillen die Ueberfahrt von Cumana nach Havana verzögerten, so mußte man besorgen, daß es viele Opfer fordern könnte. An Bord eines Kriegsschiffes oder eines Transportschiffes machen einige Todesfälle gewöhnlich nicht mehr Eindruck, als wenn man in einer volkreichen Stadt einem Leichenzug begegnet. Anders an Bord eines Paketbootes mit kleiner Mannschaft, wo zwischen Menschen, die dasselbe Reiseziel haben, sich nähere Beziehungen knüpfen. Die Passagiere auf dem Pizarro spürten zwar noch nichts von den Vorboten der Krankheit, beschlossen aber doch, das Fahrzeug am nächsten Landungsplatz zu verlassen und die Ankunft eines anderen Postschiffes zu erwarten, um ihren Weg nach Cuba oder Mexiko fortzusetzen. Sie betrachteten das Zwischendeck des Schiffes als einen Herd der Ansteckung, und obgleich es mir keineswegs erwiesen schien, daß das Fieber durch Berührung anstecke, hielt ich es doch durch die Vorsicht geraten, in Cumana ans Land zu gehen. Es schien mir wünschenswert, Neuspanien erst nach einem längeren Aufenthalt an den Küsten von Venezuela und Paria zu besuchen, wo der unglückliche Löffling nur sehr wenige naturgeschichtliche Beobachtungen hatte machen können. Wir brannten vor Verlangen, die herrlichen Gewächse, die Bose und Bredemeyer auf ihrer Reise in Terra Firma gesammelt und die eine Zierde der Gewächshäuser zu Schönbrunn und Wien sind, auf ihrem heimatlichen Boden zu sehen. Es hätte uns sehr wehe gethan, in Cumana oder Guayra zu landen, ohne das Innere eines von den Naturforschern so wenig betretenen Landes zu betreten.

Der Entschluß, den wir in der Nacht vom 14. auf den 15. Juli faßten, äußerte einen glücklichen Einfluß auf den Verfolg unserer Reisen. Statt einige Wochen verweilten wir ein ganzes Jahr in Terra Firma; ohne die Seuche an Bord des Pizarro wären wir nie an den Orinoko, an den Cassiquiare und an die Grenze der portugiesischen Besitzungen am Rio Negro gekommen. Vielleicht verdanken wir es auch dieser unserer Reiserichtung, daß wir während eines so langen Aufenthaltes in den Aequinoktialländern so gesund blieben.

Bekanntlich schweben die Europäer in den ersten Monaten, nachdem sie unter den glühenden Himmel der Tropen versetzt worden, in sehr großer Gefahr. Sie betrachten sich als akklimatisiert, wenn sie die Regenzeit auf den Antillen, in Veracruz oder Cartagena überstanden haben. Diese Meinung ist nicht ungegründet, obgleich es nicht an Beispielen fehlt, daß Leute, die bei der ersten Epidemie des gelben Fiebers durchgekommen, in einem der folgenden Jahre Opfer der Seuche werden. Die Fähigkeit sich zu akklimatisieren scheint im umgekehrten Verhältnis zu stehen mit dem Unterschied zwischen der mittleren Temperatur der heißen Zone und der des Geburtslandes des Reisenden oder Kolonisten, der das Klima wechselt, weil die Lufttemperatur den mächtigsten Einfluß auf die Reizbarkeit und die Vitalität der Organe äußert. Ein Preuße, ein Pole, ein Schwede sind mehr gefährdet, wenn sie auf die Inseln oder nach Terra Firma kommen, als ein Spanier, ein Italiener und selbst ein Bewohner des südlichen Frankreichs. Für die nordischen Völker beträgt der Unterschied in der mittleren Temperatur 19 bis 21°, für die südlichen nur 9 bis 10. Wir waren so glücklich, die Zeit, in der der Europäer nach der Landung die größte Gefahr läuft, im ausnehmend heißen, aber sehr trockenen Klima von Cumana zu verleben, einer Stadt, die für sehr gesund gilt. Hätten wir unseren Weg nach Veracruz fortgesetzt, so hätten wir leicht das Los mehrerer Passagiere des Paketbootes Alcudia teilen können, das mit dem Pizarro in die Havana kam, als eben das schwarze Erbrechen auf Cuba und an der Ostküste von Mexiko schreckliche Verheerungen anrichtete.

Am 15. morgens, ungefähr gegenüber dem kleinen Berge St. Joseph, waren wir von einer Menge schwimmenden Tanges umgeben. Die Stengel desselben hatten die sonderbaren, wie Blumenkelche und Federbüsche gestalteten Anhänge, wie sie Don Hypolito Ruiz auf seiner Rückkehr aus Chile beobachtet und in einer besonderen Abhandlung als die Geschlechtsorgane des Fucus natans beschrieben hat. Ein glücklicher Zufall setzte uns in den Stand, eine Beobachtung zu berichtigen, die sich nur einmal der Naturforschung dargeboten hatte. Die Bündel Tang, welche Bonpland aufgefischt hatte, waren durchaus identisch mit den Exemplaren, die wir der Gefälligkeit der gelehrten Verfasser der peruanischen Flora verdankten. Als wir beide unter dem Mikroskop untersuchten, fanden wir, daß diese angeblichen Befruchtungswerkzeuge, diese Pistille und Staubfäden eine neue Gattung Pflanzentiere aus der Familie der Ceratophyten seien. Die Kelche, welche Ruiz für Pistille hielt, entspringen aus hornartigen, abgeplatteten Stielen, die so fest mit der Substanz des Fukus zusammenhängen, daß man sie gar wohl für bloße Rippen halten könnte; aber mit einem sehr dünnen Messer gelingt es, sie abzulösen, ohne das Parenchym zu verletzen. Die nicht gegliederten Stiele sind anfangs schwarzbraun, werden aber, wenn sie vertrocknen, weiß und zerreiblich. In diesem Zustande brausen sie mit Säuren auf, wie die kalkige Substanz der Sertularia, deren Spitzen mit den Kelchen des von Ruiz beobachteten Fukus Aehnlichkeit haben. In der Südsee, auf der Ueberfahrt von Guayaquil nach Acapulco, haben wir an der tropischen Seetraube dieselben Anhängsel gefunden, und eine sehr sorgfältige Untersuchung überzeugte uns, daß sich hier ein Zoophyt an den Tang heftet, wie der Epheu den Baumstamm umschlingt. Die unter dem Namen weiblicher Blüten beschriebenen Organe sind über 4 mm lang, und schon diese Größe hätte den Gedanken an wahrhafte Pistille nicht aufkommen lassen sollen.

Die Küste von Paria zieht sich nach West fort und bildet eine nicht sehr hohe Felsmauer mit abgerundeten Gipfeln und wellenförmigen Umrissen. Es dauerte lange, bis wir die hohe Küste der Insel Margarita zu sehen bekamen, wo wir einlaufen sollten, um hinsichtlich der englischen Kreuzer, und ob es gefährlich sei, bei Guayra anzulegen, Erkundigung einzuziehen. Sonnenhöhen, die wir unter sehr günstigen Umständen genommen, hatten uns gezeigt, wie unrichtig damals selbst die gesuchtesten Seekarten waren. Am 15. morgens, wo wir uns nach dem Chronometer unter 66° 1′ 15″ der Länge befanden, waren wir noch nicht im Meridian der Insel St. Margarita, während wir nach der verkleinerten Karte des Atlantischen Ozeans über das westliche sehr hohe Vorgebirge der Insel, das unter 66° 0′ der Länge gesetzt ist, bereits hätten hinaus sein sollen. Die Küsten von Terra Firma wurden vor Fidalgos, Nogueras und Tiscars, und ich darf wohl hinzufügen, vor meinen astronomischen Beobachtungen in Cumana, so unrichtig gezeichnet, daß für die Schiffahrt daraus hätten Gefahren erwachsen können, wenn nicht das Meer in diesen Strichen beständig ruhig wäre. Ja die Fehler in der Breite waren noch größer als die in der Länge, denn die Küste von Neuandalusien läuft westwärts vom Cabo de tres puntas 67 bis 90 km weiter nach Norden, als auf den vor dem Jahre 1800 erschienenen Karten angegeben ist.

Gegen 11 Uhr morgens kam uns ein sehr niedriges Eiland zu Gesicht, auf dem sich einige Sanddünen erhoben. Durch das Fernrohr ließ sich keine Spur von Bewohnern oder von Anbau entdecken. Hin und wieder standen cylindrische Kaktus wie Kandelaber. Der fast pflanzenlose Boden schien sich wellenförmig zu bewegen infolge der starken Brechung, welche die Sonnenstrahlen erleiden, wenn sie durch Luftschichten hindurchgehen, die auf einer stark erhitzten Fläche aufliegen. Die Luftspiegelung macht, daß in allen Zonen Wüsten und sandiger Strand sich wie eine bewegte See ausnehmen.

Das flache Land, das wir vor uns hatten, stimmte schlecht zu der Vorstellung, die wir uns von der Insel Margarita gemacht. Während man beschäftigt war, die Angaben der Karten zu vergleichen, ohne sie in Uebereinstimmung bringen zu können, signalisierte man vom Mast einige kleine Fischerboote. Der Kapitän des Pizarro rief sie durch einen Kanonenschuß herbei; aber ein solches Zeichen dient zu nichts in Ländern, wo der Schwache, wenn er dem Starken begegnet, glaubt sich nur auf Vergewaltigungen gefaßt machen zu müssen. Die Boote ergriffen die Flucht nach Westen zu, und wir sahen uns hier in derselben Verlegenheit, wie bei unserer Ankunft auf den Kanarien vor der kleinen Insel Graciosa. Niemand an Bord war je in der Gegend am Land gewesen. So ruhig die See war, so schien doch die Nähe eines kaum ein paar Fuß hohen Eilandes Vorsichtsmaßregeln zu erheischen. Man steuerte nicht weiter dem Lande zu, und da das Senkblei nur 5,5 bis 7,3 m Wasser anzeigte, warf man eilends den Anker aus.

Küsten, aus der Ferne gesehen, verhalten sich wie Wolken, in denen jeder Beobachter die Gegenstände erblickt, die seine Einbildungskraft beschäftigen. Da unsere Aufnahmen und die Angabe des Chronometers mit den Karten, die uns zur Hand waren, im Widerspruch standen, so verlor man sich in eitlen Mutmaßungen. Die einen hielten Sandhaufen für Indianer= hütten und deuteten auf den Punkt, wo nach ihnen das Fort Pampatar liegen mußte; andere sahen die Ziegenherden, welche im dürren Thale von San Juan so häufig sind; sie zeigten die hohen Berge von Macanao, die ihnen halb in Wolken gehüllt schienen. Der Kapitän beschloß, einen Steuermann ans Land zu schicken; man legte Hand an, um die Schaluppe ins Wasser zu lassen, da das Boot auf der Reede von Santa Cruz durch die Brandung stark gelitten hatte. Da die Küste ziemlich fern war, konnte die Rückfahrt zur Korvette schwierig werden, wenn der Wind abends stark wurde.

Als wir uns eben anschickten, ans Land zu gehen, sah man zwei Piroguen an der Küste hinfahren. Man rief sie durch einen zweiten Kanonenschuß an, und obgleich man die Flagge von Kastilien aufgezogen hatte, kamen sie doch nur zögernd herbei. Diese Piroguen waren, wie alle der Eingeborenen, aus einem Baumstamm, und in jeder befanden sich achtzehn In= dianer vom Stamme der Guaykari (Guayqueries), nackt bis zum Gürtel und von hohem Wuchs. Ihr Körperbau zeugte von großer Muskelkraft und ihre Hautfarbe war ein Mittel= ding zwischen braun und kupferrot. Von weitem, wie sie unbeweglich dasaßen und sich vom Horizont abhoben, konnte man sie für Bronzestatuen halten. Dies war uns um so auf= fallender, da es so wenig dem Begriff entsprach, den wir uns nach manchen Reiseberichten von der eigentümlichen Körper= bildung und der großen Körperschwäche der Eingeborenen ge= macht hatten. Wir machten in der Folge die Erfahrung, und brauchten deshalb die Grenzen der Provinz Cumana nicht zu überschreiten, wie auffallend die Guayqueries äußer= lich von den Chaymas und den Kariben verschieden sind. So nahe alle Völker Amerikas miteinander verwandt scheinen, da sie ja derselben Rasse angehören, so unterscheiden sich doch die Stämme nicht selten bedeutend im Körperwuchs, in der mehr oder weniger dunkeln Hautfarbe, im Blick, aus dem bei den einen Seelenruhe und Sanftmut, bei anderen ein unheimliches Mittelding von Trübsinn und Wildheit spricht.

Sobald die Piroguen so nahe waren, daß man die Indianer spanisch anrufen konnte, verloren sie ihr Mißtrauen und fuhren geradezu an Bord. Wir erfuhren von ihnen, das niedrige Eiland, bei dem wir geankert, sei die Insel Coche, die immer unbewohnt gewesen und an der die spanischen Schiffe, die aus Europa kommen, gewöhnlich weiter nördlich zwischen derselben und der Insel Margarita durchgehen, um im Hafen von Pampatar einen Lotsen einzunehmen. Unbekannt in der Gegend, waren wir in den Kanal südlich von Coche geraten, und da die englischen Kreuzer sich damals häufig in diesen Strichen zeigten, hatten uns die Indianer für ein feindliches Fahrzeug angesehen. Die südliche Durchfahrt hat allerdings bedeutende Vorteile für Schiffe, die von Cumana nach Barcelona gehen; sie hat weniger Wassertiefe als die nördliche, weit schmälere Durchfahrt, aber man läuft nicht Gefahr aufzufahren, wenn man sich nahe an den Inseln Lobos und Moros del Tunal hält. Der Kanal zwischen Coche und Margarita wird durch die Untiefen am nordwestlichen Vorgebirge von Coche und durch die Bank an der Punta de Mangles eingeengt.

Die Guaykari gehören zum Stamm civilisierter Indianer, welche auf den Küsten von Margarita und in den Vorstädten von Cumana wohnen. Nach den Kariben des spanischen Guyana sind sie der schönste Menschenschlag in Terra Firma. Sie genießen verschiedener Vorrechte, da sie seit der ersten Zeit der Eroberung sich als treue Freunde der Kastilianer bewährt haben. Der König von Spanien nennt sie daher auch in seinen Handschreiben „seine lieben, edlen und getreuen Guaykari". Die Indianer, auf die wir in den zwei Piroguen gestoßen, hatten den Hafen von Cumana in der Nacht verlassen. Sie wollten Bauholz in den Cedrowäldern[1] holen, die sich vom Kap San Jose bis über die Mündung des Rio Carupano hinaus erstrecken. Sie gaben uns frische Kokosnüsse und einige Fische von der Gattung Choetodon, deren Farben wir nicht genug bewundern konnten. Welche Schätze enthielten in unseren Augen die Kähne der

---

[1] Cedrela odorata, Linné.

armen Indianer! Ungeheure Bijaoblätter [1] bedeckten Bananen=
büschel; der Schuppenpanzer eines Tatou,[2] die Frucht der
Crescentia cujete, die den Eingeborenen als Trinkgefäße
dienen, Naturkörper, die in den europäischen Kabinetten
zu den gemeinsten gehören, hatten ungemeinen Reiz für
uns, weil sie uns lebhaft daran mahnten, daß wir uns im
heißen Erdgürtel befanden und das längstersehnte Ziel er=
reicht hatten.

Der Patron einer der Piroguen erbot sich an Bord
des Pizarro zu bleiben, um uns als Lotse zu dienen. Der
Mann empfahl sich durch sein ganzes Wesen; er war ein
scharfsinniger Beobachter und hatte sich in lebhafter Wißbegier
mit den Meeresprodukten wie mit den einheimischen Ge=
wächsen abgegeben. Ein glücklicher Zufall fügte es, daß der
erste Indianer, dem wir bei unserer Landung begegneten, der
Mann war, dessen Bekanntschaft unseren Reisezwecken äußerst
förderlich wurde. Mit Vergnügen schreibe ich in dieser Er=
zählung den Namen Carlos del Pino nieder, so hieß der
Mann, der uns 16 Monate lang auf unseren Zügen längs
der Küsten und im inneren Lande begleitet hat.

Gegen Abend ließ der Kapitän der Korvette den Anker
lichten. Bevor wir die Untiefe oder den Placer bei Coche
verließen, bestimmte ich die Länge des östlichen Vorgebirges
der Insel und fand sie 66° 11′ 53″. Westwärts steuernd
hatten wir bald die kleine Insel Cubagua vor uns, die jetzt
ganz öde ist, früher aber durch Perlenfischerei berühmt war.
Hier hatten die Spanier unmittelbar nach Kolumbus' und
Ojedas Reisen eine Stadt unter dem Namen Neucadiz
gegründet, von der keine Spur mehr vorhanden ist. Zu An=
fang des 16. Jahrhunderts waren die Perlen von Cubagua
in Sevilla und Toledo, wie auf den großen Messen in Augs=
burg und Brügge bekannt. Da Neucadiz kein Wasser hatte,
so mußte man es an der benachbarten Küste aus dem Man=
zanaresflusse holen, obgleich man es, ich weiß nicht warum,
beschuldigte, daß es Augenentzündungen verursache. Die
Schriftsteller jener Zeit sprechen alle vom Reichtum der ersten
Ansiedler und vom Luxus, den sie getrieben; jetzt erheben
sich Dünen von Flugsand auf der unbewohnten Küste und
der Name Cubagua ist auf unseren Karten kaum verzeichnet.

---

[1] Heliconia bihai.
[2] Armadill, Dasypus, Cachicamo.

In diesem Striche angelangt, sahen wir die hohen Berge von Kap Macanao im Westen der Insel Margarita majestätisch am Horizont aufsteigen. Nach den Höhenwinkeln, die wir in 81 km Entfernung nahmen, mögen diese Gipfel 970 bis 1170 m absolute Höhe haben. Nach Louis Berthouds Chronometer liegt Kap Macanao unter 66° 47′ 5″ Länge. Ich nahm die Felsen am Ende des Vorgebirges auf, nicht die sehr niedrige Landzunge, die nach West fortstreicht und sich in eine Untiefe verliert. Die Länge, die ich für Macanao gefunden, und die, welche ich oben für die Ostspitze der Insel Coche angegeben, weichen von Fidalgos Beobachtungen nur um 4 Zeitsekunden ab.

Der Wind war sehr schwach; der Kapitän hielt es für ratsamer, bis zu Tagesanbruch zu lavieren. Er scheute sich, bei Nacht in den Hafen von Cumana einzulaufen, und ein unglücklicher Zufall, der vor kurzem eben hier vorgekommen war, schien diese Vorsicht zu gebieten. Ein Paketboot hatte Anker geworfen, ohne die Laternen auf dem Hinterteil anzuzünden; man hielt es für ein feindliches Fahrzeug und die Batterien von Cumana gaben Feuer darauf. Dem Kapitän des Postschiffes wurde ein Bein weggerissen und er starb wenige Tage darauf in Cumana.

Wir brachten die Nacht zum Teil auf dem Verdeck zu. Der indianische Lotse unterhielt uns von den Tieren und Gewächsen seines Landes. Wir hörten zu unserer großen Freude, wenige Meilen von der Küste sei ein gebirgiger, von Spaniern bewohnter Landstrich, wo empfindliche Kälte herrsche, und auf den Ebenen kommen zwei sehr verschiedene Krokodile[1] vor, ferner Boa, elektrische Aale[2] und mehrere Tigerarten. Obgleich die Worte Bava, Cachicamo und Temblador uns ganz unbekannt waren, ließ uns die naive Beschreibung der Gestalt und der Sitten der Tiere doch alsbald die Arten erkennen, welche die Kreolen so benennen. Wir dachten nicht daran, daß diese Tiere über ungeheure Landstriche zerstreut sind und hofften, sie gleich in den Wäldern bei Cumana beobachten zu können. Nichts reizt die Neugierde des Naturkundigen mehr als der Bericht von den Wundern eines Landes, das er betreten soll.

Am 16. Juli 1799, bei Tagesanbruch, lag eine grüne,

---

[1] Crocodilus acutus und C. Bava.
[2] Gymnotus electricus, Temblador.

malerische Küste vor uns. Die Berge von Neuandalusien
begrenzten, halb von Wolken verschleiert, nach Süden den
Horizont. Die Stadt Cumana mit ihrem Schloß erschien
zwischen Gruppen von Kokosbäumen. Um neun Uhr morgens,
41 Tage nach unserer Abfahrt von Coruña, gingen wir im
Hafen vor Anker. Die Kranken schleppten sich auf das Verdeck,
um sich am Anblick eines Landes zu laben, wo ihre Leiden
ein Ende finden sollten.

Viertes Kapitel.

Wir waren am 16. Juli mit Tagesanbruch auf dem Ankerplatz, gegenüber der Mündung des Rio Manzanares, angelangt, konnten uns aber erst spät am Morgen ausschiffen, weil wir den Besuch der Hafenbeamten abwarten mußten. Unsere Blicke hingen an den Gruppen von Kokosbäumen, die das Ufer säumten und deren über 20 m hohe Stämme die Landschaft beherrschten. Die Ebene war bedeckt mit Büschen von Cassien, Capparis und den baumartigen Mimosen, die gleich den Pinien Italiens ihre Zweige schirmartig ausbreiten. Die gefiederten Blätter der Palmen hoben sich von einem Himmelsblau ab, das keine Spur von Dunst trübte. Die Sonne stieg rasch zum Zenith auf; ein blendendes Licht war in der Luft verbreitet und lag auf den weißlichen Hügeln mit zerstreuten cylindrischen Kaktus und auf dem ewig ruhigen Meere, dessen Ufer von Alcatras,[1] Reihern und Flamingo bevölkert sind. Das glänzende Tageslicht, die Kraft der Pflanzenfarben, die Gestalten der Gewächse, das bunte Gefieder der Vögel, alles trug den großartigen Stempel der tropischen Natur.

Cumana, die Hauptstadt von Neuandalusien, liegt 4,5 km vom Landungsplatz oder der Batterie de la Boca, bei der wir ans Land gestiegen, nachdem wir über die Barre des Manzanares gefahren. Wir hatten über eine weite Ebene[2] zu gehen, die zwischen der Vorstadt der Guaykari und der Küste liegt. Die starke Hitze wurde durch die Strahlung des zum Teil pflanzenlosen Bodens noch gesteigert. Der hundert=

---

[1] Ein brauner Pelifan von der Größe des Schwanes. Pelicanus fuscus, Linné.

[2] El Salado.

teilige Thermometer, in den weißen Sand gesteckt, zeigte 37,7°. In kleinen Salzwasserlachen stand er auf 30,5°, während im Hafen von Cumana die Temperatur des Meeres an der Oberfläche meist 25,2 bis 26,3° beträgt. Die erste Pflanze, die wir auf dem amerikanischen Festland pflückten, war die Avicennia tomentosa (Mangle prieto), die hier kaum 60 cm hoch wird. Dieser Strauch, das Sesuvium, die gelbe Gomphrena und die Kaktus bedecken den mit salzsaurem Natron geschwängerten Boden; sie gehören zu den wenigen Pflanzen, die, wie die europäischen Heiden, gesellig leben, und dergleichen in der heißen Zone nur am Meeresufer und auf den hohen Plateaus der Anden vorkommen. Nicht weniger interessant ist die cumanische Avicennia durch eine andere Eigentümlichkeit: diese Pflanze gehört dem Gestade von Südamerika und der Küste von Malabar gemeinschaftlich an.

Der indianische Lotse führte uns durch seinen Garten, der viel mehr einem Gehölz als einem bebauten Lande glich. Er zeigte uns als Beweis der Fruchtbarkeit des Klimas einen Käsebaum (Bombax heptaphyllum), dessen Stamm im vierten Jahre bereits gegen 75 cm Durchmesser hatte. Wir haben an den Ufern des Orinoko und des Magdalenenflusses die Beobachtung gemacht, daß die Bombax, die Karolineen, die Ochromen und andere Bäume aus der Familie der Malven ausnehmend rasch wachsen. Ich glaube aber doch, daß die Angabe des Indianers über das Alter des Käsebaumes etwas übertrieben war; denn in der gemäßigten Zone, auf dem feuchten und warmen Boden Nordamerikas zwischen dem Mississippi und den Alleghanies werden die Bäume in zehn Jahren nicht über 32 cm dick, und das Wachstum ist dort im allgemeinen nur um ein Fünfteil rascher als in Europa, selbst wenn man zum Vergleich die Platane, den Tulpenbaum und Cupressus disticha wählt, die zwischen 3 und 4,5 m dick werden. Im Garten des Lotsen am Gestade von Cumana sahen wir auch zum erstenmal einen Guama[1] voll Blüten, deren zahlreiche Staubfäden sich durch ihre ungemeine Länge und ihren Silberglanz auszeichnen. Wir gingen durch die

---

[1] Inga spuria. Die weißen Staubfäden, 60 bis 70 an der Zahl, sitzen an einer grünlichen Blumenkrone, haben Seidenglanz und an der Spitze einen gelben Staubbeutel. Die Blüte der Guama ist 4 cm lang. Dieser schöne Baum, der am liebsten an feuchten Orten wächst, wird zwischen 15,5 und 19,5 m hoch.

Vorstadt der Indianer, deren Straßen geradlinig und mit kleinen, ganz neuen Häusern von sehr freundlichem Ansehen besetzt sind. Dieser Stadtteil war infolge des Erdbebens, das Cumana anderthalb Jahre vor unserer Ankunft zerstört hatte, eben erst neu aufgebaut worden. Kaum waren wir auf einer hölzernen Brücke über den Manzanares gegangen, in dem hier Bava oder Krokodile von der kleinen Art vorkommen, begegneten uns überall die Spuren dieser schrecklichen Katastrophe; neue Gebäude erhoben sich auf den Trümmern der alten.

Wir wurden vom Kapitän des Pizarro zum Statthalter der Provinz, Don Vicente Emparan, geführt, um ihm die Pässe zu überreichen, die das Staatssekretariat uns ausgestellt. Er empfing uns mit der Offenheit und edlen Einfachheit, die von jeher Züge des baskischen Volkscharakters waren. Ehe er zum Statthalter von Portobelo und Cumana ernannt wurde, hatte er sich als Schiffskapitän in der königlichen Marine ausgezeichnet. Sein Name erinnert an einen der merkwürdigsten und traurigsten Vorfälle in der Geschichte der Seekriege. Nach dem letzten Bruch zwischen Spanien und England schlugen sich zwei Brüder des Statthalters Emparan bei Nacht vor dem Hafen von Cadiz mit ihren Schiffen, weil jeder das andere Schiff für ein feindliches hielt. Der Kampf war so furchtbar, daß beide Schiffe fast zugleich sanken. Nur ein sehr kleiner Teil der beiderseitigen Mannschaft wurde gerettet, und die beiden Brüder hatten das Unglück, einander kurz vor ihrem Tode zu erkennen.

Der Statthalter von Cumana äußerte sich sehr zufrieden über unseren Entschluß, uns eine Zeitlang in Neuandalusien aufzuhalten, das zu jener Zeit in Europa kaum dem Namen nach bekannt war, und das in seinen Gebirgen und an den Ufern seiner zahlreichen Ströme der Naturforschung das reichste Feld der Beobachtung bietet. Der Statthalter zeigte uns mit einheimischen Pflanzen gefärbte Baumwolle und schöne Möbel ganz aus einheimischen Hölzern; er interessierte sich lebhaft für alle physischen Wissenschaften und fragte uns zu unserer großen Verwunderung, ob wir nicht glaubten, daß die Luft unter dem schönen tropischen Himmel weniger Stickstoff (azotico) enthalte als in Spanien, oder ob, wenn sich das Eisen hierzulande rascher oxydiere, dies allein von der größeren Feuchtigkeit herrühre, die der Haarhygrometer anzeige. Dem Reisenden kann der Name des Vaterlandes, wenn er ihn auf einer fernen Küste aussprechen hört, nicht lieblicher in den Ohren klingen, als uns hier die Worte Stickstoff, Eisenoxyd, Hygrometer. Wir wußten, daß wir, trotz der Befehle des Hofes und der Empfehlung eines mächtigen Ministers, bei unserem Aufenthalt in den spanischen Kolonieen mit zahllosen Unannehmlichkeiten zu kämpfen haben würden, wenn es uns nicht gelang, bei den Regenten dieser ungeheuren Landstrecken besondere Teilnahme für uns zu wecken. Emparan war ein zu warmer Freund der Wissenschaft, um es seltsam zu finden, daß wir so weit hergekommen, um Pflanzen zu sammeln und die Lage gewisser Oertlichkeiten astronomisch zu bestimmen. Er argwöhnte keine anderen Beweggründe unserer Reise als die in unseren Pässen angegebenen, und die öffentlichen Beweise von Achtung, die er uns während unseres langen Aufenthaltes in seinem Regierungsbezirke gegeben, haben Großes dazu beigetragen, uns überall in Südamerika eine freundliche Aufnahme zu verschaffen.

Am Abend ließen wir unsere Instrumente ausschiffen und fanden zu unserer großen Befriedigung keines beschädigt. Wir mieteten ein geräumiges, für die astronomischen Beobachtungen günstig gelegenes Haus. Man genoß darin, wenn der Seewind wehte, einer angenehmen Kühle; die Fenster waren ohne Scheiben, nicht einmal mit Papier bezogen, das in Cumana meist statt des Glases dient. Sämtliche Passagiere des Pizarro verließen das Schiff, aber die vom bösartigen Fieber Befallenen genasen sehr langsam. Wir sahen welche, die nach einem Monat, trotz der guten Pflege, die ihnen von ihren Landsleuten geworden, noch erschrecklich blaß und mager waren. In den spanischen Kolonieen ist die Gastfreundschaft so groß, daß ein Europäer, käme er auch ohne Empfehlung und ohne Geldmittel an, so ziemlich sicher auf Unterstützung rechnen kann, wenn er krank in irgend einem Hafen ans Land geht. Die Katalonier, Galicier und Biscayer stehen im stärksten Verkehr mit Amerika. Sie bilden dort gleichsam drei gesonderte Korporationen, die auf die Sitten, den Gewerbfleiß und den Handel der Kolonieen bedeutenden Einfluß haben. Der ärmste Einwohner von Siges oder Vigo ist sicher, im Hause eines katalonischen oder galicischen Pulpero (Krämer) Aufnahme zu finden, ob er nun nach Chile oder nach Mexiko oder auf die Philippinen kommt. Ich habe die rührendsten Beispiele gesehen, wie für unbekannte Menschen ganze Jahre lang unverdrossen gesorgt wird. Man kann hören, Gastfreundschaft sei leicht zu üben in einem herrlichen Klima, wo es Nahrungsmittel im Ueberfluß gibt, wo die einheimischen Gewächse wirksame Heilmittel liefern, und der Kranke in seiner Hängematte unter einem Schuppen das nötige Obdach findet. Soll man aber die Ueberlast, welche die Ankunft eines Fremden, dessen Gemütsart man nicht kennt, einer Familie verursacht, für nichts rechnen? und die Beweise gefühlvoller Teilnahme, die aufopfernde Sorgfalt der Frauen, die Geduld, die während einer langen, schweren Wiedergenesung nimmer ermüdet, soll man von dem allen absehen? Man will die Beobachtung gemacht haben, daß, vielleicht mit Ausnahme einiger sehr volkreichen Städte, seit den ersten Niederlassungen spanischer Ansiedler in der Neuen Welt die Gastfreundschaft nicht merkbar abgenommen habe. Der Gedanke thut wehe, daß dies allerdings anders werden muß, wenn einmal Bevölkerung und Industrie in den Kolonieen rascher zunehmen, und wenn sich auf der Stufe gesellschaftlicher Entwickelung, die man als vorgeschrittene Kultur zu bezeichnen pflegt, die kastilianische Offenheit allmählich verliert.

Unter den Kranken, die in Cumana ans Land kamen, befand sich ein Neger, der einige Tage nach unserer Ankunft in Raserei verfiel; er starb in diesem kläglichen Zustande, obgleich sein Herr, ein fast siebzigjähriger Mann, der Europa verlassen hatte, um in San Blas, am Eingang des Golfes von Kalifornien, eine neue Heimat zu suchen, ihm alle erdenkliche Pflege hatte zu teil werden lassen. Ich erwähne dieses Falles, um zu zeigen, daß zuweilen Menschen, die im heißen Erdstrich geboren sind, aber in einem gemäßigten Klima gelebt haben, den verderblichen Einflüssen der tropischen Hitze erliegen. Der Neger war ein junger Mensch von achtzehn Jahren, sehr kräftig und auf der Küste von Guinea geboren. Durch mehrjährigen Aufenthalt auf der Hochebene von Kastilien hatte aber seine Konstitution den Grad von Reizbarkeit erhalten, der die Miasmen der heißen Zone für die Bewohner nördlicher Länder so gefährlich macht.

Der Boden, auf dem die Stadt Cumana liegt, gehört einer geologisch sehr interessanten Bildung an. Da mir aber seit meiner Rückkehr nach Europa einige Reisende mit der Beschreibung von Küstenstrichen, die sie nach mir besucht, zuvorgekommen sind, so beschränke ich mich hier auf Bemerkungen, die außerhalb des Kreises ihrer Beobachtungen fallen. Die Kette der Kalkalpen des Brigantin und Tataraqual streicht von Ost nach West vom Gipfel Impofible bis zum Hafen von Mochima und nach Campanario. In einer sehr fernen Zeit scheint das Meer diesen Gebirgsdamm von der Felsen= küste von Araya und Maniquarez getrennt zu haben. Der weite Golf von Cariaco ist durch einen Einbruch des Meeres entstanden, und ohne Zweifel stand damals an der Südküste das ganze mit salzsaurem Natron getränkte Land, durch das der Manzanares läuft, unter Wasser. Ein Blick auf den Stadtplan von Cumana läßt diese Thatsache so unzweifelhaft erscheinen, als daß die Becken von Paris, Oxford und Wien einst Meerboden gewesen. Das Meer zog sich langsam zurück und legte das weite Gestade trocken, auf dem sich eine Hügel= gruppe erhebt, die aus Gips und Kalkstein von der neuesten Bildung besteht.

Die Stadt Cumana legt sich an diese Hügel, die einst ein Eiland im Golf von Cariaco waren. Das Stück der Ebene nordwärts von der Stadt heißt „der kleine Strand" (Playa chica); sie dehnt sich gegen Ost bis zur Punta Delgada aus, und hier bezeichnet ein enges mit Gomphrena flava bedecktes Thal den Punkt, wo einst der Durchbruch der Ge= wässer stattfand. Dieses Thal, dessen Eingang durch kein Außenwerk verteidigt wird, erscheint als der Punkt, von wo der Platz einem Angriff am meisten ausgesetzt ist. Der Feind kann in voller Sicherheit zwischen der Punta Arenas del Barigon und der Mündung des Manzanares durchgehen, wo die See 73 bis 91 und weiter nach Südost sogar 159 m tief ist. Er kann an der Punta Delgada landen und das Fort San Antonio und die Stadt Cumana im Rücken angreifen, ohne daß er vom Feuer der westlichen Batterieen auf der Playa chica an der Mündung des Stromes und beim Cerro Colorado etwas zu fürchten hätte.

Der Hügel aus Kalkstein, den wir, wie oben bemerkt, als eine Insel im ehemaligen Golf betrachten, ist mit Fackel= disteln bedeckt. Manche davon sind 10 bis 13 m hoch und ihr mit Flechten bedeckter, in mehrere Aeste kronleuchterartig geteilter Stamm nimmt sich höchst seltsam aus. Bei Mani= quarez an der Punta Araya maßen wir einen Kaktus, dessen Stamm über 1,54 m Umfang hatte. Ein Europäer, der nur die Fackeldisteln unserer Gewächshäuser kennt, wundert sich, daß das Holz dieses Gewächses mit dem Alter sehr hart wird, daß es jahrhundertelang der Luft und Feuchtigkeit widersteht, und daß es die Indianer von Cumana vorzugs=

weise zu Rudern und Thürschwellen verwenden. Nirgends in Südamerika kommen die Gewächse aus der Familie der Nopaleen häufiger vor als in Cumana, Coro, Curaçao und auf der Insel Margarita. Nur dort könnte der Botaniker nach langem Aufenthalt eine Monographie der Kaktus schreiben, die nicht in Hinsicht auf Blüten und Früchte, aber nach der Form des gegliederten Stammes, nach der Zahl der Gräten und der Stellung der Stacheln ausnehmend viele Varietäten bilden. Wir werden in der Folge sehen, wie diese Gewächse, die für ein heißes, trockenes Klima, wie das Aegyptens und Kaliforniens, charakteristisch sind, immer mehr verschwinden, wenn man von Terra Firma ins Innere des Landes kommt.

Die Kaktusgebüsche spielen auf dürrem Boden in Südamerika dieselbe Rolle wie in unseren nördlichen Ländern die mit Binsen und Hydrocharideen bewachsenen Brüche. Ein Ort, wo stachlichte Kaktus von hohem Wuchs in Reihen stehen, gilt fast für undurchdringlich. Solche Stellen, Tunales genannt, halten nicht allein den Eingeborenen auf, der bis zum Gürtel nackt ist, sie sind ebensosehr von den Stämmen gefürchtet, die ganz bekleidet gehen. Auf unseren einsamen Spaziergängen versuchten wir es manchmal in den Tunal einzudringen, der die Spitze des Schloßberges krönt und durch den zum Teil ein Fußweg führt. Hier ließe sich der Bau dieses sonderbaren Gewächses an Tausenden von Exemplaren beobachten. Zuweilen wurden wir von der Nacht überrascht, denn in diesem Klima gibt es fast keine Dämmerung. Unsere Lage war dann desto bedenklicher, da der Cascabel oder die Klapperschlange, der Coral und andere Schlangen mit Giftzähnen zur Legezeit solche heiße trockene Orte aufsuchen, um ihre Eier in den Sand zu legen.

Das Schloß San Antonio liegt auf der westlichen Spitze des Hügels, aber nicht auf dem höchsten Punkt; es wird gegen Osten von einer nicht befestigten Höhe beherrscht. Der Tunal gilt hier und überall in den spanischen Niederlassungen für ein nicht unwichtiges militärisches Verteidigungsmittel. Wo man Erdwerke anlegt, suchen die Ingenieure recht viele stachlichte Fackeldisteln darauf anzubringen und ihr Wachstum zu befördern, wie man auch die Krokodile in den Wassergräben der festen Plätze hegt. In einem Klima, wo die organische Natur eine so gewaltige Triebkraft hat, zieht der Mensch fleischfressende Reptilien und mit furchtbaren Stacheln bewehrte Gewächse zu seiner Verteidigung herbei.

Das Schloß San Antonio, wo man an Festtagen die Flagge von Kastilien aufzieht, liegt nur 58,5 m über dem Wasserspiegel des Meerbusens von Cariaco. Auf seinem kahlen Kalkhügel beherrscht es die Stadt und liegt, wenn man in den Hafen einfährt, höchst malerisch da. Es hebt sich hell von der dunkeln Wand der Gebirge ab, deren Gipfel bis zur Schneeregion aufsteigen und deren duftiges Blau mit dem Himmelsblau verschmilzt. Geht man vom Fort San Antonio gegen Südwest herab, so kommt man am Abhang desselben Felsens zu den Trümmern des alten Schlosses Santa Maria. Dies ist ein herrlicher Punkt, um gegen Sonnenuntergang des kühlen Seewindes und der Aussicht auf den Meerbusen zu genießen. Die hohen Berggipfel der Insel Margarita erscheinen über der Felsenküste der Landenge von Araya; gegen Westen mahnen die kleinen Inseln Caracas, Picuito und Boracha an die Katastrophe, durch welche die Küste von Terra Firma zerrissen worden ist. Diese Eilande gleichen Festungs= werken, und da die Sonne die unteren Luftschichten, die See und das Erdreich ungleich erwärmt, so erscheinen ihre Spitzen infolge der Luftspiegelung hinaufgezogen, wie die Enden der großen Vorgebirge der Küste. Mit Vergnügen verfolgt man bei Tage diese wechselnden Erscheinungen; bei Einbruch der Nacht sieht man dann, wie die in der Luft schwebenden Ge= steinmassen sich wieder auf ihre Grundlage niedersenken, und das Gestirn, das der organischen Natur Leben verleiht, scheint durch die veränderliche Beugung seiner Strahlen den starren Fels vom Fleck zu rücken und dürre Sandebenen wellenförmig zu bewegen.

Die eigentliche Stadt Cumana liegt zwischen dem Schlosse San Antonio und den kleinen Flüssen Manzanares und Santa Catalina. Das durch die Arme des ersteren Flusses gebildete Delta ist ein fruchtbares Land, bewachsen mit Mammea, Achra, Bananen und anderen Gewächsen, die in den Gärten oder Charas der Indianer gebaut werden. Die Stadt hat kein ausgezeichnetes Gebäude aufzuweisen, und bei der Häufigkeit der Erdbeben wird sie schwerlich je welche haben. Starke Erdstöße kommen zwar im selben Jahre in Cumana nicht so häufig vor als in Quito, wo doch prächtige, sehr hohe Kirchen stehen; aber die Erdbeben in Quito sind nur scheinbar so heftig, und infolge der eigentümlichen Beschaffenheit des Bodens und der Art der Bewegung stürzt kein Gebäude ein. In Cumana, wie in Lima und mehreren anderen Städten, die weit von den Schlünden thätiger Vulkane liegen, wird die Reihe schwacher Erdstöße nach Ablauf vieler Jahre leicht durch größere Katastrophen unterbrochen, die in ihren Wirkungen denen einer springenden Mine ähnlich sind. Wir werden öfters Gelegenheit haben, auf diese Erscheinungen zurückzukommen, zu deren Erklärung so viele eitle Theorieen ersonnen worden sind, und für die man eine Klassifikation gefunden zu haben glaubte, wenn man senkrechte und wagerechte Bewegungen, stoßende und wellenförmige Bewegungen annahm. [1]

Die Vorstädte von Cumana sind fast so stark bevölkert als die alte Stadt. Es sind ihrer drei: Die der Serritos auf dem Wege nach der Playa chica, wo einige schöne Tamarindenbäume stehen, die südöstlich gelegene, San Francisco genannt, und die große Vorstadt der Guaykari oder der Guaygueries. Der Name dieses Indianerstammes war vor der Eroberung ganz unbekannt. Die Eingeborenen, die denselben jetzt führen, gehörten früher zu der Nation der Guaraunos, die nur noch auf dem Sumpfboden zwischen den Armen des Orinoko lebt. Alte Männer versicherten mich, die Sprache ihrer Vorfahren sei eine Mundart der Guaraunosprache gewesen, aber seit hundert Jahren gebe es in Cumana und auf Margarita keinen Eingeborenen vom Stamme mehr, der etwas anderes spreche als kastilianisch.

Das Wort Guaykari verdankt, gerade wie die Worte Peru und Peruaner, seinen Ursprung einem bloßen Mißverständnisse. Als die Begleiter des Kolumbus an der Insel Margarita hinfuhren, auf deren Nordküste noch jetzt der am höchsten stehende Teil dieser Nation wohnt, stießen sie auf einige Eingeborene, die Fische harpunierten, indem sie einen mit einer sehr feinen Spitze versehenen, an einen Strick gebundenen Stock gegen sie schleuderten. Sie fragten sie in haytischer Sprache, wie sie hießen; die Indianer aber meinten, die Fremden erkundigen sich nach den Harpunen aus dem harten, schweren Holz der Macanapalme und antworteten:

---

[1] Diese Einteilung schreibt sich schon aus der Zeit des Posidonius her. Es ist die succussio und die inclinatio des Seneca (Quaestiones naturales Lib. VI, c. 21). Aber schon der Scharfsinn der Alten machte die Bemerkung, daß die Art und Weise der Erdstöße viel zu veränderlich ist, als daß man sie unter solche vermeintliche Gesetze bringen könnte. (Plato bei Plutarch, De placit. Philos. L. III, c. 15.)

Guaike, Guaike, das heißt: spitziger Stock. Die Guaykari, ein gewandtes, civilisiertes Fischervolk, unterscheiden sich jetzt auffallend von den wilden Guaraunos am Orinoko, die ihre Hütten an den Stämmen der Morichepalme aufhängen.

Die Bevölkerung von Cumana ist in der neuesten Zeit viel zu hoch angegeben worden. Im Jahre 1800 schätzten sie Ansiedler, die in nationalökonomischen Untersuchungen wenig Bescheid wissen, auf 20000 Seelen, wogegen königliche bei der Landesregierung angestellte Beamte meinten, die Stadt samt den Vorstädten habe nicht 12000. Depons gibt in seinem schätzbaren Werke über die Provinz Caracas der Stadt im Jahre 1802 gegen 28000 Einwohner; andere geben im Jahre 1810 30000 an. Wenn man bedenkt, wie langsam die Bevölkerung in Terra Firma zunimmt, und zwar nicht auf dem Lande, sondern in den Städten, so läßt sich bezweifeln, daß Cumana bereits um ein Dritteil volkreicher sein sollte als Veracruz, der vornehmste Hafen des großen Königreiches Neuspanien. Es läßt sich auch leicht darthun, daß im Jahre 1802 die Bevölkerung kaum über 18000 bis 19000 Seelen betrug. Es waren mir verschiedene Notizen über die statistischen Verhältnisse des Landes zur Hand, welche die Regierung hatte zusammenstellen lassen, als die Frage verhandelt wurde, ob die Einkünfte aus der Tabakspacht durch eine Personalsteuer ersetzt werden könnten, und ich darf mir schmeicheln, daß meine Schätzung auf ziemlich sicheren Grundlagen ruht.

Eine im Jahre 1792 vorgenommene Zählung ergab für die Stadt Cumana, ihre Vorstädte und die einzelnen Häuser auf 4—5 km in der Runde nur 10740 Einwohner. Ein Schatzbeamter, Don Manuel Navarrete, versichert, daß man sich bei dieser Zählung höchstens um ein Dritteil oder ein Vierteil geirrt haben könne. Vergleicht man die jährlichen Taufregister, so macht sich von 1792 bis 1800 nur eine geringe Zunahme bemerklich. Die Weiber sind allerdings sehr frucht= bar, besonders die eingeborenen, aber wenn auch die Pocken im Lande noch unbekannt sind, so ist doch die Sterblichkeit unter den kleinen Kindern furchtbar groß, weil sie in völliger Verwahrlosung aufwachsen und die üble Gewohnheit haben, unreife, unverdauliche Früchte zu genießen. Die Zahl der Geburten beträgt im Durchschnitt 520 bis 600, was auf eine Bevölkerung von höchstens 16800 Seelen schließen läßt. Man kann versichert sein, daß sämtliche Indianerkinder getauft und in das Taufregister der Pfarre eingetragen sind, und nimmt man an, die Bevölkerung sei im Jahre 1800 26000 Seelen stark gewesen, so käme auf 43 Köpfe nur eine Geburt, während sich die Geburten zur Gesamtbevölkerung in Frankreich wie 28 zu 100 und in den tropischen Strichen von Mexiko wie 17 zu 100 verhalten.

Vermutlich wird sich die indianische Vorstadt allmählich bis zum Landungsplatz ausdehnen, da die Fläche, auf der noch keine Häuser oder Hütten stehen, höchstens 700 m lang ist. Dem Strande zu ist die Hitze etwas weniger drückend als in der Altstadt, wo wegen des Zurückprallens der Sonnenstrahlen vom Kalkboden und der Nähe des Berges San Antonio die Temperatur der Luft ungemein hoch steigt. In der Vorstadt der Guaykari haben die Seewinde freien Zutritt, der Boden ist Thon und damit, wie man glaubt, den heftigen Stößen der Erdbeben weniger ausgesetzt, als die Häuser, die sich an die Felsen und Hügel am rechten Ufer des Manzanares lehnen.

Bei der Mündung des kleinen Flusses Santa Catalina ist der Saum des Ufers mit sogenannten Wurzelträgern [1] besetzt; aber diese Manglares sind nicht groß genug, um der Salubrität der Luft in Cumana Eintrag zu thun. Im übrigen ist die Ebene teils kahl, teils bedeckt mit Büschen von Sesuvium portulacastrum, Gomphrena flava, Gomphrena myrtifolia, Talinum cuspidatum, Talinum cumanense und Portulaca lanuginosa. Unter diesen krautartigen Gewächsen erheben sich da und dort die Avicennia tomentosa, die Scoparia dulcis, eine strauchartige Mimose mit sehr reizbaren Blättern, besonders aber Cassien, deren in Südamerika so viele vorkommen, daß wir auf unseren Reisen mehr als dreißig neue Arten zusammengebracht haben.

Geht man zur indischen Vorstadt hinaus und am Fluß gegen Süd hinauf, so kommt man zuerst an ein Kaktusgebüsch und dann an einen wunderschönen Platz, den Tamarindenbäume, Brasilienholzbäume, Bombax und andere durch ihr Laub und ihre Blüten ausgezeichnete Gewächse beschatten. Der Boden bietet hier gute Weide, und Melkereien, aus Rohr erbaut, liegen zerstreut zwischen den Baumgruppen. Die Milch bleibt frisch, wenn man sie nicht in der Frucht des Flaschenkürbisbaumes, die ein Gewebe aus sehr dichten Holzfasern ist, sondern in porösen Thongefäßen von Maniquarez aufbewahrt. Infolge

---

[1] Rhizophora Mangle.

eines in nördlichen Ländern herrschenden Vorurteiles hatte ich geglaubt, in der heißen Zone geben die Kühe keine sehr fette Milch; aber der Aufenthalt in Cumana, besonders aber die Reise über die weiten mit Gräsern und krautartigen Mimosen bewachsenen Ebenen von Calabozo haben mich belehrt, daß sich die Wiederkäuer Europas vollkommen an das heißeste Klima gewöhnen, wenn sie nur Wasser und gutes Futter finden. Die Milchwirtschaft ist in den Provinzen Neuandalusien, Barcelona und Venezuela ausgezeichnet, und häufig ist die Butter auf den Ebenen der heißen Zone besser als auf dem Rücken der Anden, wo für die Alppflanzen die Temperatur in keiner Jahreszeit hoch genug ist und sie daher weniger aromatisch sind als auf den Pyrenäen, auf den Bergen Estremaduras und Griechenlands.

Den Einwohnern Cumanas ist die Kühlung durch den Seewind lieber als der Blick ins Grüne, und so kennen sie fast keinen anderen Spaziergang als den großen Strand. Die Kastilianer, denen man nachsagt, sie seien im allgemeinen keine Freunde von Bäumen und Vogelsang, haben ihre Sitten und ihre Vorurteile in die Kolonieen mitgenommen. In Terra Firma, Mexiko und Peru sieht man selten einen Eingeborenen einen Baum pflanzen allein in der Absicht, sich Schatten zu schaffen, und mit Ausnahme der Umgegend der großen Hauptstädte weiß man in diesen Ländern so gut wie nichts von Alleen. Die dürre Ebene von Cumana zeigt nach starken Regengüssen eine merkwürdige Erscheinung. Der durchnäßte, von den Sonnenstrahlen erhitzte Boden verbreitet jenen Bisamgeruch, der in der heißen Zone Tieren der verschiedensten Klassen gemein ist, dem Jaguar, den kleinen Arten von Tigerkatzen, dem Cabiaï,[1] dem Galinazogeier,[2] dem Krokodil, den Vipern und Klapperschlangen. Die Gase, die das Vehikel dieses Aroms sind, scheinen sich nur in dem Maße zu entwickeln, als der Boden, der die Reste zahlloser Reptilien, Würmer und Insekten enthält, sich mit Wasser schwängert. Ich habe indianische Kinder vom Stamme der Chaymas 4 cm lange und 15 mm breite Scolopender oder Tausendfüße aus dem Boden ziehen und verzehren sehen. Wo man den Boden aufgräbt, muß man staunen über die Massen organischer Stoffe, die wechselnd sich entwickeln, sich umwandeln oder zer-

---

[1] Cavia capybara, Linné.
[2] Vultur aura, Linné.

setzen. Die Natur erscheint in diesen Himmelsstrichen kraft=
voller, fruchtbarer, man möchte sagen mit dem Leben ver=
schwenderischer.

Am Strande und bei den Melkereien, von denen eben
die Rede war, hat man, besonders bei Sonnenaufgang, eine
sehr schöne Aussicht auf eine Gruppe hoher Kalkberge. Da
diese Gruppe im Hause, wo wir wohnten, nur unter einem
Winkel von 3° erscheint, diente sie mir lange dazu, die Ver=
änderungen in der irdischen Refraktion mit den meteoro=
logischen Erscheinungen zu vergleichen. Die Gewitter bilden
sich mitten in dieser Kordillere, und man sieht von weitem,
wie die dicken Wolken sich in starken Regen auflösen, während
in Cumana sechs bis acht Monate lang kein Tropfen Regen
fällt. Der höchste Gipfel der Bergkette, der sogenannte Bri=
gantin, nimmt sich hinter dem Brito und dem Tetaraqual
höchst malerisch aus. Sein Name rührt her von der Gestalt
eines sehr tiefen Thales an seinem nördlichen Abhang, das
dem Inneren eines Schiffes gleicht. Der Gipfel des Berges
ist fast ganz kahl und abgeplattet, wie der Gipfel des Mauna=
Roa auf den Sandwichinseln; es ist eine senkrechte Wand,
oder, um mich des bezeichnenderen Ausdruckes der spanischen
Schiffer zu bedienen, ein Tisch, eine Mesa. Diese eigentüm=
liche Bildung und die symmetrische Lage einiger Kegel, die
den Brigantin umgeben, brachten mich anfänglich auf die
Vermutung, daß diese Berggruppe, die ganz aus Kalkstein
besteht, Glieder der Basalt= oder Trappformation enthalten
möchte.

Der Statthalter von Cumana hatte im Jahre 1797 mutige
Männer ausgeschickt, die das völlig unbewohnte Land unter=
suchen und einen geraden Weg nach Neubarcelona über den
Gipfel der Mesa eröffnen sollten. Man vermutete mit Recht,
dieser Weg werde kürzer und für die Gesundheit der Reisen=
den nicht so gefährlich sein als der längs der Küste, den die
Kuriere von Caracas einschlagen; aber alle Bemühungen, über
die Bergkette zu kommen, waren fruchtlos. In diesen Län=
dern Amerikas, wie in Neuholland [1] im Westen von Sydney,
bietet nicht sowohl die Höhe der Kordilleren als die Gestal=

---

[1] Die Blauen Berge in Neuholland, die Berge von Carmarthen
und Landsdown sind bei hellem Wetter auf 67,5 km nicht mehr
sichtbar. Nimmt man den Höhenwinkel zu einem halben Grad an,
so hätten diese Berge etwa 1200 m absoluter Höhe.

tung des Gesteines schwer zu besiegende Hindernisse. Durch
das von den Gebirgen im Inneren und dem südlichen Abhang
des Cerro de San Antonio gebildete Längenthal fließt der
Manzanares. In der ganzen Umgegend von Cumana ist dies
der einzige ganz bewaldete Landstrich; er heißt die Ebene
der Charas,[1] wegen der vielen Pflanzungen, welche die
Einwohner seit einigen Jahren den Fluß entlang versucht
haben. Ein schmaler Pfad führt vom Hügel von San Francisco durch den Forst zum Kapuzinerhospiz, einem höchst angenehmen Landhause, das die aragonesischen Mönche für alte
entkräftete Missionäre, die ihres Amtes nicht mehr walten
können, gebaut haben. Gegen Ost werden die Waldbäume
immer kräftiger und man sieht hier und da einen Affen,[2] die
sonst in der Gegend von Cumana sehr selten sind. Zu den
Füßen der Capparis, Bauhinien und des Zygophyllum mit
goldgelben Blüten breitet sich ein Teppich von Bromelien[3]
aus, deren Geruch und deren kühles Laub die Klapperschlangen
hierher ziehen.

Der Manzanares hat sehr klares Wasser und zum Glück
nichts mit dem Madrider Manzanares gemein, der unter seiner
prächtigen Brücke noch schmäler erscheint. Er entspringt, wie
alle Flüsse Neuandalusiens, in einem Striche der Savannen
(Llanos), der unter dem Namen der Plateaus von Jonoro,
Amana und Guanipa bekannt ist und beim indianischen Dorfe
San Fernando die Gewässer des Rio Juanillo aufnimmt.
Man hat der Regierung öfter, aber immer vergeblich, den
Vorschlag gemacht, beim ersten Jpure ein Wehr bauen zu
lassen, um die Ebene der Charas künstlich zu bewässern, denn
der Boden ist trotz seiner scheinbaren Dürre ausnehmend fruchtbar, sobald Feuchtigkeit zu der herrschenden Hitze hinzukommt.
Die Landleute, die im allgemeinen in Cumana nicht wohl-
habend sind, sollten nach und nach die Auslagen für die
Schleuse ersetzen. Bis das Projekt in Ausführung kommt,
hat man Schöpfräder, durch Maultiere getriebene Pumpen
und andere sehr unvollkommene Wasserwerke angelegt.

Die Ufer des Manzanares sind sehr freundlich, von
Mimosen, Erythrina, Ceiba und anderen Bäumen von riesen-

---

[1] Chacra, verdorben Chara, heißt eine von einem Garten
umgebene Hütte.

[2] Der gemeine Machi oder Heulaffe.

[3] Chihuchihue, aus der Familie der Ananas.

haftem Wuchs beschattet. Ein Fluß, dessen Temperatur zur Zeit des Hochwassers auf 22° fällt, während der Thermometer an der Luft auf 30 bis 33° steht, ist eine unschätzbare Wohlthat in einem Lande, wo das ganze Jahr eine furchtbare Hitze herrscht und man den Trieb hat, mehrere Male des Tags zu baden. Die Kinder bringen so zu sagen einen Teil ihres Lebens im Wasser zu; alle Einwohner, selbst die weiblichen Glieder der reichsten Familien, können schwimmen, und in einem Lande, wo der Mensch dem Naturstande noch so nahe ist, hat man sich, wenn man morgens einander begegnet, nichts Wichtigeres zu fragen, als ob der Fluß heute kühler sei als gestern. Man hat verschiedene Bademethoden. So besuchten wir jeden Abend einen Zirkel sehr achtungswerter Personen in der Vorstadt der Guaykari. Da stellte man bei schönem Mondschein Stühle ins Wasser; Männer und Frauen waren leicht gekleidet, wie in manchen Bädern des nördlichen Europas, und die Familie und die Fremden blieben ein paar Stunden im Flusse sitzen, rauchten Cigarren dazu und unterhielten sich nach Landessitte von der ungemeinen Trockenheit der Jahreszeit, vom starken Regenfall in den benachbarten Distrikten, besonders aber vom Luxus, den die Damen in Cumana den Damen in Caracas und Havana zum Vorwurf machen. Durch die Bavas oder kleinen Krokodile, die jetzt sehr selten sind und den Menschen nahe kommen, ohne anzugreifen, ließ sich die Gesellschaft durchaus nicht stören. Diese Tiere sind 1 bis 1,3 m lang; wir haben nie eines im Manzanares gesehen, wohl aber Delphine, die zuweilen bei Nacht im Flusse heraufkommen und die Badenden erschrecken, wenn sie durch ihre Luftlöcher Wasser spritzen.

Der Hafen von Cumana ist eine Reede, welche die Flotten von ganz Europa aufnehmen könnte. Der ganze Meerbusen von Cariaco, der 67 km lang und 11 bis 15 km breit ist, bietet vortrefflichen Ankergrund. Der Große Ozean an der Küste von Peru kann nicht stiller und ruhiger sein als das Meer der Antillen von Portocabello an, namentlich aber vom Vorgebirge Codera bis zur Landspitze von Paria. Von den Stürmen bei den Antillischen Inseln spürt man nie etwas in diesem Strich, wo man in Schaluppen ohne Verdeck das Meer befährt. Die einzige Gefahr im Hafen von Cumana ist eine Untiefe, Baxo del Morro roxo, die von West nach Ost 1754 m lang ist und so steil abfällt, daß man dicht dabei ist, ehe man sie gewahr wird.

Ich habe die Lage von Cumana etwas ausführlich beschrieben, weil es mir wichtig schien, eine Gegend kennen zu lernen, die seit Jahrhunderten der Herd der furchtbarsten Erdbeben war. Ehe wir von diesen außerordentlichen Erscheinungen sprechen, erscheint es als zweckmäßig, die verschiedenen Züge des von mir entworfenen Naturbildes zusammenzufassen.

Die Stadt liegt am Fuße eines kahlen Hügels und wird von einem Schlosse beherrscht. Kein Glockenturm, keine Kuppel fällt von weitem dem Reisenden ins Auge, nur einige Tamarinden-, Kokosnuß- und Dattelstämme erheben sich über die Häuser mit platten Dächern. Die Ebene ringsum, besonders dem Meere zu, ist trübselig, staubig und dürr, wogegen ein frischer, kräftiger Pflanzenwuchs von weitem den geschlängelten Lauf des Flusses bezeichnet, der die Stadt von den Vorstädten, die Bevölkerung von europäischer und gemischter Abkunft von den kupferfarbigen Eingeborenen trennt. Der freistehende, fahle, weiße Schloßberg San Antonio wirft zugleich eine große Masse Licht und strahlender Wärme zurück; er besteht aus Breccien, deren Schichten versteinerte Seetiere einschließen. In weiter Ferne gegen Süden streicht dunkel ein mächtiger Gebirgszug hin. Dies sind die hohen Kalkalpen von Neuandalusien, wo dem Kalk Sandsteine und andere neuere Bildungen aufgelagert sind. Majestätische Wälder bedecken diese Kordillere im inneren Lande und hängen durch ein bewaldetes Thal mit dem nackten, thonigen und salzhaltigen Boden zusammen, auf dem Cumana liegt. Einige Vögel von bedeutender Größe tragen zur eigentümlichen Physiognomie des Landes bei. Am Gestade und am Meerbusen sieht man Scharen von Fischreihern und Alcatras, sehr plumpen Vögeln, die gleich den Schwänen mit gehobenen Flügeln über das Wasser gleiten. Näher bei den Wohnstätten der Menschen sind Tausende von Galinazogeiern, wahre Schakale unter dem Gefieder, rastlos beschäftigt, tote Tiere zu suchen. Ein Meerbusen, auf dessen Grunde heiße Quellen vorkommen, trennt die sekundären Gebirgsbildungen vom primitiven Schiefergebirge der Halbinsel Araya. Beide Küsten werden von einem ruhigen, blauen, beständig vom selben Winde leicht bewegten Meere bespült. Ein reiner, trockener Himmel, an dem nur bei Sonnenuntergang leichtes Gewölk aufzieht, ruht auf der See, auf der baumlosen Halbinsel und der Ebene von Cumana, während man zwischen den Berggipfeln im Inneren Gewitter

sich bilden, sich zusammenziehen und in fruchtbaren Regen=
güssen sich entladen sieht. So zeigen denn an diesen Küsten,
wie am Fuße der Anden, Himmel und Erde scharfe Gegen=
sätze von Heiterkeit und Bewölkung, von Trockenheit und
gewaltigen Wassergüssen, von völliger Kahlheit und ewig neu
sprossendem Grün. Auf dem neuen Kontinent unterscheiden
sich die Niederungen an der See von den Gebirgsländern im
Inneren so scharf wie die Ebenen Unterägyptens von den
hochgelegenen Plateaus Abessiniens.

Zu den Zügen, welche, wie oben angedeutet, der Küsten=
strich von Neuandalusien und der von Peru gemein haben,
kommt nun noch, daß die Erdbeben dort wie hier gleich häufig
sind, und daß die Natur für diese Erscheinungen beidemal
dieselben Grenzen einzuhalten scheint. Wir selbst haben in
Cumana sehr starke Erdstöße gespürt, eben war man daran,
die vor kurzem eingestürzten Gebäude wieder aufzurichten, und
so hatten wir Gelegenheit, uns an Ort und Stelle über die
Vorgänge bei der furchtbaren Katastrophe vom 14. Dezember
1797 genau zu erkundigen. Diese Angaben werden um so
mehr Interesse haben, da die Erdbeben bisher weniger aus
physischem und geologischem Gesichtspunkt, als vielmehr nur
wegen ihrer schrecklichen Folgen für die Bevölkerung und für
das allgemeine Wohl ins Auge gefaßt worden sind.

Es ist eine an der Küste von Cumana und auf der Insel
Margarita sehr verbreitete Meinung, daß der Meerbusen von
Cariaco sich infolge einer Zertrümmerung des Landes und
eines gleichzeitigen Einbruches des Meeres gebildet habe. Die
Erinnerung an diese gewaltige Umwälzung hatte sich unter
den Indianern bis zum Ende des 15. Jahrhunderts erhalten,
und wie erzählt wird, sprachen die Eingeborenen bei der
dritten Reise des Christoph Kolumbus davon, wie von einem
ziemlich neuen Ereignis. Im Jahre 1530 wurden die Be=
wohner der Küsten von Paria und Cumana durch neue Erd=
stöße erschreckt. Das Meer stürzte über das Land her, und
das kleine Fort, das Jakob Castellon bei Neutoledo gebaut
hatte, wurde gänzlich zerstört. Zugleich bildete sich eine un=
geheure Spalte in den Bergen von Cariaco, am Ufer des
Meerbusens dieses Namens, und eine gewaltige Masse Salz=
wasser, mit Asphalt vermischt, sprang aus dem Glimmer=
schiefer hervor. Am Ende des 16. Jahrhunderts waren die
Erdbeben sehr häufig, und nach den Ueberlieferungen, die sich
in Cumana erhalten haben, überschwemmte das Meer öfter

den Strand und stieg 30 bis 39 m hoch an. Die Einwohner flüchteten sich auf den Cerro de San Antonio und auf den Hügel, auf dem jetzt das kleine Kloster San Francisco steht. Man glaubt sogar, infolge dieser häufigen Ueberschwemmungen habe man das an den Berg gelehnte Stadtviertel angelegt, das zum Teil auf dem Abhang desselben liegt.

Da es keine Chronik von Cumana gibt, und da sich wegen der beständigen Verheerungen der Termiten oder weißen Ameisen in den Archiven keine Urkunde befindet, die über 150 Jahre hinaufreicht, so weiß man nicht genau, wann diese früheren Erdbeben stattgefunden haben. Man weiß nur, daß näher unserer Zeit das Jahr 1766 für die Ansiedler das entsetzlichste und zugleich für die Naturgeschichte des Landes merkwürdigste gewesen ist. Seit 15 Monaten hatte eine Trockenheit geherrscht, wie sie zuweilen auch auf den Inseln des Grünen Vorgebirges beobachtet wird, als am 21. Oktober 1766 die Stadt Cumana von Grund aus zerstört wurde. Das Gedächtnis dieses Tages wird alljährlich mit einem Gottesdienst und einer feierlichen Prozession begangen. In wenigen Minuten stürzten sämtliche Häuser zusammen. An verschiedenen Orten der Provinz that sich die Erde auf und spie nach Schwefel riechendes Wasser aus. Diese Ausbrüche waren besonders häufig auf einer Ebene, die sich gegen Casanay, 9 km östlich von Cumana hinzieht, und die unter dem Namen tierra hueca, hohler Boden, bekannt ist, weil sie überall von warmen Quellen unterhöhlt zu sein scheint. Während der Jahre 1766 und 1767 lagerten die Einwohner von Cumana in den Straßen und begannen mit dem Wiederaufbau ihrer Häuser erst, als sich die Erdbeben nur noch alle Monate wiederholten. Hier auf der Küste traten damals dieselben Erscheinungen ein, die man auch im Königreich Quito unmittelbar nach der großen Katastrophe vom 4. Februar 1797 beobachtet hat. Während sich der Boden beständig wellenförmig bewegte, war es, als wollte sich die Luft in Wasser auflösen. Durch ungeheure Regengüsse schwollen die Flüsse an; das Jahr war ausnehmend fruchtbar, und die Indianer, deren leichten Hütten die stärksten Erdstöße nichts anhaben, feierten nach einem uralten Aberglauben durch festlichen Tanz den Untergang der Welt und ihre bevorstehende Wiedergeburt.

Nach der Ueberlieferung waren beim Erdbeben von 1766, wie bei einem anderen sehr merkwürdigen im Jahre 1794, die Stöße bloße wagerechte, wellenförmige Bewegungen; erst

- 172 -

am Unglückstage des 14. Dezember 1797 spürte man in Cumana zum erstenmal eine hebende Bewegung von unten nach oben. Ueber vier Fünfteile der Stadt wurden damals völlig zerstört, und der Stoß, der von einem starken unterirdischen Getöse begleitet war, glich, wie in Riobamba, der Explosion einer in großer Tiefe angelegten Mine. Zum Glück ging dem heftigen Stoß eine leichte wellenförmige Bewegung voraus, so daß die meisten Einwohner sich auf die Straßen flüchten konnten, und von denen, die eben in den Kirchen waren, nur wenige das Leben verloren. Man glaubt in Cumana allgemein, die verheerendsten Erdbeben werden durch ganz schwache Schwingungen des Bodens und durch ein Sausen angekündigt, und Leuten, die an solche Vorfälle gewöhnt sind, entgeht solches nicht. In diesem verhängnisvollen Augenblicke hört man überall den Ruf: Misericordia! tembla, tembla![1] und es kommt selten vor, daß ein blinder Lärm durch einen Eingeborenen veranlaßt wird. Die Aengstlichsten achten auf das Benehmen der Hunde, Ziegen und Schweine. Die letzteren, die einen ausnehmend scharfen Geruch haben und gewöhnt sind im Boden zu wühlen, verkünden die Nähe der Gefahr durch Unruhe und Geschrei. Wir lassen es dahingestellt, ob sie das unterirdische Getöse zuerst hören, weil sie näher am Boden sind, oder ob etwa Gase, die der Erde entsteigen, auf ihre Organe wirken. Daß letzteres möglich ist, läßt sich nicht leugnen. Als ich mich in Peru aufhielt, wurde ein Fall beobachtet, der mit diesen Erscheinungen zusammenhängt und der schon öfters vorgekommen war. Nach starken Erdstößen wurde das Gras auf den Savannen von Tucuman ungesund; es brach eine Viehseuche aus und viele Stücke scheinen durch die bösen Dünste, die der Boden ausstieß, betäubt oder erstickt worden zu sein.

In Cumana spürte man eine halbe Stunde vor der großen Katastrophe am 14. Dezember 1797 am Klosterberg von San Francisco einen starken Schwefelgeruch. Am selben Orte war das unterirdische Getöse, das von Südost nach Südwest fortzurollen schien, am stärksten. Zugleich sah man am Ufer des Manzanares, beim Hospiz der Kapuziner und im Meerbusen von Cariaco bei Mariguitar Flammen aus dem Boden schlagen. Wir werden in der Folge sehen, daß letztere in nicht vulkanischen Ländern so auffallende Erscheinung in

---

[1] Erbarmen! sie (die Erde) bebt! sie bebt!

den aus Alpenkalk bestehenden Gebirgen bei Cumanacao, im
Thale des Rio Bordones, auf der Insel Margarita und
mitten in den Savannen oder Planos von Neuandalusien
ziemlich häufig ist. In diesen Savannen steigen Feuergarben
zu bedeutender Höhe auf; man kann sie stundenlang an den
dürrsten Orten beobachten, und man versichert, wenn man
den Boden, dem der brennbare Stoff entströmt, untersuche,
sei keinerlei Spalte darin zu bemerken. Dieses Feuer, das
an die Wasserstoffquellen oder Salse in Modena und an die
Irrlichter unserer Sümpfe erinnert, zündet das Gras nicht
an, wahrscheinlich weil die Säule des sich entbindenden Gases
mit Stickstoff und Kohlensäure vermengt ist und nicht bis
zum Boden herab brennt. Das Volk, das übrigens hierzu=
lande nicht so abergläubisch ist als in Spanien, nennt diese
rötlichen Flammen seltsamerweise „die Seele des Tyrannen
Aguirre"; Lopez d'Aguirre soll nämlich, von Gewissensbissen
gefoltert, im Lande umgehen, das er mit seinen Verbrechen
befleckt.[1]

Durch das große Erdbeben von 1797 ist die Untiefe an
der Mündung des Rio Bordones in ihrem Umriß verändert
worden. Aehnliche Hebungen sind bei der völligen Zerstörung
Cumanas im Jahre 1766 beobachtet worden. Die Punta
Delgada an der Westküste des Meerbusens von Cariaco wurde
damals bedeutend größer, und im Rio Guarapiche beim Dorfe
Maturin entstand eine Klippe, wobei ohne Zweifel der Boden
des Flusses durch elastische Flüssigkeiten zerrissen und empor=
gehoben wurde.

Wir verfolgen die lokalen Veränderungen, welche die ver=
schiedenen Erdbeben in Cumana hervorgebracht, nicht weiter.
Dem Plane dieses Werkes entsprechend, suchen wir vielmehr
die Ideen unter allgemeine Gesichtspunkte zu bringen, und
alles, was mit diesen schrecklichen und zugleich so schwer zu
erklärenden Vorgängen zusammenhängt, in einen Rahmen
zusammenzufassen. Wenn Naturforscher, welche die Schweizer
Alpen oder die Küsten von Lappland besuchen, unsere Kennt=
nis von den Gletschern und dem Nordlicht erweitern, so läßt

---

[1] Wenn das Volk in Cumana und auf der Insel Margarita
von el tirano spricht, so ist immer der schändliche Lopez d'Aguirre
gemeint, der im Jahre 1560 sich am Aufstand Fernandos de Guz=
man gegen den Statthalter von Omegua und Dorado, Pedro de
Ursua, beteiligte und sich nachher selbst traidor, Verräter, nannte.

sich von einem, der das spanische Amerika bereist hat, erwarten,
daß er sein Hauptaugenmerk auf Vulkane und Erdbeben ge=
richtet haben werde. Jeder Strich des Erdballes liefert der
Forschung eigentümliche Stoffe, und wenn wir nicht hoffen
dürfen, die Ursachen der Naturerscheinungen zu ergründen, so
müssen wir wenigstens versuchen, die Gesetze derselben kennen
zu lernen und durch Vergleichung zahlreicher Thatsachen das
Gemeinsame und immer Wiederkehrende vom Veränderlichen
und Zufälligen zu unterscheiden.

Die großen Erdbeben, die nach einer langen Reihe kleiner
Stöße eintreten, scheinen in Cumana nichts Periodisches zu
haben. Man hat sie nach achtzig, nach hundert, und manch=
mal nach nicht dreißig Jahren sich wiederholen sehen, während
an der Küste von Peru, z. B. in Lima, die Epochen, die
jedesmal durch die gänzliche Zerstörung der Stadt bezeichnet
werden, unverkennbar mit einer gewissen Regelmäßigkeit ein=
treten. Daß die Einwohner selbst an einen solchen Typus
glauben, ist auch vom besten Einfluß auf die öffentliche Ruhe
und die Erhaltung des Gewerbfleißes. Man nimmt allge=
mein an, daß es ziemlich lange Zeit braucht, bis dieselben
Ursachen wieder mit derselben Gewalt wirken können; aber
dieser Schluß ist nur dann richtig, wenn man die Erdstöße
als lokale Erscheinungen auffaßt, wenn man unter jedem
Punkt des Erdballes, der großen Erschütterungen ausgesetzt
ist, einen besonderen Herd annimmt. Ueberall, wo sich neue
Gebäude auf den Trümmern der alten erhoben, hört man
Leute, die nicht bauen wollen, äußern, auf die Zerstörung
Lissabons am 1. November 1755 sei bald eine zweite, gleich
schreckliche gefolgt, am 31. März 1761.

Nach einer uralten, auch in Cumana, Acapulco und Lima
sehr verbreiteten Meinung [1] stehen die Erdbeben und der Zu=
stand der Luft vor dem Eintreten derselben sichtbar in Zu=
sammenhang. An der Küste von Neuandalusien wird man
ängstlich, wenn bei großer Hitze und nach langer Trockenheit
der Seewind auf einmal aufhört und der im Zenith reine,
wolkenlose Himmel sich bis zu 6, 8° über dem Horizont mit
einem rötlichen Duft überzieht. Diese Vorzeichen sind in=
dessen sehr unsicher, und wenn man sich nachher alle Vorgänge
im Luftkreise zur Zeit der stärksten Erderschütterungen ver=

---

[1] Aristoteles, Meteorologica Lib. II. Seneca, Quaest. natur.
Lib. VI, c. 12.

gegenwärtigt, so zeigt sich, daß heftige Stöße so gut bei feuchtem als trockenem Wetter, so gut bei starkem Winde als bei drückend schwüler stiller Luft eintreten können. Nach den vielen Erdbeben, die ich nördlich und südlich vom Aequator, auf dem Festland und in Meeresbecken, an der Küste und in 4870 m Höhe erlebt, will es mir scheinen, als ob die Schwingungen des Bodens und der vorhergehende Zustand der Luft im allgemeinen nicht viel miteinander zu thun hätten. Dieser Ansicht sind auch viele gebildete Männer in den spanischen Kolonieen, deren Erfahrung sich, wo nicht auf ein größeres Stück der Erdoberfläche, so doch auf eine längere Reihe von Jahren erstreckt. In europäischen Ländern dagegen, wo Erdbeben im Verhältnis zu Amerika selten vorkommen, sind die Physiker geneigt, die Schwingungen des Bodens und irgend ein Meteor, das zufällig zur selben Zeit erscheint, in nahe Beziehung zu bringen. So glaubt man in Italien an einen Zusammenhang zwischen dem Sirocco und den Erdbeben, und in London sah man das häufige Vorkommen von Sternschnuppen und jene Südlichter, die seitdem von Dalton öfters beobachtet worden sind, als die Vorläufer der Erdstöße an, die man vom Jahre 1748 bis zum Jahre 1756 spürte.

An den Tagen, wo die Erde durch starke Stöße erschüttert wird, zeigt sich unter den Tropen keine Störung in der regelmäßigen stündlichen Schwankung des Barometers. Ich habe mich in Cumana, Lima und Riobamba hiervon überzeugt; auf diesen Umstand sind die Physiker um so mehr aufmerksam zu machen, als man auf San Domingo in der Stadt Kap Français unmittelbar vor dem Erdbeben von 1770 den Wasserbarometer um 66 mm will haben fallen sehen.[1] So erzählt man auch, bei der Zerstörung von Oran habe sich ein Apotheker mit seiner Familie gerettet, weil er wenige Minuten vor der Katastrophe zufällig auf seinen Barometer gesehen und bemerkt habe, daß das Quecksilber auffallend stark falle. Ich weiß nicht, ob dieser Behauptung Glauben zu schenken ist; da es fast unmöglich ist, während der Stöße selbst die Schwankungen im Luftdruck zu beobachten, so muß man sich begnügen, auf den Barometer vor und nach dem Vorfall zu sehen. Im gemäßigten Erdstrich äußern die Nordlichter nicht immer Einfluß auf die Deklination der Magnetnadel und die

---

[1] Dieses Fallen entspricht nur 4 mm Quecksilber.

Intensität der magnetischen Kraft; so wirken vielleicht auch die Erdbeben nicht gleichmäßig auf die uns umgebende Luft.

Es ist schwerlich in Zweifel zu ziehen, daß in weiter Ferne von den Schlünden noch thätiger Vulkane der durch Erdstöße geborstene und erschütterte Boden zuweilen Gase in die Luft ausströmen läßt. Wie schon oben angeführt, brachen in Cumana aus dem trockensten Boden Flammen und mit schweflichter Säure vermischte Dämpfe hervor. An anderen Orten spie ebendaselbst der Boden Wasser und Erdpech aus. In Riobamba bricht eine brennbare Schlammmasse, Moya genannt, aus Spalten, die sich wieder schließen, und türmt sich zu ansehnlichen Hügeln auf. 31 km von Lissabon, bei Colares, sah man während des furchtbaren Erdbebens vom 1. November 1755 Flammen und eine dicke Rauchsäule aus der Felswand bei Alvidras, und nach einigen Augenzeugen aus dem Meere selbst hervorbrechen. Der Rauch dauerte mehrere Tage und wurde desto stärker, je lauter das unterirdische Getöse war, das die Stöße begleitete.

In die Atmosphäre ausströmende elastische Flüssigkeiten können lokal auf den Barometer wirken, freilich nicht durch ihre Masse, die im Verhältnis zur ganzen Luftmasse sehr unbedeutend ist, sondern weil sich, sobald ein großer Ausbruch erfolgt, wahrscheinlich ein aufsteigender Strom bildet, der den Luftdruck vermindert. Ich bin geneigt, anzunehmen, daß bei den meisten Erdbeben der erschütterte Boden nichts von sich gibt, und daß, wenn wirklich Gase und Dämpfe ausströmen, dies weit nicht so oft vor den Stößen als während derselben und hernach stattfindet. Aus diesem letzteren Umstand erklärt sich eine Erscheinung, die schwerlich abzuleugnen ist, ich meine den rätselhaften Einfluß, den die Erdbeben im tropischen Amerika auf das Klima und den Eintritt der nassen und der trockenen Jahreszeit äußern. Wenn die Erde erst im Moment der Erschütterung selbst eine Veränderung in der Luft hervorbringt, so sieht man ein, warum so selten ein auffallender meteorologischer Vorgang als Vorbote dieser großen Umwälzungen in der Natur erscheint.

Für die Annahme, daß bei den Erdbeben in Cumana elastische Flüssigkeiten durch die Erdoberfläche zu entweichen suchen, scheint das furchtbare Getöse zu sprechen, das man während der Erdstöße auf der Ebene der Charas am Rande der Brunnen vernimmt. Zuweilen werden Wasser und Sand über 6,5 m hoch emporgeschleudert. Aehnliche Erscheinungen entgingen schon dem Scharffinn der Alten nicht, die in den Ländern Griechenlands und Kleinasiens wohnten, wo es sehr viele Höhlen, Erdspalten und unterirdische Ströme gibt. Das gleichförmige Walten der Natur erzeugt allerorten dieselben Vorstellungen über die Ursachen der Erdbeben und über die Mittel, durch welche der Mensch, der so leicht das Maß seiner Kräfte vergißt, die Wirkungen der Ausbrüche aus der Tiefe mildern zu können meint. Was ein großer römischer Naturforscher vom Nutzen der Brunnen und Höhlen sagt,[1] wiederholen in der Neuen Welt die unwissendsten Indianer in Quito, wenn sie den Reisenden die Guaicos oder Höhlen am Pichincha zeigen.

Das unterirdische Getöse, das bei Erdbeben so häufig vorkommt, ist meist außer Verhältnis mit der Kraft der Erdstöße. In Cumana geht es denselben immer zuvor, während man in Quito und neuerdings in Caracas und auf den Antillen, nachdem die Stöße längst aufgehört haben, einen Donner wie vom Feuer einer Batterie gehört hat. Eine dritte Klasse dieser Erscheinungen, und die merkwürdigste von allen ist das monatelang fortwährende unterirdische Donnerrollen, ohne daß dabei die geringste Wellenbewegung des Bodens zu spüren wäre.

In allen den Erdbeben ausgesetzten Ländern sieht man als die Veranlassung und den Herd der Erdstöße den Punkt an, wo, wahrscheinlich infolge einer eigentümlichen Anordnung der Gesteinschichten, die Wirkungen am auffallendsten sind. So glaubt man in Cumana, der Schloßberg von San Antonio, besonders aber der Hügel, auf dem das Kloster San Francisco liegt, enthalten eine ungeheure Masse Schwefel und andere brennbare Stoffe. Man vergißt, daß die Geschwindigkeit, mit der sich die Schwingungen auf große Entfernung,

---

[1] In puteis est remedium, quale et crebri specus praebent: conceptum enim spiritum exhalant, quod in certis notatur oppidis, quae minus quatiuntur, crebris ad eluviem cuniculis cavata (Plin. L. II, c. 82). Noch gegenwärtig glaubt man in der Hauptstadt von St. Domingo, daß die Brunnen die Kraft der Erdstöße schwächen. Ich bemerke bei dieser Gelegenheit, daß die Erklärung, die Seneca von den Erdbeben gibt (Natur. quaest. Lib. VI. c. 4 bis 31), den Keim alles dessen enthält, was in unserer Zeit über die Wirkung elastischer, im Inneren des Erdballes eingeschlossener Dämpfe gesagt worden ist.

sogar über das Becken des Ozeans fortpflanzen, deutlich darauf hinweist, daß der Mittelpunkt der Bewegung von der Erdoberfläche sehr weit entfernt ist. Ohne Zweifel aus demselben Grunde sind die Erdbeben nicht an gewisse Gebirgsarten gebunden, wie manche Physiker behaupten, sondern alle sind vielmehr gleich geeignet, die Bewegung fortzupflanzen. Um nicht den Kreis meiner eigenen Erfahrung zu überschreiten, nenne ich nur die Granite von Lima und Acapulco, den Gneis von Caracas, den Glimmerschiefer der Halbinsel Araya, den Urgebirgsschiefer von Tepecuacuilco in Mexiko, die sekundären Kalksteine des Apennins, Spaniens und Neuandalusiens, endlich die Trappporphyre der Provinzen Quito und Popayan. An allen diesen Orten wird der Boden häufig durch die heftigsten Stöße erschüttert; aber zuweilen werden in derselben Gebirgsart die obenauf gelagerten Schichten zu einem unüberwindlichen Hindernis für die Fortpflanzung der Bewegung. So sah man schon in den sächsischen Erzgruben die Bergleute wegen Bebungen, die sie empfunden, erschrocken ausfahren, während man an der Erdoberfläche nichts davon gespürt hatte.

Wenn nun auch in den weitentlegensten Ländern die Urgebirge, die sekundären und die vulkanischen Gebirgsarten an den krampfhaften Zuckungen des Erdballes in gleichem Maße teilnehmen, so läßt sich doch nicht in Abrede ziehen, daß in einem nicht sehr ausgedehnten Landstrich gewisse Gebirgsarten die Fortpflanzung der Stöße hemmen. In Cumana z. B. wurden vor der großen Katastrophe im Jahre 1797 die Erdbeben nur längs der aus Kalk bestehenden Südküste des Meerbusens von Cariaco bis zur Stadt dieses Namens gespürt, während auf der Halbinsel Araya und im Dorfe Maniquarez der Boden an denselben Bewegungen keinen Teil nahm. Die Bewohner dieser Nordküste, die aus Glimmerschiefer besteht, bauten ihre Hütten auf unerschütterlichem Boden; ein 5,8 bis 7,8 km breiter Meerbusen lag zwischen ihnen und einer durch die Erdbeben mit Trümmern bedeckten und verwüsteten Ebene. Mit dieser auf die Erfahrung von Jahrhunderten gebauten Sicherheit ist es vorbei; mit dem 14. Dezember 1797 scheinen sich im Inneren der Erde neue Verbindungswege geöffnet zu haben. Jetzt empfindet man es in Araya nicht nur, wenn in Cumana der Boden bebt, das Vorgebirge aus Glimmerschiefer ist seinerseits zum Mittelpunkt von Bewegungen geworden. Bereits wird zuweilen im Dorfe Maniquarez der Boden stark erschüttert, während man an der Küste von Cumana der tiefsten Ruhe genießt, und doch ist der Meerbusen von Cariaco nur 110 bis 150 m tief.

Man will beobachtet haben, daß auf dem Festlande wie auf den Inseln die West- und Südküsten den Stößen am meisten ausgesetzt seien. Diese Beobachtung steht im Zusammenhang mit den Ideen hinsichtlich der Lage der großen Gebirgsketten und der Richtung ihrer steilsten Abhänge, wie sie sich schon lange in der Geologie geltend gemacht haben; das Vorhandensein der Kordillere von Caracas und die Häufigkeit der Erdbeben an den Ost- und Nordküsten von Terra Firma, im Meerbusen von Paria, in Carupano, Cariaco und Cumana beweisen, wie wenig begründet jene Ansicht ist.

In Neuandalusien, wie in Chile und Peru, gehen die Erdstöße den Küsten nach und nicht weit ins Innere des Landes hinein. Dieser Umstand weist, wie wir bald sehen werden, darauf hin, daß die Ursachen der Erdbeben und der vulkanischen Ausbrüche in engem Verbande stehen. Würde der Boden an den Küsten deshalb stärker erschüttert, weil diese die am tiefsten gelegenen Punkte des Landes sind, warum wären dann in den Savannen oder Prairieen, die kaum 16 oder 20 m über dem Meeresspiegel liegen, die Stöße nicht ebenso oft und ebenso stark zu fühlen?

Die Erdbeben in Cumana sind mit denen auf den kleinen Antillen verkettet, und man hat sogar vermutet, sie könnten mit den vulkanischen Erscheinungen in den Kordilleren der Anden in einigem Zusammenhang stehen. Am 11. Februar 1797 erlitt der Boden der Provinz Quito eine Umwälzung, durch die, trotz der sehr schwachen Bevölkerung des Landes, gegen 40 000 Eingeborene unter den Trümmern ihrer Häuser begraben wurden, in Erdspalten stürzten oder in den plötzlich neu gebildeten Seen ertranken. Zur selben Zeit wurden die Bewohner der östlichen Antillen durch Erdstöße erschreckt, die erst nach 8 Monaten aufhörten, als der Vulkan auf Guadeloupe Bimssteine, Asche und Wolken von Schwefeldämpfen ausstieß. Auf diesen Ausbruch vom 29. September, währenddessen man lange anhaltendes unterirdisches Brüllen hörte, folgte am 14. Dezember das große Erdbeben von Cumana. Ein anderer Vulkan der Antillen, der auf St. Vincent, hat seitdem ein neues Beispiel solcher auffallenden Wechselbeziehungen geliefert. Er hatte seit 1718 kein Feuer mehr gespieen, als er im Jahre 1812 wieder auswarf. Die gänzliche Zerstörung der Stadt Caracas erfolgte 34 Tage vor diesem Ausbruch und starke Bodenschwingungen wurden sowohl auf den Inseln als an den Küsten von Terra Firma gespürt.

Man hat längst die Bemerkung gemacht, daß die Wirkungen großer Erdbeben sich ungleich weiter verbreiten als die Erscheinungen der thätigen Vulkane. Beobachtet man in Italien die Umwälzungen des Erdbodens, betrachtet man die Reihe der Ausbrüche des Vesuv und des Aetna genau, so entdeckt man, so nahe auch diese Berge bei einander liegen, kaum Spuren gleichzeitiger Thätigkeit. Dagegen unterliegt es keinem Zweifel, daß bei den beiden letzten Erdbeben von Lissabon [1] das Meer bis in die Neue Welt hinüber in Auf-

---

[1] Am 1. November 1755 und 31. März 1761. Beim ersteren Erdbeben überschwemmte das Meer in Europa die Küsten von Schweden, England und Spanien, in Amerika die Inseln Antigua, Barbados und Martinique. Auf Barbados, wo die Flut gewöhnlich nur 640 bis 746 mm hoch steigt, stieg das Wasser in der Bucht von Carlisle 6,5 m hoch. Es wurde zugleich „tintenschwarz", ohne Zweifel, weil sich der Asphalt, der im Meerbusen von Cariaco, wie bei der Insel Trinidad, auf dem Meeresboden häufig vorkommt, mit dem Wasser vermengt hatte. Auf den Antillen und auf mehreren Schweizer Seen wurde eine auffallende Bewegung des Wassers 6 Stunden vor dem ersten Stoß, den man in Lissabon spürte, beobachtet. In Cadiz sah man auf 36 km weit aus der offenen See einen 20 m hohen Wasserberg anrücken; er stürzte sich auf die Küste und zerstörte eine Menge Gebäude, ähnlich wie die 56 m hohe Flutwelle, die am 9. Juni 1586 beim Erdbeben von Lima den Hafen von Callao überschwemmte. In Amerika hatte man auf dem Ontariosee seit Oktober 1755 eine starke Aufregung des Wassers beobachtet. Diese Erscheinungen weisen darauf hin, daß auf ungeheure Strecken hin unterirdische Verbindungen bestehen. Bei der Zusammenstellung der meist weit auseinander liegenden Zeitpunkte, in denen Lima und Guatemala völlig zerstört wurden, glaubte man hin und wieder die Bemerkung zu machen, als ob sich eine Wirkung langsam den Kordilleren entlang geäußert hätte, bald von Nord nach Süd, bald von Süd nach Nord. Ich gebe hier vier dieser auffallenden Zeitpunkte:

Mexiko	Peru
(Breite 13° 32' Nord)	(Breite 12° 6' Süd)
30. Nov. 1577,	17. Juni 1578,
4. März 1679,	17. Juni 1678,
12. Febr. 1689,	10. Okt. 1688,
27. Sept. 1717,	8. Febr. 1716.

ruhr geriet, z. B. bei der Insel Barbados, die über 5400 km
von der Küste von Portugal liegt.

Verschiedene Thatsachen weisen darauf hin, daß die Erd=
beben und die vulkanischen Ausbrüche [1] in engem ursachlichen
Zusammenhang stehen. In Pasto hörten wir, die schwarze
dicke Rauchsäule, die im Jahre 1797 seit mehreren Monaten
dem Vulkan in der Nähe dieser Stadt entstiegen war, sei zur
selben Stunde verschwunden, wo 270 km gegen Süd die
Städte Riobamba, Hambato und Tacunga durch einen unge=
heuren Stoß über den Haufen geworfen wurden. Setzt man
sich im Inneren eines brennenden Kraters neben die Hügel,
die sich durch die Schlacken= und Aschenauswürfe bilden, so
fühlt man mehrere Sekunden vor jedem einzelnen Ausbruch
die Bewegung des Bodens. Wir haben dies im Jahre 1805
auf dem Vesuv beobachtet, während der Berg glühende Schlacken
auswarf; wir waren im Jahre 1802 Zeugen desselben Vor=
ganges gewesen, als wir am Rande des ungeheuren Kraters
des Pichincha standen, aus dem übrigens eben nur schweflig
saure Dämpfe aufstiegen.

Alles weist darauf hin, daß das eigentlich Wirksame
bei den Erdbeben darin besteht, daß elastische Flüssigkeiten
einen Ausweg suchen, um sich in der Luft zu verbreiten. An
den Küsten der Südsee pflanzt sich diese Wirkung oft fast

Ich gestehe, wenn die Erdstöße nicht gleichzeitig sind, oder doch kurz
nacheinander erfolgen, so erscheint die angebliche Fortpflanzung der
Bewegung sehr zweifelhaft.

[1] Dieser ursachliche Zusammenhang, den schon die Alten er=
kannten, beschäftigte die Geister nach der Entdeckung von Amerika
wieder sehr lebhaft. Diese Entdeckung vergnügte nicht allein die
Neugier der Menschen durch neue Naturprodukte, sie erweiterte auch
ihre Vorstellungen von der physischen Beschaffenheit der Länder,
von den Spielarten des Menschengeschlechtes und von den Wande=
rungen der Völker. Man kann die Beschreibungen der ältesten
spanischen Reisenden, namentlich die des Jesuiten Acosta, nicht
lesen, ohne jeden Augenblick freudig zu staunen, wie mächtig der
Anblick eines großen Festlandes, die Betrachtung einer wunder=
vollen Natur und die Berührung mit Menschen von anderer Rasse
auf die Geistesentwickelung in Europa gewirkt haben. Der Keim
sehr vieler physikalischer Wahrheiten ist in den Schriften des
16. Jahrhunderts niedergelegt, und dieser Keim hätte Früchte ge=
tragen, wäre er nicht durch Fanatismus und Aberglauben erstickt
worden.

augenblicklich 2700 km weit, von Chile bis zum Meerbusen
von Guayaquil, fort, und zwar scheinen, was sehr merkwürdig
ist, die Erdstöße desto stärker zu sein, je weiter ein Ort von
den thätigen Vulkanen abliegt. Die mit Flözen von sehr
neuer Bildung bedeckten Granitberge Kalabriens, die aus Kalk
bestehende Kette des Apennins, die Grafschaft Perigord, die
Küsten von Spanien und Portugal, die von Peru und Terra
Firma liefern deutliche Belege für diese Behauptung. Es ist
als würde die Erde desto stärker erschüttert, je weniger die
Bodenfläche Oeffnungen hat, die mit den Höhlungen im
Inneren in Verbindung stehen. In Neapel und Messina,
am Fuß des Cotopaxi und des Tunguragua fürchtet man die
Erdbeben nur, solange nicht Rauch und Feuer aus der Mündung der Vulkane bricht. Ja, im Königreich Quito brachte
die große Katastrophe von Riobamba, von der oben die Rede
war, mehrere unterrichtete Männer auf den Gedanken, daß
das unglückliche Land wohl nicht so oft verwüstet würde,
wenn das unterirdische Feuer den Porphyrdom des Chimborazo durchbrechen könnte und dieser kolossale Berg sich wieder
in einen thätigen Vulkan verwandelte. Zu allen Zeiten
haben analoge Thatsachen zu denselben Hypothesen geführt.
Die Griechen, die, wie wir, die Schwingungen des Bodens
der Spannung elastischer Flüssigkeiten zuschrieben, führten zur
Bekräftigung ihrer Ansicht an, daß die Erdbeben auf der
Insel Cuböa gänzlich aufgehört haben, seit sich auf der Ebene
von Lelante eine Erdspalte gebildet.

Wir haben versucht, am Schluß dieses Kapitels die allgemeinen Erscheinungen zusammenzustellen, welche die Erdbeben unter verschiedenen Himmelsstrichen begleiten. Wir
haben gezeigt, daß die unterirdischen Meteore so festen Gesetzen unterliegen, wie die Mischung der Gase, die unseren
Luftkreis bilden. Wir haben uns aller Betrachtungen über
das Wesen der chemischen Agenzien enthalten, die als Ursachen
der großen Umwälzungen erscheinen, welche die Erdoberfläche
von Zeit zu Zeit erleidet. Es sei hier nur daran erinnert,
daß diese Ursachen in ungeheuren Tiefen liegen, und daß man
sie in den Erdbildungen zu suchen hat, die wir Urgebirge
nennen, wohl gar unter der erdigen, oxydierten Kruste, in
Tiefen, wo die halbmetallischen Grundlagen der Kieselerde,
der Kalkerde, der Soda und der Pottasche gelagert sind.

Man hat in neuester Zeit den Versuch gemacht, die Erscheinungen der Vulkane und Erdbeben als Wirkungen des

Galvanismus aufzufassen, der sich bei eigentümlicher Anord=
nung ungleichartiger Erdschichten entwickeln soll. Es läßt
sich nicht leugnen, daß häufig, wenn im Verlauf einiger
Stunden starke Erdstöße aufeinander folgen, die elektrische
Spannung der Luft im Augenblick, wo der Boden am stärksten
erschüttert wird, merkbar zunimmt; um aber diese Erscheinung
zu erklären, braucht man seine Zuflucht nicht zu einer Hypothese
zu nehmen, die in geradem Widerspruch steht mit allem, was
bis jetzt über den Bau unseres Planeten und die Anordnung
seiner Erdschichten beobachtet worden ist.

Fünftes Kapitel.

Die Halbinsel Araya. — Salzsümpfe. — Die Trümmer des Schlosses
Santiago.

Die ersten Wochen unseres Aufenthaltes in Cumana ver=
wendeten wir dazu, unsere Instrumente zu berichtigen, in der
Umgegend zu botanisieren und die Spuren des Erdbebens
vom 14. Dezember 1797 zu beobachten. Die Mannigfaltig=
keit der Gegenstände, die uns zumal in Anspruch nahmen,
ließ uns nur schwer den Weg zu geordneten Studien und
Beobachtungen finden. Wenn unsere ganze Umgebung den
lebhaftesten Reiz für uns hatte, so machten dagegen unsere
Instrumente die Neugier der Einwohnerschaft rege. Wir
wurden sehr oft durch Besuche von der Arbeit abgezogen, und
wollte man nicht Leute vor den Kopf stoßen, die so seelen=
vergnügt durch einen Dollond die Sonnenflecken betrachteten,
oder zwei Gase in der Röhre des Eudiometers sich verzehren,
oder auf galvanische Berührung einen Frosch sich bewegen
sahen, so mußte man sich wohl herbeilassen, auf oft ver=
worrene Fragen Auskunft zu geben und stundenlang die=
selben Versuche zu wiederholen.

So ging es uns fünf ganze Jahre, so oft wir uns an
einem Orte aufhielten, wo man in Erfahrung gebracht hatte,
daß wir Mikroskope, Fernröhren oder elektromotorische Apparate
besitzen. Dergleichen Auftritte wurden meist desto angreifender,
je verworrener die Begriffe waren, welche die Besucher von
Astronomie und Physik hatten, welche Wissenschaften in den
spanischen Kolonieen den sonderbaren Titel: „neue Philosophie",
nueva filosofia, führen. Die Halbgelehrten sahen mit einer
gewissen Geringschätzung auf uns herab, wenn sie hörten,
daß sich unter unseren Büchern weder das Spectacle de la
nature vom Abbé Pluche, noch der Cours de physique von

Sigaud la Fond, noch das Wörterbuch von Valmont de Bomare befanden. Diese drei Werke und der Traité d'économie politique von Baron Bielfeld sind die bekanntesten und geachtetsten fremden Bücher im spanischen Amerika von Caracas und Chile bis Guatemala und Nordmexiko. Man gilt nur dann für gelehrt, wenn man die Uebersetzungen derselben recht oft citieren kann, und nur in den großen Hauptstädten, in Lima, Santa Fé de Bogota und Mexiko, fangen die Namen Haller, Cavendish und Lavoisier an jene zu verdrängen, deren Ruf seit einem halben Jahrhundert populär geworden ist.

Die Neugierde, mit der die Menschen sich mit den Himmelserscheinungen und verschiedenen naturwissenschaftlichen Gegenständen abgeben, äußert sich ganz anders bei altcivilisierten Völkern als da, wo die Geistesentwickelung noch geringe Fortschritte gemacht hat. In beiden Fällen finden sich in den höchsten Ständen viele Personen, die den Wissenschaften ferne stehen; aber in den Kolonieen und bei jungen Völkern ist die Wißbegier keineswegs müßig und vorübergehend, sondern entspringt aus dem lebendigen Triebe, sich zu belehren; sie äußert sich so arglos und naiv, wie sie in Europa nur in früher Jugend auftritt.

Erst am 28. Juli konnte ich eine ordentliche Reihe astronomischer Beobachtungen beginnen, obgleich mir viel daran lag, die Länge, wie sie Louis Berthouds Chronometer angab, kennen zu lernen. Der Zufall wollte, daß in einem Lande, wo der Himmel beständig rein und klar ist, mehrere Nächte sternlos waren. Zwei Stunden nach dem Durchgang der Sonne durch den Meridian zog jeden Tag ein Gewitter auf und es wurde mir schwer, korrespondierende Sonnenhöhen zu erhalten, obgleich ich in verschiedenen Intervallen drei, vier Gruppen aufnahm. Die vom Chronometer angegebene Länge von Cumana differierte nur um 4 Sekunden Zeit von der, welche ich durch Himmelsbeobachtungen gefunden, und doch hatte unsere Ueberfahrt 41 Tage gewährt und bei der Besteigung des Piks von Tenerifa war der Chronometer starken Temperaturwechseln ausgesetzt gewesen.

Aus meinen Beobachtungen in den Jahren 1799 und 1800 ergibt sich als Gesamtresultat, daß der große Platz von Cumana unter 10° 27′ 52″ der Breite und 66° 30′ 2″ der Länge liegt. Die Bestimmung der Länge gründet sich auf den Uebertrag der Zeit, auf Monddistanzen, auf die Sonnenfinsterniß vom 28. Oktober 1799 und auf zehn Immersionen der Jupitertrabanten, verglichen mit in Europa angestellten Beobachtungen. Sie weicht nur um sehr weniges von der ab, die Fidalgo vor mir, aber durch rein chronometrische Mittel gefunden. Unsere älteste Karte des neuen Kontinentes, die von Diego Ribeiro, Geographen Kaiser Karls des Fünften, setzt Cumana unter 9° 30′ Breite, was um 58 Minuten von der wahren Breite abweicht und einen halben Grad von der, die Jefferys in seinem im Jahre 1794 herausgegebenen „Amerikanischen Steuermann“ angibt. Dreihundert Jahre lang zeichnete man die ganze Küste von Paria zu weit süd=lich, weil in der Nähe der Insel Trinidad die Strömungen nach Norden gegen und die Schiffer nach der Angabe des Logs weiter gegen Süd zu sein glauben, als sie wirklich sind.

Am 17. August machte ein Hof oder eine Lichtkrone um den Mond den Einwohnern viel zu schaffen. Man betrachtete es als Vorboten eines starken Erdstoßes, denn nach der Volks=physik stehen alle ungewöhnlichen Erscheinungen in unmittel=barem Zusammenhang. Die farbigen Kreise um den Mond sind in den nördlichen Ländern weit seltener als in der Pro=vence, in Italien und Spanien. Sie zeigen sich, und dies ist auffallend, besonders bei reinem Himmel, wenn das gute Wetter sehr beständig scheint. In der heißen Zone sieht man fast jede Nacht schöne prismatische Farben, selbst bei der größten Trockenheit; oft verschwinden sie in wenigen Minuten mehreremal, ohne Zweifel, weil obere Luftströmungen den Zustand der feinen Dünste, in denen das Licht sich bricht, verändern. Zuweilen habe ich zwischen dem 15. Grad der Breite und dem Aequator sogar um die Venus kleine Höfe gesehen; man konnte Purpur, Orange, und Violett unter=scheiden; aber um Sirius, Canopus und Achernar habe ich niemals Farben gesehen.

Während der Mondhof in Cumana zu sehen war, zeigte der Hygrometer große Feuchtigkeit an; die Wasserdünste schienen aber so vollkommen aufgelöst, oder vielmehr so elastisch und gleichförmig verbreitet, daß sie der Durchsichtigkeit der Luft keinen Eintrag thaten. Der Mond ging nach einem Gewitterregen hinter dem Schlosse San Antonio auf. Wie er am Horizont erschien, sah man zwei Kreise, einen großen, weißlichen von 44° Durchmesser und einen kleinen, der in allen Farben des Regenbogens glänzte und 1° 43′ breit war. Der Himmelsraum zwischen beiden Kronen war dunkelblau. Bei 40° Höhe verschwanden sie, ohne daß die meteorologischen Instrumente die geringste Veränderung in den niederen Luftregionen anzeigten. Die Erscheinung hatte nichts Auffallendes außer der großen Lebhaftigkeit der Farben, neben dem Umstand, daß nach Messungen mit einem Ramsden= schen Sextanten die Mondscheibe nicht ganz in der Mitte der Höfe stand. Ohne die Messung hätte man glauben können, diese Exzentrizität rühre von der Projektion der Kreise auf die scheinbare Konkavität des Himmels her. Die Form der Höfe und die Farben, welche in der Luft unter den Tropen beim Mondlicht zu Tage kommen, verdienen es, von den Physikern von neuem in den Kreis der Beobachtungen ge= zogen zu werden. In Mexiko habe ich bei vollkommen klarem Himmel breite Streifen in den Farben des Regen= bogens über das Himmelsgewölbe und gegen die Mondscheibe hin zusammenlaufen sehen; dieses merkwürdige Meteor er= innert an das von Cotes im Jahre 1716 beschriebene.

Wenn unser Haus in Cumana für die Beobachtung des Himmels und der meteorologischen Vorgänge sehr günstig gelegen war, so mußten wir dagegen zuweilen bei Tage etwas ansehen, was uns empörte. Der große Platz ist zum Teil mit Bogengängen umgeben, über denen eine lange hölzerne Galerie hinläuft, wie man sie in allen heißen Län= dern sieht. Hier wurden die Schwarzen verkauft, die von der afrikanischen Küste herüberkommen. Unter allen euro= päischen Regierungen war die von Dänemark die erste und lange die einzige, die den Sklavenhandel abgeschafft hat, und dennoch waren die ersten Sklaven, die wir aufgestellt sahen, auf einem dänischen Sklavenschiff gekommen. Der gemeine Eigennutz, der mit Menschenpflicht, Nationalehre und den Gesetzen des Vaterlandes im Streite liegt, läßt sich durch nichts in seinen Spekulationen stören.

Die zum Verkauf ausgesetzten Sklaven waren junge Leute von fünfzehn bis zwanzig Jahren. Man lieferte ihnen jeden Morgen Kokosöl, um sich den Körper damit einzureiben und die Haut glänzend schwarz zu machen. Jeden Augenblick erschienen Käufer und schätzten nach der Beschaffenheit der Zähne Alter und Gesundheitszustand der Sklaven; sie rissen ihnen den Mund auf, ganz wie es auf dem Pferdemarkt geschieht. Dieser entwürdigende Brauch schreibt sich aus Afrika her, wie die getreue Schilderung zeigt, die Cervantes nach langer Gefangenschaft bei den Mauren in einem seiner

Theaterstücke[1] vom Verkauf der Christensklaven in Algier entwirft. Es ist ein empörender Gedanke, daß es noch heutigestags auf den Antillen spanische Ansiedler gibt, die ihre Sklaven mit dem Glüheisen zeichnen, um sie wieder zu erkennen, wenn sie entlaufen. So behandelt man Menschen, die anderen Menschen die Mühe des Säens, Ackerns und Erntens ersparen.[2]

Je tieferen Eindruck der erste Verkauf von Negern in Cumana auf uns gemacht hatte, desto mehr wünschten wir uns Glück, daß wir uns bei einem Volke und auf einem Kontinent befanden, wo ein solches Schauspiel sehr selten vorkommt und die Zahl der Sklaven im allgemeinen höchst unbedeutend ist. Dieselbe betrug im Jahre 1800 in den Provinzen Cumana und Barcelona nicht über 6000, während man zur selben Zeit die Gesamtbevölkerung auf 110 000 schätzte. Der Handel mit afrikanischen Sklaven, den die spanischen Gesetze niemals begünstigt haben, ist jetzt völlig bedeutungslos auf Küsten, wo im 16. Jahrhundert der Handel mit amerikanischen Sklaven schauerlich lebhaft war. Macarapan, früher Amaracapana genannt, Cumana, Araya und besonders Neucadiz, das auf dem Eiland Cubagua angelegt worden war, konnten damals für Kontore gelten, die zur Betreibung des Sklavenhandels errichtet waren. Girolamo Benzoni aus Mailand, der im Alter von 22 Jahren nach Terra Firma gekommen war, machte im Jahre 1542 an den Küsten von Bordones, Cariaco und Paria Raubzüge mit, bei denen unglückliche Eingeborene weggeschleppt wurden. Er erzählt sehr naiv und oft mit einem Gefühlsausdruck, wie er bei den Geschichtschreibern jener Zeit selten vorkommt, von den Grausamkeiten, die er mit angesehen. Er sah die Sklaven nach Neucadiz bringen, wo sie mit dem Glüheisen auf Stirne und Armen gezeichnet und den Beamten der Krone der Quint entrichtet wurde. Aus diesem Hafen wurden sie nach Hayti oder San Domingo geschickt, nachdem sie mehrmals die Herren gewechselt, nicht weil sie verkauft wurden, sondern weil die Soldaten mit Würfeln um sie spielten.

Unser erster Ausflug galt der Halbinsel Araya und jenen ehemals durch den Sklavenhandel und die Perlenfischerei viel-

---

[1] El trado de Argel.
[2] La Bruyère, Charactères cap. XI.

berufenen Landstrichen. Am 19. August gegen 2 Uhr nach
Mitternacht schifften wir uns bei der indischen Vorstadt auf
dem Manzanares ein. Unser Hauptzweck bei dieser kleinen
Reise war, die Trümmer des alten Schlosses von Araya zu
besehen, die Salzwerke zu besuchen und auf den Bergen,
welche die schmale Halbinsel Maniquarez bilden, einige geo=
logische Untersuchungen anzustellen. Die Nacht war köstlich
kühl, Schwärme leuchtender Insekten[1] glänzten in der Luft,
auf dem mit Sejuvium bedeckten Boden und in den Mimosen=
büschen am Fluß. Es ist bekannt, wie häufig die Leucht=
würmer in Italien und im ganzen mittäglichen Europa sind;
aber ihr malerischer Eindruck ist gar nicht zu vergleichen mit
den zahllosen zerstreuten, sich hin und her bewegenden Licht=
punkten, welche im heißen Erdstrich der Schmuck der Nächte
sind, wo einem ist, als ob das Schauspiel, welches das
Himmelsgewölbe bietet, sich auf der Erde, auf der ungeheuren
Ebene der Grasfluren wiederholte.

Als wir flußabwärts an die Pflanzungen oder Charas
kamen, sahen wir Freudenfeuer, die Neger angezündet hatten.
Leichter, gekräuselter Rauch stieg zu den Gipfeln der Palmen
auf und gab der Mondscheibe einen rötlichen Schein. Es
war Sonntagnacht und die Sklaven tanzten zur rauschenden,
eintönigen Musik einer Guitarre. Der Grundzug im Charakter
der afrikanischen Völker von schwarzer Rasse ist ein uner=
schöpfliches Maß von Beweglichkeit und Frohsinn. Nachdem
er die Woche über hart gearbeitet, tanzt und musiziert der
Sklave am Feiertage dennoch lieber, als daß er ausschläft.
Hüten wir uns, über diese Sorglosigkeit, diesen Leichtsinn
hart zu urteilen; wird ja doch dadurch ein Leben voll Ent=
behrung und Schmerz versüßt.

Die Barke, in der wir über den Meerbusen von Cariaco
fuhren, war sehr geräumig. Man hatte große Jaguarfelle
ausgebreitet, damit wir bei Nacht ruhen könnten. Noch waren
wir nicht zwei Monate in der heißen Zone, und bereits waren
unsere Organe so empfindlich für den kleinsten Temperatur=
wechsel, daß wir vor Frost nicht schlafen konnten. Zu unserer
Verwunderung sahen wir, daß der hundertteilige Thermo=
meter auf 21,8° stand. Dieser Umstand, der allen, die lange
in beiden Indien gelebt haben, wohl bekannt ist, verdient
von den Physiologen beachtet zu werden. Boucher erzählt,

---

[1] Elater noctilucus.

auf dem Gipfel der Montagne Pelée auf Martinique[1] haben er und seine Begleiter vor Frost gebebt, obgleich die Wärme noch 21½° betrug. In der anziehenden Reisebeschreibung des Kapitän Bligh, der infolge einer Meuterei an Bord des Schiffes Bounty 5400 km in einer offenen Schaluppe zurücklegen mußte, liest man, daß er zwischen dem 10. und 12. Grad südlicher Breite weit mehr vom Frost als vom Hunger gelitten.[2] Im Januar 1803, bei unserem Aufenthalt in Guayaquil, sahen wir die Eingeborenen sich über Kälte beklagen und sich zudecken, wenn der Thermometer auf 23,8° fiel, während sie bei 30,5° die Hitze erstickend fanden. Es brauchte nicht mehr als 7 bis 8 Grad, um die entgegengesetzten Empfindungen von Frost und Hitze zu erzeugen, weil an diesen Küsten der Südsee die gewöhnliche Lufttemperatur 28° beträgt. Die Feuchtigkeit, mit der sich die Leitungsfähigkeit der Luft für den Wärmestoff ändert, spielt bei diesen Empfindungen eine große Rolle. Im Hafen von Guayaquil, wie überall in der heißen Zone auf tief gelegenem Boden, kühlt sich die Luft nur durch Gewitterregen ab, und ich habe beobachtet, daß, während der Thermometer auf 23,8° fällt, der Delucsche Hygrometer auf 50 bis 52° stehen bleibt; dagegen steht er auf 37 bei einer Temperatur von 30,5°. In Cumana hört man bei starken Regengüssen in den Straßen schreien: „Que hielo! estoy emparamado!"[3] und doch fällt

---

[1] Der Berg ist nach verschiedenen Angaben zwischen 1300 und 1435 m hoch.

[2] Die Mannschaft der Schaluppe wurde häufig von den Wellen durchnäßt; wir wissen aber, daß unter dieser Breite die Temperatur des Meerwassers nicht unter 23° sein kann, und daß die durch Verdunstung entstehende Abkühlung in Nächten, wo die Lufttemperatur selten über 25° steigt, nur unbeträchtlich ist.

[3] „Welche Eiskälte! Ich friere, als wäre ich auf dem Rücken der Berge!" Das provinzielle Wort emparamarse läßt sich nur durch lange Umschreibung wiedergeben. Paramo, peruanisch Puna, ist ein Name, den man auf allen Karten des spanischen Amerikas findet. Er bedeutet in den Kolonieen weder eine Wüste noch eine „lande", sondern einen gebirgigen, mit verkrüppelten Bäumen bewachsenen, den Winden ausgesetzten Landstrich, wo es beständig naßkalt ist. In der heißen Zone liegen die Paramos gewöhnlich 3120 bis 3900 m hoch. Es fällt häufig Schnee, der nur ein paar Stunden liegen bleibt; denn man darf die Worte Paramo und Puna nicht, wie es den Geographen häufig begegnet,

der dem Regen ausgesetzte Thermometer nur auf 21,5°. Aus allen diesen Beobachtungen geht hervor, daß man zwischen den Wendekreisen auf Ebenen, wo die Lufttemperatur bei Tage fast beständig über 27° ist, bei Nacht das Bedürfnis fühlt, sich zuzudecken, so oft bei feuchter Luft der Thermometer um 4 bis 5 ½° fällt.

Gegen 8 Uhr morgens stiegen wir an der Landspitze von Araya bei der „Neuen Saline" ans Land. Ein einzelnes Haus steht auf einer kahlen Ebene, neben einer Batterie von drei Kanonen, auf die sich seit der Zerstörung des Forts St. Jakob die Verteidigung dieser Küste beschränkt. Der Salineninspektor bringt sein Leben in einer Hängematte zu, in der er den Arbeitern seine Befehle erteilt, und eine Lancha del rey (königliche Barke) führt ihm jede Woche von Cumana seine Lebensmittel zu. Man wundert sich, daß bei einem Salzwerk, das früher bei den Engländern, Holländern und anderen Seemächten Eifersucht erregte, kein Dorf oder auch nur ein Hof liegt. Kaum findet man am Ende der Landspitze von Araya ein paar armselige indianische Fischerhütten.

Man übersieht von hier aus zugleich das Eiland Cubagua, die hohen Berggipfel von Margarita, die Trümmer des Schlosses St. Jakob, den Cerro de la Vela und das Kalkgebirge des Brigantin, das gegen Süden den Horizont begrenzt. Wie reich die Halbinsel Araya an Kochsalz ist, wurde schon Alonso Niño bekannt, als er im Jahre 1499 in Kolumbus', Ojedas, und Amerigo Vespuccis Fußstapfen diese Länder besuchte. Obgleich die Eingeborenen Amerikas unter allen Völkern des Erdballes am wenigsten Salz verbrauchen, weil sie fast allein von Pflanzenkost leben, scheinen doch bereits die Guay-

------

mit dem Worte Nevado, peruanisch Ritticapa, verwechseln, was einen zur Linie des ewigen Schnees emporragenden Berg bedeutet. Diese Begriffe sind für die Geologie und die Pflanzengeographie sehr wichtig, weil man in Ländern, wo noch kein Berggipfel gemessen ist, eine richtige Vorstellung von der geringsten Höhe erhält, zu der sich die Kordilleren erheben, wenn man die Worte Paramo und Nevado aufsucht. Da die Paramos fast beständig in kalten, dichten Nebel gehüllt sind, so sagt das Volk in Santa Fé und Mexiko: cae un paramito, wenn ein feiner Regen fällt und die Lufttemperatur bedeutend abnimmt. Aus Paramo hat man emparamarse gemacht, d. h. frieren, als wäre man auf dem Rücken der Anden.

kari im Thon= und Salzboden der Punta Arenas ge=
graben zu haben. Selbst die jetzt die neuen genannten
Salzwerke, am Ende des Vorgebirges Araya, waren schon in
der frühesten Zeit im Gange. Die Spanier, die sich zuerst
auf Cubagua und bald nachher auf der Küste von Cumana
niedergelassen hatten, beuteten schon zu Anfang des 16. Jahr=
hunderts die Salzsümpfe aus, die sich als Lagunen nordwest=
lich vom Cerro de la Vela hinziehen. Da das Vorgebirge
Araya damals keine ständige Bevölkerung hatte, machten sich
die Holländer den natürlichen Reichtum des Bodens zu nutze,
den sie für ein Gemeingut aller Nationen ansahen. Heut=
zutage hat jede Kolonie ihre eigenen Salzwerke, und die
Schiffahrtskunst ist so weit fortgeschritten, daß die Cadizer
Handelsleute mit geringen Kosten spanisches und portugie=
sisches Salz 8500 km weit in die östliche Halbkugel senden
können, um Montevideo und Buenos Ayres mit ihrem Be=
darf für das Einsalzen zu versorgen. Solche Vorteile waren
zur Zeit der Eroberung unbekannt; die Industrie in den
Kolonieen war damals noch so weit zurück, daß das Salz von
Araya mit großen Kosten nach den Antillen, nach Cartagena
und Portobelo verschifft wurde. Im Jahre 1605 schickte der
Madrider Hof bewaffnete Fahrzeuge nach Punta Araya, mit
dem Befehl, daselbst auf Station zu liegen und die Holländer
mit Gewalt zu vertreiben. Diese fuhren nichtsdestoweniger
fort, heimlich Salz zu holen, bis man im Jahre 1622 bei
den Salzwerken ein Fort errichtete, das unter dem Namen
Castillo de Santiago oder Real Fuerza de Araya berühmt
geworden ist.

Diese großen Salzsümpfe sind auf den ältesten spanischen
Karten bald als Bucht, bald als Lagune angegeben. Laet,
der seinen Orbis novus im Jahre 1633 schrieb und sehr
gute Nachrichten von diesen Küsten hatte, sagt sogar aus=
drücklich, die Lagune sei von der See durch eine über der
Fluthöhe gelegene Landenge getrennt gewesen. Im Jahre 1726
zerstörte ein außerordentliches Ereignis die Saline von Araya
und machte das Fort, das über eine Million harter Piaster
gekostet hatte, unnütz. Man spürte einen heftigen Windstoß,
eine große Seltenheit in diesen Strichen, wo die See meist
nicht unruhiger ist als das Wasser unserer Flüsse; die Flut
drang weit ins Land hinein und durch den Einbruch des
Meeres wurde der Salzsee in einen mehrere Meilen langen
Meerbusen verwandelt. Seitdem hat man nördlich von der

Hügelkette, welche das Schloß von der Nordküste der Halb=
insel trennt, künstliche Behälter oder Kasten angelegt.

Der Salzverbrauch war in den Jahren 1799 und 1800
in den beiden Provinzen Cumana und Barcelona zwischen
9000 und 10000 Fanegas, jede zu 16 Arrobas oder 4 Zent=
nern. Dieser Verbrauch ist sehr beträchtlich, und es ergeben
sich dabei, wenn man 50000 Indianer abrechnet, die nur
sehr wenig Salz verzehren, 30 kg auf den Kopf. In Frank=
reich rechnet man, nach Necker, nur 6 bis 7 kg, und der
Unterschied rührt daher, daß man so viel Salz zum Ein=
salzen braucht. Das gesalzene Ochsenfleisch, Tasajo genannt,
ist im Handel von Barcelona der vornehmste Ausfuhrartikel.
Von 9000 bis 10000 Fanegas Salz, welche die beiden Pro=
vinzen zusammen liefern, kommen nur 3000 vom Salzwerk
von Araya; das übrige wird bei Morro de Barcelona, Pozuelos,
Piritu und im Golfo triste aus Meerwasser gewonnen.
In Mexiko liefert der einzige Salzsee Peñon Blanco
jährlich über 250000 Fanegas unreines Salz.

Die Provinz Caracas hat schöne Salzwerke bei den
Klippen los Roques; das früher auf der kleinen Insel Tor=
tuga gelegene ist auf Befehl der spanischen Regierung zerstört
worden. Man grub einen Kanal, durch den das Meer zu den
Salzsümpfen dringen konnte. Andere Nationen, die auf den
Kleinen Antillen Kolonieen haben, besuchen diese unbewohnte
Insel, und der Madrider Hof fürchtete in seiner argwöhnischen
Politik, das Salzwerk von Tortuga möchte Veranlassung zu
einer festen Niederlassung werden, wodurch dem Schleichhandel
mit Terra Firma Vorschub geleistet würde.

Die Salzwerke von Araya werden erst seit dem Jahre
1792 von der Regierung selbst betrieben. Bis dahin waren
sie in den Händen indianischer Fischer, die nach Belieben
Salz bereiteten und verkauften, wofür sie der Regierung nur
die mäßige Summe von 300 Piastern bezahlten. Der Preis
der Fanega war damals 4 Realen;[1] aber das Salz war sehr
unrein, grau, und enthielt sehr viel salzsaure und schwefel=
saure Bittererde. Da zudem die Ausbeutung von seiten
der Arbeiter äußerst unregelmäßig betrieben wurde, so fehlte

---

[1] In dieser Reisebeschreibung sind alle Preise in harten
Piastern und Silberrealen, reales de plata, ausgedrückt. Acht
Realen gehen auf einen harten Piaster oder 105 Sous französischen
Geldes.

es oft an Salz zum Einsalzen des Fleisches und der Fische, das in diesen Ländern für den Fortschritt des Gewerbfleißes von großem Belang ist, da das indianische niedere Volk und die Sklaven von Fischen und etwas Tasajo leben. Seit die Provinz Cumana unter der Intendanz von Caracas steht, besteht die Salzregie, und die Fanega, welche die Guaykari für einen halben Piaster verkauften, kostet anderthalb Piaster. Für diese Preiserhöhung leistet nur geringen Ersatz, daß das Salz reiner ist, und daß die Fischer und Kolonisten es das ganze Jahr im Ueberfluß beziehen können. Die Salinenverwaltung von Araya brachte im Jahre 1799 dem Schatze 8000 Piaster jährlich ein. Aus diesen statistischen Notizen geht hervor, daß die Salzbereitung in Araya, als Industriezweig betrachtet, von keinem großen Belang ist.

Der Thon, aus dem zu Araya das Salz gewonnen wird, kommt mit dem Salzthon überein, der in Berchtesgaden und in Südamerika in Zipaquira mit dem Steinsalz vorkommt. Das salzsaure Natron ist in diesem Thon nicht in sichtbaren Teilchen eingesprengt, aber sein Vorhandensein läßt sich leicht bemerklich machen. Wenn man die Masse mit Regenwasser netzt und der Sonne aussetzt, schießt das Salz in großen Kristallen an. Die Lagune westlich vom Schloß Santiago zeigt alle Erscheinungen, wie sie von Lepechin, Gmelin und Pallas in den sibirischen Salzseen beobachtet worden sind. Sie nimmt übrigens nur das Regenwasser auf, das durch die Thonschichten durchsickert und sich am tiefsten Punkte der Halbinsel sammelt. Solange die Lagune den Spaniern und Holländern als Salzwerk diente, stand sie mit der See in keiner Verbindung; neuerdings hat man nun diese Verbindung wieder aufgehoben, indem man an der Stelle, wo das Meer im Jahre 1726 eingebrochen war, einen Faschinendamm anlegte. Nach großer Trockenheit werden noch jetzt vom Boden der Lagune 3 bis 4 Kubikfuß große Klumpen kristallisierten, sehr reinen salzsauren Natrons heraufgefördert. Das der brennenden Sonne ausgesetzte Salzwasser des Sees verdunstet an der Oberfläche; in der gesättigten Lösung bilden sich Salzkrusten, sinken zu Boden, und da Kristalle von derselben Zusammensetzung und der gleichen Gestalt einander anziehen, so wachsen die kristallinischen Massen von Tag zu Tage an. Man beobachtet im allgemeinen, daß das Wasser überall, wo sich Lachen im Thonboden gebildet haben, salzhaltig ist. Im neuen Salzwerk bei den Batterien von Araya leitet man allerdings das Meerwasser in die Kasten, wie in den Salzsümpfen im mittäglichen Frankreich; aber auf der Insel Margarita bei Pampadar wird das Salz nur dadurch bereitet, daß man süßes Wasser den salzhaltigen Thon auslaugen läßt.

Das Salz, das in Thonbildungen enthalten ist, darf nicht verwechselt werden mit dem Salz, das im Sande am Meeresufer vorkommt und das an den Küsten der Normandie ausgebeutet wird. Diese beiden Erscheinungen haben, aus geologischem Gesichtspunkt betrachtet, so gut wie nichts miteinander gemein. Ich habe salzhaltigen Thon am Meeresspiegel, bei Punta Araya, und in 3900 m Höhe in den Kordilleren von Neugranada gesehen. Wenn derselbe am erstgenannten Orte unter einer Muschelbreccie von sehr neuer Bildung liegt, so tritt er dagegen bei Ischl in Oesterreich als mächtige Schicht im Alpenkalf auf, der, obgleich gleichfalls jünger als die Existenz organischer Wesen auf der Erde, doch sehr alt ist, wie die vielen Gebirgsglieder zeigen, die ihm aufgelagert sind. Wir wollen nicht in Zweifel ziehen, daß das reine[1] oder mit salzhaltigem Thon vermengte Steinsalz[2] der Niederschlag eines alten Meeres sein könne, alles weist aber darauf hin, daß es sich unter Naturverhältnissen gebildet hat, die sehr bedeutend abweichen mußten von denen, unter welchen die jetzigen Meere infolge allmählicher Verdunstung hier und da ein paar Körner salzsauren Natrons im Ufersande niederschlagen. Wie der Schwefel und die Steinkohle sehr weit auseinander liegenden Formationen angehören, kommt auch das Steinsalz bald im Uebergangsgips, bald im Alpenkalf, bald in einem mit sehr neuem Muschelsandstein bedeckten Salzthon (Punta Araya), bald in einem Gips vor, der jünger ist als die Kreide.

Das neue Salzwerk von Araya besteht aus fünf Behältern oder Kasten, von denen die größten eine regelmäßige Form und 87,4 a Oberfläche haben. Die mittlere Tiefe beträgt 21 cm. Man bedient sich sowohl des Regenwassers, das sich durch Einsickerung am tiefsten Punkt der Ebene sammelt, als des Meerwassers, das durch Kanäle hereingeleitet wird, wenn der Wind die See an die Küste treibt. Dieses Salzwerk ist nicht so günstig gelegen wie die Lagune. Das

---

[1] Das von Wielicka und Peru.
[2] Das von Hallein, Ischl und Zipaquira.

Wasser, das in die letztere fällt, kommt von stärker geneigten Abhängen und hat ein größeres Bodenstück ausgelaugt. Die Indianer pumpen mit der Hand das Meerwasser aus einem Hauptbehälter in die Kasten. Leicht ließe sich indessen der Wind als Triebkraft benützen, da der Seewind fortwährend stark auf die Küste bläst. Man hat nie daran gedacht, weder die bereits ausgelaugte Erde wegzuschaffen, noch Schachte im Salzthon niederzutreiben, um Schichten aufzusuchen, die reicher an salzsaurem Natron sind. Die Salzarbeiter klagen meist über Regenmangel, und beim neuen Salzwerk scheint es mir schwer auszumitteln, welches Quantum von Salz allein auf Rechnung des Seewassers kommt. Die Eingeborenen schätzen es auf ein Sechsteil des ganzen Ertrages. Die Verdunstung ist sehr stark und wird durch den beständigen Luftzug gesteigert; das Salz wird aber auch am 18. bis 20. Tage, nachdem man die Behälter gefüllt, ausgezogen. Wir fanden (am 19. August um 3 Uhr nachmittags) die Temperatur des Salzwassers in den Kasten 32,5°, während die Luft im Schatten 27,2° und der Sand an der Küste in 16 cm Tiefe 42,5° zeigte. Wir tauchten den Thermometer in die See und sahen ihn zu unserer Ueberraschung nur auf 23° steigen. Diese niedrige Temperatur rührt vielleicht von den Untiefen her, welche die Halbinsel Araya und die Insel Margarita umgeben, und an deren Abfällen sich tiefere Wasserschichten mit den oberflächlichen vermischen.

Obgleich das salzsaure Natron auf der Halbinsel Araya nicht so sorgfältig bereitet wird als in den europäischen Salzwerken, ist es dennoch reiner und enthält weniger salzsaure und schwefelsaure Erden. Wir wissen nicht, ob diese Reinheit dem Anteil von Salz, den das Meer liefert, zuzuschreiben ist; denn wenn auch die Menge der im Meerwasser gelösten Salze höchst wahrscheinlich unter allen Himmelsstrichen dieselbe ist,[1] so weiß man doch nicht, ob auch das Verhältnis zwischen dem salzsauren Natron, der salzsauren und schwefelsauren Bittererde und dem schwefelsauren und kohlensauren Kalk sich gleich bleibt.

―――――――――

[1] Mit Ausnahme der Binnenmeere und der Länder, wo sich Polargletscher bilden. Dieses Sichgleichbleiben des Salzgehaltes des Meeres erinnert an die noch weit größere Gleichförmigkeit der Verteilung des Sauerstoffes im Luftmeer. In beiden Elementen wird das Gleichgewicht in der Lösung oder im Gemenge durch Strömungen hergestellt und erhalten.

Nachdem wir die Salinen besehen und unsere geodätischen
Arbeiten beendigt hatten, brachen wir gegen Abend auf, um
einige Meilen weiterhin in einer indianischen Hütte bei den
Trümmern des Schlosses von Araya die Nacht zuzubringen.
Unsere Instrumente und unseren Mundvorrat schickten wir
voraus; denn wenn wir von der großen Hitze und der Re-
verberation des Bodens erschöpft waren, spürten wir in diesen
Ländern nur abends und in der Morgenkühle Eßlust. Wir
wandten uns nach Süd und gingen zuerst über die kahle mit
Salzthon bedeckte Ebene, und dann über zwei aus Sandstein
bestehende Hügelketten, zwischen denen die Lagune liegt. Die
Nacht überraschte uns, während wir einen schmalen Pfad ver-
folgten, der einerseits vom Meer, andererseits von senkrechten
Felswänden begrenzt ist. Die Flut war im raschen Steigen
und engte unseren Weg mit jedem Schritt mehr ein. Am
Fuße des alten Schlosses von Araya angelangt, lag ein Naturbild mit einem melancholischen, romantischen Anstrich vor uns,
und doch wurde weder durch die Kühle eines finsteren Forstes,
noch durch die Großartigkeit der Pflanzengestalten die Schönheit der Trümmer gehoben. Sie liegen auf einem kahlen,
dürren Berge, mit Agaven, Säulenkaktus und Mimosen bewachsen, und gleichen nicht sowohl einem Werke von Menschenhand, als vielmehr Felsmassen, die in den ältesten Umwälzungen des Erdballes zertrümmert worden.

Wir wollten Halt machen, um des großartigen Schauspieles zu genießen und den Untergang der Venus zu beobachten, deren Scheibe von Zeit zu Zeit zwischen dem Gemäuer
des Schlosses erschien; aber der Mulatte, der uns als Führer
diente, wollte verdursten und drang lebhaft in uns, umzu-
kehren. Er hatte längst gemerkt, daß wir uns verirrt hatten,
und da er hoffte, durch die Furcht auf uns zu wirken, sprach
er beständig von Tigern und Klapperschlangen. Giftige Reptilien sind allerdings beim Schlosse Araya sehr häufig, und
erst vor kurzem waren beim Eingang des Dorfes Maniquarez
zwei Jaguare erlegt worden. Nach den aufbehaltenen Fellen
waren sie nicht viel kleiner als die ostindischen Tiger. Vergeblich führten wir unserem Führer zu Gemüt, daß diese
Tiere an einer Küste, wo die Ziegen ihnen reichliche Nahrung
bieten, keinen Menschen anfallen; wir mußten nachgeben und
hingehen, woher wir gekommen waren. Nachdem wir drei
Viertelstunden über einen von der steigenden Flut bedeckten
Strand gegangen, stieß der Neger zu uns, der unseren Mund-

vorrat getragen hatte; da er uns nicht kommen sah, war er
unruhig geworden und uns entgegengegangen. Er führte
uns durch ein Gebüsch von Fackeldisteln zu der Hütte einer
indianischen Familie. Wir wurden mit der herzlichen Gastfreundschaft aufgenommen, die man in diesen Ländern bei
Menschen aller Kasten findet. Von außen war die Hütte, in
der wir unsere Hängematten befestigten, sehr sauber; wir
fanden daselbst Fische, Bananen u. dgl., und, was im heißen
Landstrich über die ausgesuchtesten Speisen geht, vortreffliches
Wasser.

Des anderen Tages bei Sonnenaufgang sahen wir, daß
die Hütte, in der wir die Nacht zugebracht, zu einem Haufen
kleiner Wohnungen am Ufer des Salzsees gehörte. Es sind
dies die schwachen Ueberbleibsel eines ansehnlichen Dorfes,
das sich einst um das Schloß gebildet. Die Trümmer einer
Kirche waren halb im Sand begraben und mit Strauchwerk
bewachsen. Nachdem im Jahre 1762 das Schloß von Araya,
um die Unterhaltungskosten der Besatzung zu ersparen, gänzlich zerstört worden war, zogen sich die in der Umgegend
angesiedelten Indianer und Farbigen allmählich nach Maniquarez, Cariaco und in die indianische Vorstadt von Cumana. Nur wenige blieben aus Anhänglichkeit an den
Heimatsboden am wilden, öden Ort. Diese armen Leute
leben vom Fischfang, der an den Küsten und auf den Untiefen
in der Nähe äußerst ergiebig ist. Sie schienen mit ihrem Los
zufrieden und fanden die Frage seltsam, warum sie keine
Gärten hätten und keine nutzbaren Gewächse bauten. „Unsere
Gärten," sagten sie, „sind drüben über der Meerenge; wir
bringen Fische nach Cumana und verschaffen uns dafür Bananen, Kokosnüsse und Manioc." Diese Wirtschaft, die der
Trägheit zusagt, ist in Maniquarez und auf der ganzen Halbinsel Araya Brauch. Der Hauptreichtum der Einwohner besteht in Ziegen, die sehr groß und schön sind. Sie laufen
frei umher, wie die Ziegen auf dem Pik von Tenerifa; sie
sind völlig verwildert und man zeichnet sie wie die Maultiere, weil sie nach Aussehen, Farbe und Zeichnung nicht zu
unterscheiden wären. Die wilden Ziegen sind hellbraun und
nicht verschiedenfarbig wie die zahmen. Wenn ein Kolonist
auf der Jagd eine Ziege schießt, die er nicht als sein Eigentum erkennt, so bringt er sie sogleich dem Nachbar, dem sie
gehört. Zwei Tage lang hörten wir als von einer selten
vorkommenden Niederträchtigkeit davon sprechen, daß einem

Einwohner von Maniquarez eine Ziege abhanden gekommen, und daß wahrscheinlich eine Familie in der Nachbarschaft sich gütlich damit gethan habe. Dergleichen Züge, die für große Sittenreinheit beim gemeinen Volke sprechen, kommen häufig auch in Neumexiko, in Kanada und in den Ländern westlich von den Alleghanies vor.

Unter den Farbigen, deren Hütten um den Salzsee stehen, befand sich ein Schuhmacher von kastilianischem Blute. Er nahm uns mit dem Ernst und der Selbstgefälligkeit auf, die unter diesen Himmelsstrichen fast allen Leuten eigen sind, die sich für besonders begabt halten. Er war eben daran, die Sehne seines Bogens zu spannen und Pfeile zu spitzen, um Vögel zu schießen. Sein Gewerbe als Schuster konnte in einem Lande, wo die meisten Leute barfuß gehen, nicht viel eintragen; er beschwerte sich auch, daß das europäische Pulver so teuer sei und ein Mann wie er zu denselben Waffen greifen müsse wie die Indianer. Der Mann war das gelehrte Orakel des Dorfes; er wußte, wie sich das Salz durch den Einfluß der Sonne und des Vollmondes bildet, er kannte die Vor= zeichen der Erdbeben, die Merkmale, wo sich Gold und Silber im Boden finden, und die Arzneipflanzen, die er, wie alle Kolonisten von Chile bis Kalifornien, in heiße und kalte [1] einteilte. Er hatte die geschichtlichen Ueberlieferungen des Landes gesammelt, und gab uns interessante Notizen über die Perlen von Cubagua, welchen Luxusartikel er höchst weg= werfend behandelte. Um uns zu zeigen, wie bewandert er in der heiligen Schrift sei, führte er wohlgefällig den Spruch Hiobs an, daß Weisheit höher zu wägen ist, denn Perlen. Seine Philosophie ging nicht über den engen Kreis der Lebens= bedürfnisse hinaus. Ein derber Esel, der eine tüchtige Ladung Bananen an den Landungsplatz tragen könnte, war das höchste Ziel seiner Wünsche.

Nach einer langen Rede über die Eitelkeit menschlicher Herrlichkeit zog er aus einer Ledertasche sehr kleine und trübe Perlen und drang uns dieselben auf. Zugleich hieß er uns, es in unsere Schreibtafel aufzuzeichnen, daß ein armer Schuster von Araya, aber ein weißer Mann und von edlem kastilischem Blute, uns etwas habe schenken können, das drüben über dem Meer für eine große Kostbarkeit gelte. Ich komme dem Ver=

---

[1] Reizende und schwächende, sthenische oder asthenische nach Browns System.

sprechen, das ich dem braven Manne gab, etwas spät nach und freue mich, dabei bemerken zu können, daß seine Uneigennützigkeit ihm nicht gestattete, irgend eine Vergütung anzunehmen. An der Perlenküste sieht es allerdings so armselig aus, wie im „Gold- und Diamantenland“, in Choco und Brasilien; aber mit dem Elend paart sich hier nicht die zügellose Gewinnsucht, wie sie durch Schätze des Mineralreiches erzeugt wird.

Die Perlenmuschel ist auf den Untiefen, die sich vom Kap Paria zum Kap Vela erstrecken, sehr häufig. Die Insel Margarita, Cubagua, Coche, Punta Araya und die Mündung des Rio la Hacha waren im 16. Jahrhundert berühmt, wie im Altertum der Persische Meerbusen und die Insel Taprobane.[1] Es ist nicht richtig, was mehrere Geschichtschreiber behaupten, daß die Eingeborenen Amerikas die Perlen als Luxusartikel nicht gekannt haben sollen. Die Spanier, die zuerst an Terra Firma landeten, sahen bei den Wilden Hals- und Armbänder, und bei den civilisierten Völkern in Mexiko und Peru waren Perlen von schöner Form ungemein gesucht. Ich habe die Basaltbüste einer mexikanischen Priesterin bekannt gemacht,[2] deren Kopfputz, der auch sonst mit der Calantica der Isisköpfe Aehnlichkeit hat, mit Perlen besetzt ist. Las Casas und Benzoni erzählen, und zwar nicht ohne Uebertreibung, wie grausam man mit den Indianern und Negern umging, die man zur Perlenfischerei brauchte. In der ersten Zeit der Eroberung lieferte die Insel Coche allein 1500 Mark Perlen monatlich. Der Quint, den die königlichen Beamten vom Ertrag an Perlen erhoben, belief sich auf 15 000 Dukaten, nach dem damaligen Wert der Metalle und in Betracht des starken Schmuggels eine sehr bedeutende Summe. Bis zum Jahre 1530 scheint sich der Wert der nach Europa gesendeten Perlen im Jahresdurchschnitt auf mehr als 800 000 Piaster belaufen zu haben. Um zu ermessen, von welcher Bedeutung dieser Handelszweig in Sevilla, Toledo, Antwerpen und Genua sein mochte, muß man bedenken, daß zur selben Zeit alle Bergwerke Amerikas nicht zwei Millionen Piaster lieferten

---

[1] Strabo Lib. XV. Plinius Lib. IX, c. 35, Lib. XII, c. 18. Solinus, Polyhistor. c. 68; besonders Athenaeus, Deipnosoph. Lib. III. c. 45.

[2] Humboldt, Atlas pittoresque Tafel 1 und 2.

und daß die Flotte Ovandos für unermeßlich reich galt, weil sie gegen 2600 Mark Silber führte.

Die Perlen waren desto gesuchter, da der asiatische Luxus auf zwei gerade entgegengesetzten Wegen nach Europa gedrungen war, von Konstantinopel her, wo die Paläologen reich mit Perlen gestickte Kleider trugen, und von Granada her, wo die maurischen Könige saßen, an deren Hof der ganze asiatische Prunk herrschte. Die ostindischen Perlen waren geschätzter als die westindischen; indessen kamen doch die letzteren in der ersten Zeit nach der Entdeckung von Amerika in Menge in den Handel. In Italien wie in Spanien wurde die Insel Cubagua das Ziel zahlreicher Handelsunternehmungen. Benzoni erzählt, was einem gewissen Ludwig Lampagnano begegnete, dem Karl der Fünfte das Privilegium erteilt hatte, mit fünf „Caravelen" an die Küste von Cumana zu gehen und Perlen zu fischen. Die Ansiedler schickten ihn mit der kecken Antwort heim, der Kaiser gehe mit etwas, das nicht sein gehöre, allzu freigebig um; es stehe ihm nicht das Recht zu, über Austern zu verfügen, die auf dem Meeresboden leben.

Gegen das Ende des 16. Jahrhunderts nahm die Perlenfischerei rasch ab, und nach Laets Angabe [1] hatte sie im Jahre 1633 längst aufgehört. Durch den Gewerbfleiß der Venediger, welche die echten Perlen täuschend nachmachten, und den starken Gebrauch der geschnittenen Diamanten [2] wurden die Fischereien in Cubagua weniger einträglich. Zugleich wurden die Perlenmuscheln seltener, nicht, wie man nach der Volkssage glaubt, weil die Tiere vom Geräusch der Ruder verscheucht wurden, sondern weil man im Unverstand die Muscheln zu Tausenden abgerissen und so ihrer Fortpflanzung Einhalt gethan hatte. Die Perlenmuschel ist noch von zarterer Konstitution als die meisten anderen kopflosen Weichtiere. Auf der Insel Ceylon, wo in der Bucht von Condeatchy die Perlenfischerei sechs-

---

[1] Insularum Cubaguae et Coches quondam magna fuit dignitas, quum unionum captura floreret, nunc, illa deficiente, obscura admodum fama. Laet. Nov. Orbis p. 669. Dieser sorgfältige Kompilator sagt, wo er von der Punta Araya spricht, weiter, das Land sei dergestalt in Vergessenheit geraten, „ut vix ulla alia Americae meridionalis pars hodie obscurior sit".

[2] Das Schneiden der Diamanten wurde im Jahre 1456 von Ludwig de Berquen erfunden; in allgemeinen Gebrauch kam es aber erst im folgenden Jahrhundert.

hundert Taucher beschäftigt und der jährliche Ertrag über eine halbe Million steigt, hat man das Tier vergeblich auf andere Küstenpunkte zu verpflanzen gesucht. Die Regierung gestattet die Fischerei nur einen Monat lang, während man in Cubagua die Muschelbank das ganze Jahr hindurch ausbeutete. Um sich eine Vorstellung davon zu machen, in welchem Maße die Taucher unter diesem Tiergeschlecht aufräumen, muß man bedenken, daß manches Fahrzeug in zwei, drei Wochen über 35 000 Muscheln aufnimmt. Das Tier lebt nur neun bis zehn Jahre und die Perlen fangen erst im vierten Jahre an zum Vorschein zu kommen. In 10 000 Muscheln ist oft nicht eine wertvolle Perle. Nach der Sage öffneten die Fischer auf der Bank bei der Insel Margarita die Muscheln Stück für Stück; auf Ceylon schüttet man die Tiere auf und läßt sie faulen, und um die Perlen zu gewinnen, welche nicht an den Schalen hängen, wäscht man die Haufen tierischen Gewebes aus, gerade wie man in den Minen den Sand auswäscht, der Gold- oder Zinngeschiebe oder Diamanten enthält.

Gegenwärtig bringt das spanische Amerika nur noch die Perlen in den Handel, die aus dem Meerbusen von Panama und von der Mündung des Rio de la Hacha kommen. Auf den Untiefen um Cubagua, Coche und Margarita ist die Fischerei aufgegeben, wie an der kalifornischen Küste.[1] Man glaubt in Cumana, die Perlenmuschel habe sich nach zweihundertjähriger Ruhe wieder bedeutend vermehrt,[2] und man fragt sich, warum die Perlen, die man jetzt in Muscheln findet, die an den Fischnetzen hängen bleiben,[3] so klein sind und so wenig Glanz haben, während man bei der Ankunft der Spanier sehr schöne bei den Indianern fand, die doch schwerlich danach tauchten. Diese Frage ist desto schwerer zu beantworten, da wir nicht wissen, ob etwa Erdbeben die Beschaffenheit des Seebodens verändert haben, oder ob Richtungsänderungen in

---

[1] Es wundert mich, auf unseren Reisen nirgends gehört zu haben, daß in Südamerika Perlen in Süßwassermuscheln gefunden worden wären, und doch kommen manche Arten der Gattung Unio in den peruanischen Flüssen in großer Menge vor.

[2] Im Jahre 1812 sind bei Margarita einige Versuche gemacht worden, die Perlenfischerei wieder aufzunehmen.

[3] Die Einwohner von Araya verkaufen zuweilen solche kleine Perlen an die Kaufleute von Cumana. Der gewöhnliche Preis ist ein Piaster für das Dutzend.

untermeerischen Strömen auf die Temperatur des Wassers oder auf die Häufigkeit gewisser Weichtiere, von denen sich die Muscheln nähren, Einfluß geäußert haben.

Am 20. morgens führte uns der Sohn unseres Wirtes, ein sehr kräftiger Indianer, über den Barigon und Caney ins Dorf Maniquarez. Es waren vier Stunden Weges. Durch das Rückprallen der Sonnenstrahlen vom Sand stieg der Thermometer auf 31,3°. Die Säulenkaktus, die am Wege stehen, geben der Landschaft einen grünen Schein, ohne Kühle und Schatten zu bieten. Unser Führer setzte sich, ehe er 5 km weit gegangen war, jeden Augenblick nieder. Im Schatten eines schönen Tamarindenbaumes bei den Casas de la Vela wollte er sich gar niederlegen, um den Anbruch der Nacht abzuwarten. Ich hebe diesen Charakterzug hervor, da er einem überall entgegentritt, so oft man mit Indianern reist, und zu den irrigsten Vorstellungen von der Körperverfassung der verschiedenen Menschenrassen Anlaß gegeben hat. Der kupferfarbige Eingeborene, der besser als der reisende Europäer an die glühende Hitze des Himmelsstriches gewöhnt ist, beklagt sich nur deshalb mehr darüber, weil ihn kein Reiz antreibt. Geld ist keine Lockung für ihn, und hat er sich je einmal durch Gewinnsucht verführen lassen, so reut ihn sein Entschluß, sobald er auf dem Wege ist. Derselbe Indianer aber, der sich beklagt, wenn man ihm beim Botanisieren eine Pflanzenbüchse zu tragen gibt, treibt einen Kahn gegen die rascheste Strömung und rudert so 14 bis 15 Stunden in einem fort, weil er sich zu den Seinigen zurücksehnt. Will man die Muskelkraft der Völker richtig schätzen lernen, muß man sie unter Umständen beobachten, wo ihre Handlungen durch einen gleich kräftigen Willen bestimmt werden.

Wir besahen in der Nähe die Trümmer des Schlosses Santiago, das durch seine ausnehmend feste Bauart merkwürdig ist. Die Mauern aus behauenen Steinen sind 1,6 m dick; man mußte sie mit Minen sprengen; man sieht noch Mauerstücke von 70, 80 qm, die kaum einen Riß zeigen. Unser Führer zeigte uns eine Zisterne (el aljibe), die 10 m tief ist und, obgleich ziemlich schadhaft, den Bewohnern der Halbinsel Araya Wasser liefert. Diese Zisterne wurde im Jahre 1681 vom Statthalter Don Juan Padilla Guardiola vollendet, demselben, der in Cumana das kleine Fort Santa Maria gebaut hat. Da der Behälter mit einem Gewölbe im Rundbogen geschlossen ist, so bleibt das Wasser darin frisch und sehr gut. Konserven, die den Kohlenwasserstoff zersetzen und zugleich Würmern und Insekten zum Aufenthalt dienen, bilden sich nicht darin. Jahrhundertelang hatte man geglaubt, die Halbinsel Araya habe gar keine Quellen süßen Wassers, aber im Jahre 1797 haben die Einwohner von Maniquarez nach langem vergeblichen Suchen doch solches gefunden.

Als wir über die kahlen Hügel am Vorgebirge Cirial gingen, spürten wir einen starken Bergölgeruch. Der Wind kam vom Orte her, wo die Bergölquellen liegen, deren schon die ersten Beschreibungen dieser Länder erwähnen. — Das Töpfergeschirr von Maniquarez ist seit unvordenklicher Zeit berühmt, und dieser Industriezweig ist ganz in den Händen der Indianerweiber. Es wird noch gerade so fabriziert wie vor der Eroberung. Dieses Verfahren ist einerseits eine Probe vom Zustand der Künste in ihrer Kindheit, und andererseits von der Starrheit der Sitten, die allen eingeborenen Völkern Amerikas als ein Charakterzug eigen ist. In 300 Jahren konnte die Töpferscheibe keinen Eingang auf einer Küste finden, die von Spanien nur 30 bis 40 Tagereisen zur See entfernt ist. Die Eingeborenen haben eine dunkle Vorstellung davon, daß es ein solches Werkzeug gibt, und sie würden sich desselben bedienen, wenn man ihnen das Muster in die Hand gäbe. Die Thongruben sind 2,75 km östlich von Maniquarez. Dieser Thon ist das Zersetzungsprodukt eines durch Eisenoxyd rot gefärbten Glimmerschiefers. Die Indianerinnen nehmen vorzugsweise solchen, der viel Glimmer enthält. Sie formen mit großem Geschick Gefäße von 60 cm bis 1 m Durchmesser mit sehr regelmäßiger Krümmung. Da sie den Brennofen nicht kennen, so schichten sie Strauchwerk von Desmanthus, Cassia und baumartiger Capparis um die Töpfe und brennen sie in freier Luft. Weiter westwärts von der Thongrube liegt die Schlucht der Mina (Bergwerk). Nicht lange nach der Eroberung sollen venezianische Goldschürfer dort Gold aus dem Glimmerschiefer gewonnen haben. Dieses Metall scheint hier nicht auf Quarzgängen vorzukommen, sondern im Gestein eingesprengt zu sein, wie zuweilen im Granit und Gneis.

Wir trafen in Maniquarez Kreolen, die von einer Jagdpartie auf Cubagua kamen. Die Hirsche von der kleinen Art sind auf diesem unbewohnten Eilande so häufig, daß man täglich drei und vier schießen kann. Ich weiß nicht, wie die Tiere hinübergekommen sind; denn Laet und andere Chronisten des Landes, die von der Gründung von Neucadiz berichten, sprechen nur von der Menge Kaninchen auf der Insel. Der Venado auf Cubagua gehört zu einer der vielen kleinen amerikanischen Hirscharten, die von den Zoologen lange unter dem allgemeinen Namen Cervus Americanus zusammengeworfen wurden. Er scheint mir nicht identisch mit der Biche des Savanes von Guadeloupe oder dem Guazuti in Paraguay, der auch in Rudeln lebt. Sein Fell ist auf dem Rücken rotbraun, am Bauche weiß; es ist gefleckt, wie beim Axis. In den Ebenen am Cari zeigte man uns, als eine große Seltenheit in diesen heißen Ländern, eine weiße Spielart. Es war eine Hirschkuh von der Größe des europäischen Rehes und von äußerst zierlicher Gestalt. Albinos kommen in der Neuen Welt sogar unter den Tigern vor. Azara sah einen Jaguar, auf dessen ganz weißem Fell man nur hier und da gleichsam einen Schatten von den runden Flecken sah.

Für den merkwürdigsten, man kann sagen für den wunderbarsten aller Naturkörper auf der Küste von Araya gilt beim Volke der Augenstein, Piedra de los ojos. Dieses Gebilde aus Kalkerde ist in aller Munde; nach der Volksphysik ist es ein Stein und ein Tier zugleich. Man findet es im Sande, und da rührt es sich nicht; nimmt man es aber einzeln auf und legt es auf eine ebene Fläche, z. B. auf einen Zinn- oder Fayence-Teller, so bewegt es sich, sobald man es durch Zitronensaft reizt. Steckt man es ins Auge, so dreht sich das angebliche Tier um sich selbst und schiebt jeden fremden Körper heraus, der zufällig ins Auge geraten ist. Auf der neuen Saline und im Dorfe Maniquarez brachte man uns solche Augensteine zu Hunderten und die Eingeborenen machten uns den Versuch mit dem Zitronensaft eifrig vor. Man wollte uns Sand in die Augen bringen, damit wir uns selbst von der Wirksamkeit des Mittels überzeugten. Wir sahen alsbald, daß diese Steine die dünnen, porösen Deckel kleiner einschaliger Muscheln sind. Sie haben 2 bis 8 mm Durchmesser; die eine Fläche ist eben, die andere gewölbt. Diese Kalkdeckel brausen mit Zitronensaft auf und rücken von der Stelle, indem sich die Kohlensäure entwickelt. Infolge ähnlicher Reaktion bewegt sich zuweilen das Brot im Backofen auf wagerechter Fläche, was in Europa zum Volksglauben an bezauberte Öfen Anlaß gegeben hat. Die Piedras de los ojos wirken, wenn man sie ins Auge schiebt, wie die kleinen Perlen und verschiedene runde Samen, deren sich die Wilden in Amerika bedienen, um den Thränenfluß zu steigern. Diese Erklärungen waren aber gar nicht nach dem Geschmack der Einwohner von Araya. Die Natur erscheint dem Menschen desto größer, je geheimnisvoller sie ist, und die Volksphysik weist alles von sich, was einfach ist.

Ostwärts von Maniquarez an der Südküste liegen nahe aneinander drei Landzungen, genannt Punta de Soto, Punta de la Brea und Punta Guaratarito. In dieser Gegend besteht der Meeresboden offenbar aus Glimmerschiefer, und aus dieser Gebirgsart entspringt bei Punta de la Brea, aber 26 m vom Ufer, eine Naphthaquelle, deren Geruch sich weit in die Halbinsel hinein verbreitet. Man mußte bis zum halben Leibe ins Wasser gehen, um die interessante Erscheinung in der Nähe zu beobachten. Das Wasser ist mit Zostera bedeckt, und mitten in einer sehr großen Bank dieses Gewächses sieht man einen freien runden Fleck von 1 m Durchmesser, auf dem einzelne Massen von Ulva lactuca schwimmen. Hier kommen die Quellen zu Tage. Der Boden des Meerbusens ist mit Sand bedeckt, und das Bergöl, das, durchsichtig und von gelber Farbe, der eigentlichen Naphtha nahe kommt, sprudelt stoßweise unter Entwickelung von Luftblasen hervor. Stampft man den Boden mit den Füßen fest, so sieht man die kleinen Quellen wegrücken. Die Naphtha bedeckt das Meer über 320 m weit. Nimmt man an, daß das Fallen der Schichten sich gleich bleibt, so muß der Glimmerschiefer wenige Meter unter dem Sande liegen.

Der Salzthon von Araya enthält festes, zerreibliches Bergöl. Dieses geologische Verhältnis zwischen salzsaurem Natron und Erdpech kommt in allen Steinsalzgruben und bei allen Salzquellen vor, aber als ein höchst merkwürdiger Fall erscheint das Vorkommen einer Naphthaquelle in einer Urgebirgsart. Alle bis jetzt bekannten gehören sekundären Formationen an, und dieser Umstand schien für die Annahme zu sprechen, daß alles mineralische Harz Produkt der Zersetzung von Pflanzen und Tieren oder des Brandes der Steinkohlen sei. Auf der Halbinsel Araya aber fließt die Naphtha aus dem Urgebirge selbst, und diese Erscheinung wird noch bedeutender, wenn man bedenkt, daß in diesem Urgebirge der Herd des unterirdischen Feuers ist, daß man am Rande brennender Krater zuweilen Naphthageruch bemerkt, und daß die meisten heißen Quellen Amerikas aus Gneis und Glimmerschiefer hervorbrechen.

Nachdem wir uns in der Umgegend von Maniquarez umgesehen, bestiegen wir ein Fischerboot, um nach Cumana zurückzukehren. Nichts zeigt so deutlich, wie ruhig die See in diesen Strichen ist, als die Kleinheit und der schlechte Zustand dieser Kähne, die ein sehr hohes Segel führen. Der Kahn, den wir ausgesucht hatten, weil er noch am wenigsten beschädigt war, zeigte sich so leck, daß der Sohn des Steuermannes fortwährend mit einer Tutuma, der Frucht der Crescentia cujete, das Wasser ausschöpfen mußte. Es kommt im Meerbusen von Cariaco, besonders nordwärts von der Halbinsel Araya, nicht selten vor, daß die mit Kokosnüssen beladenen Piroguen umschlagen, wenn sie zu nahe am Winde gerade gegen den Wellenschlag steuern. Vor solchen Unfällen fürchten sich aber nur Reisende, die nicht gut schwimmen können; denn wird die Pirogue von einem indianischen Fischer mit seinem Sohne geführt, so dreht der Vater den Kahn wieder um und macht sich daran, das Wasser hinauszuschaffen, während der Sohn schwimmend die Kokosnüsse zusammenholt. In weniger als einer Viertelstunde ist die Pirogue wieder unter Segel, ohne daß der Indianer in seinem unerschöpflichen Gleichmut eine Klage hätte hören lassen.

Die Einwohner von Araya, die wir auf der Rückkehr vom Orinoko noch einmal besuchten, haben nicht vergessen, daß ihre Halbinsel einer der Punkte ist, wo sich am frühesten Kastilianer niedergelassen. Sie sprechen gern von der Perlenfischerei, von den Ruinen des Schlosses Santiago, das, wie sie hoffen, einst wieder aufgebaut wird, überhaupt von dem, was sie den ehemaligen Glanz des Landes nennen. In China und Japan gilt alles, was man erst seit 2000 Jahren kennt, für neue Erfindung; in den europäischen Niederlassungen erscheint ein Ereignis, das 300 Jahre, bis zur Entdeckung von Amerika hinaufreicht, als ungemein alt. Dieser Mangel an alter Ueberlieferung, der den jungen Völkern in den Vereinigten Staaten wie in den spanischen und portugiesischen Besitzungen eigen ist, verdient alle Beachtung. Er hat nicht nur etwas Peinliches für den Reisenden, der sich dadurch um den höchsten Genuß der Einbildungskraft gebracht sieht, er äußert auch seinen Einfluß auf die mehr oder minder starken Bande, die den Kolonisten an den Boden fesseln, auf dem er wohnt, an die Gestalt der Felsen, die seine Hütte umgeben, an die Bäume, in deren Schatten seine Wiege gestanden.

Bei den Alten, z. B. bei Phöniziern und Griechen,

gingen Ueberlieferungen und geschichtliches Bewußtsein des Volkes vom Mutterlande auf die Kolonieen über, erbten dort von Geschlecht zu Geschlecht fort und äußerten fortwährend den besten Einfluß auf Geist, Sitten und Politik der Ansiedler. Das Klima in jenen ersten Niederlassungen über dem Meere war vom Klima des Mutterlandes nicht sehr verschieden. Die Griechen in Kleinasien und auf Sizilien entfremdeten sich nicht den Einwohnern von Argos, Athen und Korinth, von denen abzustammen ihr Stolz war. Große Uebereinstimmung in Sitte und Brauch that das Ihrige dazu, eine Verbindung zu befestigen, die sich auf religiöse und politische Interessen gründete. Häufig opferten die Kolonieen die Erstlinge ihrer Ernten in den Tempeln der Mutterstädte, und wenn durch einen unheilvollen Zufall das heilige Feuer auf den Altären von Hestia erloschen war, so schickte man von hinten in Jonien nach Griechenland und ließ es aus den Prytaneen wieder holen. Ueberall, in Cyrenaica wie an den Ufern des Sees Mäotis, erhielten sich die alten Ueberlieferungen des Mutterlandes. Andere Erinnerungen, die gleich mächtig zur Einbildungskraft sprechen, hafteten an den Kolonieen selbst. Sie hatten ihre heiligen Haine, ihre Schutzgottheiten, ihren lokalen Mythenkreis; sie hatten, was den Dichtungen der frühesten Zeitalter Leben und Dauer verleiht, ihre Dichter, deren Ruhm selbst über das Mutterland Glanz verbreitete.

Dieser und noch mancher andern Vorteile entbehren die heutigen Ansiedelungen. Die meisten wurden in einem Landstrich gegründet, wo Klima, Naturprodukte, der Anblick des Himmels und der Landschaft ganz anders sind als in Europa. Wenn auch der Ansiedler Bergen, Flüssen, Thälern Namen beilegt, die an vaterländische Landschaften erinnern, diese Namen verlieren bald ihren Reiz und sagen den nachkommenden Geschlechtern nichts mehr. In fremdartiger Naturumgebung erwachsen aus neuen Bedürfnissen andere Sitten; die geschichtlichen Erinnerungen verblassen allmählich, und die sich erhalten, knüpfen sich fortan gleich Phantasiegebilden weder an einen bestimmten Ort, noch an eine bestimmte Zeit. Der Ruhm Don Pelagios und des Cid Campeador ist bis in die Gebirge und Wälder Amerikas gedrungen; dem Volke kommen je zuweilen diese glorreichen Namen auf die Zunge, aber sie schweben seiner Seele vor wie Wesen aus einer idealen Welt, aus dem Dämmer der Fabelzeit.

Der neue Himmel, das ganz veränderte Klima, die phy=
sische Beschaffenheit des Landes wirken weit stärker auf die
gesellschaftlichen Zustände in den Kolonieen ein, als die gänz=
liche Trennung vom Mutterlande. Die Schiffahrt hat in
neuerer Zeit solche Fortschritte gemacht, daß die Mündungen
des Orinoko und Rio de la Plata näher bei Spanien zu
liegen scheinen, als einst der Phasis und Tartessus von den
griechischen und phönizischen Küsten. Man kann auch die
Bemerkung machen, daß sich in gleich weit von Europa ent=
fernten Ländern Sitten und Ueberlieferungen desselben im
gemäßigten Erdstrich und auf dem Rücken der Gebirge unter
dem Aequator mehr erhalten haben als in den Tiefländern
der heißen Zone. Die Aehnlichkeit der Naturumgebung trägt
in gewissem Grade dazu bei, innigere Beziehungen zwischen den
Kolonisten und dem Mutterlande aufrecht zu erhalten. Dieser
Einfluß physischer Ursachen auf die Zustände jugendlicher ge=
sellschaftlicher Vereine tritt besonders auffallend hervor, wenn
es sich von Gliedern desselben Volksstammes handelt, die sich
noch nicht lange getrennt haben. Durchreist man die Neue
Welt, so meint man überall da, wo das Klima den Anbau
des Getreides gestattet, mehr Ueberlieferungen, einem leben=
digeren Andenken an das Mutterland zu begegnen. In dieser
Beziehung kommen Pennsylvanien, Neumexiko und Chile mit
den hochgelegenen Plateaus von Quito und Neuspanien über=
ein, die mit Eichen und Fichten bewachsen sind.

Bei den Alten waren die Geschichte, die religiösen Vor=
stellungen und die physische Beschaffenheit des Landes durch
unauflösliche Bande verknüpft. Um die Landschaften und
die alten bürgerlichen Stürme des Mutterlandes zu vergessen,
hätte der Ansiedler auch dem von seinen Voreltern über=
lieferten Götterglauben entsagen müssen. Bei den neueren
Völkern hat die Religion, so zu sagen, keine Lokalfarbe mehr.
Das Christentum hat den Kreis der Vorstellungen erweitert,
es hat alle Völker darauf hingewiesen, daß sie Glieder einer
Familie sind, aber eben damit hat es das Nationalgefühl
geschwächt; es hat in beiden Welten die uralten Ueber=
lieferungen des Morgenlandes verbreitet, neben denen, die
ihm eigentümlich angehören. Völker von ganz verschiedener
Herkunft und völlig abweichender Mundart haben damit ge=
meinschaftliche Erinnerungen erhalten, und wenn durch die
Missionen in einem großen Teil des neuen Festlandes die
Grundlagen der Kultur gelegt worden sind, so haben eben

damit die christlichen kosmogonischen und religiösen Vorstel=
lungen ein merkbares Uebergewicht über die rein nationalen
Erinnerungen erhalten.

Noch mehr: die amerikanischen Kolonieen sind fast durch=
aus in Ländern angelegt, wo die dahingegangenen Geschlechter
kaum eine Spur ihres Daseins hinterlassen haben. Nord=
wärts vom Rio Gila, an den Ufern des Missouri, auf den
Ebenen, die sich im Osten der Anden ausbreiten, gehen die
Ueberlieferungen nicht über ein Jahrhundert hinauf. In
Peru, in Guatemala und in Mexiko sind allerdings Trümmer
von Gebäuden, historische Malereien und Bildwerke Zeugen der
alten Kultur der Eingeborenen; aber in einer ganzen Provinz
findet man kaum ein paar Familien, die einen klaren Begriff von
der Geschichte der Inka und der mexikanischen Fürsten haben.
Der Eingeborene hat seine Sprache, seine Tracht und seinen
Volkscharakter behalten; aber mit dem Aufhören des Gebrauches
der Quippu und der symbolischen Malereien, durch die Ein=
führung des Christentums und andere Umstände, die ich
anderswo auseinandergesetzt, sind die geschichtlichen und reli=
giösen Ueberlieferungen allmählich untergegangen. Anderer=
seits sieht der Ansiedler von europäischer Abkunft verächtlich
auf alles herab, was sich auf die unterworfenen Völker be=
zieht. Er sieht sich in die Mitte gestellt zwischen die frühere
Geschichte des Mutterlandes und die seines Geburtslandes,
und die eine ist ihm so gleichgültig wie die andere; in einem
Klima, wo bei dem geringen Unterschied der Jahreszeiten der
Ablauf der Jahre fast unmerklich wird, überläßt er sich ganz
dem Genusse der Gegenwart und wirft selten einen Blick in
vergangene Zeiten.

Aber auch welch ein Abstand zwischen der eintönigen
Geschichte neuerer Niederlassungen und dem lebensvollen Bilde,
das Gesetzgebung, Sitten und politische Stürme der alten
Kolonieen darbieten! Ihre durch abweichende Regierungsformen
verschieden gefärbte geistige Bildung machte nicht selten die
Eifersucht der Mutterländer rege. Durch diesen glücklichen
Wetteifer gelangten Kunst und Litteratur in Jonien, Groß=
griechenland und Sizilien zur herrlichsten Entwickelung. Heut=
zutage dagegen haben die Kolonieen weder eine eigene Ge=
schichte noch eine eigene Litteratur. Die in der Neuen Welt
haben fast nie mächtige Nachbarn gehabt, und die gesellschaft=
lichen Zustände haben sich immer nur allgemach umgewandelt.
Des politischen Lebens bar, haben diese Handels= und Acker=

baustaaten an den großen Welthändeln immer nur passiven Anteil genommen.

Die Geschichte der neuen Kolonieen hat nur zwei merkwürdige Ereignisse aufzuweisen, ihre Gründung und ihre Trennung vom Mutterlande. Das erstere ist reich an Erinnerungen, die sich wesentlich an die von den Kolonisten bewohnten Länder knüpfen; aber statt Bilder des friedlichen Fortschrittes des Gewerbfleißes und der Entwickelung der Gesetzgebung in den Kolonieen vorzuführen, erzählt diese Geschichte nur von verübtem Unrecht und von Gewaltthaten. Welchen Reiz können jene außerordentlichen Zeiten haben, wo die Spanier unter Karls V. Regierung mehr Mut als sittliche Kraft entwickelten, und die ritterliche Ehre, wie der kriegerische Ruhm durch Fanatismus und Goldburst befleckt wurden? Die Kolonisten sind von sanfter Gemütsart, sie sind durch ihre Lage den Nationalvorurteilen enthoben, und so wissen sie die Thaten bei der Eroberung nach ihrem wahren Werte zu schätzen. Die Männer, die sich damals ausgezeichnet, sind Europäer, sind Krieger des Mutterlandes. In den Augen des Kolonisten sind sie Fremde, denn drei Jahrhunderte haben hingereicht, die Bande des Blutes aufzulösen. Unter den „Konquistadoren" waren sicher rechtschaffene und edle Männer, aber sie verschwinden in der Masse und konnten der allgemeinen Verdammnis nicht entgehen.

Ich glaube hiermit die hauptsächlichsten Ursachen angegeben zu haben, aus denen in den heutigen Kolonieen die Nationalerinnerungen sich verlieren, ohne daß andere, auf das nunmehr bewohnte Land sich beziehende würdig an ihre Stelle träten. Dieser Umstand, wir können es nicht genug wiederholen, äußert einen bedeutenden Einfluß auf die ganze Lage der Ansiedler. In der stürmevollen Zeit einer staatlichen Wiedergeburt sehen sie sich auf sich selbst gestellt, und es ergeht ihnen wie einem Volke, das es verschmähte, seine Geschichtsbücher zu befragen und aus den Unfällen vergangener Jahrhunderte Lehren der Weisheit zu schöpfen.

Sechstes Kapitel.

Die Berge von Neuandalusien. — Das Thal von Cumanacoa. —
Der Gipfel des Cocollar. — Missionen der Chaymasindianer.

Unserem ersten Ausflug auf die Halbinsel Araya folgte
bald ein zweiter längerer und lehrreicherer ins Innere des
Gebirges zu den Missionen der Chaymasindianer. Gegenstände von mannigfaltiger Anziehungskraft sollten uns dort
in Anspruch nehmen. Wir betraten jetzt ein mit Wäldern
bedecktes Land; wir sollten ein Kloster besuchen, das im
Schatten von Palmen und Baumfarnen in einem engen Thale
liegt, wo man, mitten im heißen Erdstrich, köstlicher Kühle
genießt. In den benachbarten Bergen gibt es dort Höhlen,
welche von Tausenden von Nachtvögeln bewohnt sind, und
was noch lebendiger zur Einbildungskraft spricht als alle
Wunder der physischen Welt, jenseits dieser Berge lebt ein vor
kurzem noch nomadisches Volk, kaum aus dem Naturzustand
getreten, wild, jedoch nicht barbarisch, geistesbeschränkt, nicht
weil es lange versunken war, sondern weil es eben nichts
weiß. Zu diesen so mächtig anziehenden Gegenständen kamen
noch geschichtliche Erinnerungen. Am Vorgebirge Paria sah
Kolumbus zuerst das Festland; hier laufen die Thäler aus,
die bald von den kriegerischen, menschenfressenden Kariben,
bald von den civilisierten Handelsvölkern Europas verwüstet
wurden. Zu Anfang des 16. Jahrhunderts wurden die unglücklichen Einwohner auf den Küsten von Carupano, Maca-
rapan und Caracas behandelt, wie zu unserer Zeit die Einwohner der Küste von Guinea. Bereits wurden die Antillen
angebaut und man führte dort die Gewächse der Alten Welt
ein; aber in Terra Firma kam es lange zu keiner ordentlichen
und planmäßigen Niederlassung. Die Spanier besuchten die
Küste nur, um sich mit Gewalt oder im Tauschhandel Sklaven,

Perlen, Goldkörner und Farbholz zu verschaffen. Durch den Schein gewaltigen Religionseifers meinte man diese unersättliche Habsucht in eine höhere Sphäre zu heben. So hat jedes Jahrhundert seine eigene geistige und sittliche Farbe.

Der Handel mit den kupferfarbigen Eingeborenen führte zu denselben Unmenschlichkeiten wie der Negerhandel; er hatte auch dieselben Folgen, Sieger und Unterworfene verwilderten dadurch. Von Stunde an wurden die Kriege unter den Eingeborenen häufiger; die Gefangenen wurden aus dem inneren Lande an die Küste geschleppt und an die Weißen verkauft, die sie auf ihren Schiffen fesselten. Und doch waren die Spanier damals und noch lange nachher eines der civilisiertesten Völker Europas. Ein Abglanz der Herrlichkeit in der in Italien Kunst und Litteratur blühten, hatte sich über alle Völker verbreitet, deren Sprache dieselbe Quelle hat wie die Sprache Dantes und Petrarcas. Man sollte glauben, in dieser mächtigen geistigen Entwickelung, bei solch erhabenem Schwung der Einbildungskraft hätten sich die Sitten sänftigen müssen. Aber jenseits der Meere, überall, wo der Golddurst zum Mißbrauch der Gewalt führt, haben die europäischen Völker in allen Abschnitten der Geschichte denselben Charakter entwickelt. Das herrliche Jahrhundert Leos X. trat in der Neuen Welt mit einer Grausamkeit auf, wie man sie nur den finstersten Jahrhunderten zutrauen sollte. Man wundert sich aber nicht so sehr über das entsetzliche Bild der Eroberung von Amerika, wenn man daran denkt, was trotz der Segnungen, einer menschlicheren Gesetzgebung noch jetzt auf den Westküsten von Afrika vorgeht.

Der Sklavenhandel hatte dank den von Karl V. zur Geltung gebrachten Grundsätzen auf Terra Firma längst aufgehört; aber die Konquistadoren setzten ihre Streifzüge ins Land fort, und damit den kleinen Krieg, der die amerikanische Bevölkerung herabbrachte, dem Nationalhaß immer frische Nahrung gab, auf lange Zeit die Keime der Kultur erstickte. Endlich ließen Missionäre unter dem Schutze des weltlichen Armes Worte des Friedens hören. Es war Pflicht der Religion, daß sie der Menschheit einigen Trost brachte für die Greuel, die in ihrem Namen verübt worden; sie führte für die Eingeborenen das Wort vor dem Richterstuhle der Könige, sie widersetzte sich den Gewaltthätigkeiten der Pfründeninhaber, sie vereinigte umherziehende Stämme zu den kleinen

Gemeinden, die man Missionen nennt und die der Ent=
wickelung des Ackerbaues Vorschub leisten. So haben sich all=
mählich, aber in gleichförmiger, planmäßiger Entwickelung jene
großen mönchischen Niederlassungen gebildet, jenes merkwürdige
Regiment, das immer darauf hinausgeht, sich abzuschließen,
und Länder, die vier= und fünfmal größer sind als Frankreich,
den Mönchsorden unterwirft.

Einrichtungen, die trefflich dazu dienten, dem Blutver=
gießen Einhalt zu thun und den ersten Grund zur gesellschaft=
lichen Entwickelung zu legen, sind in der Folge dem Fortschritt
derselben hinderlich geworden. Die Abschließung hatte zur
Folge, daß die Indianer so ziemlich blieben, was sie waren,
als ihre zerstreuten Hütten noch nicht um das Haus des Mis=
sionärs beisammen lagen. Ihre Zahl hat ansehnlich zuge=
nommen, keineswegs aber ihr geistiger Gesichtskreis.

Sie haben mehr und mehr von der Charakterstärke und
der natürlichen Lebendigkeit eingebüßt, die auf allen Stufen
menschlicher Entwickelung die edlen Früchte der Unabhängigkeit
sind. Man hat alles bei ihnen, sogar die unbedeutendsten
Verrichtungen des häuslichen Lebens, der unabänderlichen
Regel unterworfen, und so hat man sie gehorsam gemacht,
zugleich aber auch dumm. Ihr Lebensunterhalt ist meist ge=
sicherter, ihre Sitten sind milder geworden; aber der Zwang
und das trübselige Einerlei des Missionsregimentes lastet auf
ihnen und ihr düsteres, verschlossenes Wesen verrät, wie un=
gern sie die Freiheit der Ruhe zum Opfer gebracht haben.
Die Mönchszucht innerhalb der Klostermauern entzieht zwar
dem Staate nützliche Bürger, indessen mag sie immerhin hier
und da Leidenschaften zur Ruhe bringen, große Schmerzen
lindern, der geistigen Vertiefung förderlich sein; aber in die
Wildnisse der Neuen Welt verpflanzt, auf alle Beziehungen
des bürgerlichen Lebens angewendet, muß sie desto verderblicher
wirken, je länger sie andauert. Sie hält von Geschlecht zu
Geschlecht die geistige Entwickelung nieder, sie hemmt den Ver=
kehr unter den Völkern, sie weist alles ab, was die Seele
erhebt und den Vorstellungskreis erweitert. Aus allen diesen
Ursachen zusammen verharren die Indianer in den Missionen
in einem Zustande von Unkultur, der Stillstand heißen müßte,
wenn nicht auch die menschlichen Vereine denselben Gesetzen
gehorchten, wie die Entwickelung des menschlichen Geistes
überhaupt, wenn sie nicht Rückschritte machten, eben weil sie
nicht fortschreiten.

Am 4. September um 5 Uhr morgens brachen wir zu unserem Ausflug zu den Chaymasindianern und in die hohe Gebirgsgruppe von Neuandalusien auf. Man hatte uns geraten, wegen der sehr beschwerlichen Wege unser Gepäck möglichst zu beschränken. Zwei Lasttiere reichten auch hin, unseren Mundvorrat, unsere Instrumente und das nötige Papier zum Pflanzentrocknen zu tragen. In derselben Kiste waren ein Sextant, ein Inklinationskompaß, ein Apparat zur Ermittelung der magnetischen Deklination, Thermometer und ein Saussurescher Hygrometer. Auf diese Instrumente beschränkten wir uns bei kleineren Ausflügen immer. Mit dem Barometer mußte noch vorsichtiger umgegangen werden als mit dem Chronometer, und ich bemerke hier, daß kein Instrument dem Reisenden mehr Last und Sorge macht. Wir ließen ihn in den fünf Jahren von einem Führer tragen, der uns zu Fuß begleitete, aber selbst diese ziemlich kostspielige Vorsicht schützte ihn nicht immer vor Beschädigung. Nachdem wir die Zeiten von Ebbe und Flut im Luftmeere genau beobachtet, das heißt die Stunden, zu denen der Barometer unter den Tropen täglich regelmäßig steigt und fällt, sahen wir ein, daß wir das Relief des Landes mittels des Barometers würden aufnehmen können, ohne korrespondierende Beobachtungen in Cumana zu Hilfe zu nehmen. Die größten Schwankungen im Luftdruck betragen in diesem Klima an der Küste nur 2 bis 2,6 mm, und hat man ein einziges Mal, an welchem Orte und zu welcher Stunde es sei, die Quecksilberhöhe beobachtet, so lassen sich mit ziemlicher Wahrscheinkeit die Abweichungen von diesem Stande das ganze Jahr hindurch und zu allen Stunden des Tages und der Nacht angeben. Es ergibt sich daraus, das im heißen Erdstrich durch den Mangel an korrespondierenden Beobachtungen nicht leicht Fehler entstehen können, die mehr als 24 bis 30 m ausmachen, was wenig zu bedeuten hat, wenn es sich von geologischen Aufnahmen, oder vom Einfluß der Höhe auf das Klima und die Verteilung der Gewächse handelt.

Der Morgen war köstlich kühl. Der Weg oder vielmehr der Fußpfad nach Cumanacoa führt am rechten Ufer des Manzanares hin über das Kapuzinerhospiz, das in einem kleinen Gehölze von Gayacbäumen und baumartigen Capparis liegt. Nachdem wir von Cumana aufgebrochen, hatten wir auf dem Hügel von San Francisco in der kurzen Morgendämmerung eine weite Aussicht über die See, über die mit goldgelb blühender Bava[1] bedeckte Ebene und die Berge des Brigantin. Es fiel uns auf, wie nahe uns die Kordillere gerückt schien, bevor die Scheibe der aufgehenden Sonne den Horizont erreicht hatte. Das Blau der Berggipfel ist dunkler, ihre Umrisse erscheinen schärfer, ihre Massen treten deutlicher hervor, solange nicht die Durchsichtigkeit der Luft durch die Dünste beeinträchtigt wird, die nachts in den Thälern lagern und im Maße, als die Luft sich zu erwärmen beginnt, in die Höhe steigen.

Beim Hospiz Divina Pastora wendet sich der Weg nach Nordost und läuft 9 km über einen baumlosen Landstrich, der früher Seeboden war. Man findet hier nicht nur Kaktus, Büsche des cistusblätterigen Tribulus und die schöne purpurfarbige Euphorbie, die in Havana unter dem seltsamen Namen Dictamno real gezogen wird, sondern auch Avicennia, Allionia, Peruvium, Thalinum und die meisten Portulaceen, die am Golf von Cariaco vorkommen. Diese geographische Verteilung der Gewächse weist, wie es scheint, auf den Umriß der alten Küste hin und spricht dafür, daß, wie oben bemerkt worden, die Hügel, an deren Südabhang wir hinzogen, einst eine durch einen Meeresarm vom Festlande getrennte Insel bildeten.

Nach zwei Stunden Weges gelangten wir an den Fuß der hohen Bergkette im Inneren, die vom Brigantin bis zum Cerro de San Lorenzo von Ost nach West streicht. Hier beginnen neue Gebirgsarten und damit ein anderer Habitus des Pflanzenwuchses. Alles erhält einen großartigeren, malerischeren Charakter. Der quellenreiche Boden ist nach allen Richtungen von Wasserfäden durchzogen. Bäume von riesiger Höhe, mit Schlinggewächsen bedeckt, steigen aus den Schluchten empor; ihre schwarze, von der Sonnenglut und vom Sauerstoff der Luft verbrannte Rinde sticht ab vom frischen Grün der Pothos und der Dracontien, deren lederartige glänzende Blätter nicht selten mehrere Fuß lang sind. Es ist nicht anders, als ob unter den Tropen die parasitischen Monokotyledonen die Stelle des Mooses und der Flechten unserer nördlichen Landstriche verträten. Je weiter wir kamen, desto mehr erinnerten uns die Gesteinsmassen sowohl nach Gestalt als Gruppierung an Schweizer und Tiroler Landschaften. In diesen amerikanischen Alpen wachsen noch in bedeutenden

---

[1] Zygophyllum arboreum, Jacq.

Höhen Helikonien, Costus, Maranta und andere Pflanzen
aus der Familie der Cannaarten, die in der Nähe der Küste
nur niedrige, feuchte Orte aufsuchen. So kommt es, daß
die heiße Erdzone und das nördliche Europa die interessante
Eigentümlichkeit gemein haben, daß in einer beständig mit
Wasserdampf erfüllten Luft, wie auf einem vom schmelzenden
Schnee durchfeuchteten Boden die Vegetation in den Gebirgen
ganz den Charakter einer Sumpfvegetation zeigt.

Wir kamen in der Schlucht Los Frailes und zwischen
Cuesta de Caneyes und dem Rio Guriental an Hütten vorbei,
die von Mestizen bewohnt sind. Jede Hütte liegt mitten in
einem Gehege, das Bananenbäume, Melonenbäume, Zuckerrohr und Mais einfriedigt. Man müßte sich wundern, wie
klein diese Flecke urbar gemachten Landes sind, wenn man
nicht bedächte, daß ein mit Pisang angepflanzter Morgen
Landes gegen zwanzigmal mehr Nahrungsstoff liefert, als die
gleiche mit Getreide bestellte Fläche. In Europa bedecken
unsere nahrhaften Grasarten, Weizen, Gerste, Roggen, weite
Landstrecken; überall, wo die Völker sich von Cerealien nähren,
stoßen die bebauten Grundstücke notwendig aneinander. Anders
in der heißen Zone, wo der Mensch sich Gewächse aneignen
konnte, die ihm weit reichere und frühere Ernten liefern. In
diesen gesegneten Landstrichen entspricht die unermeßliche
Fruchtbarkeit des Bodens der Gluthitze und der Feuchtigkeit
der Luft. Ein kleines Stück Boden, auf dem Bananenbäume,
Manioc, Yams, und Mais stehen, ernährt reichlich eine zahlreiche Bevölkerung. Daß die Hütten einsam im Walde zerstreut liegen, wird für den Reisenden ein Merkmal der Ueber-
fülle der Natur; oft reicht ein ganz kleiner Fleck urbaren
Landes für den Bedarf mehrerer Familien hin.

Diese Betrachtungen über den Ackerbau in heißen Landstrichen erinnern von selbst daran, welch inniger Verband
zwischen dem Umfang des urbar gemachten Landes und dem
gesellschaftlichen Fortschritt besteht. So groß die Fülle der
Lebensmittel ist, die dieser Reichtum des Bodens, die strotzende
Kraft der organischen Natur hervorbringt, dennoch wird die
Kulturentwickelung der Völker dadurch niedergehalten. In einem
milden, gleichförmigen Klima kennt der Mensch kein anderes
dringendes Bedürfnis als das der Nahrung. Nur wenn dieses
Bedürfnis sich geltend macht, fühlt er sich zur Arbeit getrieben,
und man sieht leicht ein, warum sich im Schoße des Ueber-
flusses, im Schatten von Bananen- und Brotfruchtbäumen,

die Geistesfähigkeiten nicht so rasch entwickeln als unter einem strengen Himmel, in der Region der Getreidearten, wo unser Geschlecht in ewigem Kampfe mit den Elementen liegt. Wirft man einen Blick auf die von ackerbautreibenden Völkern bewohnten Länder, so sieht man, daß die bebauten Grundstücke durch Wald voneinander getrennt bleiben oder unmittelbar aneinander stoßen, und daß solches nicht nur von der Höhe der Bevölkerung, sondern auch von der Wahl der Nahrungsgewächse bedingt wird. In Europa schätzen wir die Zahl der Einwohner nach der Ausdehnung des urbaren Landes; unter den Tropen dagegen, im heißesten und feuchtesten Striche von Südamerika, scheinen sehr stark bevölkerte Provinzen beinahe wüste zu liegen, weil der Mensch zu seinem Lebensunterhalt nur wenige Morgen bebaut.

Diese Umstände, die alle Aufmerksamkeit verdienen, geben sowohl der physischen Gestaltung des Landes als dem Charakter der Bewohner ein eigenes Gepräge; beide erhalten dadurch in ihrem ganzen Wesen etwas Wildes, Rohes, wie es zu einer Natur paßt, deren ursprüngliche Physiognomie durch die Kunst noch nicht verwischt ist. Ohne Nachbarn, fast ohne allen Verkehr mit Menschen, erscheint jede Ansiedlerfamilie wie ein vereinzelter Volksstamm. Diese Vereinzelung hemmt den Fortschritt der Kultur, die sich nur in dem Maße entwickeln kann, als der Menschenverein zahlreicher wird und die Bande zwischen den einzelnen sich fester knüpfen und vervielfältigen; die Einsamkeit entwickelt aber auch und stärkt im Menschen das Gefühl der Unabhängigkeit und Freiheit; sie nährt jenen Stolz, der von jeher die Völker von kastilianischem Blute ausgezeichnet hat.

Dieselben Ursachen, deren mächtiger Einfluß uns weiterhin noch oft beschäftigen wird, haben zur Folge, daß dem Boden, selbst in den am stärksten bevölkerten Ländern des tropischen Amerika, der Anstrich von Wildheit erhalten bleibt, der in gemäßigten Klimaten sich durch den Getreidebau verliert. Unter den Tropen nehmen die ackerbauenden Völker weniger Raum ein; die Herrschaft des Menschen reicht nicht so weit; er tritt nicht als unumschränkter Gebieter auf, der die Bodenoberfläche nach Gefallen modelt, sondern wie ein flüchtiger Gast, der in Ruhe des Segens der Natur genießt. In der Umgegend der volkreichsten Städte starrt der Boden noch immer von Wäldern oder ist mit einem dichten Pflanzenfilz überzogen, den niemals eine Pflugschar zerrissen hat. Die wildwachsenden Pflanzen beherrschen noch durch ihre Masse die angebauten Gewächse und bestimmen allein den Charakter der Landschaft. Allem Vermuten nach wird dieser Zustand nur äußerst langsam einem anderen Platz machen. Wenn in unseren gemäßigten Landstrichen es besonders der Getreidebau ist, der dem urbaren Lande einen so trübselig eintönigen Anstrich gibt, so erhält sich, aller Wahrscheinlichkeit nach, in der heißen Zone selbst bei zunehmender Bevölkerung die Großartigkeit der Pflanzengestalten, das Gepräge einer jungfräulichen, ungezähmten Natur, wodurch diese so unendlich anziehend und malerisch wird. So werden denn, infolge einer merkwürdigen Verknüpfung physischer und moralischer Ursachen, durch Wahl und Ertrag der Nahrungsgewächse drei wichtige Momente vorzugsweise bestimmt: das gesellige Beisammenleben der Familien oder ihre Vereinzelung, der raschere oder langsamere Fortschritt der Kultur, und die Physiognomie der Landschaft.

Je tiefer wir in den Wald hineinkamen, desto mehr zeigte uns der Barometer, daß der Boden mehr und mehr anstieg. Die Baumstämme boten uns hier einen ganz eigenen Anblick; eine Grasart mit quirlförmigen Zweigen klettert, gleich einer Liane, 2,6 bis 3,25 m hoch und bildet über dem Wege Gewinde, die sich im Luftzuge schaukeln. Gegen 3 Uhr nachmittags hielten wir auf einer kleinen Hochebene an, Quetepe genannt, die etwa 370 m über dem Meere liegt. Es stehen hier einige Hütten an einer Quelle, deren Wasser bei den Eingeborenen als sehr kühl und gesund berühmt ist. Wir fanden das Wasser wirklich ausgezeichnet; es zeigte 22,5° der hundertteiligen Skale, während der Thermometer an der Luft auf 28,7° stand. Die Quellen, die von benachbarten höheren Bergen herabkommen, geben häufig eine zu rasche Abnahme der Luftwärme an. Nimmt man als mittlere Temperatur des Wassers an der Küste von Cumana 26° an, so folgt daraus, wenn nicht andere lokale Ursachen auf die Temperatur der Quellen Einfluß äußern, daß die Quelle von Quetepe sich erst in mehr als 680 m absoluter Höhe so bedeutend abkühlt. Da hier von Quellen die Rede ist, die in der heißen Zone in der Ebene oder in unbedeutender Höhe zu Tage kommen, so sei bemerkt, daß nur in Ländern, wo die mittlere Sommertemperatur von der durchschnittlichen des ganzen Jahres bedeutend abweicht, die Einwohner in der heißesten Jahreszeit sehr kaltes Quellwasser trinken können. Die Lappen bei Umeo und Sörsele, unter dem 65. Breitegrad, erfrischen sich an Quellen, deren Temperatur im August kaum 2 bis 3° über dem Frierpunkt steht, während bei Tage die Luftwärme im Schatten auf 26 oder 27° steigt. In unseren gemäßigten Landstrichen, in Frankreich und Deutschland, ist der Abstand zwischen der Luft und den Quellen niemals über 16 bis 17°, und unter den Tropen steigt er selten auf 6 bis 7°. Man gibt sich leicht Rechenschaft von diesen Erscheinungen, wenn man weiß, daß die Temperatur in der Tiefe des Bodens und die der unterirdischen Quellen fast ganz übereinkommt mit der mittleren Jahrestemperatur der Luft, und daß diese von der mittleren Sommerwärme desto mehr abweicht, je mehr man sich vom Aequator entfernt. — Die magnetische Inklination war in Cuetepe 40,7″ der hundertteiligen Skale, der Cyanometer gab das Blau des Himmels im Zenith nur zu 14″ an, ohne Zweifel weil die Regenzeit seit mehreren Tagen begonnen und die Luft bereits Wasserdunst aufgenommen hatte.

Auf einem Sandsteinhügel über der Quelle hatten wir eine prachtvolle Aussicht auf das Meer, das Vorgebirge Macanao und die Halbinsel Maniquarez. Ein ungeheurer Wald breitete sich zu unseren Füßen bis zum Ozean hinab; die Baumwipfel mit Lianen behangen, mit langen Blütenbüscheln gekrönt, bildeten einen ungeheuren grünen Teppich, dessen tiefdunkle Färbung das Licht in der Luft noch glänzender erscheinen ließ. Dieser Anblick ergriff uns um so mehr, da uns hier zum erstenmal die Vegetation der Tropen in ihrer Massenhaftigkeit entgegentrat. Auf dem Hügel von Cuetepe, unter den Stämmen von Malpighia corolloboefolia mit stark lederartigen Blättern, in Gebüschen von Polygala montana, brachen wir die ersten Melastomen, namentlich die schöne Art, die unter dem Namen Melastoma rufescens beschrieben worden. Dieser Aussichtspunkt wird uns lange im Gedächtnis bleiben; der Reisende behält die Orte lieb, wo er zuerst ein Pflanzengeschlecht angetroffen, das er bis dahin nie wild wachsend gesehen.

Weiter gegen Südwest wird der Boden dürr und sandig; wir erstiegen eine ziemlich hohe Berggruppe, welche die Küste von den großen Ebenen oder Savannen an den Ufern des Orinoko trennt. Der Teil dieser Berggruppe, durch den der Weg nach Cumanacoa läuft, ist pflanzenlos und fällt gegen Nord und Süd steil ab. Er führt den Namen Imposible, weil man meint, bei einer feindlichen Landung würden die Einwohner von Cumana auf diesem Gebirgskamm eine Zufluchtsstätte finden. Wir kamen kurz vor Sonnenuntergang auf dem Gipfel an, und ich konnte eben noch ein paar Stundenwinkel aufnehmen, um mittels des Chronometers die Länge des Ortes zu bestimmen.

Die Aussicht auf dem Impofible ist noch schöner und weiter als auf der Ebene Quetepe. Deutlich konnten wir mit bloßem Auge den abgestutzten Gipfel des Brigantin, dessen geographische Lage genau zu kennen so wichtig wäre, den Landungsplatz und die Reede von Cumana sehen. Die Felsenküste von Araya lag nach ihrer ganzen Länge vor uns. Besonders fiel uns die merkwürdige Bildung eines Hafens auf, den man Laguna grande oder Laguna del Obispo nennt. Ein weites, von hohen Bergen umgebenes Becken steht durch einen schmalen Kanal, durch den nur ein Schiff fahren kann, mit dem Meerbusen von Cariaco in Verbindung. In diesem Hafen, den Fidalgo genau aufgenommen hat, könnten mehrere Geschwader nebeneinander ankern. Es ist ein völlig einsamer Ort, den nur einmal im Jahre die Fahrzeuge besuchen, welche Maultiere nach den Antillen bringen. Hinten in der Bucht liegen einige Weiden. Unser Blick verfolgte die Windungen des Meeresarmes, der sich wie ein Fluß durch senkrechte kahle Felsen sein Bett gegraben hat. Dieser merkwürdige Anblick erinnert an die phantastische Landschaft, die Leonardo da Vinci auf dem Hintergrunde seines berühmten Bildnisses der Joconda[1] angebracht hat.

Wir konnten mit dem Chronometer den Moment beobachten, in dem die Sonnenscheibe den Meereshorizont berührte. Die erste Berührung fand statt um 6 Uhr 8 Minuten 13 Sekunden, die zweite um 6 Uhr 10 Min. 26 Sek. mittlere Zeit. Diese Beobachtung, die für die Theorie der irdischen Strahlenbrechung nicht ohne Belang ist, wurde auf dem Gipfel des Berges in 577 m absoluter Höhe angestellt. Mit dem Untergang der Sonne trat eine sehr rasche Abkühlung der Luft ein. Drei Minuten nach der letzten scheinbaren Berührung der Scheibe mit dem Meereshorizont fiel der Thermometer plötzlich von 25,2° auf 21,3°. Wurde diese auffallende Abkühlung etwa durch einen aufsteigenden Strom bewirkt? Die Luft war indessen ruhig und kein wagerechter Luftzug zu bemerken.

---

[1] Mona Lisa, Gattin des Francesco del Giocondo.

Die Nacht brachten wir in einem Hause zu, wo ein Militärposten von acht Mann unter einem spanischen Unteroffizier liegt. Es ist ein Hospiz, das neben einem Pulvermagazin liegt und wo der Reisende alle Bequemlichkeit findet. Dasselbe Kommando bleibt 5 bis 6 Monate lang auf dem Berge. Man nimmt dazu vorzugsweise Soldaten, die Chacras oder Pflanzungen in der Gegend haben. Als nach der Einnahme der Insel Trinidad durch die Engländer im Jahre 1797 der Stadt Cumana ein Angriff drohte, flüchteten sich viele Einwohner nach Cumanacoa und brachten ihre wertvollste Habe in Schuppen unter, die man in der Eile auf dem Gipfel des Imposible aufgeschlagen. Man war entschlossen, bei einem plötzlichen feindlichen Ueberfall nach kurzem Widerstand das Schloß San Antonio aufzugeben und die ganze Kriegsmacht der Provinz um den Berg zusammenzuziehen, der als der Schlüssel der Llanos anzusehen ist. Die kriegerischen Ereignisse, deren Schauplatz nach der seitdem eingetretenen politischen Umwälzung diese Gegend wurde, haben bewiesen, wie richtig jener erste Plan berechnet war.

Der Gipfel des Imposible ist, so weit meine Beobachtung reicht, mit einem quarzigen, versteinerungslosen Sandstein bedeckt. Die Schichten desselben streichen hier wie auf dem Rücken der benachbarten Berge ziemlich regelmäßig von Nord-Nord-Ost nach Süd-Süd-West. Diese Richtung ist auch im Urgebirge der Halbinsel Araya und längs der Küste von Venezuela die häufigste. Am nördlichen Abhang des Imposible, bei Peñas Negras, kommt aus dem Sandstein, der mit Schieferthon wechsellagert, eine starke Quelle zu Tage. Man sieht an diesem Punkte von Nordwest nach Südost streichende, zerbrochene, fast senkrecht aufgerichtete Schichten.

Die Llaneros, das heißt die Bewohner der Ebenen, schicken ihre Produkte, namentlich Mais, Leder und Vieh über den Imposible in den Hafen von Cumana. Wir sahen rasch hintereinander Indianer oder Mulatten mit Maultieren ankommen. Der einsame Ort erinnerte mich lebhaft an die Nächte, die ich oben auf dem St. Gotthard zugebracht. Es brannte an mehreren Stellen in den weiten Waldungen um den Berg. Die rötlichen, halb in ungeheure Rauchwolken gehüllten Flammen gewährten das großartigste Schauspiel. Die Einwohner zünden die Wälder an, um die Weiden zu verbessern und das Unterholz zu vertilgen, unter dem das Gras erstickt, das hierzulande schon selten genug ist. Häufig entstehen auch ungeheure Waldbrände durch die Unvorsichtigkeit der Indianer, die auf ihren Zügen die Feuer, an denen sie gekocht haben, nicht auslöschen. Durch diese Zufälle sind auf dem Wege von Cumana nach Cumanacoa die alten Bäume seltener geworden; und die Einwohner machen die richtige Bemerkung, daß an verschiedenen Orten der Provinz die Trockenheit zugenommen habe, nicht allein weil der Boden durch die vielen Erdbeben von Jahr zu Jahr mehr zerklüftet wird, sondern auch weil er nicht mehr so stark bewaldet ist als zur Zeit der Eroberung.

Ich stand nachts auf, um die Breite des Ortes nach dem Durchgang Fomahaults durch den Meridian zu bestimmen. Es war Mitternacht; ich starrte vor Kälte, wie unser Führer, und doch stand der Thermometer noch auf 19,7°. In Cumana sah ich ihn nie unter 21° fallen; aber das Haus auf dem Imposible, in dem wir die Nacht zubrachten, lag auch 503 m über dem Meeresspiegel. Bei der Casa de la Polvora beobachtete ich die Inklination der Magnetnadel; sie war gleich 40,5°. Die Zahl der Schwingungen in 10 Minuten Zeit betrug 233; die Intensität der magnetischen Kraft hatte somit zwischen der Küste und dem Berge zugenommen, was vielleicht von eisenschüssigem Gestein herrührte, das die auf dem Alpenkalk gelagerten Sandsteinschichten enthalten mochten.

Am 5. September vor Sonnenaufgang brachen wir vom Imposible auf. Der Weg abwärts ist für die Lasttiere sehr gefährlich; der Pfad ist meist nur 40 cm breit und läuft beiderseits an Abgründen hin. Im Jahre 1797 hatte man sehr zweckmäßig beschlossen, von San Fernando bis an den Berg eine gute Straße anzulegen. Die Straße war sogar zu einem Dritteil bereits fertig; leider hatte man damit in der Ebene am Fuße des Imposible begonnen, und das schwierigste Stück des Weges wurde gar nicht in Angriff genommen. Die Arbeit geriet aus einer der Ursachen ins Stocken, aus denen aus allen Fortschrittsprojekten in den spanischen Kolonieen nichts wird. Verschiedene Civilbehörden nahmen das Recht in Anspruch, die Arbeit mit zu leiten. Das Volk bezahlte geduldig den Zoll für einen Weg, der gar nicht da war, bis der Statthalter von Cumana den Mißbrauch abstellte.

Wenn man vom Imposible herabkommt, sieht man den Alpenkalk unter dem Sandstein wieder zum Vorschein kommen. Da die Schichten meist nach Süd und Südost fallen, so kommen am Südabhang des Berges sehr viele Quellen zu

Tage. In der Regenzeit werden diese Quellen zu reißenden Bergströmen, die im Schatten von Hura, Cuspa und Cecropia mit silberglänzenden Blättern niederstürzen.

Die Cuspa, die in der Umgegend von Cumana und Bordones ziemlich häufig vorkommt, ist ein den europäischen Botanikern noch unbekannter Baum. Er diente lange nur als Bauholz und ist seit dem Jahre 1797 unter dem Namen Cascarilla oder Quinquina von Neuandalusien berühmt geworden. Sein Stamm wird kaum 5 bis 6,5 m hoch; seine wechselständigen Blätter sind glatt, ganzrandig, eiförmig. Seine sehr dünne, blaßgelbe Rinde ist ein ausgezeichnetes Fiebermittel; dieselbe hat sogar mehr Bitterkeit als die Rinden der echten Cinchonen, aber diese Bitterkeit ist nicht so unangenehm. Die Cuspa wird mit sehr gutem Erfolg als weingeistiger Extrakt und als wässeriger Aufguß sowohl in Wechselfiebern als in bösartigen Fiebern gegeben. Emparan, der Statthalter von Cumana, hat den Aerzten in Cadiz einen ansehnlichen Vorrat davon geschickt, und nach den kürzlichen Mitteilungen Don Pedro Francos, Pharmazeuten am Militärspital zu Cumana, hat man in Europa die Cuspa für fast ebenso wirksam erklärt, als die Quinquina von Santa Fé. Man behauptet, in Pulverform gereicht, habe sie vor letzterer den Vorzug, daß sie bei Kranken mit geschwächtem Unterleib den Magen weniger angreife.

Als wir aus der Schlucht, die sich am Imposible hinabzieht, herauskamen, betraten wir einen dichten Wald, durch den eine Menge kleiner Flüsse laufen, die man leicht durchwatet. Wir machten die Bemerkung, daß die Cecropia, die durch die Stellung ihrer Aeste und den schlanken Stamm an den Palmenhabitus erinnert, je nachdem der Boden dürr oder sumpfig ist, mehr oder weniger silberfarbige Blätter treibt. Wir sahen Stämme, deren Laub auf beiden Seiten ganz grün war. Die Wurzeln dieser Bäume waren unter Büschen von Dorstenia versteckt, die nur feuchte, schattige Orte liebt. Mitten im Walde, an den Ufern des Rio Erdeño, findet man, wie am Südabhang des Cocollar, Melonenbäume und Orangenbäume mit großen süßen Früchten wild wachsend. Es sind wahrscheinlich Ueberbleibsel einiger Conucas oder indianischen Pflanzungen; denn auch der Orangenbaum kann in diesen Landstrichen nicht zu den ursprünglich hier heimischen Gewächsen gerechnet werden, so wenig als der Pisang, der Melonenbaum, der Mais, der Maniot und so viele andere nutzbare Gewächse, deren eigentliche Heimat wir nicht kennen, obgleich sie den Menschen seit uralter Zeit auf seinen Wanderungen begleitet haben.

Wenn ein eben aus Europa angekommener Reisender zum erstenmal die Wälder Südamerikas betritt, so hat er ein ganz unerwartetes Naturbild vor sich. Alles, was er sieht, erinnert nur entfernt an die Schilderungen, welche berühmte Schriftsteller an den Ufern des Mississippi, in Florida und in anderen gemäßigten Ländern der Neuen Welt entworfen haben. Bei jedem Schritte fühlt er, daß er sich nicht an den Grenzen der heißen Zone befindet, sondern mitten darin, nicht auf einer der Antillischen Inseln, sondern auf einem gewaltigen Kontinent, wo alles riesenhaft ist, Berge, Ströme und Pflanzenmassen. Hat er Sinn für landschaftliche Schönheit, so weiß er sich von seinen mannigfaltigen Empfindungen kaum Rechenschaft zu geben. Er weiß nicht zu sagen, was mehr sein Staunen erregt, die feierliche Stille der Einsamkeit, oder die Schönheit der einzelnen Gestalten und ihre Kontraste, oder die Kraft und Fülle des vegetabilischen Lebens. Es ist als hätte der mit Gewächsen überladene Boden gar nicht Raum genug zu ihrer Entwickelung. Ueberall verstecken sich die Baumstämme hinter einem grünen Teppich, und wollte man all die Orchideen, die Pfeffer- und Pothosarten, die auf einem einzigen Heuschreckenbaum oder amerikanischen Feigenbaum[1] wachsen, sorgsam verpflanzen, so würde ein ganzes Stück Land damit bedeckt. Durch diese wunderliche Aufeinanderhäufung erweitern die Wälder, wie die Fels- und Gebirgswände, das Bereich der organischen Natur. — Dieselben Lianen, die am Boden kriechen, klettern zu den Baumwipfeln empor und schwingen sich, mehr als 30 m hoch, vom einen zum anderen. So kommt es, daß, da die Schmarotzergewächse sich überall durcheinander wirren, der Botaniker Gefahr läuft, Blüten, Früchte und Laub, die verschiedenen Arten angehören, zu verwechseln.

Wir wanderten einige Stunden im Schatten dieser Wölbungen, durch die man kaum hin und wieder den blauen Himmel sieht. Er schien mir um so tiefer indigoblau, da das Grün der tropischen Gewächse meist einen sehr kräftigen, ins Bräunliche spielenden Ton hat. Zerstreute Felsmassen waren mit einem großen Baumfarn bewachsen, der sich vom Polypodium arboreum der Antillen wesentlich unterscheidet. Hier

---

[1] Ficus gigantea.

sahen wir zum erstenmal jene Nester in Gestalt von Flaschen
oder kleinen Taschen, die an den Aesten der niedrigsten Bäume
aufgehängt sind. Es sind Werke des bewundernswürdigen
Bautriebes der Drosseln, deren Gesang sich mit dem heiseren
Geschrei der Papageien und Aras mischte. Die letzteren, die
wegen der lebhaften Farben ihres Gefieders allgemein bekannt
sind, flogen nur paarweise, während die eigentlichen Papageien
in Schwärmen von mehreren hundert Stücken umherfliegen.
Man muß in diesen Ländern, besonders in den heißen Thälern
der Anden gelebt haben, um es für möglich zu halten, daß
zuweilen das Geschrei dieser Vögel das Brausen der Berg-
ströme, die von Fels zu Fels stürzen, übertönt.

Gute 5 km vor dem Dorfe San Fernando kamen wir
aus dem Walde heraus. Ein schmaler Fußpfad führt auf
mehreren Umwegen in ein offenes, aber ausnehmend feuchtes
Land. Unter dem gemäßigten Himmelsstrich hätten unter
solchen Umständen Gräser und Riedgräser einen weiten Wiesen-
teppich gebildet; hier wimmelte der Boden von Wasserpflanzen
mit pfeilförmigen Blättern, besonders von Cannaarten, unter
denen wir die prachtvollen Blüten der Costus, der Thalien
und Helikonien erkannten. Diese saftigen Gewächse werden
2½ bis 3½ m hoch, und wo sie dicht beisammen stehen,
könnten sie in Europa für kleine Wälder gelten. Das herrliche Bild eines Wiesengrundes und eines mit Blumen durch-
wirkten Rasens ist den niederen Landstrichen der heißen Zone
fast ganz fremd und findet sich nur auf den Hochebenen der
Anden wieder.

Bei San Fernando war die Verdunstung unter den
Strahlen der Sonne so stark, daß wir, da wir sehr leicht
gekleidet waren, durchnäßt wurden wie in einem Dampfbade.
Am Wege wuchs eine Art Bamburohr, das die Indianer
Jagua oder Guadua nennen und das über 13 m hoch wird.
Nichts kann zierlicher sein als diese baumartige Grasart. Form
und Stellung der Blätter geben ihr ein Ansehen von Leichtigkeit, das mit dem hohen Wuchs angenehm kontrastiert. Der
glatte, glänzende Stamm der Jagua ist meist den Bachufern
zugeneigt und schwankt beim leisesten Luftzuge hin und her.
So hoch auch das Rohr[1] im mittäglichen Europa wächst, so
gibt es doch keinen Begriff vom Aussehen der baumartigen
Gräser, und wollte ich nur meine eigene Erfahrung sprechen

---

[1] Arundo Donax.

laſſen, ſo möchte ich behaupten, daß von allen Pflanzenge=
ſtalten unter den Tropen keine die Einbildungskraft des Rei=
ſenden mehr anregt als der Bambu und der Baumfarn.

Die oſtindiſchen Bambu, die Calumets des hauts[1] der
Inſel Bourbon, der Guadua Südamerikas, vielleicht ſogar
die rieſenhaften Arundinarien an den Ufern des Miſſiſſippi,
gehören derſelben Pflanzengruppe an. In Amerika ſind aber
die Bambuarten nicht ſo häufig, als man gewöhnlich glaubt.
In den Sümpfen und auf den großen unter Waſſer ſtehen=
den Ebenen am unteren Orinoko, am Apure und Atabapo
fehlen ſie faſt ganz, wogegen ſie im Nordweſten, in Neu=
granada und im Königreich Quito viele Kilometer lange dichte
Wälder bilden. Der weſtliche Abhang der Anden erſcheint
als ihre eigentliche Heimat, und was ziemlich auffallend iſt,
wir haben ſie nicht nur in tiefen, kaum über dem Meere ge=
legenen Landſtrichen, ſondern auch in den hohen Thälern der
Kordilleren bis in 1680 m Meereshöhe angetroffen.

Der Weg mit dem Bambugebüſch zu beiden Seiten
führte uns zum kleinen Dorfe San Fernando, das auf einer
ſchmalen, von ſehr ſteilen Kalkſteinwänden umgebenen Ebene
liegt. Es war die erſte Miſſion; die wir in Amerika betraten.[2]
Die Häuſer oder vielmehr Hütten der Chaymasindianer ſind
weit auseinander gerückt und nicht von Gärten umgeben.
Die breiten geraden Straßen ſchneiden ſich unter rechten Win=
keln; die ſehr dünnen, unſoliden Wände beſtehen aus Letten
und Lianenzweigen. Die gleichförmige Bauart, das ernſte
ſchweigſame Weſen der Einwohner, die ausnehmende Rein=
lichkeit in den Häuſern, alles erinnert an die Gemeinden der
mähriſchen Brüder. Jede indianiſche Familie baut draußen
vor dem Dorfe außer ihrem eigenen Garten den Conuco
de la communidad. In dieſem arbeiten die Erwachſenen
beider Geſchlechter morgens und abends je eine Stunde. In

---

[1] Bambusa, oder vielmehr Nastus alpina.

[2] In den ſpaniſchen Kolonieen heißt Mision oder Pueblo
de Mision eine Anzahl Wohnungen um eine Kirche herum, wo
ein Miſſionär, der Ordensgeiſtlicher iſt, den Gottesdienſt verſieht.
Die indianiſchen Dörfer, die unter der Obhut von Pfarrern ſtehen,
heißen Pueblos de Doctrina. Man unterſcheidet noch weiter
den Cura doctrinero, den Pfarrer einer indianiſchen Ge=
meinde, und den Cura rector, den Pfarrer eines von Weißen
oder Farbigen bewohnten Dorfes.

den Missionen, die der Küste zu liegen, ist der Gemeinde=
garten meist eine Zucker= oder Indigoplantage, welcher der
Missionär vorsteht, und deren Ertrag, wenn das Gesetz streng
befolgt wird, nur zur Erhaltung der Kirche und zur An=
schaffung von Paramenten verwendet werden darf. Auf dem
großen Platze mitten im Dorfe stehen die Kirche, die Woh=
nung des Missionärs und das bescheidene Gebäude, das pomp=
haft Casa del Rey, „königliches Haus", betitelt wird. Es
ist ein förmliches Karawanserai, wo die Reisenden Obdach
finden, und, wie wir oft erfahren, eine wahre Wohlthat in
einem Lande, wo das Wort Wirtshaus noch unbekannt ist.
Die Casas del Rey findet man in allen spanischen Kolonieen,
und man könnte meinen, sie seien eine Nachahmung der nach
dem Gesetze Manco=Capacs errichteten Tambos in Peru.

Wir waren an die Ordensleute, die den Missionen der
Chaymasindianer vorstehen, durch ihren Syndikus in Cumana
empfohlen. Diese Empfehlung kam uns desto mehr zu statten,
als die Missionäre, sei es aus Besorgnis für die Sittlichkeit
ihrer Pfarrkinder, oder um die mönchische Zucht der zudring=
lichen Neugier Fremder zu entziehen, oft an einer alten Ver=
ordnung festhalten, nach welcher kein Weißer weltlichen Standes
sich länger als eine Nacht in einem indianischen Dorfe auf=
halten darf. Will man in den spanischen Missionen ange=
nehm reisen, so darf man sich meist nicht allein auf den Paß
des Madrider Staatssekretariates oder der Civilbehörden ver=
lassen, man muß sich mit Empfehlungen geistlicher Behörden
versehen; am wirksamsten sind die der Guardiane der Klöster
und der in Rom residierenden Ordensgenerale, vor denen die
Missionäre weit mehr Respekt haben als vor den Bischöfen.
Die Missionen bilden, ich sage nicht nach ihren ursprünglichen
kanonischen Satzungen, aber thatsächlich eine so ziemlich un=
abhängige Hierarchie für sich, die in ihren Ansichten selten mit
der Weltgeistlichkeit übereinstimmt.

Der Missionär von San Fernando war ein sehr bejahrter,
aber noch sehr kräftiger und munterer Kapuziner aus Aragon.
Seine bedeutende Körperrundung, sein guter Humor, sein
Interesse für Gefechte und Belagerungen stimmten schlecht zu
der Vorstellung, die man sich im Norden vom schwärmerischen
Trübsinn und dem beschaulichen Leben der Missionäre macht.
So viel ihm auch eine Kuh zu thun gab, die des anderen
Tages geschlachtet werden sollte, empfing uns doch der alte
Ordensmann ganz freundlich und erlaubte uns, unsere Hänge=

matten in einem Gange seines Hauses zu befestigen. Er saß
den größten Teil des Tages über in einem großen Armstuhle
von rotem Holz und beklagte sich bitter über die Trägheit
und Unwissenheit seiner Landsleute. Er richtete tausenderlei
Fragen an uns über den eigentlichen Zweck unserer Reise,
die ihm sehr gewagt und zum wenigsten ganz unnütz schien.
Hier wie am Orinoko wurde es uns sehr beschwerlich, daß
sich die Spanier mitten in den Wäldern Amerikas für die
Kriege und politischen Stürme der Alten Welt immer noch
so lebhaft interessieren.

Unser Missionär schien übrigens mit seiner Stellung
vollkommen zufrieden. Er behandelte die Indianer gut, er
sah die Mission gedeihen, er pries in begeisterten Worten das
Wasser, die Bananen, die Milch des Landes. Als er unsere
Instrumente, unsere Bücher und getrockneten Pflanzen sah,
konnte er sich eines boshaften Lächelns nicht enthalten, und
er gestand mit der in diesem Klima landesüblichen Naivetät,
von allen Genüssen dieses Lebens, den Schlaf nicht ausge=
nommen, sei doch gutes Kuhfleisch, carne de vaca, der köst=
lichste; die Sinnlichkeit quillt eben überall über, wo es an
geistiger Beschäftigung fehlt. Oft bat uns unser Wirt, mit
ihm die Kuh zu besuchen, die er eben gekauft hatte, und am
anderen Tage bei Tagesanbruch mußten wir sie nach Landes=
sitte schlachten sehen; man machte ihr einen Schnitt durch die
Hächse, ehe man ihr das breite Messer in die Halswirbel
stieß. So widrig dieses Geschäft war, so lernten wir dabei
doch die ausnehmende Fertigkeit der Chaymas kennen, deren
acht in weniger als 20 Minuten das Tier in kleine Stücke
zerlegten. Die Kuh hatte nur 7 Piaster gekostet, und
dies galt für sehr viel. Am selben Tage hatte der Mis=
sionär einem Soldaten aus Cumana, der ihm nach mehre=
ren vergeblichen Versuchen endlich am Fuß die Ader ge=
schlagen, 18 Piaster bezahlt. Dieser Fall, so unbedeutend
er scheint, zeigt recht auffallend, wie hoch in unkultivierten
Ländern die Arbeit dem Wert der Naturprodukte gegenüber
im Preise steht.

Die Mission San Fernando wurde zu Ende des 17. Jahr=
hunderts an der Stelle gegründet, wo die kleinen Flüsse
Manzanares und Lucasperez sich vereinigen. Eine Feuers=
brunst, welche die Kirche und die Hütten der Indianer in
Asche legte, gab den Anlaß, daß die Kapuziner das Dorf an
dem schönen Punkte, wo es jetzt liegt, wieder aufbauten. Die

Zahl der Familien ist auf hundet gestiegen, und der Missionär machte gegen uns die Bemerkung, daß der Brauch, die jungen Leute im 13. oder 14. Jahre zu verheiraten, zu dieser raschen Zunahme der Bevölkerung viel beitrage. Er zog in Abrede, daß die Chaymasindianer so früh altern, als die Europäer gewöhnlich glauben. Das Regierungswesen in diesen indianischen Gemeinden ist übrigens sehr verwickelt; sie haben ihren Gobernador, ihre Alguazils Majors und ihre Milizoffiziere, und diese Beamten sind lauter kupferfarbige Eingeborene. Die Schützencompagnie hat ihre Fahnen und übt sich mit Bogen und Pfeilen im Zielschießen; es ist die Bürgerwehr des Landes. Solch kriegerische Anstalten unter einem rein mönchischen Regiment kamen uns sehr seltsam vor.

In der Nacht vom 5. September und am anderen Morgen lag ein dicker Nebel, und doch waren wir nur 195 m über dem Meeresspiegel. Bevor wir aufbrachen, maß ich geometrisch den großen Kalkberg, der 1560 m südlich von San Fernando liegt und nach Norden steil abfällt. Sein Gipfel ist nur 419 m höher als der große Dorfplatz, aber kahle Felsmassen, die sich aus der dichten Pflanzendecke erheben, geben ihm etwas sehr Großartiges.

Der Weg von San Fernando nach Cumana führt über kleine Pflanzungen durch ein offenes feuchtes Thal. Wir wateten durch viele Bäche. Im Schatten stand der Thermometer nicht über 30°, wir waren aber unmittelbar den Sonnenstrahlen ausgesetzt, weil die Bambu am Wege nur wenig Schutz gewähren und wir hatten stark von der Hitze zu leiden. Wir kamen durch das Dorf Arenas, das von Indianern desselben Stammes wie die von San Fernando bewohnt ist; aber Arenas ist keine Mission mehr; die Eingeborenen stehen unter einem Pfarrer und sind nicht so nackt und kultivierter als jene. Ihre Kirche ist im Lande wegen einiger rohen Malereien bekannt; auf einem schmalen Fries sind Gürteltiere, Kaimane, Jaguare und andere Tiere der Neuen Welt abgebildet.

In diesem Dorfe wohnt ein Landmann Namens Francisco Lozano, der eine physiologische Merkwürdigkeit ist, und der Fall macht Eindruck auf die Einbildungskraft, wenn er auch den bekannten Gesetzen der organischen Natur vollkommen entspricht. Der Mann hat einen Sohn mit seiner eigenen Milch aufgezogen. Die Mutter war krank geworden, da nahm der Vater das Kind, um es zu beruhigen, zu sich ins

Bett und drückte es an die Brust. Lozano, damals zweiund=
dreißig Jahre alt, hatte es bis dahin nicht bemerkt, daß er
Milch gab, aber infolge der Reizung der Brustwarze, an der
das Kind saugte, schoß die Milch ein. Dieselbe war fett und
sehr süß. Der Vater war nicht wenig erstaunt, als seine
Brust schwoll, und säugte fortan das Kind fünf Monate lang
zwei=, dreimal des Tages. Seine Nachbarn wurden aufmerk=
sam auf ihn, er dachte aber nicht daran, die Neugierde aus=
zubeuten, wie er wohl in Europa gethan hätte. Wir sahen
das Protokoll, das über den merkwürdigen Fall aufgenommen
worden. Augenzeugen desselben leben noch, und sie versicherten
uns, der Knabe habe während des Stillens nichts bekommen
als die Milch des Vaters. Lozano war nicht zu Hause, als
wir die Missionen bereisten, besuchte uns aber in Cumana.
Er kam mit seinem Sohne, der schon 13 bis 14 Jahre alt
war. Bonpland untersuchte die Brust des Vaters genau und
fand sie runzlig, wie bei Weibern, die gesäugt haben. Er
bemerkte, daß besonders die linke Brust sehr ausgedehnt war,
und Lozano erklärte dies aus dem Umstande, daß niemals beide
Brüste gleich viel Milch gegeben. Der Statthalter Don
Vicente Emparan hat eine ausführliche Beschreibung des Falles
nach Cadiz geschickt.

Es kommt bei Menschen und Tieren nicht gar selten vor,
daß die Brust männlicher Individuen Milch enthält, und das
Klima scheint auf diese mehr oder weniger reichliche Abson=
derung keinen merkbaren Einfluß zu äußern. Die Alten er=
zählen von der Milch der Böcke auf Lemnos und Corsica;
noch in neuester Zeit war in Hannover ein Bock, der jahre=
lang einen Tag um den anderen gemolken wurde und mehr
Milch gab als die Ziegen. Unter den Merkmalen der ver=
meintlichen Schwächlichkeit der Amerikaner führen die Reisen=
den auch auf, daß die Männer Milch in den Brüsten haben.[1]
Es ist indessen höchst unwahrscheinlich, daß solches bei einem
ganzen Volksstamm in irgend einem der heutigen Reisenden
unbekannten Landstrich Amerikas beobachtet worden sein sollte,
und ich kann versichern, daß der Fall gegenwärtig in der
Neuen Welt nicht häufiger vorkommt als in der Alten. Der
Landmann in Arenas, dessen Geschichte wir soeben erzählt,

---

[1] Man hat sogar alles Ernstes behauptet, in einem Teile Bra=
siliens werden die Kinder von den Männern, nicht von den Weibern
gesäugt.

ist nicht vom kupferfarbigen Stamm der Chaymas, er ist ein Weißer von europäischem Blut. Ferner haben Petersburger Anatomen die Beobachtung gemacht, daß Milch in den Brüsten der Männer beim niederen russischen Volke weit häufiger vorkommt, als bei südlicheren Völkern, und die Russen haben nie für schwächlich und weibisch gegolten.

Es gibt unter den mancherlei Spielarten unseres Geschlechtes eine, bei der der Busen zur Zeit der Mannbarkeit einen ansehnlichen Umfang erhält. Lozano gehörte nicht dazu, und er versicherte uns wiederholt, erst durch die Reizung der Brust infolge des Saugens sei bei ihm die Milch gekommen. Dadurch wird bestätigt, was die Alten beobachtet haben: „Männer, die etwas Milch haben, geben ihrer in Menge, sobald man an den Brüsten saugt.“ [1] Diese sonderbare Wirkung eines Nervenreizes war den griechischen Schäfern bekannt; die auf dem Berge Oeta rieben den Ziegen, die noch nicht geworfen hatten, die Euter mit Nesseln, um die Milch herbeizulocken.

Ueberblickt man die Lebenserscheinungen in ihrer Gesamtheit, so zeigt sich, daß keine ganz für sich allein steht. In allen Jahrhunderten werden Beispiele erzählt von jungen, nicht mannbaren Mädchen oder von bejahrten Weibern mit eingeschrumpften Brüsten, welche Kinder säugten. Bei Männern kommt solches weit seltener vor, und nach vielem Suchen habe ich kaum zwei oder drei Fälle finden können. Einer wird vom veronesischen Anatomen Alexander Benedictus angeführt, der am Ende des 15. Jahrhunderts lebte. Er erzählt, ein Syrier habe nach dem Tode der Mutter sein Kind, um es zu beschwichtigen, an die Brust gedrückt. Sofort schoß die Milch so stark ein, daß der Vater sein Kind allein säugen konnte. Andere Beispiele werden von Santorellus, Feria und Robert, Bischof von Cork, berichtet. Da die meisten dieser Fälle ziemlich entlegenen Zeiten angehören, ist es von Interesse für die Physiologie, daß die Erscheinung zu unserer Zeit bestätigt werden konnte. Sie hängt übrigens genau mit dem Streit über die Endursachen zusammen. Daß auch der Mann Brüste hat, ist den Philosophen lange ein Stein des Anstoßes gewesen, und noch neuerdings hat man geradezu behauptet: „Die Natur habe die Fähigkeit zu säugen dem einen

---

[2] Aristoteles, Historia animalium Lib. III, c. 20.

Geschlecht versagt, weil diese Fähigkeit gegen die Würde des
Mannes wäre.“

In der Nähe der Stadt Cumanacoa wird der Boden
ebener und das Thal nach und nach weiter. Die kleine Stadt
liegt auf einer kahlen, fast kreisrunden, von hohen Bergen
umgebenen Ebene und nimmt sich von außen sehr trübselig
aus. Die Bevölkerung ist kaum 2300 Seelen stark; zur Zeit
des Paters Caulin im Jahre 1753 betrug sie nur 600. Die
Häuser sind sehr niedrig, unsolid und, drei oder vier ausgenommen, sämtlich aus Holz. Wir brachten indessen unsere
Instrumente ziemlich gut beim Verwalter der Tabaksregie,
Don Juan Sanchez, unter, einem liebenswürdigen, geistig
sehr regsamen Manne. Er hatte uns eine geräumige bequeme
Wohnung einrichten lassen; wir blieben vier Tage hier und
er ließ sich nicht abhalten, uns auf allen unseren Ausflügen
zu begleiten.

Cumanacoa wurde im Jahre 1717 von Domingo Arias
gegründet, als er von einem Kriegszuge zurückkam, den er an
die Mündung des Guarapiche unternommen, um eine von
französischen Freibeutern begonnene Niederlassung zu zerstören.
Die Stadt hieß anfangs San Baltazar de las Arias, aber
der indische Name verdrängte jenen, wie der Name Caracas
den Namen Santiago de Leon, den man noch häufig auf
unseren Karten sieht, in Vergessenheit gebracht hat.

Als wir den Barometer öffneten, sahen wir zu unserer
Ueberraschung das Quecksilber kaum 15,6 mm tiefer stehen
als an der Küste und doch schien das Instrument in ganz
gutem Stande. Die Ebene, oder vielmehr das Plateau, auf
dem Cumanacoa steht, liegt nicht mehr als 204 m über dem
Meeresspiegel, und dies ist drei- oder viermal weniger, als
man in Cumana glaubt, weil man dort von der Kälte in
Cumanacoa die übertriebensten Vorstellungen hat. Aber der
klimatische Unterschied zwischen zwei so nahen Orten rührt
vielleicht weniger von der hohen Lage des letzteren her als
von örtlichen Verhältnissen, wozu wir rechnen, daß die Wälder
sehr nahe, die niedergehenden Luftströme, wie in allen eingeschlossenen Thälern, häufig, die Regenniederschläge und die
Nebel sehr stark sind, wodurch einen großen Teil des Jahres
hindurch die unmittelbare Wirkung der Sonnenstrahlen geschwächt wird. Da die Wärmeabnahme unter den Tropen
und Sommers in der gemäßigten Zone ungefähr gleich ist,
so sollte der geringe Höhenunterschied von 195 m nur einen

Unterschied in der mittleren Temperatur von 1 bis 1½° verurſachen; wir werden aber bald ſehen, daß derſelbe über 4° beträgt. Dieſes kühle Klima fällt um ſo mehr auf, da es noch in der Stadt Cartago, in Tomependa am Ufer des Amazonenſtromes und in den Thälern von Aragua, weſtwärts von Caracas, ſehr heiß iſt, lauter Orte, die in 390 bis 935 m abſoluter Meereshöhe liegen. In der Ebene wie im Gebirge laufen die Linien gleicher Wärme (Iſothermen) nicht immer dem Aequator oder der Erdoberfläche parallel, und darin beſteht eben die große Aufgabe der Meteorologie, den Lauf dieſer Linien zu ermitteln und durch alle von örtlichen Ur= ſachen bedingte Abweichungen hierdurch die konſtanten Geſetze der Wärmeverteilung zu erfaſſen.

Der Hafen von Cumana liegt von Cumanacoa nur etwa 11,5 km. Am erſteren Orte regnet es faſt nie, während an letzterem die Regenzeit 6 bis 7 Monate dauert. Die trockene Jahreszeit währt in Cumanacoa von der Winter= bis zur Sommer=Tag= und Nachtgleiche. Strichregen ſind im April, Mai und Juni ziemlich häufig; ſpäter wird es wieder ſehr trocken, vom Sommerſolſtitium bis Ende Auguſt; nunmehr tritt die eigentliche Regenzeit ein, die bis zum November anhält und in der das Waſſer in Strömen vom Himmel gießt. Nach der Breite von Cumanacoa geht die Sonne das eine Mal am 16. April, das andere Mal am 27. Auguſt durch den Zenith, und aus dem eben Angeführten geht her= vor, daß dieſe beiden Durchgänge mit dem Eintreten der großen Regenniederſchläge und der ſtarken elektriſchen Ent= ladungen zuſammenfallen.

Unſer erſter Aufenthalt in den Miſſionen fiel in die Regenzeit. Jede Nacht war der Himmel mit ſchweren Wolken wie mit einem dichten Schleier umzogen, und nur durch Ritzen im Gewölk konnte ich ein paar Sternbeobachtungen anſtellen. Der Thermometer ſtand auf 18,5 bis 20°, und dies iſt in der heißen Zone und für das Gefühl des Reiſenden, der von der Küſte herkommt, bedeutend kühl. In Cumana ſah ich die Temperatur bei Nacht niemals unter 21° ſinken. Der Delucſche Hygrometer zeigte in Cumanacoa 85°, und, was auffallend iſt, ſobald das Gewölk ſich zerſtreute und die Sterne in ihrer ganzen Pracht leuchteten, ging das Inſtru= ment auf 55° zurück. Gegen Morgen nahm die Temperatur wegen der ſtarken Verdunſtung nur langſam zu und noch um 10 Uhr war ſie nicht über 21°. Am heißeſten iſt es von

Mittag bis 3 Uhr, wo dann der Thermometer auf 26 bis 27° steht. Zur Zeit der größten Hitze, etwa zwei Stunden nach dem Durchgang der Sonne durch den Meridian, zog fast regelmäßig ein Gewitter auf, das auch zum Ausbruch kam. Dicke, schwarze, sehr niedrig ziehende Wolken lösten sich in Regen auf; diese Güsse dauerten 2 bis 3 Stunden, und während derselben fiel der Thermometer um 5 bis 6°. Gegen 5 Uhr hörte der Regen ganz auf, die Sonne kam aber bis zum Untergang nicht leicht zum Vorschein und der Hygrometer ging dem Trockenpunkte zu; aber um 8 oder 9 Uhr abends waren wir schon wieder in eine dicke Wolkenschicht gehüllt. Dieser Witterungswechsel erfolgt, wie man uns versicherte, durchaus gesetzmäßig monatelang einen Tag wie den anderen, und doch läßt sich nicht der geringste Luftzug spüren. Nach vergleichenden Beobachtungen muß ich annehmen, daß es in Cumanacoa bei Nacht um 2 bis 3, bei Tage um 4 bis 5° kühler ist als in Cumana. Diese Unterschiede sind sehr bedeutend, und wenn man statt meteorologischer Instrumente nur sein Gefühl befragte, so würde man sie für noch bedeutender halten.

Die Vegetation auf der Ebene um die Stadt ist sehr einförmig, aber infolge der großen Feuchtigkeit der Luft ungemein frisch. Ihre Haupteigentümlichkeiten sind ein baumartiges Solanum, das 13 m hoch wird, die Urtica baccifera und eine neue Art der Gattung Guettarda. Der Boden ist sehr fruchtbar und er wäre auch leicht zu bewässern, wenn man von den vielen Bächen, deren Quellen das ganze Jahr nicht versiegen, Kanäle zöge. Das wichtigste Erzeugnis ist der Tabak, und nur diesem verdankt es die kleine, schlecht gebaute Stadt, wenn sie einen gewissen Ruf hat. Seit der Einführung der Pacht (Estanco real de Tabaco) im Jahre 1779 ist der Tabaksbau in der Provinz Cumana fast ganz auf Cumanacoa beschränkt, wie er in Mexiko nur in den zwei Distrikten Orizaba und Cordova gestattet ist. Das Pachtsystem ist ein beim Volke äußerst verhaßtes Monopol. Die ganze Tabaksernte muß an die Regierung verkauft werden, und um dem Schmuggel zu steuern, oder vielmehr nur ihn einzuschränken, ließ man geradezu nur an einem Punkte Tabak bauen. Aufseher streifen durch das Land; sie zerstören jede Anpflanzung, die sie außerhalb der zum Bau angewiesenen Distrikte finden, und geben die Unglücklichen an, die es wagen, selbstgemachte Cigarren zu rauchen. Diese Aufseher sind meist

Spanier und fast ebenso grob wie die Menschen, die in Europa dieses Handwerk treiben. Diese Grobheit hat nicht wenig dazu beigetragen, den Haß zwischen den Kolonieen und dem Mutterlande zu schüren.

Nach dem Tabak von der Insel Cuba und dem vom Rio Negro hat der von Cumana am meisten Arom. Er übertrifft allen aus Neuspanien und der Provinz Varinas. Wir teilen einiges über den Bau desselben mit, weil er sich wesentlich vom Tabaksbau in Virginien unterscheidet. Schon der Umstand, daß im Thale von Cumanacoa die Gewächse aus der Familie der Solaneen so ausnehmend stark entwickelt sind, besonders die vielen Arten von Solanum arborescens, von Aquartia und Cestrum weisen darauf hin, daß hier der Boden für den Tabaksbau sehr geeignet sein muß. Die Aussaat wird im September vorgenommen; zuweilen wartet man damit bis zum Dezember, was aber für den Ausfall der Ernte nicht so gut ist. Die Wurzelblätter zeigen sich am achten Tage; man bedeckt die jungen Pflanzen mit großen Helikonien- und Bananenblättern, um sie der unmittelbaren Einwirkung der Sonne zu entziehen, und reutet das Unkraut, das unter den Tropen furchtbar schnell aufschießt, sorgfältig aus. Der Tabak wird sofort einen und einen halben Monat, nachdem der Samen aufgegangen, in einen fetten, gut gelockerten Boden versetzt. Die Pflanzen werden in geraden Reihen 1 bis 1,3 m voneinander gesteckt; man jätet sie fleißig und köpft den Hauptstengel mehrmals, bis bläulich grüne Flecken auf den Blättern als Wahrzeichen der Reife sich zeigen. Im vierten Monat fängt man an sie abzunehmen, und diese erste Ernte ist in wenigen Tagen vorüber. Besser wäre es, die Blätter nacheinander abzunehmen, so wie sie trocken werden. In guten Jahren schneiden die Pflanzer den Stock, wenn er 1,3 m hoch ist, ab, und der Wurzelschoß treibt so rasch neue Blätter, daß sie schon am 13. oder 14. Tage geerntet werden können. Diese haben sehr lockeres Zellgewebe; sie enthalten mehr Wasser, mehr Eiweiß und weniger von dem scharfen, flüchtigen, im Wasser schwer löslichen Stoff, an den die eigentümlich reizende Wirkung des Tabaks gebunden scheint.

Der Tabak wird in Cumanacoa nach dem Verfahren behandelt, das bei den Spaniern de cura seca heißt. Man hängt die Blätter an Cocuizafasern[1] auf, löst die Rippen

---

[1] Agave Americana.

ab und dreht sie zu Strängen. Der zubereitete Tabak sollte im Juni in die königlichen Magazine geschafft werden, aber aus Faulheit und weil sie dem Bau des Mais und des Manioc mehr Aufmerksamkeit schenken, machen die Leute den Tabak selten vor August fertig. Begreiflich verlieren die Blätter an Arom, wenn sie zu lange der feuchten Luft ausgesetzt bleiben. Der Verwalter läßt den Tabak 60 Tage unberührt in den königlichen Magazinen liegen; dann schneidet man die Bündel auf, um die Qualität zu prüfen. Findet der Verwalter den Tabak gut zubereitet, so bezahlt er dem Pflanzer für die Aroba von 12,5 kg 3 Piaster. Dasselbe Gewicht wird auf Rechnung der Krone für 12½ Piaster wieder verkauft. Der faule (potrido) Tabak, d. h. der noch einmal gegärt hat, wird öffentlich verbrannt, und der Pflanzer, der von der königlichen Pacht Vorschüsse erhalten hat, kommt unwiderruflich um die Früchte seiner langen Arbeit. Wir sahen auf dem großen Platze Haufen von 500 Arobas vernichten, aus denen man in Europa sicher Schnupftabak gemacht hätte.

Der Boden von Cumanacoa eignet sich für diesen Kulturzweig so ausgezeichnet, daß der Tabak überall, wo der Same Feuchtigkeit findet, wild wächst. So kommt er beim Cerro del Cuchivano und bei der Höhle von Caripe vor. In Cumanacoa, wie in den benachbarten Distrikten von Aricagua und San Lorenzo, wird übrigens nur die Tabaksart mit großen sitzenden Blättern, der sogenannte virginische Tabak,[1] gebaut. Ganz unbekannt ist der Tabak mit gestielten Blättern,[2] der eigentliche Yetl der alten Mexikaner, den man in Deutschland sonderbarerweise türkischen Tabak nennt.

Wäre der Tabaksbau frei, so könnte die Provinz Cumana einen großen Teil von Europa damit versehen; ja, andere Distrikte scheinen sich für die Erzeugung dieser Kolonialware ganz so gut zu eignen wie das Thal von Cumanacoa, wo der übermäßige Regen nicht selten dem Arom der Blätter Eintrag thut. Gegenwärtig, wo der Tabaksbau auf ein paar Quadratkilometer beschränkt ist, beträgt der ganze Ertrag der Ernte nur 6000 Arobas. Die beiden Provinzen Cumana und Barcelona verbrauchen aber 12 000, und der Ausfall wird aus dem spanischen Guyana gedeckt. In der Gegend

---

[1] Nicotiana Tabacum.
[2] Nicotiana rustica.

von Cumanacoa geben sich im Durchschnitt nur 1500 Personen mit dem Tabaksbau ab, lauter Weiße; die Eingeborenen vom Stamme der Chaymas lassen sich durch Aussicht auf Gewinn selten dazu verlocken, auch hält es die Pacht nicht für geraten, denselben Vorschüsse zu machen.

Beschäftigt man sich mit der Geschichte unserer Kulturpflanzen, so sieht man mit Ueberraschung, daß vor der Eroberung der Gebrauch des Tabaks über den größten Teil von Amerika verbreitet war, während man die Kartoffel weder in Mexiko, noch auf den Antillen kannte, wo sie doch in gebirgigen Lagen sehr gut fortkommt. Ferner wurde in Portugal schon im Jahre 1559 Tabak gebaut, während die Kartoffel erst am Ende des 17. und zu Anfang des 18. Jahrhunderts in den europäischen Ackerbau überging. Letzteres Gewächs, das für das Wohl der menschlichen Gesellschaft so bedeutsam geworden ist, hat sich auf beiden Kontinenten weit langsamer verbreitet als ein Produkt, das nur für einen Luxusartikel gelten kann.

Das wichtigste Produkt nach dem Tabak ist im Thale von Cumanacoa der Indigo. Die Pflanzungen in Cumanacoa, San Fernando und Arenas liefern eine Ware, die im Handel noch geschätzter ist als der Indigo von Caracas; er kommt an Glanz und Fülle der Farbe oft dem Indigo von Guatemala nahe. Aus letzterer Provinz ist der Samen von Indigofera Anil, die neben Indigofera tinctoria gebaut wird, zuerst auf die Küste von Cumana gekommen. Da im Thale von Cumanacoa sehr viel Regen fällt, so gibt eine 1,3 m hohe Pflanze nicht mehr Farbstoff als eine dreimal kleinere in den trockenen Thälern von Aragua, westlich von der Stadt Caracas.

Alle Indigofabriken, die wir gesehen, sind nach demselben Plane eingerichtet. Zwei Weichküpen, in denen das Kraut „faulen" soll, stehen nebeneinander. Jede mißt 1,5 qm und ist 75 cm tief. Aus diesen oberen Kufen läuft die Flüssigkeit in die Stampfkasten, zwischen denen die Wassermühle angebracht ist. Der Baum des großen Rades läuft zwischen diesen Kasten durch, und an ihm sitzen an langen Stielen die Löffel zum Stampfen. Aus einer weiten Abseiheküpe kommt der farbhaltige Bodensatz in die Trockenkasten und wird daselbst auf Brettern aus Brasilholz ausgebreitet, die mittels kleiner Rollen unter Dach gebracht werden können, wenn unerwartet Regen eintritt. Diese geneigten, sehr niedrigen Dächer geben den Trockenkasten von weitem das Ansehen von Treibhäusern. Im Thale von Cumanacoa verläuft die Gärung des Krautes, das man „faulen“ läßt, ungemein rasch. Sie währt meist nicht länger als 4 bis 5 Stunden. Dies kann nur von der Feuchtigkeit des Klimas herrühren und daher, daß während der Entwickelung der Pflanze die Sonne nicht scheint. Ich glaube auf meinen Reisen die Bemerkung gemacht zu haben, daß je trockener das Klima ist, die Kufe um so langsamer arbeitet und die Stengel zugleich desto mehr Indigo auf der niedersten Oxydationsstufe enthalten. In der Provinz Caracas, wo 562 Kubikfuß locker aufgeschichteten Krautes 18 bis 20 kg trockenen Indigo geben, kommt die Flüssigkeit erst nach 20, 30 oder 35 Stunden in die Stampfe. Wahrscheinlich erhielten die Einwohner von Cumanacoa mehr Farbstoff aus dem Kraute, wenn sie dasselbe länger in der ersten Kufe weichen ließen. Ich habe während meines Aufenthaltes in Cumana den etwas schweren kupferfarbigen Indigo von Cumanacoa und den von Caracas zur Vergleichung in Schwefelsäure aufgelöst, und die Auflösung des ersteren schien mir weit satter blau.

Trotz der ausgezeichneten Beschaffenheit der Produkte und der Fruchtbarkeit des Bodens ist der Landbau in Cumanacoa noch völlig in der Kindheit. Arenas, San Fernando und Cumanacoa bringen in den Handel nur 1500 kg Indigo, der im Lande 4500 Piaster wert ist. Es fehlt an Menschenhänden und die schwache Bevölkerung nimmt durch die Auswanderung in die Llanos täglich ab. Diese unermeßlichen Savannen nähren den Menschen reichlich, weil sich das Vieh dort so leicht vermehrt, während der Indigo- und Tabaksbau viel Sorge und Mühe macht. Der Ertrag des letzteren ist desto unsicherer, da die Regenzeit bald länger, bald kürzer dauert. Die Pflanzer sind von der königlichen Pacht, die ihnen Vorschüsse macht, völlig abhängig, und hier, wie in Georgien und Virginien, baut man lieber Nahrungsgewächse als Tabak. Man hatte neuerdings der Regierung den Vorschlag gemacht, auf königliche Kosten 500 Neger anzuschaffen und sie den Pflanzern abzugeben, die imstande wären, in 2 oder 3 Jahren den Ankaufspreis abzutragen. Dadurch hoffte man die jährliche Tabaksernte auf 15000 Arobas zu bringen. Zu meiner Freude habe ich viele Grundeigentümer sich gegen dieses Projekt aussprechen hören. Es

stand nicht zu hoffen, daß man, nach dem Vorgang mancher
Provinzen der Vereinigten Staaten, nach einer gewissen Reihe
von Jahren den Schwarzen oder ihren Nachkommen die Freiheit schenken würde; desto bedenklicher schien es, zumal nach
den entsetzlichen Vorgängen auf San Domingo, die Sklaven-
bevölkerung in Terra Firma zu vermehren. Weise Politik hat
nicht selten dieselben Folgen, wie die edelsten und seltensten
Regungen der Gerechtigkeit und Menschenliebe.

Die mit Höfen und Indigo- und Tabakspflanzungen
bedeckte Ebene von Cumanacoa ist von Bergen umgeben, die
besonders gegen Süd höher ansteigen und für den Physiker
und den Geologen gleich interessant sind. Alles weist darauf
hin, daß das Thal ein alter Seeboden ist; auch fallen die
Berge, welche einst das Ufer desselben bildeten, dem See zu
senkrecht ab. Der See hatte nur Arenas zu einem Abfluß.
Beim Graben von Hausfundamenten stieß man bei Cumanacoa
auf Schichten von Geschieben, mit kleinen zweischaligen Muscheln darunter. Nach der Angabe mehrerer glaubwürdiger
Personen sind sogar vor mehr als 30 Jahren hinten in der
Schlucht San Juanillo zwei ungeheure Schenkelknochen gefunden worden, die 1,3 m lang waren und über 15 kg
wogen. Die Indianer hielten sie, wie noch heute das Volk
in Europa, für Riesenknochen, während die Halbgelehrten im
Lande, die das Privilegium haben, alles zu erklären, alles
Ernstes versicherten, es seien Naturspiele und keiner großen
Beachtung wert. Diese Leute beriefen sich bei ihrer Behauptung auf den Umstand, daß menschliche Gebeine im Boden
von Cumanacoa sehr rasch vermodern. Zum Schmuck der
Kirchen am Allerseelentag läßt man Schädel aus den Kirch-
höfen an der Küste kommen, wo der Boden mit Salzen geschwängert ist. Die vermeintlichen Riesenknochen wurden nach
Cumana gebracht. Ich habe mich dort vergeblich danach umgesehen; aber nach den fossilen Knochen, die ich aus anderen
Strichen Südamerikas heimgebracht und die von Cuvier genau
untersucht worden, gehörten die riesigen Schenkelknochen von
Cumanacoa wahrscheinlich einer ausgestorbenen Elefantenart
an. Es kann befremden, daß dieselben in so geringer Höhe
über dem gegenwärtigen Wasserspiegel gefunden worden; denn
es ist sehr merkwürdig, daß die fossilen Reste von Mastodonten
und Elefanten, die ich aus den tropischen Ländern von
Mexiko, Neugranada, Quito und Peru mitgebracht, nicht in
tiefgelegenen Strichen (wo in gemäßigten Zonen Megatherien

am Rio Luxan[1] und in Virginien, große Mastodonten am
Ohio und fossile Elefanten am Susquehanna vorkommen),
sondern auf den in 195 bis 450 m Höhe gelegenen Hochebenen erhoben wurden.

Als wir dem südlichen Rand des Beckens von Cumanacoa
zugingen, sahen wir den Turimiquiri vor uns liegen. Eine
ungeheure Felswand, das Ueberbleibsel eines alten Küsten-
strichs, steigt mitten im Walde empor. Weiter nach West,
beim Cerro del Cuchivano, erscheint die Bergkette wie durch
ein Erdbeben auseinander gerissen. Die Spalte ist über 290 m
breit und von senkrechten Felsen umgeben. Tief beschattet
von den Bäumen, deren verschlungene Zweige nicht Raum
haben, sich auszubreiten, nahm sich die Spalte aus wie eine
durch einen Erdfall entstandene Grube. Ein Bach, der Rio
Juagua, läuft durch die Spalte, die ungemein malerisch ist
und Risco del Cuchivano heißt. Der kleine Fluß entspringt 32 km weit gegen Südwest am Fuße des Brigantin
und bildet schöne Fälle, ehe er in die Ebene von Cumanacoa
ausläuft.

Wir besuchten öfters einen kleinen Hof, Conuco de Bermudez, dem Erdspalt von Cuchivano gegenüber. Man baut
hier auf feuchtem Boden Bananen, Tabak und mehrere Arten
von Baumwollenbäumen, besonders die, deren Wolle nanking-
gelb ist, und die auf der Insel Margarita so häufig vorkommt.
Der Eigentümer sagte uns, der Erdspalt sei von Jaguaren
bewohnt. Diese Tiere bringen den Tag in Höhlen zu und
schleichen bei Nacht um die Wohnungen. Da sie reichliche
Nahrung haben, werden sie bis 2 m lang. Ein solcher Tiger
hatte im verflossenen Jahre ein zum Hof gehöriges Pferd ver-
zehrt. Er schleppte seine Beute bei hellem Mondschein über
die Savanne unter einen ungeheuer dicken Ceibabaum. Vom
Winseln des verendenden Pferdes erwachten die Sklaven im

---

[1] Das virginische Megatherium ist der Megalonyx Jeffersons.
Alle diese ungeheuren Knochen, die man auf den Ebenen der
Neuen Welt, nördlich oder südlich vom Aequator gefunden, gehören
nicht der heißen, sondern der gemäßigten Zone an. Andererseits
macht Pallas die Bemerkung, daß in Sibirien, also auch nördlich
vom Wendekreis, fossile Knochen in den gebirgigen Landesteilen
gar nicht vorkommen. Diese eng miteinander verknüpften Thatsachen scheinen den Weg zur Auffindung eines wichtigen geologischen
Gesetzes zu bahnen.

Hofe. Sie rückten mitten in der Nacht aus, bewaffnet mit Spießen und Machetes[1]. Der Tiger lag auf seiner Beute und ließ sie ruhig herankommen; er erlag erst nach langem hartnäckigem Widerstand. Dieser Fall und viele andere, von denen wir an Ort und Stelle Kunde erhielten, zeigt, daß der große Jaguar[2] von Terra Firma, wie der Jaguarete in Paraguay und der eigentliche asiatische Tiger, vor dem Menschen nicht fliehen, wenn ihm dieser zu Leibe geht und die Zahl der Angreifenden ihn nicht scheu macht. Die Zoologen wissen jetzt, daß Buffon die größte amerikanische Katzenart ganz falsch beurteilt hat. Was der berühmte Schriftsteller von der Feigheit der Tiger der Neuen Welt sagt, gilt nur von den kleinen Oceloten, oder Pantherkatzen, und wir werden bald sehen, daß am Orinoko der echte amerikanische Jaguar sich zuweilen ins Wasser stürzt, um die Indianer in ihren Pirogen anzugreifen.

Dem Hofe Bermudez gegenüber liegen die Oeffnungen zweier geräumigen Höhlen im Erdspalt des Cuchivano; von Zeit zu Zeit schlagen Flammen daraus empor, die man bei Nacht sehr weit sieht. Die benachbarten Berge sind dann davon beleuchtet, und nach der Höhe der Felsen, über welche diese brennenden Dünste hinaufreichen, wäre man versucht, zu glauben, daß sie mehrere hundert Fuß hoch werden. Beim letzten großen Erdbeben in Cumana war diese Erscheinung von einem unterirdischen dumpfen, anhaltenden Getöse begleitet. Sie kommt vorzüglich in der Regenzeit vor, und die Besitzer der dem Berge Cuchivano gegenüber liegenden Pflanzungen versichern, die Flammen zeigen sich seit dem Dezember 1797 häufiger.

Auf einer botanischen Exkursion nach Rinconada versuchten wir vergeblich in die Spalte einzudringen. Wir hätten die Felsen, die in ihrem Schoße die Ursachen dieses merk-

---

[1] Große Messer mit sehr langen Klingen, ähnlich den Jagdmessern. In der heißen Zone geht man nicht ohne Machete in den Wald, sowohl um die Lianen und Baumäste abzuhauen, die einem den Weg sperren, als um sich gegen wilde Tiere zu verteidigen.

[2] Felis Onça, Linné, die Buffon panthère œillée nennt und in Afrika zu Hause glaubt. Wir werden später Gelegenheit haben, auf diesen für die Zoologie und Tiergeographie wichtigen Punkt zurückzukommen.

würdigen Feuers zu bergen schienen, gerne näher untersucht;
aber die üppige Vegetation, die ineinander geschlungenen
Lianen und Dornsträucher ließen uns nicht vorwärts kommen.
Zum Glück nahmen die Bewohner des Thals lebhaften An=
teil an unseren Forschungen, nicht sowohl weil sie sich vor
einem vulkanischen Ausbruch fürchteten, als weil sie sich in
den Kopf gesetzt hatten, der Risco del Cuchivano enthalte
eine Goldgrube. Es half nichts, daß wir ihnen auseinander=
setzten, warum wir an Gold im Muschelkalk nicht glauben
könnten; sie wollten einmal wissen, „was der deutsche Berg=
mann vom Reichtum des Erzgangs halte". Seit Karls V.
Zeit und seit die Welser, die Alfinger und Sailer in Coro
und Caracas als Statthalter gesessen, hat sich in Terra Firma
im Volk der Glaube an das besondere bergmännische Ge=
schick der Deutschen erhalten. Wohin ich in Südamerika kam,
überall, sobald man erfuhr, wo ich her sei, zeigte man mir
Muster von Erzen. In den Kolonien ist jeder Franzose ein
Arzt, jeder Deutsche ein Bergmann.

Die Pflanzer bahnten mit ihren Sklaven einen Weg
durch den Wald bis zum ersten Fall des Rio Juagua, und
am 10. September machten wir unseren Ausflug nach dem
Risco del Cuchivano. Kaum hatten wir die Schlucht be=
treten, so merkten wir, daß Tiger in der Nähe waren, sowohl
an einem frisch zerrissenen Stachelschwein, als am Gestank
ihres Kotes, der dem der europäischen Katze gleicht. Zur
Vorsicht gingen die Indianer nach dem Hof zurück und brachten
Hunde von sehr kleiner Rasse mit. Man behauptet, wenn
man dem Jaguar auf schmalem Pfad begegne, springe er
zuerst auf den Hund los, nicht auf den Menschen. Wir
stiegen nicht am Ufer des Baches, sondern an der Felswand
über dem Wasser hinauf. Man geht an einem 65 bis 100 m
tiefen Abgrund hin auf einem ganz schmalen Vorsprung, wie
auf dem Wege von Grindelwald am Mettenberg hin zum
großen Gletscher. Wird der Vorsprung so schmal, daß man
nicht mehr weiß, wohin man den Fuß setzen soll, so steigt
man zum Bach hinunter, watet durch oder läßt sich von einem
Sklaven hinübertragen und klimmt an der anderen Bergwand
weiter. Das Niederklettern ist ziemlich mühselig, und man
darf sich nicht auf die Lianen verlassen, die wie große Stricke
von den Baumgipfeln niederhängen. Die Ranken= und
Schmarotzergewächse hängen nur locker an den Aesten, die sie
umschlingen; ihre Stengel haben zusammen ein ganz ansehn=

liches Gewicht, und wenn man auf abschüssigem Boden sich
mit dem Körper an Lianen hängt, läuft man Gefahr, eine
ganze grüne Laube niederzureißen. Je weiter wir kamen,
desto dichter wurde die Vegetation. An mehreren Stellen
hatten die Baumwurzeln, die in die Spalten zwischen den
Schichten hineingewachsen waren, das Kalkgestein zersprengt.
Wir konnten kaum die Pflanzen fortbringen, die wir bei jedem
Schritte aufnahmen. Die Canna, die Helikonen mit schönen
purpurnen Blüten, die Costus und andere Gewächse aus der
Familie der Amomeen werden hier 2,6 bis 3,25 m hoch.
Ihr helles, frisches Grün, ihr Seidenglanz und ihr strotzendes
Fleisch stechen grell ab vom bräunlichen Ton des Baumfarns
mit dem zartgefiederten Laub. Die Indianer hieben mit ihren
großen Messern Kerben in die Baumstämme und machten uns
auf die Schönheit der roten und goldgelben Hölzer aufmerksam, die einst bei unseren Möbelschreinern und Drehern sehr
gesucht sein werden. Sie zeigten uns ein Gewächs mit zu-
sammengesetzter Blüte, das 6,5 m hoch ist (Eupatorium
laevigatum, Lamarck), die sogenannte Rose von Belveria
(Brownea racimosa), berühmt wegen ihrer herrlichen purpur-
roten Blüten, und das einheimische Drachenblut, eine noch
nicht beschriebene Art Kroton, deren roter, abstringierender
Saft zur Stärkung des Zahnfleisches gebraucht wird. Sie
unterschieden die Arten von dem Geruch, besonders aber durch
Kauen der Holzfasern. Zwei Eingeborene, denen man dasselbe Holz zu kauen gibt, sprechen, meist ohne sich zu besinnen,
denselben Namen aus. Wir konnten übrigens von den scharfen
Sinnen unserer Führer nicht viel Nutzen ziehen; denn wie
soll man zu Blättern, Blüten oder Früchten gelangen, die
auf Stämmen wachsen, deren ersten Aeste 16,20 m über dem
Boden sind? Mit Ueberraschung sieht man in dieser Schlucht
die Baumrinde, sogar den Boden mit Moosen und Flechten
überzogen. Diese Kryptogamen sind hier so häufig wie im
Norden. Die feuchte Luft und der Mangel an direktem
Sonnenlicht begünstigen ihre Entwickelung, und doch beträgt
die Temperatur bei Tag 25, bei Nacht 19°.

Die angebliche Goldgrube von Cuchivano, die wir untersuchen sollten, ist nichts als ein Loch, das man in eine der
schwarzen, an Schwefelkies reichen Mergelschichten im Kalk
zu graben angefangen. Das Loch liegt auf der rechten Seite
des Rio Juagua, an einem Punkt, wohin man vorsichtig
klettern muß, weil der Bach hier über 2,5 m tief ist. Der

Schwefelkies ist hell goldgelb, und man sieht ihm nicht an, daß er Kupfer enthält. Die Mergelschicht, in der er vorkommt, streicht über den Bach hinüber. Das Wasser spült die metallisch glänzenden Körner aus, und deshalb glaubt das Volk, der Bach führe Gold. Man erzählt, nach dem großen Erdbeben im Jahre 1766 habe das Wasser des Juagua so viel Gold geführt, daß Männer, „die weit hergekommen, und von denen man nicht gewußt, wo sie zu Hause seien", Goldwäschen angelegt hätten; sie seien aber bei Nacht und Nebel verschwunden, nachdem sie eine Menge Gold gesammelt. Es braucht keines Beweises, daß dies ein Märchen ist; die Kiese in den Quarzgängen des Glimmerschiefers sind allerdings sehr oft goldhaltig; aber nichts berechtigt bis jetzt zur Annahme, daß der Schwefelkies im Mergelschiefer des Alpenkalks gleichfalls Gold enthalte. Einige direkte Versuche auf nassem Wege, die ich während meines Aufenthaltes in Caracas angestellt, thun dar, daß der Schwefelkies von Cuchivano durchaus nicht goldhaltig ist. Unseren Führern behagte mein Unglaube sehr schlecht; ich hatte gut sagen, aus dieser angeblichen Goldgrube könnte man höchstens Alaun und Eisenvitriol gewinnen; sie lasen nichtsdestoweniger heimlich jedes Stückchen Schwefelkies auf, das sie im Wasser glänzen sahen. Je ärmer ein Land an Erzgruben ist, desto leichter wird es in der Einbildung der Einwohner, die Schätze aus dem Schoße der Erde zu holen. Wie viele Zeit haben wir auf unserer fünfjährigen Reise verloren, um auf das dringende Verlangen unserer Wirte Schluchten zu untersuchen, in denen schwefelkieshaltige Schichten seit Jahrhunderten den stolzen Namen Minas de oro führen! Wie oft sahen wir lächelnd zu, wenn Leute aller Stände, Beamte, Dorfgeistliche, ernste Missionäre mit unermüdlicher Geduld Hornblende oder gelblichen Glimmer zerstießen, um mittels Quecksilber das Gold auszuziehen! Die leidenschaftliche Gier, mit der man nach Erzen sucht, erscheint doppelt auffallend in einem Lande, wo man den Boden kaum umzuwenden braucht, um ihm reiche Ernten zu entlocken.

Nachdem wir den Schwefelkies am Rio Juagua untersucht, gingen wir weiter in der Schlucht hinauf, die sich wie ein enger, von sehr hohen Bäumen beschatteter Kanal fortzieht. Nach sehr beschwerlichem Marsche und ganz durchnäßt, weil wir so oft über den Bach gegangen waren, langten wir am Fuße der Höhlen des Cuchivano an, aus denen man vor einigen Jahren die Flammen hatte brechen sehen. 1560 m hoch steigt senkrecht eine Felswand auf. In einem Landstrich, wo der üppige Pflanzenwuchs überall den Boden und das Gestein bedeckt, kommt es selten vor, daß ein großer Berg in senkrechtem Durchschnitte seine Schichten zeigt. Mitten in diesem Durchschnitte, leider dem Menschen unzugänglich, liegen die Spalten, die zu zwei Höhlen führen. Sie sollen von denselben Nachtvögeln bewohnt sein, die wir bald in der Cueva del Guacharo bei Caripe werden kennen lernen.

Wir ruhten am Fuße der Höhlen aus. Hier sah man die Flammen hervorkommen, welche in den letzten Jahren häufiger geworden sind. Unsere Führer und der Pächter, ein verständiger, mit den Oertlichkeiten der Provinz wohlbekannter Mann, verhandelten nach der Weise der Kreolen über die Gefahr, der die Stadt Cumanacoa ausgesetzt wäre, wenn der Cuchivano ein thätiger Vulkan würde, se veniesse a reventar. Es schien ihnen unzweifelhaft, daß seit dem großen Erdbeben von Quito und Cumana im Jahre 1797 Neu-Andalusien vom unterirdischen Feuer immer mehr unterhöhlt werde. Sie brachten die Flammen zur Sprache, die man in Cumana hatte aus dem Boden schlagen sehen, und die Stöße, die man jetzt an Orten empfindet, wo man früher nichts von Erdbeben wußte. Sie erinnerten daran, daß man in Maca-rapan seit einigen Monaten öfters Schwefelgeruch spüre. Auf diese und ähnliche Erscheinungen, die uns damals in ihrem Munde auffielen, gründeten sie Prophezeiungen, die fast sämt-lich in Erfüllung gegangen sind. Entsetzliche Zerstörungen haben im Jahre 1812 in Caracas stattgefunden, zum Beweis, welche gewaltige Unruhe im Nordosten von Terra Firma in der Natur herrscht.

Was ist wohl aber die Ursache der feurigen Erscheinungen, die man am Cuchivano beobachtet? Ich weiß wohl, daß man zuweilen die Luftsäule, die über der Mündung brennender Vulkane aufsteigt, in hellem Lichte glänzen sieht. Dieser Lichtschein, den man von brennendem Wasserstoffgas herleitet, wurde von Chillo aus auf dem Gipfel des Cotopaxi zu einer Zeit beobachtet, wo der Berg ziemlich ruhig schien. Ich weiß, daß die Alten erzählen, auf dem Mons Albanus bei Rom, dem heutigen Monte Cavo, sei zuweilen bei Nacht Feuer ge-sehen worden; aber der Mons Albanus ist ein erst in neuerer Zeit erloschener Vulkan, der noch zu Catos Zeit lapilli aus-

warf,[1] während der Cuchivano ein Kalkberg ist in einer
Gegend, wo weit und breit keine Trappbildungen vorkommen.
Kann man jene Flammen etwa daraus erklären, daß das
Wasser, wenn es mit den Kiesen im Mergelschiefer in Be-
rührung kommt, zersetzt wird? Ist das Feuer, das aus den
Höhlen des Cuchivano kommt, brennendes Wasserstoffgas?
Das Wasser, das durch den Kalkstein sickert und durch die
Schwefelschichten zersetzt wird, und die Erdbeben von Cumana,
die Lager gediegenen Schwefels bei Carupano und die schweflig
sauren Dämpfe, die man zuweilen in den Savannen spürt:
zwischen all dem ließe sich leicht ein Zusammenhang denken;
es ist auch nicht zu bezweifeln, daß, wenn sich bei der starken
Affinität zwischen dem Eisenoxyd und den Erden bei hoher
Temperatur Wasser über Schwefelkiesen zersetzt, die Entbindung
von Wasserstoffgas erfolgen kann, welche mehrere neuere Geologen eine so wichtige Rolle spielen lassen. Aber bei vulkanischen Ausbrüchen tritt weit konstanter schweflichte Säure
auf als Wasserstoff, und der Geruch, den man zuweilen bei
starken Erdstößen verspürt, ist vorzugsweise der Geruch von
schweflichter Säure. Ueberblickt man die vulkanischen Erscheinungen und die Erdbeben im ganzen, bedenkt man, in
welch ungeheuren Entfernungen sich die Stöße unter dem
Meeresboden fortpflanzen, so läßt man bald Erklärungen
fallen, die von unbedeutenden Schichten von Schwefelkies und
bituminösem Mergel ausgehen. Nach meiner Ansicht können
die Stöße, die man in der Provinz Cumana so häufig spürt,
so wenig den zu Tag ausgehenden Gebirgsarten zugeschrieben
werden, als die Stöße, welche die Apenninen erschüttern, As-
phaltadern oder brennenden Erdölquellen. Alle diese Erscheinungen hängen von allgemeineren, fast hätte ich gesagt,
tiefer liegenden Ursachen her, und der Herd der vulkanischen
Wirkungen ist nicht in den sekundären Gebirgsbildungen, aus
denen die äußere Erdrinde besteht, sondern in sehr bedeutender
Tiefe unter der Oberfläche in den Urgebirgsarten zu suchen.
Je weiter die Geologie fortschreitet, desto mehr sieht man ein,
wie wenig man mit den Theorieen ausrichtet, die sich auf
wenige, rein örtliche Beobachtungen gründen.

Nach Meridianhöhen des südlichen Fisches, die ich in der
Nacht vom 7. September beobachtet, liegt Cumanacoa unter

---

[1] Albano monte biduum continenter lapidibus pluit. Li-
vius XXV, 7.

10° 16′ 11″ der Breite; die Angabe der geschätztesten Karten ist also um ¼ Grad unrichtig. Die Neigung der Magnetnadel fand ich gleich 42,60° und die Intensität der magnetischen Kraft gleich 228 Schwingungen in zehn Zeitminuten; die Intensität war demnach um neun Schwingungen oder ¹/₂₅ geringer als in Ferrol.

Am 12. setzten wir unsere Reise nach dem Kloster Caripe, dem Hauptort der Chaymasmissionen, fort. Wir zogen der geraden Straße den Umweg über die Berge Cocollar und Turimiquiri vor, die nicht viel höher sind als der Jura. Der Weg läuft zuerst ostwärts 13,5 km über die Hochebene von Cumanacoa, den alten Seeboden, und biegt dann nach Süd ab. Wir kamen durch das kleine indianische Dorf Aricagua, das, von bewaldeten Hügeln umgeben, sehr freundlich daliegt. Von hier an ging es bergauf, und wir hatten über vier Stunden zu steigen. Dieses Stück des Weges ist sehr angreifend; man setzt 22mal über den Pututucuar, ein reißendes Bergwasser voll Kalksteinblöcken. Hat man auf der Cuesta del Cocollar 650 m Meereshöhe erreicht, so sieht man zu seiner Ueberraschung fast keine Wälder oder auch nur große Bäume mehr. Man geht über eine ungeheure, mit Gräsern bewachsene Hochebene. Nur Mimosen mit halbkugeliger Krone und 1 bis 1,3 m hohem Stamme unterbrechen die öde Einförmigkeit der Savannen. Ihre Aeste sind gegen den Boden geneigt oder breiten sich schirmartig aus. Ueberall, wo Abhänge oder halb mit Erde bedeckte Gesteinmassen sich zeigen, breitet die Clusia oder der Cupey mit den großen Nymphäenblüten sein herrliches Grün aus. Die Wurzeln dieses Baumes haben zuweilen 24 cm Durchmesser und gehen oft schon 5 m über dem Boden vom Stamme ab.

Nachdem wir noch lange bergan gestiegen waren, kamen wir auf einer kleinen Ebene zum Hato del Cocollar. Es ist dies ein Hof, der 793 m hoch ganz allein auf dem Plateau liegt. In dieser Einsamkeit blieben wir drei Tage, vortrefflich verpflegt von dem Eigentümer,[1] der vom Hafen von Cumana an unser Begleiter gewesen war. Wir fanden daselbst bei der reichen Weide Milch, vortreffliches Fleisch und vor allem ein herrliches Klima. Bei Tag stieg der hundertteilige Thermometer nicht über 22 oder 23°, kurz vor Sonnenuntergang fiel er auf 19, und bei Nacht zeigte er kaum 14°. Bei Nacht war

---

[1] Don Matthias Yturburi, ein geborener Biscayer.

es daher um 7° kühler als an der Küste, was, da die Hochebene des Cocollar nicht so hoch liegt als die Stadt Caracas, wiederum auf eine ausnehmend rasche Wärmeabnahme hinweist.

So weit das Auge reicht, sieht man auf dem hohen Punkte nichts als kahle Savannen; nur hin und wieder tauchen aus den Schluchten kleine Baumgruppen auf, und trotz der scheinbaren Einförmigkeit der Vegetation findet man ausnehmend viele sehr interessante Pflanzen. Wir führen hier nur an eine prachtvolle Lobelia mit purpurnen Blüten, die Brownea coccinea, die über 30 m hoch wird, und vor allen den Pejoa, der im Lande berühmt ist, weil seine Blätter, wenn man sie zwischen den Fingern zerreibt, einen köstlichen, aromatischen Geruch von sich geben. Was uns aber am meisten am einsamen Orte entzückte, das war die Schönheit und Stille der Nächte. Der Eigentümer des Hofes blieb mit uns wach. Er schien sich daran zu weiden, wie Europäer, die eben erst unter die Tropen gekommen, sich nicht genug wundern konnten über die frische Frühlingsluft, deren man nach Sonnenuntergang hier auf den Bergen genießt. In jenen fernen Ländern, wo der Mensch die Gaben der Natur noch voll zu schätzen weiß, preist der Grundeigentümer das Wasser seiner Quelle, den gesunden Wind, der um den Hügel weht, und daß es keine schädlichen Insekten gibt, wie wir in Europa uns der Vorzüge unseres Wohnhauses oder des malerischen Effektes unserer Pflanzungen rühmen.

Unser Wirt war mit einer Mannschaft, die an der Küste des Meerbusens von Paria Holzschläge für die spanische Marine einrichten sollte, in die Neue Welt gekommen. In den großen Mahagoni-, Cedrela- und Brasilholzwäldern, die um das Meer der Antillen her liegen, dachte man, die größten Stämme auszusuchen, sie im Groben so zuzuhauen, wie man sie zum Schiffsbau braucht, und sie jährlich auf die Werfte von Caraques bei Cadiz zu schicken. Aber weiße, nicht akklimatisierte Männer mußten der anstrengenden Arbeit, der Sonnenglut und der ungesunden Luft der Wälder erliegen. Dieselben Lüfte, welche mit den Wohlgerüchen der Blüten, Blätter und Hölzer geschwängert sind, führen auch den Keim der Auflösung in die Organe. Bösartige Fieber rafften mit den Zimmerleuten der königlichen Marine die Aufseher der neuen Anstalt weg und die Bucht, der die ersten Spanier wegen des trübseligen, wilden Aussehens der Küste den Namen „Golfo triste“

gegeben, wurde das Grab der europäischen Seeleute. Unser Wirt hatte das seltene Glück, diesen Gefahren zu entgehen; nachdem er den größten Teil der Seinigen hatte hinsterben sehen, zog er weit weg von der Küste auf die Berge des Cocollar. Ohne Nachbarschaft, im ungestörten Besitze eines Savannenstriches von 22 km, genießt er hier der Unabhängig= keit, wie die Vereinzelung sie gewährt, und der Heiterkeit des Gemüts, wie sie schlichten Menschen eigen ist, die in reiner, stärkender Luft leben.

Nichts ist dem Eindruck majestätischer Ruhe zu vergleichen, den der Anblick des gestirnten Himmels an diesem einsamen Ort in einem hinterläßt. Blickten wir bei Einbruch der Nacht hinaus über die Prärieen, die bis zum Horizont fortstreichen, über die grün bewachsene, sanft gewellte Hochebene, so war es uns, gerade wie in den Steppen am Orinoko, als sähen wir weit weg das gestirnte Himmelsgewölbe auf dem Ozean ruhen. Der Baum, unter dem wir saßen, die leuchtenden Insekten, die in der Luft tanzten, die glänzenden Sternbilder im Süden, alles mahnte uns daran, wie weit wir von der Heimaterde waren. Und wenn nun, inmitten dieser fremd= artigen Natur, aus einer Schlucht herauf das Schellengeläute einer Kuh oder das Brüllen des Stieres zu unseren Ohren drang, dann sprang mit einmal der Gedanke an die Heimat in uns auf. Es war, als hörten wir aus weiter, weiter Ferne Stimmen, die über das Weltmeer herüberriefen und uns mit Zauberkraft aus einer Hemisphäre in die andere ver= setzten. So wunderbar beweglich ist die Einbildungskraft des Menschen, die ewige Quelle seiner Freuden und seiner Schmerzen.

In der Morgenkühle machten wir uns auf, den Turimi= quiri zu besteigen. So heißt der Gipfel des Cocollar, der mit dem Brigantin nur einen Gebirgsstock bildet, welcher bei den Eingeborenen früher Sierra de los Tageres hieß. Man macht einen Teil des Weges auf Pferden, die frei in den Savannen laufen, zum Teil aber an den Sattel gewöhnt sind. So plump ihr Aussehen ist, klettern sie doch ganz flink den schlüpfrigsten Rasen hinauf. Wir machten zuerst bei einer Quelle Halt, die nicht aus dem Kalkstein, sondern noch aus einer Schichte quarzigen Sandsteines kommt. Ihre Temperatur war 21°, also um 1,5° geringer als die der Quelle von Quetepe; der Höhenunterschied beträgt aber auch gegen 428 m. Ueberall, wo der Sandstein zu Tage kommt, ist der Boden

eben und bildet gleichsam kleine Plateaus, die wie Stufen
übereinander liegen. Bis zu 1365 m und sogar darüber ist
der Berg, wie alle in der Nachbarschaft, nur mit Gräsern
bewachsen. In Cumana schreibt man den Umstand, daß keine
Bäume mehr vorkommen, der großen Hitze zu; vergegen=
wärtigt man sich aber die Verteilung der Gewächse in den
Kordilleren der heißen Zone, so sieht man, daß die Berg=
gipfel in Neu=Andalusien lange nicht zu der oberen Baumgrenze
hinaufreichen, die in dieser Breite mindestens 3120 m hoch
liegt. Ja, der kurze Rasen zeigt sich auf dem Cocollar stellen=
weise sogar schon bei 680 m über dem Meer, und man kann
auf demselben bis zu 1950 m Höhe gehen; weiter hinauf,
über diesem mit Gräsern bedeckten Gürtel, befindet sich auf
dem Menschen fast unzugänglichen Gipfeln ein Wäldchen von
Cedrela, Javillo [1] und Mahagonibäumen. Nach diesen lokalen
Verhältnissen muß man annehmen, daß die Bergsavannen des
Cocollar und Turimiquiri ihre Entstehung nur der verderb=
lichen Sitte der Eingeborenen verdanken, die Wälder anzu=
zünden, die sie in Weideland verwandeln wollen. Jetzt, da
Gräser und Alppflanzen seit dreihundert Jahren den Boden
mit einem dicken Filz überzogen haben, können die Baum=
samen sich nicht mehr im Boden befestigen und keimen, ob=
gleich Wind und Vögel sie fortwährend von entlegenen Wäl=
dern in die Savannen herübertragen.

Das Klima auf diesen Bergen ist so mild, daß beim
Hofe auf dem Cocollar der Baumwollenbaum, der Kaffeebaum,
sogar das Zuckerrohr gut fortkommen. Trotz aller Behaup=
tungen der Einwohner an der Küste ist unter dem 10. Grad
der Breite auf Bergen, die kaum höher sind als der Mont
Dore und der Puy de Dome, niemals Reif gesehen worden.
Die Weiden auf dem Turimiquiri nehmen an Güte ab, je
höher sie liegen. Ueberall, wo zerstreute Felsmassen Schatten
bieten, kommen Flechten und verschiedene europäische Moose

---

[1] Hura crepitans, aus der Familie der Euphorbien. Dieser
Baum wird ungeheuer dick; im Thal von Curiepe zwischen Kap
Codera und Caracas maß Bonpland Kufen aus Javilloholz, die
5 m lang und 2,5 m breit waren. Diese Kufen aus einem Stück
dienen zur Aufbewahrung des Guarapo oder Zuckerrohrsaftes und
der Melasse. Die Samen des Javillo sind ein starkes Gift, und
die Milch, die aus dem Blütenstengel quillt, wenn man ihn abbricht,
hat uns oft Augenschmerz verursacht, wenn zufällig auch nur ein
ganz klein wenig davon zwischen die Augenlider kam.

vor. Melastoma xanthostachis und ein Strauch (Palicourea rigida), dessen große, lederartige Blätter im Wind wie Pergament rauschen, wachsen hier und da in der Savanne. Aber die Hauptzierde des Rasens ist ein Liliengewächs mit goldgelber Blüte, die Marica martinicensis. Man findet sie in den Provinzen Cumana und Caracas meist erst in 780—970 m Höhe. Die Gebirgsarten des Turimiquiri sind ein Alpenkalk, ähnlich dem bei Cumanacoa, und ziemlich dünne Schichten Mergel und quarziger Sandstein. Im Kalkstein sind Klumpen von braunem Eisenoxyd und Spateisen eingesprengt. An mehreren Stellen habe ich ganz deutlich beobachtet, daß der Sandstein dem Kalk nicht nur aufgelagert ist, sondern daß beide nicht selten in Wechsellagerung vorkommen.

Man unterscheidet im Lande den abgerundeten Gipfel des Turimiquiri und die spitzen Piks oder Cucuruchos, die dicht bewaldet sind, und wo es viele Tiger gibt, auf die man wegen des großen und schönen Fells Jagd macht. Den runden begrasten Gipfel fanden wir 1378 m hoch. Von diesem Gipfel läuft nun nach West ein steiler Felskamm aus, der 1,8 km von jenem durch eine ungeheure Spalte unterbrochen ist, die gegen den Meerbusen von Cariaco hinunterläuft. An der Stelle, wo der Kamm hätte weiter laufen sollen, erheben sich zwei Bergspitzen aus Kalkstein, von denen die nördliche die höhere ist. Dies ist der eigentliche Cucurucho de Turimiquiri, der für höher gilt als der Brigantin, der den Schiffern, die der Küste von Cumana zusteuern, so wohl bekannt ist. Nach Höhenwinkeln und einer ziemlich kurzen Standlinie, die wir auf dem abgerundeten kahlen Gipfel zogen, maßen wir den Spitzberg oder Cucurucho und fanden ihn 680 m höher als unseren Standort, so daß seine absolute Höhe über 2047 m beträgt.

Man genießt auf dem Turimiquiri einer der weitesten und malerischten Aussichten. Vom Gipfel bis hinunter zum Meer liegen Bergketten vor einem, die parallel von Ost nach West streichen und Längenthäler zwischen sich haben. Da in letztere eine Menge kleiner, von den Bergwassern ausgespülter Thäler unter rechtem Winkel münden, so stellen sich die Seitenketten als Reihen gleich vieler bald abgerundeter, bald kegelförmiger Höhen dar. Bis zum Impossible sind die Berghänge meist ziemlich sanft; weiterhin werden die Abfälle sehr steil und streichen hintereinander fort bis zum Ufer des Meerbusens von Cariaco. Die Umrisse dieser Gebirgsmassen er-

innern an die Ketten des Jura, und die einzige Ebene, die
sich darin findet, ist das Thal von Cumanacoa. Es ist, als
sähe man in einen Trichter hinunter, auf dessen Boden unter
zerstreuten Baumgruppen das indianische Dorf Aricagua er=
scheint. Gegen Nord hob sich eine schmale Landzunge, die
Halbinsel Araya, braun vom Meere ab, das, von den ersten
Sonnenstrahlen beleuchtet, ein glänzendes Licht zurückwarf.
Jenseits der Halbinsel begrenzte den Horizont das Vorgebirge
Macanao, dessen schwarzes Gestein gleich einem ungeheuren
Bollwerk aus dem Wasser aufsteigt.

Der Hof auf dem Cocollar am Fuße des Turimiquiri
liegt unter 10° 9′ 32″ der Breite. Die Inklination der
Magnetnadel fand ich gleich 42° 10′. Die Nadel schwang
220mal in zehn Zeitminuten. Die im Kalk liegenden Braun=
eisensteinmassen mögen die Intensität der magnetischen Kraft
um ein weniges steigern.

Am 14. September gingen wir vom Cocollar zur Mission
San Antonio hinunter. Der Weg führt anfangs über Sa=
vannen, die mit großen Kalksteinblöcken übersät sind, und dann
betritt man dichten Wald. Nachdem man zwei sehr steile
Berggräte überstiegen, hat man ein schönes Thal vor sich, das,
22,5 km lang, fast durchaus von Ost nach West streicht. In
diesem Thale liegen die Missionen San Antonio und Guana=
guana. Erstere ist berühmt wegen einer kleinen Kirche aus
Backsteinen, in erträglichem Stil, mit zwei Türmen und dorischen
Säulen. Sie gilt in der Umgegend für ein Wunder. Der
Guardian der Kapuziner wurde mit diesem Kirchenbau in nicht
ganz zwei Sommern fertig, obgleich er nur Indianer aus
seinem Dorfe dabei verwendet hatte. Die Säulenkapitäle,
die Gesimse und ein mit Sonnen und Arabesken gezierter
Fries wurden aus mit Ziegelmehl vermischtem Thon model=
liert. Wundert man sich, an der Grenze Lapplands Kirchen
im reinsten griechischen Stil [1] anzutreffen, so überraschen einen
dergleichen erste Kunstversuche noch mehr in einem Erdstrich,
wo noch alles den Stempel menschlicher Urzustände trägt und
von den Europäern erst seit etwa vierzig Jahren der Grund
zukünftiger Kultur gelegt wurde. Der Statthalter der Provinz
mißbilligte es, daß in Missionen mit solchem Luxus gebaut
werde, und zum großen Leidwesen der Mönche wurde die
Kirche nicht ausgebaut. Die Indianer von San Antonio sind

---

[1] In Skelefiar bei Torneo. S. Buch, Reise in Norwegen.

weit entfernt, solches gleichfalls zu beklagen; sie sind insgeheim mit dem Spruche des Statthalters vollkommen einverstanden, weil er ihrer natürlichen Trägheit behagt. Sie machen sich ebensowenig aus architektonischen Ornamenten als einst die Eingeborenen in den Jesuitenmissionen in Paraguay.

Ich hielt mich in der Mission San Antonio nur auf, um auf den Barometer zu sehen und ein paar Sonnenhöhen zu nehmen. Der große Platz liegt 430 m über Cumana. Jenseits des Dorfes durchwateten wir die Flüsse Colorado und Guarapiche, die beide in den Bergen des Cocollar entspringen und weiter unten, ostwärts, sich vereinigen. Der Colorado hat eine sehr starke Strömung und wird bei seiner Mündung breiter als der Rhein; der Guarapiche ist, nachdem er den Rio Areo aufgenommen, über 90 m tief. An seinen Ufern wächst eine ausnehmend schöne Grasart, die ich zwei Jahre später, als ich den Magdalenenstrom hinauffuhr, gezeichnet habe. Der Halm mit zweizeiligen Blättern wird 5 bis 6,5 m hoch. Unsere Maultiere konnten sich durch den dicken Morast auf dem schmalen ebenen Weg kaum durcharbeiten. Es goß in Strömen vom Himmel; der ganze Wald erschien infolge des starken anhaltenden Regens wie ein Sumpf.

Gegen Abend langten wir in der Mission Guanaguana an, die so ziemlich in derselben Höhe liegt wie das Dorf San Antonio. Es that sehr not, daß wir uns trockneten. Der Missionär nahm uns sehr herzlich auf. Es war ein alter Mann, der, wie es schien, seine Indianer sehr verständig behandelte. Das Dorf steht erst seit dreißig Jahren am jetzigen Fleck, früher lag es weiter nach Süden und lehnte sich an einen Hügel. Man wundert sich, mit welcher Leichtigkeit man die Wohnsitze der Indianer verlegt. Es gibt in Südamerika Dörfer, die in weniger als einem halben Jahrhundert dreimal den Ort gewechselt haben. Den Eingeborenen knüpfen so schwache Bande an den Boden, auf dem er wohnt, daß er den Befehl, sein Haus abzureißen und es anderswo wieder aufzubauen, gleichmütig aufnimmt. Ein Dorf wechselt seinen Platz wie ein Lager. Wo es nur Thon, Rohr, Palmblätter und Helikonenblätter gibt, ist die Hütte in wenigen Tagen wieder fertig. Diesen gewaltsamen Aenderungen liegt oft nichts zu Grunde als die Laune eines frisch aus Spanien angekommenen Missionärs, der meint, die Mission sei dem Fieber ausgesetzt oder liege nicht luftig genug. Es ist vorgekommen, daß ganze Dörfer mehrere Stunden weit verlegt wurden, bloß weil der Mönch die Aussicht aus seinem Hause nicht schön oder weit genug fand.

Guanaguana hat noch keine Kirche. Der alte Geistliche, der schon seit dreißig Jahren in den Wäldern Amerikas lebte, äußerte gegen uns, die Gemeindegelder, d. h. der Ertrag der Arbeit der Indianer, müßten zuerst zum Bau des Missions=hauses, dann zum Kirchenbau und endlich für die Kleidung der Indianer verwendet werden. Er versicherte in wichtigem Ton, von dieser Ordnung dürfe unter keinem Vorwand ab=gegangen werden. Nun, die Indianer, die lieber ganz nackt gehen als die leichtesten Kleider tragen, können gut warten, bis die Reihe an sie kommt. Die geräumige Wohnung des Padre war eben fertig geworden, und wir bemerkten zu unserer Ueberraschung, daß das Haus, das ein plattes Dach hatte, mit einer Menge Kaminen wie mit Türmchen geziert war. Sie sollten, belehrte uns unser Wirt, ihn an sein ge=liebtes Heimatland, und in der tropischen Hitze an die ara=gonesischen Winter erinnern. Die Indianer in Guanaguana bauen Baumwolle für sich, für die Kirche und für den Missionär. Der Ertrag gilt als Gemeindeeigentum, und mit den Gemeinde=geldern werden die Bedürfnisse des Geistlichen und die Kosten des Gottesdienstes bestritten. Die Eingeborenen haben höchst einfache Vorrichtungen, um den Samen von der Baumwolle zu trennen. Es sind hölzerne Cylinder von sehr kleinem Durchmesser, zwischen denen die Baumwolle durchläuft, und die man wie Spinnräder mit dem Fuße umtreibt. Diese höchst mangelhaften Maschinen leisten indessen gute Dienste, und man fängt in den anderen Missionen an, sie nachzuahmen. Ich habe anderswo, in meinem Werke über Mexiko, ausein=andergesetzt, wie sehr die Sitte, die Baumwolle mit dem Samen zu verkaufen, den Transport in den spanischen Ko=lonien erschwert, wo alle Waren auf Maultieren in die See=häfen kommen. Der Boden ist in Guanaguana ebenso frucht=bar wie im benachbarten Dorfe Aricagua, das gleichfalls seinen indianischen Namen behalten hat. Eine Almuda (7030 qm) trägt in guten Jahren 25—30 Fanegas Mais, die Fanega zu 50 kg. Aber hier wie überall, wo der Segen der Natur die Entwickelung der Industrie hemmt, macht man nur ganz wenige Morgen Landes urbar, und kein Mensch denkt daran, mit dem Anbau der Nahrungspflanzen zu wechseln. Die In=dianer in Guanaguana erzählten mir als etwas Ungewöhn=liches, im verflossenen Jahre seien sie, ihre Weiber und Kinder drei Monate lang al monte gewesen, d. h. sie seien in den benachbarten Wäldern umhergezogen, um sich von saftigen Pflanzen, von Palmkohl, von Farnwurzeln und wilden Baumfrüchten zu nähren. Sie sprachen von diesem Nomadenleben keineswegs wie von einem Notstand. Nur der Missionär hatte dabei zu leiden gehabt, weil das Dorf ganz verlassen stand und die Gemeindegenossen, als sie aus den Wäldern wieder heimkamen, weniger lenksam waren als zuvor.

Das schöne Thal von Guanaguana läuft gegen Ost in die Ebenen von Punzere und Terecen aus. Gerne hätten wir diese Ebenen besucht, um die Quellen von Bergöl zwischen den Flüssen Guarapiche und Areo zu untersuchen; aber die Regenzeit war förmlich eingetreten, und wir hatten täglich vollauf zu thun, um die gesammelten Pflanzen zu trocknen und aufzubewahren. Der Weg von Guanaguana nach dem Dorfe Punzere führt entweder über San Felix, oder über Caycara und Guayuta, wo sich ein Hato (Hof für Viehzucht) der Missionäre befindet. An letzterem Orte findet man, nach dem Bericht der Indianer, große Schwefelmassen, nicht in Gips oder Kalkstein, sondern in geringer Tiefe unter der Fläche des Bodens in Thonschichten. Dieses auffallende Vorkommen scheint Amerika eigentümlich; wir werden demselben im Königreich Quito und in Neu-Granada wieder begegnen. Vor Punzere sieht man in den Savannen Säckchen von Seidengewebe an den niedrigsten Baumästen hängen. Es ist dies die seda silvestre oder einheimische wilde Seide, die einen schönen Glanz hat, aber sich sehr rauh anfühlt. Der Nachtschmetterling, der sie spinnt, kommt vielleicht mit denen in den Provinzen Guanaxuato und Antioquia überein, die gleichfalls wilde Seide liefern. Im schönen Walde von Punzere kommen zwei Bäume vor, die unter den Namen Curucay und Canela bekannt sind; ersterer liefert ein von den Piajes oder indianischen Zauberern sehr gesuchtes Harz, der zweite hat Blätter, die nach echtem Ceylonzimt riechen. Von Punzere läuft der Weg über Terecen und Neu-Valencia, das eine neue Niederlassung von Kanariern ist, nach dem Hafen San Juan, der am rechten Ufer des Rio Areo liegt, und man muß in einer Piroge über diesen Fluß setzen, wenn man zu den berühmten Bergölquellen von Buen Pastor gehen will. Man beschrieb sie uns als kleine Schachte oder Trichter, die sich von selbst im sumpfigen Boden gebildet haben. Diese Erscheinung erinnert an den Asphaltsee oder Chapapote

auf der Insel Trinidad, der in gerader Linie von Buen Pastor
nur 64 km entfernt ist.

Nachdem wir eine Weile mit dem Verlangen gekämpft,
den Guarapiche hinunter in den Golfo triste zu fahren,
wandten wir uns gerade den Bergen zu. Die Thäler von
Guanaguana und Caripe sind durch eine Art Damm oder
Grat aus Kalkstein, der unter dem Namen Cuchilla de
Guanaguana weit und breit berühmt ist, voneinander getrennt.[1] Wir fanden den Uebergang beschwerlich, weil wir
damals noch nicht in den Kordilleren gereist waren, aber so
gefährlich, als man ihn in Cumana schildert, ist er keineswegs. Allerdings ist der Weg an mehreren Stellen nur 38
oder 40 cm breit; der Bergsattel, über den er wegläuft, ist
mit kurzem, sehr glattem Rasen bedeckt, die Abhänge zu beiden
Seiten sind ziemlich jäh, und wenn der Reisende fiele, könnte
er auf dem Grase 220 bis 260 m hinunterrollen. Indessen sind
die Bergseiten vielmehr nur starke Böschungen als eigentliche
Abgründe, und die Maultiere hierzulande haben einen so
sicheren Gang, daß man sich ihnen ruhig anvertrauen kann.
Ihr Benehmen ist ganz wie das der Saumtiere in der Schweiz
und in den Pyrenäen. Je wilder ein Land ist, desto fein-
fühliger und schärfer witternd wird der Instinkt der Haus-
tiere. Spüren die Maultiere eine Gefahr, so bleiben sie
stehen und wenden den Kopf hin und her, bewegen die Ohren
auf und ab; man sieht, sie überlegen, was zu thun sei. Sie
kommen langsam zum Entschluß, aber derselbe fällt immer
richtig aus, wenn er frei ist, das heißt, wenn ihn der Reisende
nicht unvorsichtigerweise stört oder übereilt. Wenn man in
den Anden sechs, sieben Monate auf entsetzlichen Wegen durch
die von den Bergwassern zerrissenen Gebirge zieht, da entwickelt sich die Intelligenz der Reitpferde und Lasttiere auf
wahrhaft erstaunliche Weise. Man kann auch die Gebirgs-
bewohner sagen hören: „Ich gebe Ihnen nicht das Maultier,
das den bequemsten Schritt hat, sondern das vernünftigste,
la mas racional.“ Dieses Wort aus dem Munde des Volks,
die Frucht langer Erfahrung, widerlegt das System, das in
den Tieren nur belebte Maschinen sieht, wohl besser als alle
Beweisführung der spekulativen Philosophie.

Auf dem höchsten Punkt des Kammes oder der Cuchilla

---

[1] Im ganzen spanischen Amerika bedeutet cuchilla, Messer-
klinge, einen Bergkamm mit sehr steilen Abhängen.

von Guanaguana angelangt, hatten wir eine interessante Fern=
sicht. Wir übersahen mit e i n e m Blick die weiten Prärieen
oder Savannen von Maturin und am Rio Tigre, den Spitz=
berg Turimiquiri und zahllose parallel streichende Bergketten,
die von weitem einer wogenden See gleichen. Gegen Nordost
öffnet sich das Thal, in dem das Kloster Caripe liegt. Sein
Anblick ist um so einladender, als es bewaldet ist und so
von den kahlen, nur mit Gras bewachsenen Bergen umher
freundlich absticht. Wir fanden die absolute Höhe der Cuchilla
gleich 1068 m; sie liegt also 641 m über dem Missionshaus
von Guanagnana.

Steigt man auf sehr krummem Pfade vom Bergkamme
nieder, so betritt man bald ein ganz bewaldetes Land. Der
Boden ist mit Moos und einer neuen Art Drosera bedeckt,
die im Wuchs der Drosera unserer Alpen gleicht. Je näher
man dem Kloster Caripe kommt, desto dichter wird der Wald,
desto üppiger die Vegetation. Alles bekommt einen andern
Charakter, sogar die Gebirgsart, in der wir von Punta Delgada
an gewesen waren. Die Kalksteinschichten werden dünner; sie
bilden Mauern, Gesimse und Türme wie in Peru, im Pappen=
heimschen und bei Dicow in Galizien. Es ist nicht mehr
Alpenkalk, sondern eine Formation, welche jenem übergelagert
ist, analog dem Jurakalk.

Der Weg von der Cuchilla herab ist bei weitem nicht
so lang als der hinauf. Wir fanden, daß das Thal von
Caripe 390 m höher liegt als das Thal von Guanaguana.
Ein Bergzug von unbedeutender Breite trennt zwei Becken;
das eine ist köstlich kühl, das andere als furchtbar heiß ver=
rufen. Solchen Kontrasten begegnet man in Mexiko, in Neu=
Granada und Peru häufig, aber im Nordosten von Süd=
amerika sind sie selten. Unter allen hochgelegenen Thälern
in Neu=Andalusien ist auch nur das von Caripe[1] sehr stark
bewohnt. In einer Provinz mit schwacher Bevölkerung, wo
die Gebirge weder eine sehr bedeutende Masse, noch ausge=
dehnte Hochebenen haben, findet der Mensch wenig Anlaß,
aus den Ebenen wegzuziehen und sich in gemäßigteren Ge=
birgsstrichen niederzulassen.

---

[1] Absolute Höhe des Klosters 803 m.

Siebentes Kapitel.

Das Kloster Caripe. — Die Höhle des Guacharo. — Nachtvögel.

Eine Allee von Perseabäumen führte uns zum Hospiz
der aragonesischen Kapuziner. Bei einem Kreuze aus Brasil=
holz mitten auf einem großen Platze machten wir Halt. Das
Kreuz ist von Bänken umgeben, wo die kranken und schwachen
Mönche ihren Rosenkranz beten. Das Kloster lehnt sich an
eine ungeheure, senkrechte, dicht bewachsene Felswand. Das
blendend weiße Gestein blickt nur hin und wieder hinter dem
Laube vor. Man kann sich kaum eine malerischere Lage
denken; sie erinnerte mich lebhaft an die Thäler der Graf=
schaft Derby und an die höhlenreichen Berge von Muggen=
dorf in Franken. An die Stelle der europäischen Buchen und
Ahorne treten hier die großartigeren Gestalten der Ceiba und
der Praga= und Jrassepalmen. Unzählige Quellen brechen
aus den Bergwänden, die das Becken von Caripe kreisförmig
umgeben und deren gegen Süd steil abfallende Hänge 320 m
hohe Profile bilden. Diese Quellen kommen meist aus Spalten
oder engen Schluchten hervor. Die Feuchtigkeit, die sie ver=
breiten, befördert das Wachstum der großen Bäume, und die
Eingeborenen, welche einsame Orte lieben, legen ihre Conucos
längs dieser Schluchten an. Bananen und Melonenbäume
stehen hier um Gebüsche von Baumfarn. Dieses Durch=
einander von kultivierten und wilden Gewächsen gibt diesen
Punkten einen eigentümlichen Reiz. An den nackten Berg=
seiten erkennt man die Stellen, wo Quellen zu Tage kommen,
schon von weitem an den dichten Massen von Grün, die an=
fangs am Gestein zu hängen scheinen und sich dann den
Windungen der Bäche nach ins Thal hinunterziehen.

Wir wurden von den Mönchen im Hospiz mit der größten
Zuvorkommenheit aufgenommen. Der Pater Guardian war
nicht zu Hause; aber er war von unserem Abgange von

Cumana in Kenntnis gesetzt und hatte alles aufgeboten, um uns den Aufenthalt angenehm zu machen. Das Hospiz hat einen inneren Hof mit einem Kreuzgange, wie die spanischen Klöster. Dieser geschlossene Raum war sehr bequem für uns, um unsere Instrumente unterzubringen und zu beobachten. Wir trafen im Kloster zahlreiche Gesellschaft: junge, vor kurzem aus Europa angekommene Mönche sollten eben in die Missionen verteilt werden, während alte, kränkliche Missionäre in der scharfen, gesunden Gebirgsluft von Caripe Genesung suchten. Ich wohnte in der Zelle des Guardians, in der sich eine ziemlich ansehnliche Büchersammlung befand. Ich fand hier zu meiner Ueberraschung neben Feijos Teatro critico und den „Erbau= lichen Briefen" auch Abbé Nollets „Traité de l'électricité". Der Fortschritt in der geistigen Entwickelung ist, sollte man da meinen, sogar in den Wäldern Amerikas zu spüren. Der jüngste Kapuziner von der letzten Mission[1] hatte eine spanische Uebersetzung von Chaptals Chemie mitgebracht. Er gedachte dieses Werk in der Einsamkeit zu studieren, in der er fortan für seine übrige Lebenszeit sich selbst überlassen sein sollte. Ich glaube kaum, daß bei einem jungen Mönche, der einsam am Ufer des Rio Tigre lebt, der Wissenstrieb wach und rege bleibt; aber so viel ist sicher und gereicht dem Geiste des Jahrhunderts zur Ehre, daß wir bei unserem Aufenthalte in den Klöstern und Missionen Amerikas nie eine Spur von Unduldsamkeit wahrgenommen haben. Die Mönche in Caripe wußten wohl, daß ich im protestantischen Deutschland zu Hause war. Mit den Befehlen des Madrider Hofes in der Hand, hatte ich keinen Grund, ihnen ein Geheimnis daraus zu machen; aber niemals that irgend ein Zeichen von Mißtrauen, irgend eine unbescheidene Frage, irgend ein Versuch, eine Kontroverse anzuknüpfen, dem wohlthuenden Eindrucke der Gastfreundschaft, welche die Mönche mit so viel Herzlichkeit und Offenheit übten, auch nur den geringsten Eintrag. Wir werden weiterhin untersuchen, woher diese Duldsamkeit der Missionäre rührt und wie weit sie geht.

----

[1] Außer den Dörfern, in denen Eingeborene unter der Obhut eines Geistlichen stehen, nennt man in den spanischen Kolonieen Mission auch die jungen Mönche, die miteinander aus einem spanischen Hafen abgehen, um in der Neuen Welt oder auf den Philippinen die Niederlassungen der Ordensgeistlichen zu ergänzen. Daher der Ausdruck: „in Cadix eine neue Mission holen."

Das Kloster liegt an einem Orte, der in alter Zeit Areocuar hieß. Seine Meereshöhe ist ungefähr dieselbe wie die der Stadt Caracas oder des bewohnten Striches in den Blauen Bergen von Jamaika. Auch ist die mittlere Temperatur dieser drei Punkte, die alle unter den Tropen liegen, so ziemlich dieselbe. In Caripe fühlt man das Bedürfnis, sich nachts zuzudecken, besonders bei Sonnenaufgang. Wir sahen den hundertteiligen Thermometer um Mitternacht zwischen 16 und 17 1/2° stehen, morgens zwischen 19 und 20°. Gegen ein Uhr nachmittags stand er nur auf 21 bis 22,5°. Es ist dies eine Temperatur, bei der die Gewächse der heißen Zone noch wohl gedeihen; gegenüber der übermäßigen Hitze auf den Ebenen bei Cumana könnte man sie eine Frühlingstemperatur nennen. Das Wasser, das man in porösen Thongefäßen dem Luftzuge aussetzt, kühlt sich in Caripe während der Nacht auf 13° ab. Ich brauche nicht zu bemerken, daß solches Wasser einem fast eiskalt vorkommt, wenn man in einem Tage entweder von der Küste oder von den glühenden Savannen von Terezen ins Kloster kommt und daher gewöhnt ist, Flußwasser zu trinken, das meist 25 bis 26° warm ist.

Die mittlere Temperatur des Thales von Caripe scheint, nach der des Monats September zu schließen, 18,5° zu sein. Nach den Beobachtungen, die man in Cumana gemacht, weicht unter dieser Zone die Temperatur des Septembers von der des ganzen Jahres kaum um einen halben Grad ab. Die mittlere Temperatur von Caripe ist gleich der des Monats Juni zu Paris, wo übrigens die größte Hitze 10° mehr beträgt als an den heißesten Tagen in Caripe. Da das Kloster nur 780 m über dem Meere liegt, so fällt es auf, wie rasch die Wärme von der Küste an abnimmt. Wegen der dichten Wälder können die Sonnenstrahlen nicht vom Boden abprallen, und dieser ist feucht und mit einem dicken Gras= und Moos= filz bedeckt. Bei anhaltend nebelichter Witterung ist von Sonnenwirkung ganze Tage lang nichts zu spüren und gegen Einbruch der Nacht wehen frische Winde von der Sierra del Guacharo ins Thal herunter.

Die Erfahrung hat ausgewiesen, daß das gemäßigte Klima und die leichte Luft des Ortes dem Anbau des Kaffee= baumes, der bekanntlich hohe Lagen liebt, sehr förderlich sind. Der Superior der Kapuziner, ein thätiger, aufgeklärter Mann, hat in seiner Provinz diesen neuen Kulturzweig eingeführt. Man baute früher Indigo in Caripe, aber die Pflanze, die starke Hitze verlangt, lieferte hier so wenig Farbstoff, daß man es aufgab. Wir fanden im Gemeindeconuco viele Küchenkräuter, Mais, Zuckerrohr und fünftausend Kaffeestämme, die eine reiche Ernte versprachen. Die Mönche hofften in wenigen Jahren ihrer dreimal so viel zu haben. Man sieht auch hier wieder, wie die geistliche Hierarchie überall, wo sie es mit den Anfängen der Kultur zu thun hat, in derselben Richtung ihre Thätigkeit entwickelt. Wo die Klöster es noch nicht zum Reichtum gebracht haben, auf dem neuen Kontinente wie in Gallien, in Syrien wie im nördlichen Europa, überall wirken sie höchst vorteilhaft auf die Urbarmachung des Bodens und die Einführung fremdländischer Gewächse. In Caripe stellt sich der Gemeindeconuco als ein großer, schöner Garten dar. Die Eingeborenen sind gehalten, jeden Morgen von sechs bis zehn Uhr darin zu arbeiten. Die Alkaden und Alguazile von indianischem Blute führen dabei die Aufsicht. Es sind das die hohen Staatsbeamten, die allein einen Stock tragen dürfen und vom Superior des Klosters angestellt werden. Sie legen auf jenes Recht sehr großes Gewicht. Ihr pedantischer, schweigsamer Ernst, ihre kalte, geheimnisvolle Miene, der Eifer, mit dem sie in der Kirche und bei den Gemeindeversammlungen repräsentieren, kommt den Europäern höchst lustig vor. Wir waren an diese Züge im Charakter des Indianers noch nicht gewöhnt, fanden sie aber später gerade so am Orinoko, in Mexiko und Peru bei Völkern von sehr verschiedenen Sitten und Sprachen. Die Alkaden kamen alle Tage ins Kloster, nicht sowohl um mit den Mönchen über Angelegenheiten der Mission zu verhandeln, als unter dem Vorwande, sich nach dem Befinden der kürzlich angekommenen Reisenden zu erkundigen. Da wir ihnen Branntwein gaben, wurden die Besuche häufiger, als die Geistlichen gerne sahen.

Solange wir uns in Caripe und in den anderen Missionen der Chaymas aufhielten, sahen wir die Indianer überall milde behandeln. Im allgemeinen schien uns in den Missionen der aragonesischen Kapuziner grundsätzlich eine Ordnung und eine Zucht zu herrschen, wie sie leider in der Neuen Welt selten zu finden sind. Mißbräuche, die mit dem allgemeinen Geiste aller klösterlichen Anstalten zusammenhängen, dürfen dem einzelnen Orden nicht zur Last gelegt werden. Der Guardian des Klosters verkauft den Ertrag des Gemeindeconuco, und da alle Indianer darin arbeiten, so haben auch alle gleichen Teil am Gewinn. Mais, Kleidungsstücke, Acker-

geräte, und, wie man versichert, zuweilen auch Geld werden
unter ihnen verteilt. Diese Mönchsanstalten haben, wie ich
schon oben bemerkt, Aehnlichkeit mit den Gemeinden der
Mährischen Brüder; sie fördern die Entwickelung in der Bil=
dung begriffener Menschenvereine, und in den katholischen Ge=
meinden, die man Missionen nennt, wird die Unabhängigkeit
der Familien und die Selbständigkeit der Genossenschaftsglieder
mehr geachtet als in den protestantischen Gemeinden nach
Zinzendorfs Regel.

Am berühmtesten ist das Thal von Caripe, neben der
ausnehmenden Kühle des Klimas, durch die große Cueva
oder Höhle des Guacharo. In einem Lande, wo man so
großen Hang zum Wunderbaren hat, ist eine Höhle, aus der
ein Strom entspringt und in der Tausende von Nachtvögeln
leben, mit deren Fett man in den Missionen kocht, natürlich
ein unerschöpflicher Gegenstand der Unterhaltung und des
Streites. Kaum hat daher der Fremde in Cumana den Fuß
ans Land gesetzt, so hört er zum Ueberdrusse vom Augenstein
von Araya, vom Landmanne in Arenas, der sein Kind ge=
säugt, und von der Höhle des Guacharo, die mehrere Kilo=
meter lang sein soll. Lebhafte Teilnahme an Naturmerk=
würdigkeiten erhält sich überall, wo in der Gesellschaft kein
Leben ist, wo in trübseliger Eintönigkeit die alltäglichen Vor=
kommnisse sich ablösen, bei denen die Neugierde keine Nahrung
findet.

Die Höhle, welche die Einwohner eine „Fettgrube" nennen,
liegt nicht im Thal von Caripe selbst, sondern etwa 13 km
vom Kloster gegen West=Süd=West. Sie mündet in einem
Seitenthale aus, das der Sierra des Guacharo zuläuft.
Am 18. September brachen wir nach der Sierra auf, be=
gleitet von den indianischen Alkaden und den meisten Ordens=
männern des Klosters. Ein schmaler Pfad führte zuerst
anderthalb Stunden lang südwärts über eine lachende, schön
beraste Ebene, dann wandten wir uns westwärts an einem
kleinen Flusse hinauf, der aus der Höhle hervorkommt. Man
geht drei Viertelstunden lang aufwärts bald im Wasser, das
nicht tief ist, bald zwischen dem Fluß und einer Felswand,
auf sehr schlüpfrigem, morastigem Boden. Zahlreiche Erd=
fälle, umherliegende Baumstämme, über welche die Maultiere
nur schwer hinüber kommen, die Rankengewächse am Boden
machen dieses Stück des Weges sehr ermüdend. Wir waren
überrascht, hier, kaum 970 m über dem Meere, eine Kreuz=

blüte zu finden, den Raphanus pinnatus. Man weiß, wie selten Arten dieser Familie unter den Tropen sind; sie haben gleichsam einen nordischen Typus, und auf diesen waren wir hier auf dem Plateau von Caripe, in so geringer Meeres= höhe, nicht gefaßt.

Wenn man am Fuß des hohen Guacharoberges nur noch vierhundert Schritte von der Höhle entfernt ist, sieht man den Eingang noch nicht. Der Bach läuft durch eine Schlucht, die das Wasser eingegraben, und man geht unter einem Felsenüberhang, so daß man den Himmel gar nicht sieht. Der Weg schlängelt sich mit dem Fluß und bei der letzten Biegung steht man auf einmal vor der ungeheuren Mündung der Höhle. Der Anblick hat etwas Großartiges selbst für Augen, die mit der malerischen Szenerie der Hochalpen ver= traut sind. Ich hatte damals die Höhlen am Pik von Derby= shire gesehen, wo man, in einem Nachen ausgestreckt, unter einem 60 cm hohen Gewölbe über einen unterirdischen Fluß setzt. Ich hatte die schöne Höhle von Treshemienshiz in den Karpaten befahren, ferner die Höhlen im Harz und in Fran= ken, die große Grabstätten sind für die Gebeine von Tigern, Hyänen und Bären, die so groß waren, wie unsere Pferde. Die Natur gehorcht unter allen Zonen unabänderlichen Ge= setzen in der Verteilung der Gebirgsarten, in der äußeren Gestaltung der Berge, selbst in den gewaltsamen Verände= rungen, welche die äußere Rinde unseres Planeten erlitten hat. Nach dieser großen Einförmigkeit konnte ich glauben, die Höhle von Caripe werde im Aussehen von dem, was ich derart auf meinen früheren Reisen beobachtet, eben nicht sehr abweichen; aber die Wirklichkeit übertraf meine Erwar= tung weit. Wenn einerseits alle Höhlen nach ihrer ganzen Bildung, durch den Glanz der Stalaktiten, in allem, was die unorganische Natur betrifft, auffallende Aehnlichkeit mit= einander haben, so gibt andererseits der großartige tropische Pflanzenwuchs der Mündung eines solchen Erdenlochs einen ganz eigenen Charakter.

Die Cueva del Guacharo öffnet sich im senkrechten Profil eines Felsens. Der Eingang ist nach Süd gekehrt; es ist eine Wölbung 26 m breit und 23 hoch, also bis auf ein Fünfteil so hoch als die Kolonnade des Louvre. Auf dem Fels über der Grotte stehen riesenhafte Bäume. Der Mamei und der Genipabaum mit breiten glänzenden Blättern strecken ihre Aeste gerade gen Himmel, während die des Courbaril und der Erythrina sich ausbreiten und ein dichtes grünes Gewölbe bilden. Pothos mit saftigen Stengeln, Oxalis und Orchideen von seltsamem Bau[1] wachsen in den dürrsten Felsspalten, während vom Winde geschaukelte Rankengewächse sich vor dem Eingange der Höhle zu Gewinden verschlingen. Wir sahen in diesen Blumengewinden eine violette Bignonie, das purpurfarbige Dolichos und zum erstenmal die prachtvolle Solandra, deren orangegelbe Blüte eine über 10 cm lange fleischige Röhre hat. Es ist mit dem Eingange der Höhlen, wie mit der Ansicht der Wasserfälle; der Hauptreiz besteht in der mehr oder weniger großartigen Umgebung, die den Charakter der Landschaft bestimmt. Welcher Kontrast zwischen der Cueva de Caripe und den Höhlen im Norden, die von Eichen und düsteren Lärchen beschattet sind!

Aber diese Pflanzenpracht schmückt nicht allein die Außenseite des Gewölbes, sie bringt sogar in den Vorhof der Höhle ein. Mit Erstaunen sahen wir, daß 6 m hohe prächtige Helikonien mit Pisangblättern, Pragapalmen und baumartige Arumarten die Ufer des Baches bis unter die Erde säumten. Die Vegetation zieht sich in die Höhle von Caripe hinein, wie in die tiefen Felsspalten in den Anden, in denen nur ein Dämmerlicht herrscht, und sie hört erst 30 bis 40 Schritte vom Eingange auf. Wir maßen den Weg mittels eines Strickes und waren gegen 140 m weit gegangen, ehe wir nötig hatten die Fackeln anzuzünden. Das Tageslicht bringt so weit ein, weil die Höhle nur einen Gang bildet, der sich in derselben Richtung von Südost nach Nordwest hineinzieht. Da wo das Licht zu verschwinden anfängt, hört man das heisere Geschrei der Nachtvögel, die, wie die Eingeborenen glauben, nur in diesen unterirdischen Räumen zu Hause sind.

Der Guacharo hat die Größe unserer Hühner, die Stimme der Ziegenmelker und Proknias, die Gestalt der geierartigen Vögel mit Büscheln steifer Seide um den krummen Schnabel. Streicht man nach Cuvier die Ordnung der Picae (Spechte), so ist dieser merkwürdige Vogel unter die Passeres zu stellen, deren Gattungen fast unmerklich ineinander übergehen. Ich habe ihn im zweiten Band meiner Observations de zoologie et d'anatomie comparée in einer eigenen Abhandlung unter

---

[1] Ein Dendrobium mit goldgelber, schwarzgefleckter, 8 cm langer Blüte.

dem Namen Steatornis (Fettvogel) beschrieben. Er bildet eine neue Gattung, die sich von Caprimulgus durch den Umfang der Stimme, durch den ausnehmend starken, mit einem doppelten Zahn versehenen Schnabel, durch den Mangel der Haut zwischen den vorderen Zehengliedern wesentlich unterscheidet. In der Lebensweise kommt er sowohl den Ziegenmelkern als den Alpenkrähen [1] nahe. Sein Gefieder ist dunkel graublau, mit kleinen schwarzen Streifen und Tupfen; Kopf, Flügel und Schwanz zeigen große weiße, herzförmige, schwarz gesäumte Flecken. Die Augen des Vogels können das Tageslicht nicht ertragen, sie sind blau und kleiner als bei den Ziegenmelkern. Die Flügel haben 17 bis 18 Schwungfedern und ihre Spannung beträgt 1,13 m. Der Guacharo verläßt die Höhle bei Einbruch der Nacht, besonders bei Mondschein. Es ist so ziemlich der einzige körnerfressende Nachtvogel, den wir bis jetzt kennen; schon der Bau seiner Füße zeigt, daß er nicht jagt, wie unsere Eulen. Er frißt sehr harte Samen, wie der Nußhäher (Corvus cariocatactes) und der Pyrrhocorax. Letzterer nistet auch in Felsspalten und heißt der „Nachtrabe". Die Indianer behaupten, der Guacharo gehe weder Insekten aus der Ordnung der Lamellicornia (Käfern), noch Nachtschmetterlingen nach, von denen die Ziegenmelker sich nähren. Man darf nur die Schnäbel des Guacharo und des Ziegenmelkers vergleichen, um zu sehen, daß ihre Lebensweise ganz verschieden sein muß.

Schwer macht man sich einen Begriff vom furchtbaren Lärm, den Tausende dieser Vögel im dunkeln Inneren der Höhle machen. Er läßt sich nur mit dem Geschrei unserer Krähen vergleichen, die in den nordischen Tannenwäldern gesellig leben und auf Bäumen nisten, deren Gipfel einander berühren. Das gellende durchdringende Geschrei des Guacharo hallt wider vom Felsgewölbe und aus der Tiefe der Höhle kommt es als Echo zurück. Die Indianer zeigten uns die Nester der Vögel, indem sie Fackeln an eine lange Stange banden. Sie staken 20 bis 23 m hoch über unseren Köpfen in trichterförmigen Löchern, von denen die Decke wimmelt. Je tiefer man in die Höhle hineinkommt, je mehr Vögel das Licht der Kopalfackeln aufscheucht, desto stärker wird der Lärm. Wurde es ein paar Minuten ruhiger um uns her, so erschallte von weither das Klagegeschrei der Vögel, die in anderen Zweigen

---

[1] Corvus Pyrrhocorax.

der Höhle nisteten. Die Banden lösten einander im Schreien
ordentlich ab.

Jedes Jahr um Johannistag gehen die Indianer mit
Stangen in die Cueva del Guacharo und zerstören die meisten
Nester. Man schlägt jedesmal mehrere tausend Vögel tot,
wobei die Alten, als wollten sie ihre Brut verteidigen, mit
furchtbarem Geschrei den Indianern um die Köpfe fliegen.
Die Jungen, die zu Boden fallen, werden auf der Stelle
ausgeweidet. Ihr Bauchfell ist stark mit Fett durchwachsen,
und eine Fettschicht läuft vom Unterleib zum After und bildet
zwischen den Beinen des Vogels eine Art Knopf. Daß körnerfressende Vögel, die dem Tageslicht nicht ausgesetzt sind und
ihre Muskeln wenig brauchen, so fett werden, erinnert an
die uralten Erfahrungen beim Mästen der Gänse und des
Viehs. Man weiß, wie sehr dasselbe durch Dunkelheit und
Ruhe befördert wird. Die europäischen Nachtvögel sind mager,
weil sie nicht wie der Guacharo von Früchten, sondern vom
dürftigen Ertrag ihrer Jagd leben. Zur Zeit der „Fetternte“
(cosecha de la manteca), wie man es in Caripe nennt,
bauen sich die Indianer aus Palmblättern Hütten am Eingang und im Vorhof der Höhle. Wir sahen noch Ueberbleibsel
derselben. Hier läßt man das Fett der jungen, frisch getöteten
Vögel am Feuer aus und gießt es in Thongefäße. Dieses
Fett ist unter dem Namen Guacharoschmalz oder -öl (manteca
oder aceite) bekannt; es ist halbflüssig, hell und geruchlos.
Es ist so rein, daß man es länger als ein Jahr aufbewahren
kann, ohne daß es ranzig wird. In der Klosterküche zu Caripe
wurde kein anderes Fett gebraucht als das aus der Höhle,
und wir haben nicht bemerkt, daß die Speisen irgend einen
unangenehmen Geruch oder Geschmack davon bekämen.

Die Menge des gewonnenen Oels steht mit dem Gemetzel,
das die Indianer alle Jahre in der Höhle anrichten, in keinem
Verhältnis. Man bekommt, scheint es, nicht mehr als 150 bis
160 Flaschen (zu 44 Kubikzoll) ganz reine Manteca; das übrige
weniger helle wird in großen irdenen Gefäßen aufbewahrt.
Dieser Industriezweig der Eingeborenen erinnert an das Sammeln des Taubenfetts [1] in Carolina, von dem früher mehrere
tausend Fässer gewonnen wurden. Der Gebrauch des Guacharo-
fettes ist in Caripe uralt und die Missionäre haben nur die

---

[1] Das Pigeon-oil kommt von der Wandertaube, Columba
migratoria.

Gewinnungsart geregelt. Die Mitglieder einer indianischen Familie Namens Morocoymas behaupten von den ersten Ansiedlern im Thale abzustammen und als solche rechtmäßige Eigentümer der Höhle zu sein; sie beanspruchen das Monopol des Fetts, aber infolge der Klosterzucht sind ihre Rechte gegenwärtig nur noch Ehrenrechte. Nach dem System der Missionäre haben die Indianer Guacharoöl für das ewige Kirchenlicht zu liefern; das übrige, so behauptet man, wird ihnen abgekauft. Wir erlauben uns kein Urteil weder über die Rechtsansprüche der Morocoymas, noch über den Ursprung der von den Mönchen den Indianern auferlegten Verpflichtung. Es erschiene natürlich, daß der Ertrag der Jagd denen gehörte, die sie anstellen; aber in den Wäldern der Neuen Welt, wie im Schoße der europäischen Kultur, bestimmt sich das öffentliche Recht danach, wie sich das Verhältnis zwischen dem Starken und dem Schwachen, zwischen dem Eroberer und dem Unterworfenen gestaltet.

Das Geschlecht des Guacharo wäre längst ausgerottet, wenn nicht mehrere Umstände zur Erhaltung desselben zusammenwirkten. Aus Aberglauben wagen sich die Indianer selten weit in die Höhle hinein. Auch scheint derselbe Vogel in benachbarten, aber dem Menschen unzugänglichen Höhlen zu nisten. Vielleicht bevölkert sich die große Höhle immer wieder mit Kolonieen, welche aus jenen kleinen Erdlöchern ausziehen; denn die Missionäre versicherten uns, bis jetzt habe die Menge der Vögel nicht merkbar abgenommen. Man hat junge Guacharos in den Hafen von Cumana gebracht; sie lebten da mehrere Tage ohne zu fressen, da die Körner, die man ihnen gab, ihnen nicht zusagten. Wenn man in der Höhle den jungen Vögeln Kropf und Magen aufschneidet, findet man mancherlei harte, trockene Samen darin, die unter dem seltsamen Namen „Guacharosamen" (semilla del Guacharo) ein vielberufenes Mittel gegen Wechselfieber sind. Die Alten bringen diese Samen den Jungen zu. Man sammelt sie sorgfältig und läßt sie den Kranken in Cariaco und anderen tief gelegenen Fieberstrichen zukommen.

Wir gingen in die Höhle hinein und am Bache fort, der daraus entspringt. Derselbe ist 9 bis 10 m breit. Man verfolgt das Ufer, solange die Hügel aus Kalkinkrustationen dies gestatten; oft, wenn sich der Bach zwischen sehr hohen Stalaktitenmassen durchschlängelt, muß man in das Bett selbst hinunter, das nur 60 cm tief ist. Wir hörten zu unserer

Ueberraschung, diese unterirdische Wasserader sei die Quelle des Rio Caripe, der wenige Meilen davon, nach seiner Vereinigung mit dem kleinen Rio de Santa Maria, für Pirogen schiffbar wird. Am Ufer des unterirdischen Baches fanden wir eine Menge Palmholz; es sind Ueberbleibsel der Stämme, auf denen die Indianer zu den Vogelnestern an der Decke der Höhle hinaufsteigen. Die von den Narben der alten Blattstiele gebildeten Ringe dienen gleichsam als Sprossen einer aufrecht stehenden Leiter.

Die Höhle von Caripe behält, genau gemessen, auf 472 m dieselbe Richtung, dieselbe Breite und die anfängliche Höhe von 20 bis 23 m. Ich kenne auf beiden Kontinenten keine zweite Höhle von so gleichförmiger, regelmäßiger Gestalt. Wir hatten viele Mühe, die Indianer zu bewegen, daß sie über das vordere Stück hinausgingen, das sie allein jährlich zum Fettsammeln besuchen. Es brauchte das ganze Ansehen der Patres, um sie bis zu der Stelle zu bringen, wo der Boden rasch unter einem Winkel von 60° ansteigt und der Bach einen kleinen unterirdischen Fall bildet. Diese von Nachtvögeln bewohnte Höhle ist für die Indianer ein schauerlich geheimnisvoller Ort; sie glauben, tief hinten wohnen die Seelen ihrer Vorfahren. Der Mensch, sagen sie, soll Scheu tragen vor Orten, die weder von der Sonne, Zis, noch vom Monde, Nuna, beschienen sind. Zu den Guacharos gehen, heißt so viel, als zu den Vätern versammelt werden, sterben. Daher nahmen auch die Zauberer, Piajes, und die Giftmischer, Imorons, ihre nächtlichen Gaukeleien am Eingang der Höhle vor, um den obersten der bösen Geister, Ivorokiamo, zu beschwören. So gleichen sich unter allen Himmelsstrichen die ältesten Mythen der Völker, vor allen solche, die sich auf zwei die Welt regierende Kräfte, auf den Aufenthalt der Seelen nach dem Tod, auf den Lohn der Gerechten und die Strafe der Bösen beziehen. Die verschiedensten und darunter die rohesten Sprachen haben gewisse Bilder miteinander gemein, weil diese unmittelbar aus dem Wesen unseres Denk- und Empfindungsvermögens fließen. Finsternis wird allerorten mit der Vorstellung des Todes in Verbindung gebracht. Die Höhle von Caripe ist der Tartarus der Griechen, und die Guacharos, die unter kläglichem Geschrei über dem Wasser flattern, mahnen an die stygischen Vögel.

Da wo der Bach den unterirdischen Fall bildet, stellt sich das dem Höhleneingang gegenüberliegende, grün bewachsene

Gelände ungemein malerisch dar. Man sieht vom Ende eines geraden, 467 m langen Ganges darauf hinaus. Die Stalaktiten, die von der Decke herabhängen und in der Luft schwebenden Säulen gleichen, heben sich von einem grünen Hintergrunde ab. Die Oeffnung der Höhle erscheint um die Mitte des Tages auffallend enger als sonst, und wir sahen sie vor uns im glänzenden Lichte, das Himmel, Gewächse und Gestein zumal widerstrahlen. Das ferne Tageslicht stach so grell ab von der Finsternis, die uns in diesen unterirdischen Räumen umgab. Wir hatten unsere Gewehre fast aufs Geratewohl abgeschossen, so oft wir aus dem Geschrei und dem Flügelschlagen der Nachtvögel schließen konnten, daß irgendwo recht viele Nester beisammen seien. Nach mehreren fruchtlosen Versuchen gelang es Bonpland, zwei Guacharos zu schießen, die, vom Fackelschein geblendet, uns nachflatterten. Damit fand ich Gelegenheit, den Vogel zu zeichnen, der bis dahin den Zoologen ganz unbekannt gewesen war. Wir erkletterten nicht ohne Beschwerde die Erhöhung, über die der unterirdische Bach herunterkommt. Wir sahen da, daß die Höhle sich weiterhin bedeutend verengert, nur noch 13 m hoch ist und nordostwärts in ihrer ursprünglichen Richtung, parallel mit dem großen Thale des Caripe, fortstreicht.

In dieser Gegend der Höhle setzt der Bach eine schwärzlichte Erde ab, die große Aehnlichkeit hat mit dem Stoffe, der in der Muggendorfer Höhle in Franken „Opfererde“ heißt. Wir konnten nicht ausfindig machen, ob diese feine, schwammige Erde durch Spalten im Gesteine, die mit dem Erdreiche außerhalb in Verbindung stehen, hereinfällt, oder ob sie durch das Regenwasser, das in die Höhle dringt, hereingeflößt wird. Es war ein Gemisch von Kieselerde, Thonerde und vegetabilischem Detritus. Wir gingen in dickem Kote bis zu einer Stelle, wo uns zu unserer Ueberraschung eine unterirdische Vegetation entgegentrat. Die Samen, welche die Vögel zum Futter für ihre Jungen in die Höhle bringen, keimen überall, wo sie auf die Dammerde fallen, welche die Kalkinkrustationen bedeckt. Vergeilte Stengel mit ein paar Blattrudimenten waren zum Teil 60 cm hoch. Es war unmöglich, Gewächse, die sich durch den Mangel an Licht nach Form, Farbe und ganzem Habitus völlig umgewandelt hatten, spezifisch zu unterscheiden. Diese Spuren von Organisation im Schoße der Finsternis reizten gewaltig die Neugier der Eingeborenen, die sonst so stumpf und schwer anzuregen sind.

Sie betrachteten sie mit stillem, nachdenklichem Ernste, wie er sich an einem Orte ziemte, der für sie solche Schauer hat. Diese unterirdischen, bleichen, formlosen Gewächse mochten ihnen wie Gespenster erscheinen, die vom Erdboden hierher gebannt waren. Mich aber erinnerten sie an eine der glücklichsten Zeiten meiner frühen Jugend, an einen langen Aufenthalt in den Freiberger Erzgruben, wo ich über das Vergeilen der Pflanzen Versuche anstellte, die sehr verschieden ausfielen, je nachdem die Luft rein war oder viel Wasserstoff und Stickstoff enthielt.

Mit aller ihrer Autorität konnten die Missionäre die Indianer nicht vermögen, noch weiter in die Höhle hineinzugehen. Je mehr die Decke sich senkte, desto gellender wurde das Geschrei der Guacharos. Wir mußten uns der Feigheit unserer Führer gefangen geben und umkehren. Man sah auch überall so ziemlich das Nämliche. Ein Bischof von St. Thomas in Guyana scheint weiter gekommen zu sein als wir; er hatte vom Eingange bis zum Punkte, wo er Halt machte, 812 m gemessen, und die Höhle lief noch weiter fort. Die Erinnerung an diesen Vorfall hat sich im Kloster Caripe erhalten, nur weiß man den Zeitpunkt nicht genau. Der Bischof hatte sich mit dicken Kerzen aus weißem spanischen Wachs versehen; wir hatten nur Fackeln aus Baumrinde und einheimischem Harze. Der dicke Rauch solcher Fackeln in engem, unterirdischem Raume thut den Augen weh und macht das Atmen beschwerlich.

Wir gingen dem Bache nach wieder zur Höhle hinaus. Ehe unsere Augen vom Tageslichte geblendet wurden, sahen wir vor der Höhle draußen das Wasser durch das Laub der Bäume glänzen. Es war, als stünde weit weg ein Gemälde vor uns und die Oeffnung der Höhle wäre der Rahmen dazu. Als wir endlich heraus waren, setzten wir uns am Bache nieder und ruhten von der Anstrengung aus. Wir waren froh, daß wir das heisere Geschrei der Vögel nicht mehr hörten und einen Ort hinter uns hatten, wo sich mit der Dunkelheit nicht der wohlthuende Eindruck der Ruhe und der Stille paart. Wir konnten es kaum glauben, daß der Name Höhle von Caripe bis jetzt in Europa völlig unbekannt gewesen sein sollte. Schon wegen der Guacharos hätte sie berühmt werden sollen; denn außer den Bergen von Caripe und Cumanacoa hat man diese Nachtvögel bis jetzt nirgends angetroffen.

Die Missionäre hatten am Eingange der Höhle ein Mahl zurichten lassen. Pisang- und Vijaoblätter, die seidenartig glänzen, dienten uns nach Landessitte als Tischtuch. Wir wurden trefflich bewirtet, sogar mit geschichtlichen Erinnerungen, die so selten sind in Ländern, wo die Geschlechter einander ablösten, ohne eine Spur ihres Daseins zu hinterlassen. Wohlgefällig erzählten uns unsere Wirte, die ersten Ordensleute, die in diese Berge gekommen, um das kleine Dorf Santa Maria zu gründen, haben einen Monat lang in der Höhle hier gelebt und auf einem Steine bei Fackellicht das heilige Meßopfer gefeiert. Die Missionäre hatten am einsamen Orte Schutz gefunden vor der Verfolgung eines Häuptlings der Tuapocan, der am Ufer des Rio Caripe sein Lager aufgeschlagen.

So viel wir uns auch bei den Einwohnern von Caripe, Cumanacoa und Cariaco erkundigten, wir hörten nie, daß man in der Höhle des Guacharo je Knochen von Fleischfressern oder Knochenbreccien mit Pflanzenfressern gefunden hätte, wie sie in den Höhlen Deutschlands und Ungarns oder in den Spalten des Kalksteines bei Gibraltar vorkommen. Die fossilen Knochen der Megatherien, Elefanten und Mastodonten, welche Reisende aus Südamerika mitgebracht, gehören sämtlich dem aufgeschwemmten Lande in den Thälern und auf hohen Plateaus an. Mit Ausnahme des Megalonyx,[1] eines Faultieres von der Größe eines Ochsen, das Jefferson beschrieben, kenne ich bis jetzt auch nicht einen Fall, daß in einer Höhle der Neuen Welt ein Tierskelett gefunden worden wäre. Daß diese zoologische Erscheinung hier so ausnehmend selten ist, erscheint weniger auffallend, wenn man bedenkt, daß es in Frankreich, England und Italien auch eine Menge Höhlen gibt, in denen man nie eine Spur von fossilen Knochen entdeckt hat.

Die interessanteste Beobachtung, welche der Physiker in den Höhlen anstellen kann, ist die genaue Bestimmung ihrer Temperatur. Die Höhle von Caripe liegt ungefähr unter 10° 10" der Breite, also mitten im heißen Erdgürtel und 986 m über dem Spiegel des Wassers im Meerbusen von Cariaco. Wir fanden im September die Temperatur der Luft

---

[1] Der Megalonyx wurde in den Höhlen von Green-Briar in Virginien gefunden, 6750 km vom Megatherium, dem er sehr nahe steht und das so groß war wie ein Nashorn.

im Inneren durchaus zwischen 18,4° und 18,9° der hundert=
teiligen Skala. Die äußere Luft hatte 16,2°. Beim Ein=
gange der Höhle zeigte der Thermometer an der Luft 17,6°,
aber im Wasser des unterirdischen Baches bis hinten in der
Höhle 16,8°. Diese Beobachtungen sind von großer Be=
deutung, wenn man ins Auge faßt, wie sich zwischen Wasser,
Luft und Boden die Wärme ins Gleichgewicht zu setzen strebt.
Ehe ich Europa verließ, beklagten sich die Physiker noch, daß
man so wenig Anhaltspunkte habe, um zu bestimmen, was
man ein wenig hochtrabend die Temperatur des Erd=
inneren heißt, und erst in neuerer Zeit hat man mit einigem
Erfolge an der Lösung dieses großen Problemes der unter=
irdischen Meteorologie gearbeitet. Nur die Steinschichten,
welche die Rinde unseres Planeten bilden, sind der unmittel=
baren Forschung zugänglich, und man weiß jetzt, daß die
mittlere Temperatur dieser Schichten sich nicht nur nach der
Breite und der Meereshöhe verändert, sondern daß sie auch
je nach der Lage des Ortes im Verlaufe des Jahres regel=
mäßige Schwingungen um die mittlere Temperatur der be=
nachbarten Luft beschreibt. Die Zeit ist schon fern, wo man
sich wunderte, wenn man in anderen Himmelsstrichen in Höhlen
und Brunnen eine andere Temperatur beobachtete als in den
Kellern der Pariser Sternwarte. Dasselbe Instrument, das
in diesen Kellern 12° zeigt, steigt in unterirdischen Räumen
auf Madeira bei Funchal auf 16,2°, im St. Josephsbrunnen
in Kairo auf 21,2°, in den Grotten der Insel Cuba auf 22
bis 23°. Diese Zunahme ist ungefähr proportional der Zu=
nahme der mittleren Lufttemperaturen vom 48. Grad der
Breite bis zum Wendekreis.

Wir haben eben gesehen, daß in der Höhle des Guacharo
das Wasser des Baches gegen 2° kühler ist als die umgebende
Luft im unterirdischen Raume. Das Wasser, ob es nun durch
das Gestein sickert oder über ein steiniges Bette fließt, nimmt
unzweifelhaft die Temperatur des Gesteines oder des Bettes
an. Die Luft in der Höhle dagegen steht nicht still, sie
kommuniziert mit der Atmosphäre draußen. Und wenn nun
auch in der heißen Zone die Schwankungen in der äuße=
ren Temperatur sehr unbedeutend sind, so bilden sich den=
noch Strömungen, durch welche die Luftwärme im Inneren
periodische Veränderungen erleidet. Demnach könnte man
die Temperatur des Wassers, also 16,8°, als die Boden=
temperatur in diesen Bergen betrachten, wenn man sicher wäre,

daß das Waſſer nicht raſch von benachbarten höheren Bergen herabkommt.

Aus dieſen Betrachtungen folgt, daß, wenn man auch keine ganz genauen Reſultate erhält, ſich doch in jeder Zone Grenzzahlen auffinden laſſen. In Caripe, unter den Tropen, iſt in 975 m Meereshöhe die mittlere Temperatur der Erde nicht unter 16,8°; dies geht aus der Meſſung der Temperatur des unterirdiſchen Waſſers hervor. So läßt ſich nun aber auch beweiſen, daß dieſe Temperatur des Bodens nicht höher ſein kann als 19°, weil die Luft in der Höhle im September 18,7° zeigt. Da die mittlere Luftwärme im heißeſten Monat 19,5° nicht überſteigt, ſo würde man ſehr wahrſcheinlich zu keiner Zeit des Jahres den Thermometer in der Luft der Höhle über 19° ſteigen ſehen. Dieſe Ergebniſſe, wie ſo manche andere, die wir in dieſer Reiſebeſchreibung mitteilen, mögen für ſich betrachtet von geringem Belang ſcheinen; vergleicht man ſie aber mit den kürzlich von Leopold von Buch und Wahlenberg unter dem Polarzirkel angeſtellten Beobachtungen, ſo verbreiten ſie Licht über den Haushalt der Natur im großen und über den beſtändigen Wärmeaustauſch zwiſchen Luft und Boden zu Herſtellung des Gleichgewichtes. Es iſt kein Zweifel mehr, daß in Lappland die feſte Erdrinde eine um 3 bis 4° höhere, mittlere Temperatur hat als die Luft. Bringt die Kälte, welche in den Tiefen des tropiſchen Meeres infolge der Polarſtröme fortwährend herrſcht, im heißen Erdſtriche eine merkbare Verminderung der Temperatur des Bodens hervor? Iſt dieſe Temperatur dort niedriger als die der Luft? Das wollen wir in der Folge unterſuchen, wenn wir in den hohen Regionen der Korbilleren mehr Beobachtungen zuſammengebracht haben werden.

Achtes Kapitel.

Rasch verflossen uns die Tage, die wir im Kapuziner=
kloster in den Bergen von Caripe zubrachten, und doch war
unser Leben so einfach als einförmig. Von Sonnenaufgang
bis Einbruch der Nacht streiften wir durch die benachbarten
Wälder und Berge, um Pflanzen zu sammeln, deren wir nie
genug beisammen haben konnten. Konnten wir des starken
Regens wegen nicht weit hinaus, so besuchten wir die Hütten
der Indianer, den Gemeindeconuco oder die Versammlungen,
in denen die Alkaden jeden Abend die Arbeiten für den fol=
genden Tag austeilen. Wir kehrten erst ins Kloster zurück,
wenn uns die Glocke ins Refektorium an den Tisch der Mis=
sionäre rief. Zuweilen gingen wir mit ihnen frühmorgens
in die Kirche, um der „Doctrina" beizuwohnen, das heißt
dem Religionsunterricht der Eingeborenen. Es ist ein zum
wenigsten sehr gewagtes Unternehmen, mit Neubekehrten über
Dogmen zu verhandeln, zumal wenn sie des Spanischen nur
in geringem Grade mächtig sind. Andererseits verstehen gegen=
wärtig die Ordensleute von der Sprache der Chaymas so gut
wie nichts, und die Aehnlichkeit gewisser Laute verwirrt den
armen Indianern die Köpfe so sehr, daß sie sich die wunder=
lichsten Vorstellungen machen. Ich gebe nur ein Beispiel.
Wir sahen eines Tages, wie sich der Missionär große Mühe
gab, darzuthun, daß infierno, die Hölle, und invierno, der
Winter, nicht dasselbe Ding seien, sondern so verschieden wie
Hitze und Frost. Die Chaymas kennen keinen anderen Winter
als die Regenzeit, und unter der „Hölle der Weißen" dachten
sie sich einen Ort, wo die Bösen furchtbaren Regengüssen aus=
gesetzt seien. Der Missionär verlor die Geduld, aber es half
alles nichts; der erste Eindruck, den zwei ähnliche Konsonanten

hervorgebracht, war nicht mehr zu verwischen; im Kopfe der Neophyten waren die Vorstellungen Regen und Hölle, invierno und infierno, nicht mehr auseinander zu bringen.

Nachdem wir fast den ganzen Tag im Freien zugebracht, schrieben wir abends im Kloster unsere Beobachtungen und Bemerkungen nieder, trockneten unsere Pflanzen und zeichneten die, welche nach unserer Ansicht neue Gattungen bildeten. Die Mönche ließen uns volle Freiheit und wir denken mit Vergnügen an einen Aufenthalt zurück, der so angenehm als für unser Unternehmen förderlich war. Leider war der bedeckte Himmel in einem Thal, wo die Wälder ungeheure Wassermassen an die Luft abgeben, astronomischen Beobachtungen nicht günstig. Ich blieb nachts oft lange auf, um den Augenblick zu benutzen, wo sich ein Stern vor seinem Durchgang durch den Meridian zwischen den Wolken zeigen würde. Oft zitterte ich vor Frost, obgleich der Thermometer nie unter 16° fiel. Es ist dies in unserem Klima die Tagestemperatur gegen Ende Septembers. Die Instrumente blieben mehrere Stunden im Klosterhofe aufgestellt, und fast immer harrte ich vergebens. Ein paar gute Beobachtungen Fomahaults und Denebs im Schwan ergaben für Caripe 10° 10′ 14″ Breite, wonach es auf der Karte von Caulin um 18′, auf der von Arrowsmith um 14′ unrichtig eingezeichnet ist.

Der Verdruß, daß der bedeckte Himmel uns die Sterne entzog, war der einzige, den wir im Thale von Caripe erlebt. Wildheit und Friedlichkeit, Schwermut und Lieblichkeit, beides zusammen ist der Charakter der Landschaft. Inmitten einer so gewaltigen Natur herrscht in unserem Inneren nur Friede und Ruhe. Ja noch mehr, in der Einsamkeit dieser Berge wundert man sich weniger über die neuen Eindrücke, die man bei jedem Schritte erhält, als darüber, daß die verschiedensten Klimate so viele Züge miteinander gemein haben. Auf den Hügeln, an die das Kloster sich lehnt, stehen Palmen und Baumfarne; abends, wenn der Himmel auf Regen deutet, schallt das eintönige Geheul der roten Brüllaffen durch die Luft, das dem fernen Brausen des Windes im Walde gleicht. Aber trotz dieser unbekannten Töne, dieser fremdartigen Gestalten der Gewächse, alle dieser Wunder einer Neuen Welt, läßt doch die Natur den Menschen allerorten eine Stimme hören, die in vertrauten Lauten zu ihm spricht. Der Rasen am Boden, das alte Moos und das Farnkraut auf den Baumwurzeln, der Bach, der über die geneigten Kalksteinschichten niederstürzt, das harmonische Farbenspiel von Wasser, Grün und Himmel, alles ruft dem Reisenden wohlbekannte Empfindungen zurück.

Die Naturschönheiten dieser Berge nahmen uns völlig in Anspruch, und so wurden wir erst am Ende gewahr, daß wir den guten gastfreundlichen Mönchen zur Last fielen. Ihr Vorrat von Wein und Weizenbrote war nur gering, und wenn auch der eine wie das andere dortzulande bei Tische nur als Luxusartikel gelten, so machte es uns doch sehr verlegen, daß unsere Wirte sie sich selbst versagten. Bereits war unsere Brotration auf ein Viertel herabgekommen. und doch nötigte uns der furchtbare Regen, unsere Abreise noch einige Tage zu verschieben. Wie unendlich lang kam uns dieser Aufschub vor! Wie bange war uns vor der Glocke, die uns ins Refektorium rief! Das Zartgefühl der Mönche ließ uns recht lebhaft empfinden, wie ganz anders wir hier daran waren als die Reisenden, die darüber zu klagen haben, daß man ihnen in den koptischen Klöstern Oberägyptens ihren Mundvorrat entwendet.

Endlich am 22. September brachen wir auf mit Maultieren, die unsere Instrumente und Pflanzen trugen. Wir mußten den nordöstlichen Abhang der Kalkalpen von Neu-Andalusien, die wir als die große Kette des Brigantin und Cocollar bezeichnet, hinunter. Die mittlere Höhe dieser Kette beträgt nicht leicht über 1170 bis 1360 m, und sie läßt sich in dieser wie in geologischer Hinsicht mit dem Jura vergleichen. Obgleich die Berge von Cumana nicht sehr hoch sind, so ist der Weg hinunter gegen Cariaco zu doch sehr beschwerlich, ja sogar gefährlich. Besonders berüchtigt ist in dieser Beziehung der Cerro de Santa Maria, an dem die Missionäre hinauf müssen, wenn sie sich von Cumana in ihr Kloster Caripe begeben. Oft, wenn wir diese Berge, die Anden von Peru, die Pyrenäen und die Alpen, die wir nacheinander besucht, verglichen, wurden wir inne, daß die Berggipfel von der geringsten Meereshöhe nicht selten die unzugänglichsten sind.

Als das Thal von Caripe hinter uns lag, kamen wir zuerst über eine Hügelkette, die nordostwärts vom Kloster liegt. Der Weg führte immer bergan über eine weite Savanne auf die Hochebene Guardia de San Augustin. Hier hielten wir an, um auf den Indianer zu warten, der den Barometer trug; wir befanden uns in 1069 m absoluter Höhe, etwas höher als der Hintergrund der Höhle des Guacharo. Die Savannen oder natürlichen Wiesen, die den Klosterkühen eine

treffliche Weide bieten, sind völlig ohne Baum und Busch=
werk. Es ist dies das eigentliche Bereich der Monokotyledo=
nen, denn aus dem Grase erhebt sich nur da und dort eine
Agave[1] (Maguey), deren Blütenschaft über 8,5 m hoch wird.
Auf der Hochebene von Guardia sahen wir uns wie auf einen
alten, vom langen Aufenthalt des Wassers wagerecht geebneten
Seeboden versetzt. Man meint noch die Krümmungen des
alten Ufers zu erkennen, die vorspringenden Landzungen, die
steilen Klippen, welche Eilande gebildet. Auf diesen früheren
Zustand scheint selbst die Verteilung der Gewächse hinzu=
deuten. Der Boden des Beckens ist eine Savanne, während
die Ränder mit hochstämmigen Bäumen bewachsen sind. Es
ist wahrscheinlich das höchst gelegene Thal in den Provinzen
Cumana und Venezuela. Man kann bedauern, daß ein Land=
strich, wo man eines gemäßigten Klimas genießt, und der sich
ohne Zweifel zum Getreidebau eignete, völlig unbewohnt ist.

Von dieser Ebene geht es fortwährend abwärts bis zum
indianischen Dorfe Santa Cruz. Man kommt zuerst über einen
jähen glatten Abhang, den die Missionäre seltsamerweise das
Fegefeuer nennen. Er besteht aus verwittertem, mit Thon
bedecktem Schiefersandstein und die Böschung scheint furcht=
bar steil; denn infolge einer sehr gewöhnlichen optischen
Täuschung scheint der Weg, wenn man oben auf der Anhöhe
hinuntersieht, unter einem Winkel von mehr als 60° geneigt.
Beim Hinabsteigen nähern die Maultiere die Hinterbeine den
Vorderbeinen, senken das Kreuz und rutschen aufs Geratewohl
hinab. Der Reiter hat nichts zu befahren, wenn er nur den
Zügel fahren läßt und dem Tiere keinerlei Zwang anthut.
An diesem Punkte sieht man zur Linken die große Pyramide
des Guacharo. Dieser Kalksteinkegel nimmt sich sehr malerisch
aus, man verliert ihn aber bald wieder aus dem Gesicht, wenn
man den dicken Wald betritt, der unter dem Namen Mon=
taña de Santa Maria bekannt ist. Es geht nun sieben
Stunden lang in einem fort abwärts, und kaum kann man
sich einen entsetzlicheren Weg denken; es ist ein eigentlicher
„chemin des échelles", eine Art Schlucht, in der während
der Regenzeit die wilden Wasser von Fels zu Fels abwärts
stürzen. Die Stufen sind 0,6 bis 1 m hoch, und die armen
Lasttiere messen erst den Raum ab, der erforderlich ist, um
die Ladung zwischen den Baumstämmen durchzubringen, und

---

[1] Agave americana.

springen dann von einem Felsblock auf den anderen. Aus Besorgnis, einen Fehltritt zu thun, bleiben sie eine Weile stehen, als wollten sie die Stelle untersuchen, und schieben die vier Beine zusammen wie die wilden Ziegen. Verfehlt das Tier den nächsten Steinblock, so sinkt es bis zum halben Leibe in den weichen ockerhaltigen Thon, der die Zwischenräume der Steine ausfüllt. Wo diese fehlen, finden Menschen- und Tierbeine Halt an ungeheuren Baumwurzeln. Dieselben sind oft 53 cm dick und gehen nicht selten hoch über dem Boden vom Stamme ab. Die Kreolen vertrauen der Gewandtheit und dem glücklichen Instinkt der Maultiere so sehr, daß sie auf dem langen, gefährlichen Wege abwärts im Sattel bleiben. Wir stiegen lieber ab, da wir Anstrengung weniger scheuten als jene, und gewöhnt waren, langsam vorwärts zu kommen, weil wir immer Pflanzen sammelten und die Gebirgsarten untersuchten. Da unser Chronometer so schonend behandelt werden mußte, blieb uns nicht einmal eine Wahl.

Der Wald, der den steilen Abhang des Berges von Santa Maria bedeckt, ist einer der dichtesten, die ich je gesehen. Die Bäume sind wirklich ungeheuer hoch und dick. Unter ihrem dichten dunkelgrünen Laube herrscht beständig ein Dämmerlicht, ein Dunkel, weit tiefer als in unseren Tannen-, Eichen- und Buchenwäldern. Es ist als könnte die Luft trotz der hohen Temperatur nicht all das Wasser aufnehmen, das der Boden, das Laub der Bäume, ihre mit einem uralten Filz von Orchideen, Peperomien und anderen Saftpflanzen bedeckten Stämme ausdünsten. Zu den aromatischen Gerüchen, welche Blüten, Früchte, sogar das Holz verbreiten, kommt ein anderer, wie man ihn bei uns im Herbst bei nebligem Wetter spürt. Wie in den Wäldern am Orinoko sieht man auch hier, wenn man die Baumwipfel ins Auge faßt, häufig Dunststreifen an den Stellen, wo ein paar Sonnenstrahlen durch die dicke Luft dringen. Unter den majestätischen Bäumen, die 40 bis 42 m hoch werden, machten uns die Führer auf den Curucay von Terecen aufmerksam, der ein weißliches, flüssiges, starkriechendes Harz gibt. Die indianischen Völkerschaften der Cumanagotas und Tagires räucherten einst damit vor ihren Götzen. Die jungen Zweige haben einen angenehmen, aber etwas zusammenziehenden Geschmack. Nach dem Curucay und ungeheuren, über 3 bis 3,25 m dicken Hymenäastämmen nahmen unsere Aufmerksamkeit am meisten in Anspruch: das Drachenblut (Croton san-

guifluum), dessen purpurbrauner Saft an der weißen Rinde
herabfließt; der Farn Calahuala, der nicht derselbe ist wie
der in Peru, aber fast ebenso heilkräftig, und die Jrasse=,
Macanilla=, Corozo= und Pragapalmen. Letztere gibt einen
sehr schmackhaften „Palmkohl“, den wir im Kloster Caripe
zuweilen gegessen. Von diesen Palmen mit gefiederten, stach=
ligen Blättern stachen die Baumfarne äußerst angenehm ab.
Einer derselben, Cyathea speciosa, wird über 11,5 m hoch,
eine ungeheure Größe für ein Gewächs aus dieser Familie.
Wir fanden hier und im Thale von Caripe fünf neue Arten
Baumfarne; zu Linnés Zeit kannten die Botaniker ihrer nicht
vier auf beiden Kontinenten.

Man bemerkt, daß die Baumfarne im allgemeinen weit
seltener sind als die Palmen. Die Natur hat ihnen ge=
mäßigte, feuchte, schattige Standorte angewiesen. Sie scheuen
den unmittelbaren Sonnenstrahl, und während der Pumos,
die Corypha der Steppen und andere amerikanische Palmen=
arten die kahlen, glühend heißen Ebenen aufsuchen, bleiben
die Farne mit Baumstämmen, die von weitem wie Palmen
aussehen, dem ganzen Wesen kryptogamer Gewächse treu.
Sie lieben versteckte Plätze, das Dämmerlicht, eine feuchte,
gemäßigte, stockende Luft. Wohl gehen sie hie und da bis
zur Küste hinab, aber dann nur im Schutze dichten Schattens.

Dem Fuße des Berges von Santa Maria zu wurden
die Baumfarne immer seltener, die Palmen häufiger. Die
schönen Schmetterlinge mit großen Flügeln, die Nymphalen,
die ungeheuer hoch fliegen, mehrten sich; alles deutete darauf,
daß wir nicht mehr weit von der Küste und einem Landstrich
waren, wo die mittlere Tagestemperatur 28 bis 30° der
hundertteiligen Skale beträgt.

Der Himmel war bedeckt und drohte mit einem der
Güsse, bei denen zuweilen 2 bis 2,6 mm Regen an einem
Tage fällt. Die Sonne beschien hin und wieder die Baum=
wipfel, und obgleich wir vor ihrem Strahl geschützt waren,
erstickten wir beinahe vor Hitze. Schon rollte der Donner
in der Ferne, die Wolken hingen am Gipfel des hohen
Guacharogebirges, und das klägliche Geheul der Araguatos,
das wir in Caripe bei Sonnenuntergang so oft gehört hatten,
verkündete den nahen Ausbruch des Gewitters. Wir hatten
hier zum erstenmal Gelegenheit, diese Heulaffen in der Nähe
zu sehen. Sie gehören zur Gattung Aluate (Stentor,
Geoffroy), deren verschiedene Arten von den Zoologen lange

verwechselt worden sind. Während die kleinen amerikanischen Sapaju, die wie Sperlinge pfeifen, ein einfaches dünnes Zungenbein haben, liegt die Zunge bei den großen Affen, den Aluaten und Marimonda, auf einer großen Knochentrommel. Ihr oberer Kehlkopf hat sechs Taschen, in denen sich die Stimme fängt, und wovon zwei, taubennestförmige, große Aehnlichkeit mit dem unteren Kehlkopf der Vögel haben. Der den Araguaten eigene klägliche Ton entsteht, wenn die Luft gewaltsam in die knöcherne Trommel einströmt. Ich habe diese den Anatomen nur sehr unvollständig bekannten Organe an Ort und Stelle gezeichnet und die Beschreibung nach meiner Rückkehr nach Europa bekannt gemacht. [1] Bedenkt man, wie groß bei den Aluatos die Knochenschachtel ist und wie viele Heulaffen in den Wäldern von Cumana und Guyana auf einem einzigen Baume beisammen sitzen, so wundert man sich nicht mehr so sehr über die Stärke und den Umfang ihrer vereinigten Stimmen.

Der Araguato, bei den Tamanacasindianern Aravata, bei den Maypures Marave genannt, gleicht einem jungen Bären. Er ist vom Scheitel des kleinen, stark zugespitzten Kopfes bis zum Anfang des Wickelschwanzes 1 m lang; sein Pelz ist dicht und rotbraun von Farbe; auch Brust und Bauch sind schön behaart, nicht nackt wie beim Mono colorado oder Buffons Alouate roux, den wir auf dem Wege von Cartagena nach Santa Fé de Bogota genau beobachtet haben. Das Gesicht des Araguato ist blauschwarz, die Haut desselben fein und gefaltet. Der Bart ist ziemlich lang, und trotz seines kleinen Gesichtswinkels von nur 30° hat er in Blick und Gesichtsausdruck so viel Menschenähnliches als die Marimonda (Simia Belzebuth) und der Kapuziner am Orinoko (S. chiropotes). Bei den Tausenden von Araguaten, die uns in den Provinzen Cumana, Caracas und Guyana zu Gesicht gekommen, haben wir nie, weder an einzelnen Exemplaren noch an ganzen Banden, einen Wechsel im Rotbraun des Pelzes an Rücken und Schultern wahrgenommen. Durch die Farbe unterschiedene Spielarten schienen mir überhaupt bei den Affen nicht so häufig zu sein, als die Zoologen annehmen, und bei den gesellig lebenden Arten sind sie vollends sehr selten.

Der Araguato bei Caripe ist eine neue Art der Gattung Stentor, die ich unter dem Namen Simia ursina bekannt

---

[1] Observations de zoologie.

gemacht habe. Ich habe ihn lieber so benannt als nach der Farbe des Pelzes, und zwar desto mehr, da die Griechen bereits einen stark behaarten Affen unter dem Namen Arktopithekos kannten. Derselbe unterscheidet sich sowohl vom Uarino (Simia Guariba) als vom Alouate roux (S. Seniculus). Blick, Stimme, Gang, alles an ihm ist trübselig. Ich habe ganz junge Araguaten gesehen, die in den Hütten der Indianer aufgezogen wurden; sie spielen nie wie die kleinen Sagoine, und Lopez del Gomara schildert zu Anfang des 16. Jahrhunderts ihr ernstes Wesen sehr naiv, wenn er sagt: „Der Aranata de los Cumaneses hat ein Menschengesicht, einen Ziegenbart und eine gravitätische Haltung (honrado gesto)." Ich habe anderswo die Bemerkung gemacht, daß die Affen desto trübseliger sind, je mehr Menschenähnlichkeit sie haben. Ihre Munterkeit und Beweglichkeit nimmt ab, je mehr sich die Geisteskräfte bei ihnen zu entwickeln scheinen.

Wir hatten Halt gemacht, um den Heulaffen zuzusehen, wie sie zu dreißig, vierzig in einer Reihe von Baum zu Baum auf den verschlungenen wagerechten Aesten über den Weg zogen. Während dieses neue Schauspiel uns ganz in Anspruch nahm, kam uns ein Trupp Indianer entgegen, die den Bergen von Caripe zuzogen. Sie waren völlig nackt, wie meistens die Eingeborenen hierzulande. Die ziemlich schwer beladenen Weiber schlossen den Zug; die Männer, sogar die kleinsten Jungen, waren alle mit Bogen und Pfeilen bewaffnet. Sie zogen still, die Augen am Boden, ihres Weges. Wir hätten gern von ihnen erfahren, ob es noch weit nach der Mission Santa Cruz sei, wo wir übernachten wollten. Wir waren völlig erschöpft und der Durst quälte uns furchtbar. Die Hitze wurde drückender, je näher das Gewitter kam, und wir hatten auf unserem Wege keine Quelle gefunden, um den Durst zu löschen. Da die Indianer uns immer si Padre, no Padre zur Antwort gaben, meinten wir, sie verstehen ein wenig Spanisch. In den Augen der Eingeborenen ist jeder Weiße ein Mönch, ein Pater; denn in den Missionen zeichnet sich der Geistliche mehr durch die Hautfarbe als durch die Farbe des Gewandes aus. Wie wir auch den Indianern mit Fragen, wie weit es noch sei, zusetzten, sie erwiderten offenbar aufs Geratewohl si oder no, und wir konnten aus ihren Antworten nicht klug werden. Dies war uns um so verdrießlicher, da ihr Lächeln und ihr Gebärdenspiel verrieten, daß sie uns gern

gefällig gewesen wären, und der Wald immer dichter zu werden
schien. Wir mußten uns trennen; die indianischen Führer,
welche die Chaymasprache verstanden, waren noch weit zurück,
da die beladenen Maultiere bei jedem Schritt in den Schluchten
stürzten.

Nach mehreren Stunden beständig abwärts über zerstreute
Felsblöcke sahen wir uns unerwartet am Ende des Waldes
von Santa Maria. So weit das Auge reichte, lag eine Gras=
flur vor uns, die sich in der Regenzeit frisch begrünt hatte.
Links sahen wir in ein enges Thal hinein, das sich dem
Guacharogebirge zu zieht und im Hintergrunde mit dichtem
Walde bedeckt ist. Der Blick streifte über die Baumwipfel
weg, die 260 m tief unter dem Wege sich wie ein hingebreiteter,
dunkelgrüner Teppich ausnahmen. Die Lichtungen im Walde
glichen großen Trichtern, in denen wir an der zierlichen Ge=
stalt und den gefiederten Blättern Praga= und Jrassepalmen
erkannten. Vollends malerisch wird die Landschaft dadurch,
daß die Sierra del Guacharo vor einem liegt. Ihr nörd=
licher, dem Meerbusen von Cariaco zugekehrter Abhang ist
steil und bildet eine Felsmauer, ein fast senkrechtes Profil,
über 970 m hoch. Diese Wand ist so schwach bewachsen, daß
man die Linien der Kalkschichten mit dem Auge verfolgen kann.
Der Gipfel der Sierra ist abgeplattet und nur am Ostende
erhebt sich, gleich einer geneigten Pyramide, der majestätische
Pik Guacharo. Seine Gestalt erinnert an die Aiguilles und
Hörner der Schweizer Alpen (Schreckhörner, Finsteraarhorn).
Da die meisten Berge mit steilem Abhange höher scheinen,
als sie wirklich sind, so ist es nicht zu verwundern, daß man
in den Missionen der Meinung ist, der Guacharo überrage
den Turimiquiri und den Brigantin.

Die Savanne, über die wir zum indianischen Dorfe Santa
Cruz zogen, besteht aus mehreren sehr ebenen Plateaus, die
wie Stockwerke übereinander liegen. Diese geologische Er=
scheinung, die in allen Erdstrichen vorkommt, scheint darauf
hinzudeuten, daß hier lange Zeit Wasserbecken übereinander
lagen und sich ineinander ergossen. Der Kalkstein geht nicht
mehr zu Tage aus; er ist mit einer dicken Schicht Dammerde
bedeckt. Wo wir ihn im Walde von Santa Maria zum letzten=
mal sahen, fanden wir Nester von Eisenerz darin, und, wenn
wir recht gesehen haben, ein Ammonshorn; es gelang uns
aber nicht, es loszubrechen. Es maß 18 cm im Durchmesser.
Diese Beobachtung ist um so interessanter, als wir sonst in

diesem Teile von Südamerika nirgends einen Ammoniten ge=
sehen haben. Die Mission Santa Cruz liegt mitten in der
Ebene. Wir kamen gegen Abend daselbst an, halb verdurstet,
da wir fast acht Stunden kein Wasser gehabt hatten. Der
Thermometer zeigte 26°; wir waren auch nur noch 370 m
über dem Meere. Wir brachten die Nacht in einer der Ajupas
zu, die man „Häuser des Königs" nennt, und die, wie schon
oben bemerkt, den Reisenden als Tambo oder Karawanserai
dienen. Wegen des Regens war an keine Sternbeobachtung
zu denken, und wir setzten des anderen Tages, 23. September,
unseren Weg zum Meerbusen von Cariaco hinunter fort. Jen=
seits Santa Cruz fängt der dichte Wald von neuem an. Wir
fanden daselbst unter Melastomenbüschen einen schönen Farn
mit Blättern gleich denen der Osmunda, die in der Ordnung
der Polypodiaceen eine neue Gattung (Polybotria) bildet.

Von der Mission Catuaro aus wollten wir ostwärts über
Santa Rosalia, Casanay, San Josef, Carupano, Rio Carives
und den Berg Paria gehen, erfuhren aber zu unserem großen
Verdruß, daß der starke Regen die Wege bereits ungangbar
gemacht habe und wir Gefahr laufen, unsere frisch gesammelten
Pflanzen zu verlieren. Ein reicher Kakaopflanzer sollte uns
von Santa Rosalia in den Hafen von Carupano begleiten.
Wir hatten noch zu rechter Zeit gehört, daß er in Geschäften
nach Cumana müsse. So beschlossen wir denn, uns in Cariaco
einzuschiffen und gerade über den Meerbusen, statt zwischen
der Insel Margarita und der Landenge Araya durch, nach
Cumana zurückzufahren.

Die Mission Catuaro liegt in ungemein wilder Um=
gebung. Hochstämmige Bäume stehen noch um die Kirche her
und die Tiger fressen bei Nacht den Indianern ihre Hühner
und Schweine. Wir wohnten beim Geistlichen, einem Mönche
von der Kongregation der Observanten, dem die Kapuziner
die Mission übergeben hatten, weil es ihrem eigenen Orden
an Leuten fehlte. Er war ein Doktor der Theologie, ein
kleiner, magerer, fast übertrieben lebhafter Mann; er unter=
hielt uns beständig von dem Prozeß, den er mit dem Guardian
seines Klosters führte, von der Feindschaft seiner Ordensbrüder,
von der Ungerechtigkeit der Alkaden, die ihn ohne Rücksicht
auf seine Standesvorrechte ins Gefängnis geworfen. Trotz
dieser Abenteuer war ihm leider die Liebhaberei geblieben, sich
mit metaphysischen Fragen, wie er es nannte, zu befassen. Er
wollte meine Ansicht hören über den freien Willen, über die

Mittel, die Geister von ihren Körperbanden frei zu machen, besonders aber über die Tierseelen, lauter Dinge, über die er die seltsamsten Ideen hatte. Wenn man in der Regenzeit sich durch Wälder durchgearbeitet hat, ist man zu Spekulationen derart wenig aufgelegt. Uebrigens war in der kleinen Mission Catuaro alles ungewöhnlich, sogar das Pfarrhaus. Es hatte zwei Stockwerke und hatte dadurch zu einem hitzigen Streit zwischen den weltlichen und geistlichen Behörden Anlaß gegeben. Dem Guardian der Kapuziner schien es zu vornehm für einen Missionär und er hatte die Indianer zwingen wollen, es niederzureißen; der Statthalter hatte kräftige Einsprache gethan und auch seinen Willen gegen die Mönche durchgesetzt. Ich erwähne dergleichen an sich unbedeutende Vorfälle nur, weil sie einen Blick in die innere Verwaltung der Missionen werfen lassen, die keineswegs immer so friedlich ist, als man in Europa glaubt.

Wir trafen in der Mission Catuaro den Corregidor des Distriktes, einen liebenswürdigen, gebildeten Mann. Er gab uns drei Indianer mit, die mit ihren Machetes vor uns her einen Weg durch den Wald bahnen sollten. In diesem wenig betretenen Lande ist die Vegetation in der Regenzeit so üppig, daß ein Mann zu Pferde auf den schmalen, mit Schlingpflanzen und verschlungenen Baumästen bedeckten Fußsteigen fast nicht durchkommt. Zu unserem großen Verdruß wollte der Missionär von Catuaro uns durchaus nach Cariaco begleiten. Wir konnten es nicht ablehnen; er ließ uns jetzt mit seinen Faseleien über die Tierseelen und den menschlichen freien Willen in Ruhe, er hatte uns aber nunmehr von einem ganz anderen, traurigeren Gegenstande zu unterhalten. Den Unabhängigkeitsbestrebungen, die im Jahre 1798 in Caracas beinahe zu einem Ausbruch geführt hätten, war eine große Aufregung unter den Negern zu Coro, Maracaybo und Cariaco vorangegangen und gefolgt. In letzterer Stadt war ein armer Neger zum Tode verurteilt worden, und unser Wirt, der Seelsorger von Catuaro, ging jetzt hin, um ihm seinen geistlichen Beistand anzubieten. Wie lang kam uns der Weg vor, auf dem wir uns in Verhandlungen einlassen mußten, „über die Notwendigkeit des Sklavenhandels, über die angeborene Bösartigkeit der Schwarzen, über die Segnungen, welche der Rasse daraus erwachsen, daß sie als Sklaven unter Christen leben!"

Gegenüber dem „Code noir" der meisten anderen Völker, welche Besitzungen in beiden Indien haben, ist die spanische

Gesetzgebung unstreitig sehr mild. Aber vereinzelt, auf kaum urbar gemachtem Boden leben die Neger in Verhältnissen, daß die Gerechtigkeit, weit entfernt sie im Leben kräftig schützen zu können, nicht einmal imstande ist, die Barbareien zu bestrafen, durch die sie ums Leben kommen. Leitet man eine Untersuchung ein, so schreibt man den Tod des Sklaven seiner Kränklichkeit zu, dem heißen, nassen Klima, den Wunden, die man ihm allerdings beigebracht, die aber gar nicht tief und durchaus nicht gefährlich gewesen. Die bürgerliche Behörde ist in allem, was die Hausklaverei angeht, machtlos, und wenn man rühmt, wie günstig die Gesetze wirken, nach denen die Peitsche die und die Form haben muß und nur so viel Streiche auf einmal gegeben werden dürfen, so ist das reine Täuschung. Leute, die nicht in den Kolonieen oder doch nur auf den Antillen gelebt haben, sind meist der Meinung, da es im Interesse des Herrn liege, daß seine Sklaven ihm erhalten bleiben, müssen sie desto besser behandelt werden, je weniger ihrer seien. Aber in Cariaco selbst, wenige Wochen bevor ich in die Provinz kam, tötete ein Pflanzer, der nur acht Neger hatte, ihrer sechs durch unmenschliche Hiebe. Er zerstörte mutwillig den größten Teil seines Vermögens. Zwei der Sklaven blieben auf der Stelle tot, mit den vier anderen, die kräftiger schienen, schiffte er sich nach dem Hafen von Cumana ein, aber sie starben auf der Ueberfahrt. Vor dieser abscheulichen That war im selben Jahre eine ähnliche unter gleich empörenden Umständen begangen worden. Solche furchtbare Unthaten blieben so gut wie unbestraft; der Geist, der die Gesetze macht, und der, der sie vollzieht, haben nichts miteinander gemein. Der Statthalter von Cumana war ein gerechter, menschenfreundlicher Mann; aber die Rechtsformen sind streng vorgeschrieben und die Gewalt des Statthalters geht nicht so weit, um Mißbräuche abzustellen, die nun einmal von jedem europäischen Kolonisationssystem untrennbar sind.

Der Weg durch den Wald von Catuaro ist nicht viel anders als der vom Berge Santa Maria herab; auch sind die schlimmsten Stellen hier ebenso sonderbar getauft wie dort. Man geht wie in einer engen, durch die Bergwasser ausgespülten, mit feinem, zähem Thon gefüllten Furche dahin. Bei den jähsten Abhängen senken die Maultiere das Kreuz und rutschen hinunter; das nennt man nun Saca-Manteca, weil der Kot so weich ist wie Butter. Bei der großen Gewandtheit der einheimischen Maultiere ist dieses Hinabgleiten ohne alle Gefahr. Der Weg führt über die Felsschichten herab, die am Ausgehenden Stufen von verschiedener Höhe bilden, und so ist es auch hier ein wahrer „chemin des échelles". Weiterhin, wenn man zum Walde heraus ist, kommt man zum Berge Buenavista. Er verdient den Namen, denn von hier sieht man die Stadt Cariaco in einer weiten, mit Pflanzungen, Hütten und Gruppen von Kokospalmen bedeckten Ebene. West=wärts von Cariaco breitet sich der weite Meerbusen aus, den eine Felsmauer vom Ozean trennt; gegen Ost zeigen sich, gleich blauen Wolken, die hohen Gebirge von Areo und Paria. Es ist eine der weitesten, prachtvollsten Aussichten an der Küste von Neu=Andalusien.

Wir fanden in Cariaco einen großen Teil der Einwohner in ihren Hängematten krank am Wechselfieber. Diese Fieber werden im Herbst bösartig und gehen in Ruhren über. Be=denkt man, wie außerordentlich fruchtbar und feucht die Ebene ist, und welch ungeheure Masse von Pflanzenstoff hier zersetzt wird, so sieht man leicht, warum die Luft hier nicht so gesund sein kann wie über dem dürren Boden von Cumana. Nicht leicht finden sich in der heißen Zone große Fruchtbarkeit des Bodens, häufige, lange dauernde Wasserniederschläge, eine ungemein üppige Vegetation beisammen, ohne daß diese Vor=teile durch ein Klima aufgewogen würden, das der Gesundheit der Weißen mehr oder weniger gefährlich wird. Aus denselben Ursachen, welche den Boden so fruchtbar machen und die Ent=wickelung der Gewächse beschleunigen, entwickeln sich auch Gase aus dem Boden, die sich mit der Luft mischen und sie ungesund machen. Wir werden oft Gelegenheit haben, auf die Ver=knüpfung dieser Erscheinungen zurückzukommen, wenn wir den Kakaobau und die Ufer des Orinoko beschreiben, wo es Flecke gibt, an denen sich sogar die Eingeborenen nur schwer affli=matisieren. Im Thale von Cariaco hängt übrigens die Un=gesundheit der Luft nicht allein von den eben erwähnten all=gemeinen Ursachen ab; es machen sich dabei auch lokale Ver=hältnisse geltend. Es wird nicht ohne Interesse sein, den Landstrich, der die Meerbusen von Cariaco und von Paria von=einander trennt, näher zu betrachten.

Vom Kalkgebirge des Brigantin und Cocollar läuft ein starker Ast nach Nord und hängt mit dem Urgebirge an der Küste zusammen. Dieser Ast heißt Sierra de Meapire; der Stadt Cariaco zu führt er den Namen Cerro grande de Cariaco. Er schien mir im Durchschnitt nicht über 290 bis

390 m hoch); wo ich ihn untersuchen konnte, besteht er aus dem Kalkstein des Uferstriches. Mergel- und Kalkschichten wechseln mit anderen, welche Quarzkörner enthalten. Wer die Reliefbildung des Landes zu seinem besonderen Studium macht, muß es auffallend finden, daß ein quergelegter Gebirgs= kamm unter rechtem Winkel zwei Ketten verbindet, deren eine, südliche, aus sekundären Gebirgsbildungen besteht, während die andere, nördliche, Urgebirge ist. Auf dem Gipfel des Cerro de Meapire sieht man das Gebirge einerseits nach dem Meer= busen von Paria, andererseits nach dem von Cariaco sich abdachen. Ostwärts und westwärts vom Kamme liegt ein niedriger, sumpfiger Boden, der ohne Unterbrechung fortstreicht, und nimmt man an, daß die beiden Meerbusen dadurch entstanden sind, daß der Boden durch Erdbeben zerrissen worden ist und sich gesenkt hat, so muß man voraussetzen, daß der Cerro de Meapire diesen gewaltsamen Erschütterungen widerstanden hat, so daß der Meerbusen von Paria und der von Cariaco nicht zu einem verschmelzen konnten. Wäre dieser Felsdamm nicht da, so bestünde wahrscheinlich auch die Landenge nicht. Vom Schlosse Araya bis zum Kap Paria würde die ganze Gebirgs= masse an der Küste eine schmale, Margarita parallel laufende, viermal längere Insel bilden. Diese Ansichten gründen sich nicht nur auf unmittelbare Untersuchung des Bodens und die Schlüsse aus der Reliefbildung desselben; schon ein Blick auf die Umrisse der Küsten und die geognostische Karte des Landes muß auf dieselben Gedanken bringen. Die Insel Margarita hat, wie es scheint, früher mit der Küstenkette von Araya durch die Halbinsel Chacopata und die Karibischen Inseln Lobo und Coche zusammengehangen, wie die Kette noch jetzt mit den Gebirgen des Cocollar und von Caripe durch den Gebirgs= kamm Meapire zusammenhängt.

Im gegenwärtigen Zustande der Dinge sieht man die feuchten Ebenen, die ost= und westwärts vom Kamme streichen und uneigentlich die Thäler von San Bonifacio und Cariaco heißen, sich fortwährend in das Meer hinaus verlängern. Das Meer zieht sich zurück, und diese Verrückung der Küste ist besonders bei Cumana auffallend. Wenn die Höhenverhältnisse des Bodens darauf hinweisen, daß die Meerbusen von Cariaco und Paria früher einen weit größeren Umfang hatten, so läßt sich auch nicht in Zweifel ziehen, daß gegenwärtig das Land sich allmählich vergrößert. Bei Cumana wurde im Jahre 1791 eine Batterie, die sogenannte Boca, dicht am Meere gebaut, im Jahre 1799 sahen wir sie weit im Lande liegen. An der Mündung des Rio Nevari, beim Morro de Nueva Barcelona, zieht sich das Meer noch rascher zurück. Diese lokale Erscheinung rührt wahrscheinlich von Anschwemmungen her, deren Zunahmeverhältnisse noch nicht gehörig beobachtet sind.

Geht man von der Sierra de Meapire, welche die Landenge zwischen den Ebenen von San Bonifacio und von Cariaco bildet, herab, so kommt man gegen Ost an den großen See Putacuao, der mit dem Rio Areo in Verbindung steht und 18 bis 23 km breit ist. Das Gebirgsland um dieses Becken ist nur den Eingeborenen bekannt. Hier kommen die großen Boa vor, welche die Chaymasindianer Guainas nennen, und denen sie einen Stachel unter den Schwanze andichten. Geht man von der Sierra de Meapire nach West hinunter, so betritt man zuerst einen „hohlen Boden" (tierra hueca), der bei dem großen Erdbeben des Jahres 1766 in zähes Erdöl gehüllten Asphalt auswarf; weiterhin sieht man eine Unzahl warmer schwefelwasserstoffhaltiger Quellen aus dem Boden brechen, und endlich kommt man zum See Camponia, dessen Ausdünstungen zum Teil die Ungesundheit des Klimas von Cariaco veranlassen. Die Eingeborenen glauben, der Boden sei deshalb hohl, weil die warmen Wasser sich hier aufgestaut haben, und nach dem Schall des Hufschlags scheinen sich die unterirdischen Höhlungen von West nach Ost bis Casanay, 5,8 bis 7,9 km weit zu erstrecken. Ein Flüßchen, der Rio Azul, läuft durch diese Ebenen. Sie sind zerklüftet infolge von Erdbeben, die hier einen besonderen Herd haben und sich selten bis Cumana fortpflanzen. Das Wasser des Rio Azul ist kalt und hell; er entspringt am westlichen Abhange des Meapire, und man glaubt, er sei deshalb so stark, weil das Gewässer des Putacuaosees auf der anderen Seite des Ge= birgszuges durchsickere. Das Flüßchen und die schwefelwasser= stoffhaltigen Quellen ergießen sich zusammen in die Laguna de Campona. So heißt ein weites Sumpfland, das in der trockenen Jahreszeit in drei Becken zerfällt, die nordwestlich von der Stadt Cariaco am Ende des Meerbusens liegen. Uebelriechende Dünste steigen fortwährend vom stehenden Sumpf= wasser auf. Sie riechen nach Schwefelwasserstoff und zugleich nach faulen Fischen und zersetzten Vegetabilien.

Die Miasmen bilden sich im Thale von Cariaco gerade wie in der römischen Campagna; aber durch die tropische Hitze wird ihre verderbliche Kraft gesteigert. Durch die Lage der

Laguna von Campoma wird der Nordwest, der sehr oft nach Sonnenuntergang weht, den Einwohnern der kleinen Stadt Cariaco höchst gefährlich. Sein Einfluß unterliegt desto weniger einem Zweifel, da die Wechselfieber dem Sumpfe zu, der der Hauptherd der faulen Miasmen ist, immer häufiger in Nerven=fieber übergehen. Ganze Familien freier Neger, die an der Nordküste des Meerbusens von Cariaco kleine Pflanzungen besitzen, liegen mit Eintritt der Regenzeit siech in ihren Hänge=matten. Diese Fieber nehmen den Charakter remittierender bösartiger Fieber an, wenn man sich, erschöpft von langer Arbeit und starker Hautausdünstung, dem feinen Regen aus=setzt, der gegen Abend häufig fällt. Die Farbigen, besonders aber die Kreolenneger, widerstehen den klimatischen Einflüssen mehr als irgend ein anderer Menschenschlag. Man behandelt die Kranken mit Limonade, mit dem Aufguß von Scoparia dulcis, selten mit Cuspare, d. h. mit der Chinarinde von Angostura.

Im ganzen ist bei den Epidemieen in Cariaco die Sterb=lichkeit geringer, als man erwarten sollte. Wenn das Wechsel=fieber mehrere Jahre hintereinander einen Menschen befällt, so greift es den Körper stark an und bringt ihn herunter; aber dieser Schwächezustand, der in ungesunden Gegenden so häufig vorkommt, führt nicht zum Tode. Auch ist es merk=würdig, daß hier, wie in der römischen Campagna, der Glaube herrscht, die Luft sei in dem Maße ungesünder geworden, je mehr Morgen Landes man urbar gemacht. Die Miasmen, die diesen Ebenen entsteigen, haben indessen nichts gemein mit jenen, die sich bilden, wenn man einen Wald niederschlägt und nun die Sonne eine dicke Schicht abgestorbenen Laubes erhitzt; bei Cariaco ist das Land kahl und sehr sparsam be=waldet. Soll man glauben, daß frisch aufgewühlte und vom Regen durchfeuchtete Dammerde die Luft mehr verderbt als der dichte Pflanzenfilz, der einen nicht bebauten Boden be=deckt? Zu diesen örtlichen Ursachen kommen andere, weniger zweifelhafte. Das nahe Meeresufer ist mit Manglebäumen, Avicennien und anderen Baumarten mit adstringierender Rinde bedeckt. Alle Tropenbewohner sind mit den schädlichen Aus=dünstungen dieser Gewächse bekannt, und man fürchtet sie desto mehr, wenn Wurzeln und Stamm nicht immer unter Wasser stehen, sondern abwechselnd naß und von der Sonne erhitzt werden. Die Manglebäume erzeugen Miasmen, weil sie, wie ich anderswo gezeigt habe, einen tierisch=vegetabilischen, an

Gerbstoff gebundenen Stoff enthalten. Man behauptet, der Kanal, durch den die Laguna de Campoma mit dem Meere zusammenhängt, ließe sich leicht erweitern und so dem stehenden Wasser ein Abfluß verschaffen. Die freien Neger, die das Sumpfland häufig betreten, versichern sogar, der Durchstich brauchte gar nicht tief zu sein, da das kalte, klare Wasser des Rio Azul sich auf dem Boden des Sees befindet und man beim Nachgraben aus den unteren Schichten trinkbares, geruchloses Wasser erhält.

Die Stadt Cariaco ist mehrere Male von den Kariben verheert worden. Die Bevölkerung hat rasch zugenommen, seit die Provinzialbehörden, den Verboten des Madrider Hofes zuwider, nicht selten dem Handel mit fremden Kolonieen Vorschub geleistet haben. Sie hat sich in zehn Jahren verdoppelt und betrug im Jahre 1800 über 6000 Seelen. Die Einwohner treiben sehr fleißig Baumwollenbau; die Baumwolle ist sehr schön und es werden mehr als 10000 Zentner erzeugt. Die leeren Hülsen der Baumwolle werden sorgsam verbrannt; wirft man sie in den Fluß, wo sie faulen, so erzeugen sie Ausdünstungen, die man für schädlich hält. Der Bau des Kakaobaumes hat in letzter Zeit sehr abgenommen. Dieser köstliche Baum trägt erst im achten bis zehnten Jahre. Die Frucht ist schwer in Magazinen aufzubewahren, und nach Jahresfrist „geht sie an", wenn sie noch so sorgfältig getrocknet worden ist. Dieser Nachteil ist für den Kolonisten von großem Belang. Auf diesen Küsten ist je nach der Laune eines Ministeriums und dem mehr oder minder kräftigen Widerstande der Statthalter der Handel mit den Neutralen bald verboten, bald mit gewissen Beschränkungen gestattet. Die Nachfrage nach einer Ware und die Preise, die sich nach der Nachfrage bestimmen, unterliegen daher dem raschesten Wechsel. Der Kolonist kann sich diese Schwankungen nicht zu nutze machen, weil sich der Kakao in den Magazinen nicht hält. Die alten Kakaostämme, die meist nur bis zum vierzigsten Jahre tragen, sind daher nicht durch junge ersetzt worden. Im Jahre 1792 zählte man ihrer noch 254000 im Thale von Cariaco und am Ufer des Meerbusens. Gegenwärtig zieht man andere Kulturzweige vor, welche gleich im ersten Jahre einen Ertrag liefern und deren Produkte nicht nur nicht so lange auf sich warten lassen, sondern auch leichter aufzubewahren sind. Solche sind Baumwolle und Zucker, die nicht der Verderbnis unterliegen wie der Kakao und sich auf-

bewahren laſſen, ſo daß man ſie im günſtigſten Zeitpunkte losſchlagen kann. Die Umwandlungen, die infolge der fort=
ſchreitenden Kultur und des Verkehres mit Fremden Sitten und Charakter der Küſtenbewohner erlitten, haben auch be=
ſtimmend mitgewirkt, wenn ſie jetzt dieſem und jenem Kultur=
zweige den Vorzug geben. Jenes Maß in der ſinnlichen Be=
gierde, jene Geduld, die lange warten kann, jene Gemütsruhe, welche die trübſelige Eintönigkeit des einſamen Lebens ertragen läßt, verſchwinden nach und nach aus dem Charakter der Hiſpano=Amerikaner. Sie werden unternehmender, leichtſinniger, beweglicher und werfen ſich mehr auf Unternehmungen, die einen raſchen Ertrag geben.

Nur im Inneren der Provinz, oſtwärts von der Sierra de Meapire, auf dem unbebauten Boden von Carupano an durch das Thal San Bonifacio bis zum Meerbuſen von Paria entſtehen neue Kakaopflanzungen. Sie werden dort deſto ein=
träglicher, je mehr die Luft über dem friſch urbar gemachten, von Wäldern umgebenen Lande ſtockt, je mehr ſie mit Waſſer und mephitiſchen Dünſten geſchwängert iſt. Hier leben Fa=
milienväter, welche, treu den alten Sitten der Koloniſten, ſich und ihren Kindern langſam, aber ſicher Wohlſtand erarbeiten. Sie behelfen ſich bei ihrer mühſamen Arbeit mit einem einzigen Sklaven; ſie brechen mit eigener Hand den Boden um, ziehen die jungen Kakaobäume im Schatten der Erythrina und der Bananenbäume, beſchneiden den erwachſenen Baum, vertilgen die Maſſen von Würmern und Inſekten, welche Rinde, Blätter und Blüten anfallen, legen Abzugsgräben an, und unterziehen ſich ſieben, acht Jahre lang einem elenden Leben, bis der Kakaobaum anfängt, Ernten zu liefern. Dreißig=
tauſend Stämme ſichern den Wohlſtand einer Familie auf anderthalb Generationen. Wenn durch die Baumwolle und den Kaffee der Bau des Kakao in der Provinz Caracas und im kleinen Thale von Cariaca beſchränkt worden iſt, ſo hat dagegen letzterer Zweig der Kolonialinduſtrie im Inneren der Provinzen Neubarcelona und Cumana zugenommen. Warum die Kakaopflanzungen ſich von Weſt nach Oſt mehr und mehr ausbreiten, iſt leicht einzuſehen. Die Provinz Caracas iſt die am früheſten bebaute; je länger aber ein Land urbar gemacht iſt, deſto baumloſer wird es in der heißen Zone, deſto dürrer, deſto mehr den Winden ausgeſetzt. Dieſer Wechſel in der äußeren Natur iſt dem Gedeihen des Kakaobaumes hinderlich, und deshalb gehen die Pflanzungen in der Provinz Caracas

ein und häufen sich dafür westwärts auf unberührtem, erst kürzlich urbar gemachtem Boden. Die Provinz Neuandalusien allein erzeugte im Jahre 1799 18 000 bis 20 000 Fanegas Kakao (zu 40 Piastern die Fanega in Friedenszeiten), wovon 5000 nach der Insel Trinidad geschmuggelt wurden. Der Kakao von Cumana ist ohne allen Vergleich besser als der von Guayaquil.

Die in Cariaco herrschenden Fieber nötigten uns zu unserem Bedauern, unseren Aufenthalt daselbst abzukürzen. Da wir noch nicht recht afflimatisiert waren, so rieten uns selbst die Kolonisten, an die wir empfohlen waren, uns auf den Weg zu machen. Wir lernten in der Stadt viele Leute kennen, die durch eine gewisse Leichtigkeit des Benehmens, durch umfassenderen Ideenkreis und, darf ich hinzusetzen, durch entschiedene Vorliebe für die Regierungsform der Vereinigten Staaten verrieten, daß sie viel mit dem Auslande in Verkehr gestanden. Hier hörten wir zum erstenmal in diesem Himmelsstriche die Namen Franklin und Washington mit Begeisterung aussprechen. Neben dem Ausdrucke dieser Begeisterung bekamen wir Klagen zu hören über den gegenwärtigen Zustand von Neuandalusien, Schilderungen, oft übertriebene, des natürlichen Reichtumes des Landes, leidenschaftliche, ungeduldige Wünsche für eine bessere Zukunft. Diese Stimmung mußte einem Reisenden auffallen, der unmittelbarer Zeuge der großen politischen Erschütterungen in Europa gewesen war. Noch gab sich darin nichts Feindseliges, Gewaltsames, keine bestimmte Richtung zu erkennen. Gedanken und Ausdruck hatten die Unsicherheit, die, bei den Völkern wie beim einzelnen, als ein Merkmal der halben Bildung, der voreilig sich entwickelnden Kultur erscheint. Seit die Insel Trinidad eine englische Kolonie geworden ist, hat das ganze östliche Ende der Provinz Cumana, zumal die Küste von Paria und der Meerbusen dieses Namens ein ganz anderes Gesicht bekommen. Fremde haben sich da niedergelassen und den Bau des Kaffeebaumes, des Baumwollenstrauches, des tahitischen Zuckerrohres eingeführt. In Carupano, im schönen Thale des Rio Caribe, in Guire und im neuen Flecken Punta de Pietro gegenüber dem Puerto d'España auf Trinidad hat die Bevölkerung sehr stark zugenommen. Im Golfo triste ist der Boden so fruchtbar, daß der Mais jährlich zwei Ernten und das 380. Korn gibt. Die Vereinzelung der Niederlassungen hat dem Handel mit fremden Kolonieen Vorschub geleistet, und seit dem Jahre

1797 ist eine geistige Umwälzung eingetreten, die in ihren Folgen dem Mutterlande noch lange nicht verderblich geworden wäre, hätte nicht das Ministerium fort und fort alle Interessen gekränkt, alle Wünsche mißachtet. Es gibt in den Streitig= keiten der Kolonieen mit dem Mutterlande, wie fast in allen Volksbewegungen, einen Moment, wo die Regierungen, wenn sie nicht über den Gang der menschlichen Dinge völlig ver= blendet sind, durch kluge, fürsichtige Mäßigung das Gleich= gewicht herstellen und den Sturm beschwören können. Lassen sie diesen Zeitpunkt vorübergehen, glauben sie durch physische Gewalt eine moralische Bewegung niederschlagen zu können, so gehen die Ereignisse unaufhaltsam ihren Gang und die Trennung der Kolonieen erfolgt mit desto verderblicherer Ge= waltsamkeit, wenn das Mutterland während des Streites seine Monopole und seine frühere Gewalt wieder eine Zeitlang hatte aufrecht erhalten können.

Wir schifften uns morgens sehr früh ein, in der Hoff= nung, die Ueberfahrt über den Meerbusen von Cariaco in einem Tage machen zu können. Das Meer ist hier nicht unruhiger als unsere großen Landseen, wenn sie vom Winde sanft bewegt werden. Es sind vom Landungsplatze nach Cu= mana nur 22,5 km. Als wir die kleine Stadt Cariaco im Rücken hatten, gingen wir westwärts am Flusse Carenicuar hin, der schnurgerade wie ein künstlicher Kanal durch Gärten und Baumwollenpflanzungen läuft. Der ganze, etwas sumpfige Boden ist aufs sorgsamste angebaut. Während unseres Auf= enthaltes in Peru wurde hier auf trockeneren Stellen der Kaffeebau eingeführt. Wir sahen am Flusse indianische Weiber ihr Zeug mit der Frucht des Parapara (Sapindus saponaria) waschen. Feine Wäsche soll dadurch sehr mitgenommen werden. Die Schale der Frucht gibt einen starken Schaum und die Frucht ist so elastisch, daß sie, wenn man sie auf einen Stein wirft, drei=, viermal 2 bis 3 m hoch aufspringt. Da sie kugelicht ist, verfertigt man Rosenkränze daraus.

Kaum waren wir zu Schiffe, so hatten wir mit widrigen Winden zu kämpfen. Es regnete in Strömen und ein Ge= witter brach in der Nähe aus. Scharen von Flamingos, Reihern und Kormoranen zogen dem Ufer zu. Nur der Al= katras, eine große Pelikanart, fischte ruhig mitten im Meer= busen weiter. Wir waren unser achtzehn Passagiere, und auf der engen, mit Rohrzucker, Pisangbüscheln und Kokosnüssen überladenen Piroge (Fancha) konnten wir unsere Instrumente

und Sammlungen kaum unterbringen. Der Rand des Fahr=
zeuges stand kaum über Wasser. Der Meerbusen ist fast
überall 82 bis 91 m tief, aber am östlichen Ende bei Cura=
guaca findet das Senkblei 22,5 km weit nur 5,5 bis 7,3 m.
Hier liegt der Baxo de la Cotua, eine Sandbank, die bei der
Ebbe als Eiland über Wasser kommt. Die Pirogen, die
Lebensmittel nach Cumana bringen, stranden manchmal daran,
aber immer ohne Gefahr, weil die See hier niemals hoch geht
und scholkt. Wir fuhren über den Strich des Meerbusens,
wo auf dem Boden der See heiße Quellen entspringen. Es
war gerade Flut und daher der Temperaturwechsel weniger
merkbar; auch fuhr unsere Piroge zu nahe an der Südküste
hin. Man sieht leicht, daß man Wasserschichten von ver=
schiedener Temperatur antreffen muß, je nachdem die See
mehr oder minder tief ist, oder je nachdem die Strömungen
und der Wind die Mischung des warmen Quellwassers und
des Wassers des Golfes befördern. Diese heißen Quellen,
die, wie behauptet wird, auf 380 bis 460 a die Temperatur
der See erhöhen, sind eine sehr merkwürdige Erscheinung.
Geht man vom Vorgebirge Paria westwärts über Irapa,
Aguas calientes, den Meerbusen von Cariaco, den Brigantin
und die Thäler von Aragua bis zu den Schneegebirgen von
Merida, so findet man auf einer Strecke von mehr als 675 km
eine ununterbrochene Reihe von warmen Quellen.

Der widrige Wind und der Regen nötigten uns, bei
Pericantral, einem kleinen Hofe auf der Südküste des Meer=
busens, zu landen. Diese ganze schön bewachsene Küste ist
fast ganz unbebaut; man zählt kaum 700 Einwohner und
außer dem Dorfe Mariguitar sieht man nichts als Pflanzungen
von Kokosbäumen, die die Oelbäume des Landes sind. Diese
Palme wächst in beiden Kontinenten in einer Zone, wo die
mittlere Jahrestemperatur nicht unter 20 ° beträgt. Sie ist
wie der Chamärops im Becken des Mittelmeeres eine wahre
„Küstenpalme“. Sie zieht Salzwasser dem süßen Wasser vor
und kommt im Inneren des Landes, wo die Luft nicht mit
Salzteilchen geschwängert ist, lange nicht so gut fort als auf
den Küsten. Wenn man in Terra Firma oder in den Mis=
sionen am Orinoko Kokosnußbäume weit von der See pflanzt,
wirft man ein starkes Quantum Salz, oft einen halben
Scheffel, in das Loch, in das die Kokosnüsse gelegt werden.
Unter den Kulturgewächsen haben nur noch das Zuckerrohr,
der Bananenbaum, der Mammei und der Avocatier, gleich

dem Kokosnußbaum, die Eigenschaft, daß sie mit süßem oder mit Salzwasser begossen werden können. Dieser Umstand begünstigt ihre Verpflanzung, und das Zuckerrohr von der Küste gibt zwar einen etwas salzigen Saft, derselbe eignet sich aber, wie man glaubt, besser zur Branntweindestillation als der Saft aus dem Binnenlande.

Im übrigen Amerika wird der Kokosnußbaum meist nur um die Höfe gepflanzt, und zwar um der eßbaren Frucht willen; am Meerbusen von Cariaco dagegen sieht man eigentliche Pflanzungen davon. Man spricht in Cumana von einer Hacienda de coco, wie von einer Hacienda de caña oder cacao. Auf fruchtbarem, feuchtem Boden fängt der Kokosbaum im vierten Jahre an reichlich Früchte zu tragen; auf dürrem Lande dagegen erhält man vor dem zehnten Jahre keine Ernte. Der Baum dauert nicht über 80 bis 100 Jahre aus, und er ist dann im Durchschnitt 21 bis 26 m hoch. Dieses rasche Wachstum ist desto auffallender, da andere Palmen, z. B. der Moriche (Mauritia flexuosa) und die Palma de Sombrero (Coripha tectorum), die sehr lange leben, im sechzigsten Jahr oft erst 4,5 bis 5,8 m hoch sind. In den ersten dreißig bis vierzig Jahren trägt am Meerbusen von Cariaco ein Kokosbaum jeden Monat einen Büschel mit 10 bis 14 Früchten, von denen jedoch nicht alle reif werden. Man kann im Durchschnitt jährlich auf den Baum 100 Nüsse rechnen, die acht Flascos[1] Del geben. Der Flasco gilt zwei einen halben Silberreal oder 32 Sous. In der Provence gibt ein dreißigjähriger Delbaum zwanzig Pfund oder sieben Flascos Del, also etwas weniger als der Kokosbaum. Es gibt im Meerbusen von Cariaco Haciendeu mit 8000 bis 9000 Kokosbäumen; ihr malerischer Anblick erinnert an die herrlichen Dattelpflanzungen bei Elche in Murcia, wo auf 20 qkm über 70000 Palmstämme bei einander stehen. Der Kokosbaum trägt nur bis zum dreißigsten bis vierzigsten Jahre reichlich, dann nimmt der Ertrag ab und ein hundertjähriger Stamm ist zwar nicht ganz unfruchtbar, bringt aber sehr wenig mehr ein. In der Stadt Cumana wird sehr viel Kokosnußöl geschlagen; es ist klar, geruchlos und ein gutes Brennmaterial. Der Handel damit ist so lebhaft als auf der Westküste von Afrika der Handel mit Palmöl, das von Elays guineensis kommt. Dieses ist ein Speiseöl. In Cumana sah ich mehr

---

[1] Der Flasco zu 70 bis 80 Pariser Kubikzoll.

als einmal Pirogen ankommen, die mit 3000 Kokosnüssen
beladen waren. Ein Baum von gutem Ertrag gibt ein jähr-
liches Einkommen von 2½ Piastern (14 Franken 5 Sous),
da aber auf den Haciendas de coco Stämme von verschiedenem Alter durcheinander stehen, so wird bei Schätzungen durch
Sachverständige das Kapital nur zu 4 Piastern angenommen.

Wir verließen den Hof Pericantral erst nach Sonnenuntergang. Die Südküste des Meerbusens in ihrem reichen
Pflanzenschmuck bietet den lachendsten Anblick, die Nordküste
dagegen ist felsig, nackt und dürr. Trotz des dürren Bodens
und des seltenen Regens, der zuweilen 15 Monate ausbleibt,
wachsen auf der Halbinsel Araya (wie in der Wüste Canound
in Indien) 15 bis 25 kg schwere Patillas oder Wasser-
melonen. In der heißen Zone ist die Luft etwa zu $^9/_{10}$ mit
Wasserdunst gesättigt und die Vegetation erhält sich dadurch,
daß die Blätter die wunderbare Eigenschaft haben, das in der
Luft aufgelöste Wasser einzusaugen. Wir hatten auf der
engen, überladenen Piroge eine recht schlechte Nacht und befanden uns um 3 Uhr morgens an der Mündung des Rio
Manzanares. Wir waren seit mehreren Wochen an den Anblick der Gebirge, an Gewitterhimmel und finstere Wälder gewöhnt, und so fielen uns jetzt die Naturverhältnisse von Cumana, der ewig heitere Himmel, der kahle Boden, die Masse
des überall zurückgeworfenen Lichtes doppelt auf.

Bei Sonnenaufgang sahen wir Tamurosgeier (Vultur
aura) zu vierzigen und fünfzigen auf den Kokosnußbäumen
sitzen. Diese Vögel hocken zum Schlafen in Reihen zusammen
wie die Hühner, und sie sind so träge, daß sie, lange ehe
die Sonne untergeht, aufsitzen und erst wieder erwachen, wenn
ihre Scheibe bereits über dem Horizont steht. Es ist, als ob
die Bäume mit gefiederten Blättern nicht minder träge wären.
Die Mimosen und Tamarinden schließen bei heiterem Himmel
ihre Blätter 25 bis 30 Minuten vor Sonnenuntergang, und
sie öffnen sie am Morgen erst, wenn die Scheibe bereits ebenso lange am Himmel steht. Da ich Sonnenauf- und Untergang ziemlich regelmäßig beobachtete, um das Spiel der Luftspiegelung und der irdischen Refraktion zu verfolgen, so konnte
ich auch die Erscheinungen des Pflanzenschlafes fortwährend im
Auge behalten. Ich fand sie gerade so in den Steppen, wo
der Blick auf den Horizont durch keine Unebenheit des Bodens
unterbrochen wird. Die sogenannten Sinnpflanzen und andere
Schotengewächse mit feinen zarten Blättern empfinden, scheint

es, da sie den Tag über an ein sehr starkes Licht gewöhnt sind, abends die geringste Abnahme in der Stärke der Lichtstrahlen, so daß für diese Gewächse, dort wie bei uns, die Nacht eintritt, bevor die Sonnenscheibe ganz verschwunden ist. Aber wie kommt es, daß in einem Erdstriche, wo es fast keine Dämmerung gibt, die ersten Sonnenstrahlen die Blätter nicht um so stärker aufregen, da durch Abwesenheit des Lichtes ihre Reizbarkeit gesteigert worden sein muß? Läßt sich vielleicht annehmen, daß die Feuchtigkeit, die sich durch die Erkaltung der Blätter infolge der nächtlichen Strahlung auf dem Parenchym niederschlägt, die Wirkung der ersten Sonnenstrahlen hindert? In unseren Himmelsstrichen erwachen die Schotengewächse mit reizbaren Blättern schon ehe die Sonne sich zeigt, in der Morgendämmerung.